中国药食两用植物
彩色图鉴

林　云　雷　涛　王　洁　主编

河南科学技术出版社
·郑州·

内容提要

《中国药食两用植物彩色图鉴》收录中国药食两用植物 723 种，包括它们的中文名称、拉丁学名、识别要点、分布与生境、食疗保健与药用功能、食用部位与食用方法、注意事项等内容。书中每种植物均配有采集季节的形态彩色照片，或辅助有形态线描图、药材照片、菜肴照片等，并附有中草药常规采集加工与制作方法、常用食用方法介绍，以便于普通大众野外识别、采集与利用。

本书内容丰富，语言通俗易懂，图文并茂，可供药食两用植物爱好者，以及农业、林业、生物、医药保健、食品烹饪与医学院校师生参考。

图书在版编目（CIP）数据

中国药食两用植物彩色图鉴 / 林云，雷涛，王洁主编. -- 郑州 : 河南科学技术出版社，2025. 5. -- ISBN 978-7-5725-1892-8

Ⅰ. S567-64

中国国家版本馆CIP数据核字第2025HZ5961号

出版发行：河南科学技术出版社

地址：郑州市郑东新区祥盛街 27 号　　邮编：450016

电话：（0371）65737028　65788631

网址：www.hnstp.cn

出 版 人：乔　辉

策划编辑：杨秀芳　陈　艳

责任编辑：陈　艳

责任校对：耿宝文

整体设计：张　伟

责任印制：徐海东

印　　刷：河南博之雅印务有限公司

经　　销：全国新华书店

开　　本：890 mm × 1240 mm　1/16　印张：33　字数：800 千字

版　　次：2025 年 5 月第 1 版　印次：2025 年 5 月第 1 次印刷

定　　价：398.00 元

本书编写人员名单

林　云（湖南食品药品职业学院，湖南省医药技工学校）
雷　涛（湖南省人民医院）
王　洁（南部战区空军医院）
安明态（贵州大学）
李明红（湖南南岳衡山国家级自然保护区管理局）
喻勋林（中南林业科技大学）
孙忠民（中国科学院海洋研究所）
陈作红（湖南师范大学）
林　祁　刘　冰　杨志荣（中国科学院植物研究所）
吴　轩　张贵平　赵　阳（中国航天员科研训练中心）
段林东（湖南邵阳学院）
李　超（华北理工大学）
孙　茜（深圳技术大学）
毕海燕（国家自然博物馆）
周重建（湖北闻真园中草药有限公司）
陈玉秀　李　林　李林岚　李雨嫣　罗　聃　于　勇　郑慧芝
（湖南食品药品职业学院）
杨晓洋（广州爱慕禾文化传媒有限公司）
周云龙（北京师范大学）
王　科（中国科学院微生物研究所）

图片提供者

植物形态线描图
仿《中国高等植物》（傅立国，陈潭清，郎楷永，洪涛，林祁，李勇，1999—2009）

彩色照片
安明态　陈炳华　段林东　傅连中　付　英　李明红　李晓娟　林　祁
林秦文　林　云　刘　冰　刘　晓　马绍斌　屠鹏飞　王　科　吴　轩
向　东　徐晔春　严令斌　杨　文　杨晓洋　杨成华　姚一建　叶建飞
叶学华　于胜祥　喻勋林　赵　阳　张志翔　周海成　周重建　周云龙

感谢中国植物图像库（www.ppbc.iplant.cn）提供部分彩色照片代理授权！

前　言

在本书中，药食两用植物是指那些由《中华人民共和国药典》（2020年版）和《中国药用植物志》（2009—2021）收录的、整体或部分可制成菜肴或食品的、非人工栽种或培育的、可供人们食用的菌物和植物。如可食用菌物的子实体（如蘑菇）、片状体（如石耳），藻类的叶状体（如紫菜）、带状体（如海带）、枝状体（如鹿角菜），植物的根（如葛根）、茎（如土茯苓）、叶（如紫苏）、花（如桂花）、果实（如桑葚）、种子（如松子），以及嫩苗（如荠菜）、嫩株（如豆瓣菜）。栽培植物和外来植物不在本书介绍范围之内，除非它们原本就有大量野生或已经逸为野生。

本书收录的植物都可入药或有食疗保健功能，如冬虫夏草适用于肾虚精亏、阳痿遗精、腰膝酸痛、久咳虚喘、劳嗽咯血等病症，灵芝有补气安神、止咳平喘之功效，海带有防治甲状腺肿、预防心脑血管病、消除乳腺增生、降血脂、降血糖、抗凝血、抗肿瘤、消痰利水之功效，马齿苋用于治疗痢疾，荷莲豆用于治疗急性肝炎，菘蓝用于治疗温病发热，夏枯草用于清凉消暑，藿香用于治疗感冒暑热，蒲公英用于抗菌消炎、清热解毒，荆芥用于止咳、治感冒，小蓟用于开胃、行气、化食，紫苏治疗慢性气管炎、肝炎，荨麻治疗肾病，银杏能降低血液中胆固醇水平、预防动脉硬化、降低血液黏稠度，五味子有固涩收敛、益气生津、补肾宁心、护肝之功效，桑葚有滋阴补血、补肝益肾、生津润燥、乌发明目、清肺热、祛风湿、熄风之功效，花椒有温中止痛、祛风散寒、行气止痛、健胃之功效，以及八角、益智、草果、砂仁、豆蔻、莲、芡实、山楂、枸杞、罗汉果等都有很好的医疗价值，并已经为医学界所重视。由于药食两用植物具有丰富与特殊的营养成分，亦菜亦果亦药，人们多食药食两用植物除了可以补充特殊营养，还有利于防病、治病、强身、健美、调节人体免疫功能、增强防病能力等。正因为它们既可食用又可入药，还对于一些疾病具有一定的治疗功效，因此，它们是药食同源的天然保健品。

由于本书收录的药食两用植物种类较多，特采用菌物、藻类、蕨类、裸子植物、被子植物的分类法来编排各大类群，以有助于人们对药食两用植物有清晰的了解，同时也普及生物系统学知识，从而提高人们识别药食两用植物的能力。在被子植物中，先分为双子叶植物与单子叶植物，然后再分为人们易于识别的肉质植物、藤本植物、草本植物与木本植物。在各类群中，科的顺序按《中国真菌志》《中国海藻志》和《中国植物志》的顺序排列；在同一科中，属、种的顺序按植物学名的字母顺序排列，以方便查找。

由于作者业务水平有限，本书如有错漏之处，敬请读者指正和赐教，以便今后改正。

编　者

2023年10月

目　录

一、药食两用菌物 /1

三、药食两用蕨类 /43

四、药食两用裸子植物 /57

五、药食两用被子植物 /63

（一）药食两用双子叶植物 /64

Ⅰ. 肉质植物 /64

（二）药食两用单子叶植物 /387

一、药食两用菌物

菌物是一类无根、茎、叶分化，无叶绿素，营共生、寄生或腐生生活，不能自制养料的异养生物。菌物广泛分布于全球，其中的一些大型真菌既可药用又可食用，大型真菌成熟的菌体称为子实体。

1. 蛹虫草 北冬虫夏草、北虫草（虫草科 Cordycipitaceae）

Cordyceps militaris（L.）Fr.

识别要点：为鳞翅目昆虫的蛹与菌体相连而成的复合体，全长2~8 cm。蛹体长1.5~2 cm，外表呈紫色。菌体自寄生蛹体头部或节部长出，呈棒状，上部略膨大，表面橘黄色或橘红色。

分布与生境：产黑龙江、吉林、辽宁、陕西、内蒙古、河北、安徽、福建、广东、海南、广西、云南及西藏，春季至秋季生于针、阔叶林或混交林地表土层中或腐枝落叶层下的鳞翅目昆虫的蛹体上。世界性广泛分布。

食疗保健与药用功能：全株有止血化痰、益肺、补肾、补精髓、抗肿瘤、抗菌之功效，适用于支气管炎、肺结核、贫血虚弱、肾虚腰痛等病症。

食用部位与食用方法：成熟菌体可鲜用或干制后食用，可炖食、炒食、凉拌或煲汤。

2. 冬虫夏草 虫草、冬虫草、中华虫草（线虫草科 Ophiocordycipitaceae）

Ophiocordyceps sinensis（Berk.）G. H. Sung, J. M. Sung, Hywel-Jones & Spatafora

识别要点：为鳞翅目昆虫幼体与菌体相连而成，全长9~12 cm。虫体长3~6 cm，直径4~7 mm，外表呈深黄色，粗糙，背部有多数横皱纹，腹面有足8对，位于虫体中部的4对明显易见。菌体自虫体头部生出，呈棒状，弯曲，上部略膨大，表面灰褐色或黑褐色，长可达4~8 cm，直径约3 mm，折断时内心空虚，粉白色。

分布与生境：主产我国青藏高原（甘肃、青海、四川、云南及西藏），生于海拔3 000 m以上的高山草甸上。喜马拉雅山地区有分布。

食疗保健与药用功能：全株味甘，性平，归肺、肾经，有补肾益肺、止血化痰之功效，适用于肾虚精亏、阳痿遗精、腰膝酸痛、久咳虚喘、劳嗽咯血等病症。

食用部位与食用方法：全株（菌体与虫体）可分别与鹌鹑、乳鸽、乌鱼、鸭、乌鸡、羊肉、猪肉，以及银耳、山药、枸杞、生姜、红枣等食材炖食。

3. 尖顶羊肚菌（羊肚菌科 Morchellaceae）

Morchella conica（Pers.）Fr.

识别要点：菌体圆锥形，高 5～15 cm，顶端尖。菌盖与菌柄等长或稍短，长 3～7 cm，直径 2～4 cm，有发达的纵棱，棱黑色或红褐色，纵棱间有小横棱相连，纵棱与横棱间形成许多不规则或长条形凹坑，凹坑色较棱浅，红褐色或茶褐色。菌柄长 3～10 cm，直径 2～5 cm，不规则圆柱形或圆柱形，污白色，有不规则纵沟或棱状突起，表面具疣状突起，中空。

分布与生境：产甘肃、新疆、河北、山西、江苏、浙江、湖南、四川、云南、西藏等省区，春季单生或群生于阔叶林下、灌木林下或草丛中。

食疗保健与药用功能：菌体有益肠胃、化痰理气之功效，适用于消化不良、痰多气短等病症。

食用部位与食用方法：美味食用真菌，成熟菌体鲜用，菌肉较薄，做主料或配料，可炒食、炖肉或做汤。

4. 小羊肚菌（羊肚菌科 Morchellaceae）

Morchella deliciosa Fr.

识别要点：菌盖圆锥形，高 1.5～5 cm，基部宽 1～2.5 cm。表面凹坑为长方形或方形，呈浅褐色。菌柄近白色或浅黄色，基部常膨大，有凹槽，长 1.5～3.5 cm，直径 0.4～1 cm，中空。

分布与生境：产山西、陕西、甘肃、宁夏、新疆、浙江、福建、四川、云南等省区，春、夏季散生或单生于针、阔叶林内地上。

食疗保健与药用功能：菌体有益肠胃、化痰理气之功效，适用于消化不良、痰多气短等病症。

食用部位与食用方法：美味食用真菌，成熟菌体可鲜用或干制后食用，做主料或配料，炒食、炖肉或开汤。

5. 羊肚菌（羊肚菌科 Morchellaceae）

Morchella esculenta（L.）Pers.

识别要点：菌盖不规则圆形、长卵形或椭圆形，顶端钝，长 4~8 cm，宽 3~6 cm，表面有许多小凹坑，似羊肚状，小凹坑形状不规则至近圆形，宽 4~12 mm，肉黄色或淡黄褐色；棱脊不规则交叉，色较浅。菌柄色较浅，浅肉色或近白色，长 5~8 cm，直径 2~4 cm，有浅纵沟，基部稍膨大，空心。

分布与生境：全国各省区均产，发于晚春至夏初，生于竹林、阔叶林、林缘空旷处草丛中，散生或群生。世界广泛分布。

食疗保健与药用功能：菌体味甘，性平，有益肠胃、化痰理气、抗肿瘤之功效，适用于消化不良、痰多气短、肿瘤等病症。

食用部位与食用方法：世界性著名的美味食用真菌，肉质脆嫩，香甜可口，成熟菌体鲜用，做主料或配料，炒食、炖肉或开汤。

6. 木耳 黑木耳（木耳科 Auriculariaceae）

Auricularia auricula-judae（Bull.）Quél.

识别要点： 菌体胶质，有弹性，褐红色、棕褐色至黑褐色，背面色浅并有细短绒毛，内面平滑，中间凹，往往呈耳状、叶状、杯状或花瓣状，宽 2~10 cm，厚 2 mm 左右。以侧生的短柄或狭细的附着部固着于基质上。干后强烈收缩变为硬的角质或近革质，黑色，湿润后可恢复原状。

分布与生境： 产黑龙江、吉林、辽宁、内蒙古、河北、山西、陕西、甘肃、河南、江苏、安徽、浙江、台湾、福建、江西、湖北、湖南、广东、海南、广西、贵州、四川、云南、西藏等省区，木生真菌，喜生栎树、柞树、榆树等阔叶树的腐木上，丛生，常屋瓦状叠生。日本及欧洲和北美洲有分布。

食疗保健与药用功能： 菌体味甘，性平，有补气养血、润肺止咳、止血、降血压、抗癌之功效，适用于气虚血亏、肺虚久咳、咯血、衄血、血痢、痔疮出血、妇女崩漏、高血压、癌症等病症。与鲜洋葱（切丝）、醋凉拌，常食可防或治动脉硬化。

食用部位与食用方法： 成熟菌体可食用，鲜用或干制后加水泡发均可，做主料或配料，可炒肉、开汤、炖肉、煮食、凉拌、烩等。

注意事项： 木耳在野外采摘时曾发生与形态相似的毒菌叶状耳盘菌［*Cordierites frondosa*（Kobay.）Korf］混合采摘食用而导致中毒的事故，或市场购买时混入叶状耳盘菌。叶状耳盘菌鲜时为黑色，干后变墨黑色，质地变脆而坚硬，口感苦涩，可以与鲜时多少带有褐色，干后硬而不脆，黑色，口感无苦涩味的木耳相区别。

叶状耳盘菌 1

叶状耳盘菌 2

7. 皱木耳 水木耳（木耳科 Auriculariaceae）

Auricularia delicata（Fr.）Henn.

识别要点：菌体杯状、耳状或浅碗状，胶质，长 1~12 cm，宽 1~15 cm；表面乳黄色至浅黄色，平滑，有无色细短绒毛；背面近白色或淡黄白色，有显著皱褶，形成网络状孔格，干后淡褐色或近黑色。无柄或有短柄。干后革质，湿润后可恢复原状。

分布与生境：产吉林、山西、台湾、福建、湖南、广东、海南、广西、贵州、四川、云南等省区，木生真菌，生于阔叶树卧木或腐朽木上，群生。日本及大洋洲、非洲和美洲有分布。

食疗保健与药用功能：菌体有补气养血、润肺止咳、止血、降血压、抗癌之功效，适用于气虚血亏、肺虚久咳、咯血、衄血、血痢、痔疮出血、妇女崩漏、高血压、癌症等病症。

食用部位与食用方法：成熟菌体可鲜用或干制后食用，较粗糙，做主料或配料，可炒食、煲汤、凉拌或炖食。

注意事项：皱木耳在野外采摘时曾发生与形态相似的毒菌叶状耳盘菌（见木耳页）混合采摘食用而导致中毒的事故，或市场购买时混入叶状耳盘菌。叶状耳盘菌鲜时为黑色，下表面粗糙，有棱纹和褶皱，干后变墨黑色，质地变脆而坚硬，口感苦涩，而皱木耳菌体下表面近白色或淡黄白色，有显著皱褶，干后革质，淡褐色或近黑色，口感无苦涩味，二者可以区分。

8. 毛木耳（木耳科 Auriculariaceae）

Auricularia polytricha（Mont.）Sacc.

识别要点：菌体胶质至带软骨质，较坚韧，初期杯状或碟状，渐变为耳状或叶状，边缘直伸或翻卷内屈呈波状，基部往往有皱褶，直径 2~15 cm；表面青褐色、浅茶褐色，长有浓密的绒毛；背面红褐色、紫红褐色或紫黑灰色。无柄或具短柄。干后硬而韧，淡紫褐色至紫黑色。

分布与生境：产黑龙江、吉林、辽宁、内蒙古、河北、山西、河南、陕西、甘肃、青海、山东、江苏、安徽、浙江、福建、台湾、江西、湖南、广东、海南、广西、贵州、四川、云南、西藏等省区，木生真菌，生于栎属、桑、构、杨、柳等阔叶林腐木上，群生。日本、印度、斯里兰卡、美国、澳大利亚及非洲和太平洋岛屿有分布。

食疗保健与药用功能：菌体味甘，性平，入肺、肾、肝经，有补气养血、润肺止咳、止血、降血压、抗癌之功效，适用于气虚血亏、肺虚久咳、咯血、衄血、血痢、痔疮出血、妇女崩漏、高血压、癌症等病症。

食用部位与食用方法：成熟菌体可鲜用或干制后食用，菌肉较粗，可做主料或配料，凉拌、炒食、煲汤或炖食。

注意事项：毛木耳在野外采摘时曾发生与形态相似的毒菌叶状耳盘菌（见木耳页）混合采摘食用而导致中毒的事故，或市场购买时混入叶状耳盘菌。叶状耳盘菌黑色至黑褐色，上表面近光滑，而毛木耳上表面青褐色或浅茶褐色，长有浓密的绒毛，二者容易区别。

9. 金耳（白耳科 Naematelіaceae）

Naematelia aurantialba（Bandoni & M. Zang）Millanes & Wedin

识别要点：菌体大型，半球形至不定形块状，全体呈脑状至分裂为数个具深沟槽而粗厚的裂瓣，直径3~12 cm，高2~8 cm，基部狭窄，干后缩小，坚硬，基本保持原状；鲜时表面橙黄色至橘黄色，干后橙黄色至金黄色；外层胶质，内部微白色肉质纤维状，宽窄不一，可从基部分枝直达顶部。瓣片实心，偶有中空。

分布与生境：产山西、福建、江西、湖北、四川、云南、西藏等省区，木生真菌，生于阔叶林及针、阔叶混交林中壳斗科朽木上，单生或群生。

食疗保健与药用功能：菌体味甘，性温中带寒，有化痰、止咳、定喘、调气、平肝阳之功效，适用于老年性咳嗽、气管炎、高血压等病症。

食用部位与食用方法：成熟菌体味佳，鲜食或干制后加水泡发食用均可，可炒食、煲汤、炖肉或凉拌。

10. 银耳 白木耳（银耳科 Tremellaceae）

Tremella fuciformis Berk.

识别要点： 菌体叶状，纯白色，胶质，半透明，光滑，柔软有弹性，直径 5~16 cm，由许多厚 2~3 mm 的波状卷曲瓣片组成，下部连合，形似绣球，基蒂黄色至淡橘黄色；干后基本保持原状，白色或带淡黄色，基蒂黄色，质硬而脆，湿润后可恢复原状。

分布与生境： 产吉林、山西、陕西、河南、江苏、安徽、浙江、台湾、福建、江西、湖北、湖南、广东、海南、广西、贵州、四川、云南、西藏等省区，木生真菌，多生于栎属阔叶树枯立木上或阔叶树倒死木上，散生或群生。亚洲东部至东南部、美洲和大洋洲有分布。

食疗保健与药用功能： 菌体味甘，性平，有滋补、生津、润肺、养胃之功效，适用于虚劳咳嗽、痰中带血、津少口渴、病后体虚、气短乏力等病症。

食用部位与食用方法： 成熟菌体可食，味美，鲜食或干制后加水泡发食用均可，做主料或配料，可煮食、做汤、炒食、做羹或加冰糖凉食。

11. 鸡油菌（鸡油菌科 Cantharellaceae）

Cantharellus cibarius Fr.

识别要点：菌盖初期稍凸起，后扁平，常中凹至漏斗状或喇叭形，直径 2.5~10 cm，边缘幼时内卷，常不规则瓣裂；表皮光滑或有白粉状物，橙黄色、杏黄色至蛋黄色；菌肉肉质，厚，蛋黄色，较坚硬。菌褶狭窄呈棱条状，稍稀疏，分叉，近于网状交织，向下延生至菌柄上。菌柄中生，圆柱形，直或稍弯，长 2~8 cm，直径 5~18 mm，表面近光滑，黄色，实心，罕中空，肉质至纤维质，上下大小一致或基部稍小，稀基部稍粗。

分布与生境：产辽宁、吉林、河北、河南、陕西、甘肃、江苏、安徽、浙江、福建、湖北、湖南、广东、海南、贵州、四川、云南等省区，夏、秋季节于阔叶林和混交林中地上单生、散生或群生。世界广泛分布。

食疗保健与药用功能：菌体味甘，性寒，有明目、润燥、益肠胃之功效，适用于视力下降、夜盲、眼干等维生素 A 缺乏症、呼吸道及消化道感染、皮肤干燥等病症。

食用部位与食用方法：著名美味食用真菌，成熟菌体可鲜用或干制后食用，做主料或配料，可炒食、炖肉或做汤。

12. 灵芝（灵芝菌科 Ganodermataceae）

Ganoderma lucidum（Leyss. ex Fr.）Karst.

识别要点： 成熟菌体木栓质。菌盖半球形至肾形，通常长 5~12 cm，宽 6~20 cm，厚 1~2 cm；盖面表皮红褐色，有漆样光泽，具不明显的环状棱纹和放射状细皱纹，边缘波状或平截，有棱纹；菌肉双层，上层近白色，下层浅褐色。菌管白色至淡褐色，管口小，圆形，4~6 个 /mm^2。菌柄侧生，稀偏生，圆柱形至扁平或不规则，通常与菌盖呈直角，色与盖面同，有漆光，皮壳坚硬。

分布与生境： 产北京、河北、山西、山东、陕西、河南、江苏、安徽、浙江、福建、台湾、江西、湖北、湖南、广东、海南、广西、贵州、四川、云南等省区，木生真菌，生于栎属或其他阔叶树干基部、干部或根部。朝鲜半岛、日本、印度及北美洲和大洋洲有分布。

食疗保健与药用功能： 菌体味甘，性平，归心、肺、肝、肾经，有补气安神、止咳平喘之功效，适用于心神不宁、失眠心悸、肺虚咳喘、虚劳短气、不思饮食等病症。

食用部位与食用方法： 成熟菌体鲜用或干制后食用，切或撕成条状后炖食。

13. 牛舌菌（牛舌菌科 Fistulinaceae）

Fistulina hepatica Fr.

识别要点： 菌体肉质，近匙形，似牛舌状，直径5~13 cm。有短柄，红褐色或血红色，成熟后变为暗褐色，从基部至盖缘具有放射状深红褐色花纹，黏，粗糙。菌管长1~2 cm，初期白色，后为淡红色，管孔近白色，后为肉色，受伤处为浅褐色或浅锈色。菌肉淡红色，厚1~3 cm，纵切面有纤维状分叉的深红色花纹，软而多汁。

分布与生境： 产甘肃、宁夏、浙江、福建、台湾、广东、广西、贵州、四川、云南等省区，木生真菌，生于阔叶林的树干或腐木上。日本及欧洲和北美洲有分布。

食疗保健与药用功能： 菌体有抗炎化积、抗癌之功效，适用于治疗胃肠炎，减少胆固醇累积，降血压，补血，以及防治坏血病、癌症等病症。

食用部位与食用方法： 成熟菌体肉质细嫩，滑腻松软，味道鲜美，可鲜用或干制后食用，做主料或配料，可炒食或炖食。

14. 茯苓（拟层孔菌科 Fomitopsidaceae）

Wolfiporia hoelen（Fr.）Y. C. Dai & V. Papp.

识别要点：该菌形成的菌核生于地下松树根上，在地面难见。菌核圆球形、椭球形、卵球形、扁球形、长球形、不规则形等，大小不等，0.5~10 kg，表面多少具皱，黄褐色、棕褐色至黑褐色，坚实，内部白色、淡紫色或淡粉红色。子实体平铺于菌核的表面，厚 3~40 cm，初为白色，老后或干后变为淡黄色。菌管的管口多角形，蜂窝状，大小不等，老时管口呈齿状。

分布与生境：产陕西、甘肃、河北、山西、山东、河南、江苏、安徽、浙江、福建、台湾、湖北、湖南、广东、广西、贵州、四川、云南等省区，主要生于松树（松属植物）根上。

食疗保健与药用功能：菌体味甘、淡，性平，归心、肺、脾、肾经，有利水渗湿、益脾和胃、宁心安神之功效，适用于小便不利、水肿胀满、痰饮咳逆、呕吐、脾虚食少、泄泻、遗精白浊、心悸不安、失眠健忘等病症。

食用部位与食用方法：食用真菌，成熟菌体可鲜用或干制后食用，做主料或配料，炒食、炖食或开汤。

15. 猴头菌 猴头菇（猴头菌科 Hericiaceae）

Hericium erinaceus（Bull. ex Fr.）Pers.

识别要点：成熟菌体团块状，外形似猴头，基部侧生悬垂于树干上，鲜时白色，肉质，稍柔软，横径 6~12 cm，长径 5~20 cm，干后乳黄色或淡褐色。菌针白色，覆盖于菌体表面的中部和下部，干时收缩，变为淡黄褐色，性脆，篦齿状或长针状，针长 2~6 cm，刚直，柔韧性，基部愈合，末端尖锐；菌肉均匀，淀粉质。

分布与生境：产黑龙江、吉林、辽宁、陕西、甘肃、内蒙古、河北、山西、山东、河南、陕西、甘肃、青海、安徽、浙江、福建、台湾、江西、湖北、湖南、广东、广西、贵州、四川、云南及西藏等省区，木生真菌，生栎属、胡桃属等阔叶树朽木上或枯立木腐朽处，单生或散生。日本及欧洲和北美洲有分布。

食疗保健与药用功能：菌体味甘，性平，归脾、胃、心经，有健脾养胃、安神、抗癌之功效，适用于体虚乏力、消化不良、失眠、胃与十二指肠溃疡、慢性胃炎、消化道肿瘤等病症。

食用部位与食用方法：美味食用菌，是昔日贡品，历有“山珍猴头”之称，成熟菌体可做主料或配料，炒肉、炖食或做汤。

16. 干巴菌 （革菌科 Thelephoraceae）

Thelephora ganbajun M. Zang.

识别要点： 菌体漏斗状，软栓质或近革质，由多瓣片状的菌盖在中部重叠呈莲座状，宽 3~5 cm，高 3~6 cm。菌盖向上弯，边缘波状或不规则锯齿状；表皮黄色、淡黄褐色、灰褐色或黑褐色，基部近黑色，上有纤毛及辐射状棱纹；菌肉灰白色，具特殊香味；背面淡咖啡色、褐色或紫色。基部近无柄。

分布与生境： 产陕西、青海、江苏、安徽、浙江、福建、台湾、江西、湖南、广东、海南、四川、云南等省区，夏、秋季节生林中地上。

食疗保健与药用功能： 菌体味甘，性平，有祛风散寒、舒筋活络之功效，适用于风湿性关节炎等病症，是制造“舒筋丸”的重要原料。

食用部位与食用方法： 采集成熟菌体，洗净后剁碎，可与辣椒、肉炒食，风味独特。

17. 双孢蘑菇 口蘑 （蘑菇科 Agaricaceae）

Agaricus bisporus（J. E. Lange）Imbach

识别要点： 菌盖初期半球形，后期平展，宽 5~12 cm，初期边缘内卷；表皮白色，光滑，略干渐变为淡灰色；菌肉白色，厚，伤后略变为淡红色，具蘑菇特有的气味。菌褶稠密，窄，离生，不等长。菌柄粗壮，白色，近圆柱形，长 4.5~9 cm，直径 1.5~3.5 cm，表面光滑，内部松软或中实。菌环单层，白色，膜质，生于菌柄中部，易脱落。

分布与生境： 全球广泛栽培，野生分布极广，秋季雨后生于林地、草地、田野、公园或路边。

食疗保健与药用功能： 菌体有健脾开胃、平肝提神、降血压之功效，适用于饮食不消、纳呆、乳汁不足、高血压、神倦欲眠等病症。

食用部位与食用方法： 成熟菌体肉质肥厚、味鲜可口，可鲜用或干制后食用，做主料或配料，可炒食、煲汤或炖肉。

18. 毛头鬼伞（蘑菇科 Agaricaceae）

Coprinus comatus（Mull. ex Fr.）Pers.

识别要点：菌体肉质，菌盖初期圆柱状，直径 3~5 cm，长达 6~11 cm，后呈钟状，最后平展，表面初期为灰白色，后期色渐深，浅褐色至褐色；菌盖表面初期光滑，随着菌盖长大而裂为许多平伏反卷的较大鳞片，菌盖边缘有细条纹，有时呈粉红色；菌肉白色，中部较厚，边缘渐薄。菌褶密，初白色，渐变灰色，最后为黑色，并与菌盖边缘一起自溶为黑色墨汁状。菌柄细长，圆柱状，向下渐粗，基部稍膨大，长 2~25 cm，直径 1~2 cm，白色，中空。在菌柄上有白色膜质菌环，后期可上下移动，容易脱落。

分布与生境：产黑龙江、吉林、辽宁、河北、山西、甘肃、青海、江苏、云南、西藏等省区，春、夏、秋三季生于田野、路边、公园、菜园等处的草地上或院落疏松的肥土上，单生或群生。

食疗保健与药用功能：菌体有益胃、清神、治痔疮之功效，适用于食欲不振、神疲乏力、痔疮等病症。

食用部位与食用方法：菌体味鲜美，营养丰富，含有人体必需的 8 种氨基酸，菌体可鲜用，做主料或配料，可炒食或做汤。

注意事项：食用前后不能饮酒，否则产生毒性。菌体成熟时菌盖完全开伞，菌褶变黑，随后菌盖变软自溶液化，成为墨汁状液体，此时也不能食用。

19. 香菇（类脐菇科 Omphalotaceae）

Lentinula edodes(Berk.)Pegler

识别要点： 菌盖扁半球形，宽3~12 cm，中部脐状至漏斗形，后渐平展；表皮红褐色、暗紫色至深赤褐色，被污白色脱落性鳞片，具龟裂菊花条纹；菌肉白色，近菌柄处厚3~8 mm，周边较薄。菌褶白色，密，弯生，不等长，基部与菌柄相连并下延。菌柄中生或偏生，近圆柱形或稍扁，长3~5 cm，直径0.5~1.8 cm，上部近白色或浅褐色，下部褐色，半肉质，较坚韧，实心，常弯曲，菌环以下往往覆有细鳞片。菌环窄，膜状，易消失。

分布与生境： 产黑龙江、吉林、辽宁、陕西、甘肃、江苏、安徽、浙江、台湾、福建、江西、湖北、湖南、广东、海南、广西、贵州、四川、云南等省区，木生真菌，喜生槲、栎、栗树等阔叶树树干、倒木或朽木上，散生、群生或丛生。朝鲜半岛和日本有分布。

食疗保健与药用功能： 菌体味甘，性平，有扶正补虚、健脾开胃、祛风透疹、化痰理气、解毒、抗癌之功效，适用于正气衰弱、神倦乏力、消化不良、贫血、佝偻病、高血压、高血脂、慢性肝炎、盗汗、小便不禁、水肿、麻疹透发不畅、荨麻疹、肿瘤等病症。

食用部位与食用方法： 成熟菌体有香气，味美，可鲜用或干制食用，做主料或配料，炒食、炖食、做汤或做馅食用。

20. 蜜环菌 榛蘑（泡头菌科 Physalacriaceae）

Armillaria mellea（Vahl）P. Kumm.

识别要点： 菌盖肉质，初卵形至扁半球形，后渐平展，宽 4 ~ 14 cm，中部凸或中部稍凹，边缘内折；表面淡蜜黄色、浅土黄色、淡黄褐色或栗褐色，被深色小鳞片且中央密集，滑润，稍黏，老熟后边缘有放射状条纹，色较中部浅；菌肉近白色或微浅黄色，较薄，老熟后变淡黄褐色或灰白色。菌褶灰白色或稍带肉粉色，与菌柄直生或至延生，后期变污黄白色至浅肉桂色，褶片宽 5 ~ 8 mm，不等长。菌柄纤维状肉质，内部近白色，圆柱形，中间松软，老熟后中空，长 4 ~ 15 cm，直径 0.5 ~ 1.8 cm，基部膨大，各菌柄基部往往相连，菌环以下呈浅褐色至黄褐色，菌环以上近白色或淡褐色。菌环生于菌柄上部，双层，膜质，近白色至奶油色。

分布与生境： 产黑龙江、吉林、辽宁、内蒙古、河北、山西、陕西、甘肃、青海、新疆、江苏、安徽、浙江、福建、湖南、广西、贵州、四川、云南、西藏等省区，木生真菌，夏、秋季丛生于阔叶树树干基部、根部、伐桩上、立木干基部朽木上或倒木上，以榛子树下最多。日本、爪哇岛、俄罗斯西伯利亚地区、欧洲、北美洲、大洋洲有分布。

食疗保健与药用功能： 菌体味甘，性寒，有息风平肝、祛风通络、强筋壮骨之功效，适用于头晕头痛、失眠、四肢麻木、腰腿痛、冠心病、高血压、癫痫等病症。

食用部位与食用方法： 美味食用真菌，成熟菌体可鲜用或干制后食用，做主料或配料，炒食、煲汤或炖肉。

21. 金顶侧耳（侧耳科 Pleurolaceae）

Pleurotus citrinopileatus Singer

识别要点： 菌盖漏斗形，覆瓦状重叠，直径3~10 cm，表面草黄色至鲜艳黄色，光滑，边缘内卷；菌肉白色。菌褶白色或带浅粉红色，密，不等长，与菌柄延生，不分叉。菌柄偏生，白色，长2~10 cm，直径0.5~1.3 cm，基部常彼此相连，实心。

分布与生境： 产黑龙江、吉林、河北、内蒙古、广东、香港及西藏，秋季生于榆树、栎树等阔叶树倒木上，群生至丛生。

食疗保健与药用功能： 菌体有滋补强壮之功效，适用于虚弱、阳痿、痢疾等病症。

食用部位与食用方法： 菌体味鲜香，做主料或配料，可炒食或做汤。

22. 糙皮侧耳 平菇（侧耳科 Pleurotaceae）

Pleurotus ostreatus（Jacq. ex Fr.）Quél.

识别要点： 菌盖扇形、贝壳形或圆形，中央凹如浅碟状，直径4~21 cm；表皮光滑，湿时有滑感，白色、灰白色、鼠灰色、青灰色至浅黄白色，有条纹，边缘常稍内折；菌肉白色，厚至较薄，肉质，柔软，韧，吸水性强。菌褶白色、污白色，不等长，稍密至稍稀，与菌柄延生，有时在菌柄上稍交织成网脉状。菌柄偏生或侧生，短或近于无柄，稀有近中央生，长1~5 cm，直径1~2 cm，有时基部彼此愈合，白色，实心，坚韧，基部常有白色绒毛。

分布与生境： 产黑龙江、吉林、辽宁、陕西、新疆、内蒙古、山西、河北、河南、江苏、福建、台湾、湖南、贵州、四川、云南、西藏等省区，木生真菌，生于白杨、柳、桑、构树等多种阔叶树朽木上、朽树桩上及立木腐朽处，散生、群生或覆瓦状丛生。日本及欧洲和北美洲有分布。

食疗保健与药用功能： 菌体味甘，性温，有追风散寒、舒筋活络、补肾壮阳之功效，适用于腰腿疼痛、手足麻木、筋络不适、阳痿遗精、腰膝无力等病症。

食用部位与食用方法： 美味食用真菌，成熟菌体鲜用，做主料或配料，炒食、做汤或炖肉。

23. 革质红菇 大红菇（红菇科 Russulaceae）

Russula alutacea（Fr.）Fr.

识别要点：菌盖幼时扁球形，后渐平展而中部下凹，直径 6~16 cm，深苋菜红色、鲜紫红色或暗紫红色，表面光滑，湿时黏，边缘平滑或有不明显条纹；菌肉白色，较薄。菌褶幼嫩时乳白色，成熟后变浅黄色或淡赭黄色，直生或近延生，少数在基部分叉，褶间有横脉，褶之前缘常带红色，等长或近等长。菌柄近圆柱形，长 3.5~13 cm，直径 1.5~3.5 cm，白色，常于上部或一侧带粉红色，或全部粉红色而向下渐淡，光滑，内部松软。

分布与生境：产黑龙江、吉林、河北、陕西、甘肃、江苏、安徽、福建、广东、广西、贵州、四川、云南、西藏等省区，外生菌根真菌，夏、秋季于混交林中地上散生或群生。

食疗保健与药用功能：菌体有祛风寒湿、舒筋活络之功效，可制成“舒筋散”，适用于腰腿疼痛、手足麻木、筋骨不适、四肢抽搐等病症。

食用部位与食用方法：成熟菌体可鲜用或干制后食用，做主料或配料，可炒食、炖食或做汤。

24. 变绿红菇 青头菌（红菇科 Russulaceae）

Russula virescens（Schaeff. ex Zented.）Fr.

识别要点：菌盖幼时呈球形，后渐伸展，呈扁半球形，中央稍凹或呈浅漏斗状，直径 3~12 cm，边缘有棱纹；表皮浅绿色至暗绿色，不黏，常龟裂呈不规则的块状小斑；菌肉白色，质脆，稍致密，无异味。菌褶白色，近等长，较密，褶间具横脉，与菌柄近直生或离生。菌柄圆柱形，实心，松软，长 2~9 cm，直径 1~3 cm，白色，光滑。

分布与生境：产黑龙江、吉林、辽宁、甘肃、山东、河南、江苏、浙江、福建、湖南、广东、海南、广西、贵州、四川、云南、西藏等省区，多发于夏、秋季节，生于针叶林或针、阔叶混交林中地上，散生或群生，常与栎类树木形成外生菌根。日本及非洲和北美洲有分布。

食疗保健与药用功能：菌体味甘，性寒，有清热明目、泻肝火、舒筋活络之功效，适用于眼目不明、内热、妇女气郁等病症。

食用部位与食用方法：美味食用真菌，成熟菌体可鲜用或干制后食用，做主料或配料，炒食、与肉类炖食或做汤。

25. 松口蘑 松茸（口蘑科 Tricholomataceae）

Tricholoma matsutake（S. Ito & S. Imai）Singer

识别要点： 菌体中等至较大。菌盖扁球形至近平展，直径 5~15 cm；表皮干燥，污白色，具黄褐色至栗褐色平伏的纤毛状鳞片；菌肉白色而厚。菌褶白色或稍带乳黄色，较密，弯生，不等长。菌柄柱状，中生，较粗壮，长 6~13 cm，直径 2~2.5 cm，菌环以上污白色并有粉粒，菌环以下具栗褐色纤毛状鳞片，实心，基部稍膨大。菌环生于菌柄上部，丝膜状。

分布与生境： 产黑龙江、吉林、辽宁、内蒙古、山西、安徽、台湾、贵州、四川、云南、西藏等省区，秋季生松林或针、阔叶混交林地上，群生或散生，也可形成蘑菇圈，并常和松树形成外生菌根。

食疗保健与药用功能： 菌体味甘，性平，有舒筋活络、理气化痰、利湿去浊之功效，适用于腰腿疼痛、手足麻木、经络不舒、痰多气短、小便淋浊等病症。

食用部位与食用方法： 有"菌中之王"美誉的著名食用菌，夏季、秋季采集成熟菌体，可鲜用或干制食用，做主料或配料，炒食、炖食、做汤或做馅食用。

26. 棕灰口蘑（口蘑科 Tricholomataceae）

Tricholoma terreum(Schaeff. ex Fr.) Kummer

识别要点：菌体伞状，菌盖半球形至平展，直径 2~9 cm，中部稍凸起，灰褐色至褐灰色，干燥，具暗灰褐色纤毛状小鳞片，老后边缘开裂；菌肉白色，稍厚，无明显气味。菌褶白色变灰色，稍密，弯生，不等长。菌柄柱状，长 2.5~8 cm，直径 1~2 cm，无菌环，白色至污白色，有细软毛，内部松软至中空，基部稍膨大。

分布与生境：产黑龙江、辽宁、甘肃、青海、河北、河南、山西、江苏、湖南等省区，秋季在松树林或混交林中地上群生或散生，与松、云杉、山毛榉等多种树木形成外生菌根。

食疗保健与药用功能：菌体有滋阴、润燥、补肾之功效，适用于瘦弱、干咳、食欲不振、便秘等病症。

食用部位与食用方法：成熟菌体味香，可鲜用、干制或盐渍后食用，做主料或配料，可炒食或做汤。

注意事项：该种鲜品有低含量的毒素成分，正常食用量不足以造成中毒反应，建议充分烹饪后食用。

27. 美味牛肝菌（牛肝菌科 Boletaceae）

Boletus edulis Bull. ex Fr.

识别要点：菌盖初期半球形，后期近于中央凸而周围平展，菌盖平坦，宽 8~25 cm，表面淡褐色、淡褐黄色、赭褐色或淡肉桂色，色泽变化幅度较大，深浅变化多，潮湿时微黏而不滑，后期干燥，偶有裂纹；菌盖肉厚 2~4 cm，肉质脆，白色，近盖处或微红，伤后不变色，生尝肉微甜，味清香，有坚果清香气。菌孔单孔，菌管口淡白色，20~30 孔 /cm^2，近圆形或不规则圆形，伤后呈黄绿色或污绿色，有时微呈褐红色；管长 1~2 cm，初乳白色，伤后呈污茶色。菌柄长 10~18 cm，直径 2~4 cm，基部粗大，肉白色，实心，伤后不变色，表面有明显网纹，凸出的脊脉多为褐色或肉桂色，网眼白色，中上部网络明显，纤细，基部菌丝白色。

分布与生境：产黑龙江、吉林、内蒙古、河南、陕西、浙江、安徽、福建、台湾、广东、贵州、四川、云南、西藏等省区，夏、秋季单生或散生于针、阔叶混交林中地上，或与多种树木形成外生菌根。世界性广泛分布。

食疗保健与药用功能：菌体有祛风散寒、补虚止带之功效，适用于风湿痹痛、手足麻木、白带异常、不孕症等病症。

食用部位与食用方法：优良野生食用菌，肉厚而细，味鲜美，成熟菌体可鲜用或干制后食用，做主料或配料，可炒食、炖食或做汤。

28. 点柄乳牛肝菌（乳牛肝菌科 Suillaceae）

Suillus granulatus（L.）Roussel

识别要点： 菌体伞状，菌盖初期扁半球形，成熟后近平展，直径 4~12 cm，表面淡黄色、浅褐色至红褐色，鲜时表面湿时很黏，干后有光泽；菌肉近菌柄处厚 1.4~2 cm，白色或淡黄色，伤后不变色。菌管直生或稍延生，管口多角形，表面淡黄色至黄色，有乳白色乳汁。菌柄中生，圆柱状，通常稍有弯曲，长 3~10 cm，直径 0.8~1.6 cm，淡黄色至黄褐色，顶端偶有网纹，上部一半表面具腺点，或菌柄全部表面具腺点，实心。

分布与生境： 产黑龙江、吉林、辽宁、河北、山西、山东、江苏、安徽、浙江、台湾、河南、湖北、湖南、广西、贵州、云南等省区，夏、秋季散生、群生或丛生于松树林和混交林中地上，与多种树木形成外生菌根。

食疗保健与药用功能： 菌体性温，味甘，有追风散寒、舒筋活络之功效，可用于治疗大骨节病。

食用部位与食用方法： 成熟菌体可鲜用或干制后食用，做主料或配料，可炒食、炖食或做汤。

注意事项： 本种食用时需充分烹饪做熟，否则可能导致肠胃炎中毒。

29. 厚环乳牛肝菌（乳牛肝菌科 Suillaceae）

Suillus grevillei（Kl.）Sing.

识别要点：菌体伞状，菌盖初期扁半球形，后期中央凸起而周围平展，直径 4~10 cm，表面赤褐色或栗褐色，表面黏；菌盖肉淡黄色。菌管直生至近延生，淡灰色或淡褐黄色，受伤时变为淡紫红色或带褐色；管口多角形，部分为复式。菌柄圆柱状，上下等粗或基部稍细，顶端有网纹，上部具菌环。

分布与生境：产黑龙江、吉林、辽宁、陕西等省区，秋季单生、群生或丛生于落叶松林中地上，与松科植物形成外生菌根。

食疗保健与药用功能：菌体性温，味甘，适用于腰腿疼痛、手足麻木等病症。

食用部位与食用方法：成熟菌体可鲜用或干制后食用，做主料或配料，可炒食、炖食或做汤。

注意事项：本种食用时需充分烹饪做熟，否则可能导致肠胃炎中毒。

30. 短裙竹荪（鬼笔科 Phallaceae）

Dictyophora duplicata（Bosc.）Fisch.

识别要点： 菌蕾近球形或卵球形，直径 4~5 cm，污白色至污粉红色。菌盖钟形至圆锥形，高 3.5~5 cm，宽 3~4.5 cm，顶端平截，有一穿孔，四周有显著凹陷白色网格，表面有臭黏液。菌裙网状，白色至乳白色，从菌盖处下垂，长 6~7 cm，网眼不规则多角形；菌裙直径 0.6~1.5 cm，边缘的网眼较小。菌柄中生，圆筒形，中空，长 8~18 cm，直径 2~4 cm，白色，海绵质。菌托近球形，近白色至粉灰色，表面有紫红色至紫红褐色块状鳞片。

分布与生境： 产黑龙江、吉林、辽宁、河北、山西、江苏、浙江、福建、湖南、广东、广西、贵州、四川、云南等省区，夏、秋季雨后生于竹林或树林中地上，常围绕死树基部周围或腐殖土上单生至群生。亚洲、欧洲和美洲有分布。

食疗保健与药用功能： 菌体有补气养阴、润肺止咳、清热利湿之功效，适用于肺虚热咳、喉炎、痢疾、高血压、高血脂等病症。

食用部位与食用方法： 美味食用真菌，成熟菌体可鲜用或干制后食用，做主料或配料，炖或做汤。

注意事项： 短裙竹荪在野外采摘时曾发生与形态相似的毒菌黄裙竹荪（*Dictyophora multicolor* Berk. & Broome）混合采摘食用而导致中毒的事故，或市场购买时混入黄裙竹荪。黄裙竹荪鲜时菌体黄色，干后淡黄色，易于与菌体白色的短裙竹荪相区别。

黄裙竹荪

31. 长裙竹荪 竹荪（鬼笔科 Phallaceae）

Dictyophora indusiata（Vent. ex Pers.）Fisch.

识别要点：菌蕾球形或卵球形，直径 3~5 cm，近白色至灰色，成熟时包被破裂伸出笔形孢托。菌盖钟形或近圆锥形，高、宽各 2.5~5.5 cm，表面显著网状，表面附有暗绿色的恶臭黏液，顶部平，有穿孔。菌裙白色，膜质，生菌柄中上部，长 10~12 cm，从菌盖下垂长达菌柄基部，下缘口径 8~20 cm，网格状，网眼多角形，直径 0.8~1.5 cm。菌柄白色，圆筒形，中空，壁海绵状，长 9~20 cm，基部直径 2~5 cm，向上渐细。菌托鞘状蛋形，粉红色至紫红色，膜质。

分布与生境：产河北、江苏、安徽、浙江、台湾、福建、江西、湖南、广东、海南、广西、贵州、四川、云南等省区，生竹林或阔叶林中地下落叶层上，单生或群生。亚洲东部、非洲、大洋洲和美洲有分布。

食疗保健与药用功能：菌体有镇痛、补气、止咳、降血压、抗肿瘤之功效，适用于劳伤、虚弱、咳嗽、痢疾、肿瘤等病症。

食用部位与食用方法：美味珍贵食用真菌，成熟菌体可鲜用或干制后食用，做主料或配料，炖食或做汤。

注意事项：长裙竹荪在野外采摘时曾发生与形态相似的毒菌黄裙竹荪（见短裙竹荪页）混合采摘食用而导致中毒的事故，或市场购买时混入黄裙竹荪。黄裙竹荪鲜时菌体黄色，干后淡黄色，易于与菌体白色的长裙竹荪相区别。

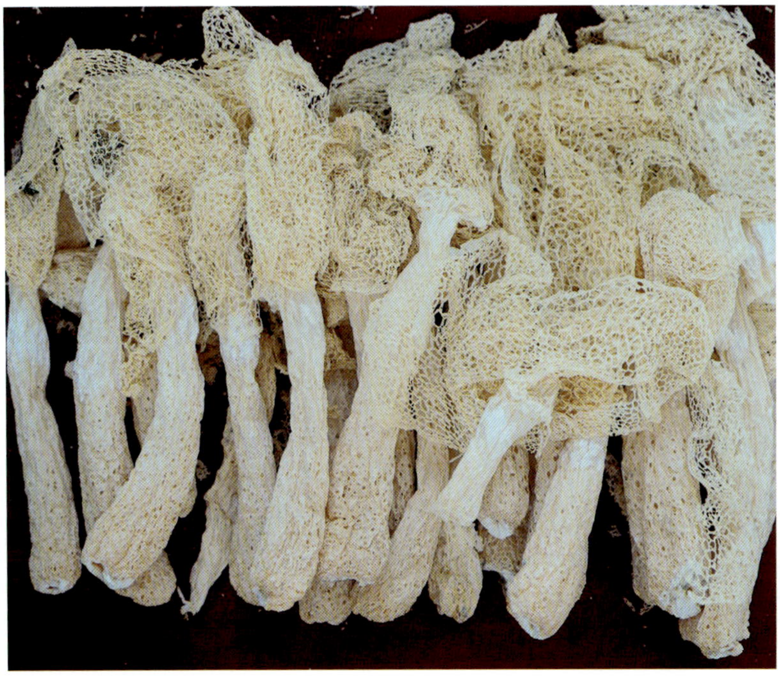

32. 石耳 岩耳、石木耳（石耳科 Umbilicariaceae）

Umbilicaria esculenta（Miyoshi）Minks

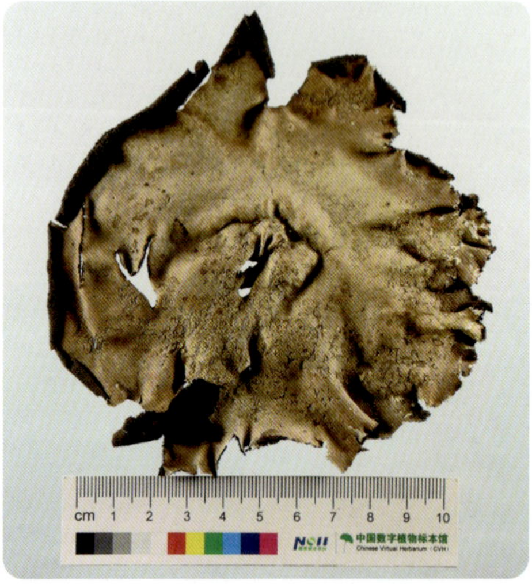

识别要点： 片状体，厚膜质；幼小时近圆形，边缘浅裂；长大后椭圆形，直径 8~18 cm，不规则波状起伏，边缘不规则浅裂；片状体上常有小孔，假根从孔中伸向上表面；上表面微灰棕色、浅棕色或褐色，平滑或有剥落屑状小片；下表面灰棕黑色至黑色。脐背突起，表面皱缩成脑状网纹或数条脉脊；脐表灰色，杂有黑色。假根珊瑚状分枝，组成浓密的绒毡层或结成团块状，覆盖于片状体的下表面。地衣体干燥时脆而易碎，折断面可见明显的黑白二层。

分布与生境： 产黑龙江、吉林、辽宁、安徽、浙江、福建、江西、湖北、湖南、广西、云南等省区，生山地向阳悬崖峭壁上或岩石表面。

食疗保健与药用功能： 片状体味甘，性平，有清热止血、利尿、解毒之功效，适用于淋证、带下病、痢疾、外伤出血、烧伤、烫伤、毒蛇咬伤等病症。

食用部位与食用方法： 可与莲子、桂圆、红枣、白糖等一起做羹汤，或与鸡等肉类炖食，或用水充分泡发后炒食。

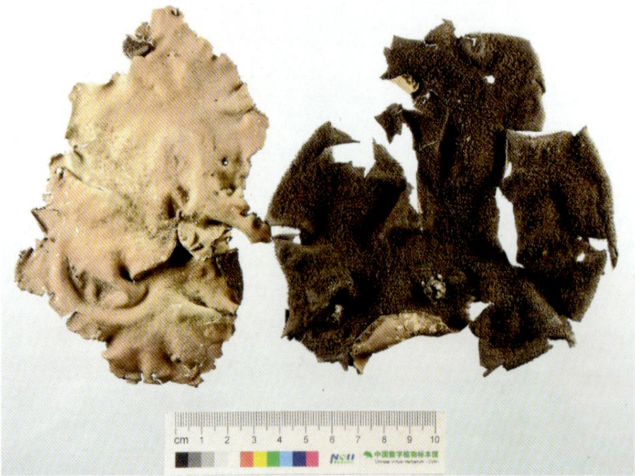

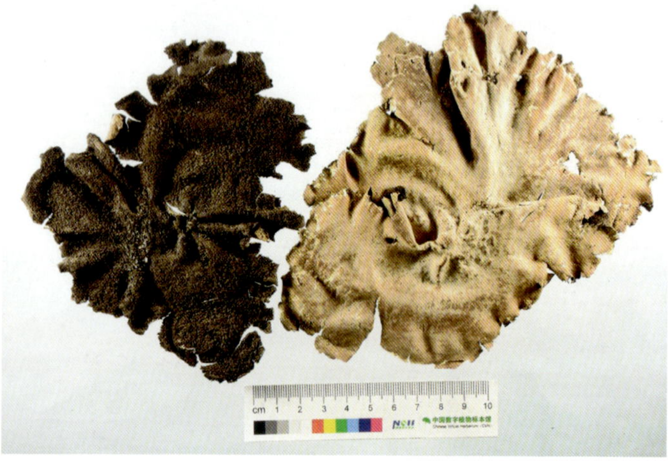

全世界有超过 15 000 种大型真菌，形态和成分都具有多样性，辨别它们是否有毒需要专业知识，仅通过颜色、生长环境、菌环、大蒜煮等辨别毒蘑菇的方法都是错误的，并非这些简单方法和特定经验所能完成。对于不认识的野生菌，唯一安全的办法是绝对不要采食。

二、药食两用藻类

藻类是无根、茎、叶分化，有光合作用色素，能独立生活的自养植物。在藻类中，蓝藻（原核藻类）、绿藻（草绿色的藻类）、红藻（红色、暗红色和紫色的藻类）、褐藻（黄褐色或深褐色的藻类）中的部分野生种类有药食两用功能。

1. 地木耳 地皮菜、地耳（念珠藻科 Nostocaceae）

Nostoc commune Vaucher ex Bornet & Flahault

识别要点：藻体初为胶质球形，后扩展成片状，有时不规则裂开，宽可达 10 cm，状如胶质皮膜，常有穿孔的膜状物或革状物，有时出现不规则的卷曲，形似木耳，湿时藻体呈暗橄榄色或茶褐色，干后呈黄褐色、黑褐色或黑色，状如胶质皮膜。

分布与生境：广泛分布于世界各地，生于山丘和平原的岩石、沙石、沙土、草地、田埂及近水堤岸上，多生长在干净潮湿的草地土壤表面，或混生在杂草基部的茎叶间、大树基部或苔藓植物群中，通常在雷阵雨后的田间草丛长出。

食疗保健与药用功能：藻体味甘，性凉，入肝经，全藻体有清热明目、益气收敛之功效，适用于目赤红肿、夜盲、久痢脱肛、烧伤、烫伤等病症。

食用部位与食用方法：在雨后大面积生长时采集整个藻体，经挑除杂质、用水洗净后，可做汤、做馅、炒食（炒鸡蛋、炒韭菜）、凉拌（萝卜丝、土豆丝）等，或晒干备用。

2. 软丝藻（丝藻科 Ulotrichaceae）

Ulothrix flacca（Dillwyn）Thuret

识别要点： 绿藻，藻体鲜绿色或暗绿色，质软，为一不分枝的丝状体。

分布与生境： 冷温性种类，广泛分布种，辽宁、山东沿海常见，丛生于潮间带上部，紧密附着在岩石上。

食疗保健与药用功能： 藻体味咸，性寒，全藻体有软坚散结、清热利尿之功效，适用于水肿、咳嗽痰结等病症。

食用部位与食用方法： 油煎食用。

3. 礁膜 青苔菜、石菜、地雷皮（礁膜科 Monostromataceae）

Monostroma nitedium Wittr.

识别要点： 绿藻，藻体黄绿色或淡黄绿色，为一层细胞构成，呈不规则裂片状，柔软黏滑有光泽，长 2～6（～15）cm。

分布与生境： 产西北太平洋，浙江、福建、台湾、广东、海南、广西沿海有分布，多生于平静的内湾潮间带上部，固着于岩石或有少量泥沙覆盖的岩礁上，多见于冬春季节。

食疗保健与药用功能： 藻体味咸，性寒，全藻体有清热化痰、软坚散结、利水解毒之功效，适用于咽喉痛、咳嗽痰结、水肿、小便不利等病症。

食用部位与食用方法： 将采集的藻体去杂洗净，可炒食做春饼，也可做汤。

4. 孔石莼 海白菜（石莼科 Ulvaceae）

Ulva pertusa Kjellman

识别要点： 绿藻，藻体草绿色至深绿色，膜质，片状，卵形至圆形，长 15~20 cm，边缘常略呈波状，藻体上有大小不等的圆孔。

分布与生境： 我国南北各地沿海有分布，生中、高潮带岩石上或石沼中。

食疗保健与药用功能： 藻体味甘，性平，无毒，全藻体有清热祛痰、软坚散结、利水解毒之功效，适用于咽喉痛、颈部淋巴结肿大、水肿、疮疖、瘿瘤等病症。

食用部位与食用方法： 采集藻体，经去杂洗净后，可做汤，或沸水焯后凉拌食用。

5. 浒苔（石莼科 Ulvaceae）

Ulva prolifera O. F. Müller

识别要点： 绿藻，藻体亮绿色至暗绿色，管状，中空，单条或多分枝，有明显的主干，基部常纤细呈丝状。

分布与生境： 温带广泛分布，黄海、渤海沿岸有分布，多生在潮间带中上部的岩石上或较隐蔽处的石沼中，喜欢生长在风平浪静的内湾。

食疗保健与药用功能： 藻体味咸，性寒，有小毒，全藻体有清热解毒、软坚散结之功效，适用于瘿瘤、瘰疬、痈肿、疮疖、食积、虫积等病症。

食用部位与食用方法： 可油煎后与春饼卷食，也可烘干后做调味品。

6. 刺松藻（松藻科 Codiaceae）

Codium fragile（Suringar）Hariot

识别要点：绿藻，藻体绿色至深绿色，圆柱状，海绵质，幼体被覆白色绒毛，长 10~30 cm；固着器盘状或皮壳状，自基部向上叉状分枝，分枝圆柱状，腋角狭，上部分枝较下部细，顶端钝圆，枝径 1.5~5 mm。

分布与生境：世界温带海洋广泛分布，黄海、渤海沿岸常见，生于潮间带中、下部或潮下带的岩石上或石沼中。

食疗保健与药用功能：藻体味甘、咸，性寒，全藻体有清热解毒、利尿、驱虫之功效，适用于水肿、小便不利、蛔虫病等病症。

食用部位与食用方法：洗净后和牡蛎、粉丝做成菜，或与面条一起食用，也可作为小豆腐和泡菜的原料。

7. 坛紫菜（红毛菜科 Bangiaceae）

Pyropia haitanensis（T. J. Chang & B. F. Zheng）N. Kikuchi & M. Miyata

识别要点：红藻，藻体片状，膜质，紫红色或略带褐色，披针形、近卵形或长卵形，高 12~28 cm，宽 2~8 cm；边缘无皱褶或稍有皱褶，具较稀疏的锯齿；基部较宽，心形，少圆形或楔形，有明显的短柄和圆盘形固着器。

分布与生境：产浙江、福建、广东、台湾海域沿岸，多生于风浪大的高潮带岩礁上。

食疗保健与药用功能：藻体味咸，性寒，全藻体有化痰软坚、清热利水、补肾养心之功效，适用于瘿瘤、咳嗽痰喘、高血压、湿性脚气等病症。

食用部位与食用方法：藻体可鲜用或干制后食用，用沸水焯后凉拌，或与其他菜一同炒食、开汤均可。

8. 条斑紫菜（红毛菜科 Bangiaceae）

Pyropia yezoensis（Ueda）M. S. Hwang & H. G. Choi

识别要点：红藻，藻体薄膜状，卵形或长卵形，暗棕红色、鲜紫红色微带蓝色，基部呈蓝绿色，体高12~70 cm，宽6~15 cm，边缘全缘，有皱褶，基部圆形或心形，固着器盘状。

分布与生境：产辽东半岛至福建沿海，生于潮间带、低潮带岩石上。韩国和日本有分布。

食疗保健与药用功能：藻体味甘、咸，性寒，全藻体有软坚散结、化痰、补肾、利水消肿之功效，适用于咳嗽痰喘、咽喉肿痛、高血压、肾虚所致的水肿、麻疹等病症。

食用部位与食用方法：藻体可鲜用或干制后食用，用沸水焯后凉拌，或与其他菜一同炒食、开汤均可。

9. 石花菜（石花菜科 Gelidiaceae）

Gelidium amansii（Lamouroux）Lamouroux

识别要点：多年生红藻，藻体紫红色或棕红色，扁平，软骨质，直立，单生或丛生，高10~30 cm，羽状分枝4~5次，互生或对生，分枝末端急尖，枝宽0.5~2 mm；下部枝扁压，两缘薄，上部枝近圆柱形或同下部枝；基部固着器假根状。

分布与生境：产辽宁、河北、山东、江苏、福建、台湾、广东等地沿海，生于大干潮线附近至水深6~10 m的海底岩石上，习见于外海区。韩国、日本、俄罗斯及印度洋有分布。

食疗保健与药用功能：藻体味甘、咸，性寒，全藻体有清热解毒之功效，适用于肠炎、肾盂肾炎等病症。

食用部位与食用方法：藻体透明，犹如胶冻，口感爽利脆嫩，可鲜用或干制后食用，用沸水焯后凉拌，或与其他菜一同炒食、开汤均可，或制成凉粉、果冻等。

10. 拟鸡毛菜（石花菜科 Gelidiaceae）

Pterocladiella capillacea（Gmelin）Santelices & Hommersand

识别要点：红藻，藻体紫红色，软骨质，直立，单生或丛生，呈金字塔形，高 5~15 cm，基部具缠结的匍匐状固着器，固着器上生 1 至数个直立的羽状分枝，羽状分枝的主轴伸至顶部；藻体下部轻度扁平，上部强烈扁平，扁平部宽可达 1.8 mm，顶端匙形或渐尖；规则地 2~3 次羽状分枝，小羽枝对生或互生，宽 1~2 mm，基部骤缩，末端钝头，主干与分枝间常呈直角，上部枝较密，下部枝略稀疏。

分布与生境：产辽宁、河北、山东、浙江、福建、台湾、广东等省海域沿岸，习见于大干潮线附近的岩礁上和中潮带石沼中的石块上。日本、越南和印度洋有分布。

食疗保健与药用功能：全藻体有化痰软坚、清热泻火之功效，适用于肺热干咳痰结、咽喉痛、慢性便秘等病症。

食用部位与食用方法：藻体可鲜用或干制后食用，用沸水焯后凉拌，或与其他菜一同炒食、开汤均可。

11. 海萝（内枝藻科 Endocladiaceae）

Gloiopeltis furcata（Postels & Ruprecht）J. Agardh

识别要点：红藻，藻体紫红色，胶质，丛生，高 4~15 cm，基部固着器盘状，固着器上生一短细的主茎，向上立即膨胀为近圆柱形枝，再不规则二叉状分枝，分枝处常缢缩；枝宽可达 4 mm，枝端钝形或渐细。藻体干后发脆，易破碎。

分布与生境：盛产于辽宁、河北、山东、江苏、浙江、福建、台湾、广东等省海域沿岸，多生长在中、高潮带下部的岩石上，常群生。朝鲜半岛、日本、俄罗斯、越南和美国有分布。

食疗保健与药用功能：藻体味咸，性寒，全藻体有清热、消食、化痰、祛湿、软坚散结之功效，适用于劳热、痰结、痔疮、风湿痛、关节酸痛等病症。

食用部位与食用方法：藻体可鲜用或干制后食用，用沸水焯后凉拌，或与其他菜一同炒食、和面蒸食、开汤均可。

12. 蜈蚣藻（海膜科 Halymeniaceae）

Grateloupia filicina（Lamouroux）C. Agardh

识别要点：红藻，藻体紫红色，黏滑，单生或丛生，直立，高 7~75 cm，基部固着器小盘状，主枝近圆柱形或扁平，直径 2~5 mm；2~3 次羽状分枝，下部分枝较长，小枝对生、互生或偏生，基部不缢缩，有的分枝在藻体表面生出，主枝实心。

分布与生境：我国南北沿海海岸均产，常生于高、中潮带岩石上、石沼中或泥沙滩上的沙石上。为世界性暖温带性海藻。

食疗保健与药用功能：藻体味咸，性寒，全藻有清热解毒、驱虫之功效，适用于泄泻、咽喉痛、蛔虫病等病症。

食用部位与食用方法：可煮食或干制后食用。

13. 舌状蜈蚣藻（海膜科 Halymeniaceae）

Grateloupia livida（Harvey）Yamada

识别要点：红藻，藻体深紫红色，直立，单生或丛生，高 10~25 cm，宽 0.5~2.5 cm，实心；叶片宽带状或稍宽，单条或叉状，边缘全缘或有小育枝，藻体下部渐尖成细柄状，有时两侧有羽状或叉状小枝。

分布与生境：产辽宁、浙江、台湾、福建、广东、海南等省海域沿岸，多生于高潮带附近岩礁上或低潮带石沼中。韩国、日本、越南和印度洋有分布。

食疗保健与药用功能：藻体味甘、咸，性寒，全藻体有清热解毒、驱虫之功效，适用于风热喉炎、肠炎、腹痛腹泻、湿热痢疾、蛔虫病等病症。

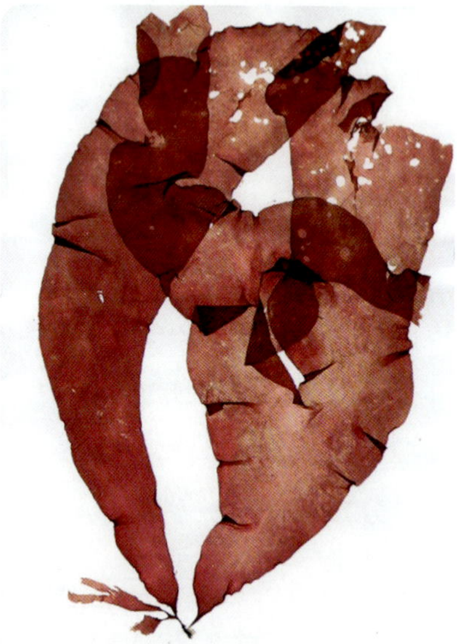

食用部位与食用方法：将藻体煮成胶液，可做清凉饮料。

14. 中间软刺藻（杉藻科 Gigartinaceae）

Chondracanthus intermedius（Suringar）Hommersand

识别要点：红藻，藻体暗红色，高1~2（~4.5）cm，软骨质；藻体伏卧，密密重叠成团块状，蔓延在岩石上；直立枝扁压，分枝为不规则的亚羽状，枝上部常弯曲，并扩展成亚披针形。

分布与生境：产我国南北沿海，生于中、低潮间带岩石上。

食疗保健与药用功能：全藻体有清热、和胃、通便之功效，适用于胃及十二指肠溃疡、慢性便秘等病症。

食用部位与食用方法：可与肉一起烧食，也可制成胶冻食用。

15. 角叉菜（杉藻科 Gigartinaceae）

Chondrus ocellatus Holmes

识别要点：红藻，藻体暗紫红色，常变绿色，膜质至肉质，直立，单生或丛生，扁平叶状，扇形，高达8 cm，固着器不规则盘状。主枝下部扁圆柱形，上部扁平；叉状分枝2~3次。

分布与生境：我国东南沿海有分布，生于中、低潮带岩石上、背阴处或风浪较小的堤坝上。

食疗保健与药用功能：藻体味甘、咸，性寒，全藻体有清热解毒、和胃通便之功效，适用于咽喉肿痛、跌打损伤、感冒寒热、腮腺炎、胃脘疼痛、肠燥便秘等病症。

食用部位与食用方法：采藻体，去杂洗净后，可做汤、炒食，或经沸水焯后凉拌食用。

16. 冻沙菜（沙菜科 Hypneaceae）

Hypnea japonica Tanaka

识别要点：红藻，藻体鲜红色或暗紫红色。软骨质，疏松缠结于其他大型海藻的藻体上，呈团块状，一般10～20 cm，二叉分枝或不规则的互生分枝，枝广开，腋角圆，有时从主干垂直分出，藻体上部的枝逐渐纤细。

分布与生境：产浙江以南沿海海域，生长在港湾内石块或贝壳上，或生长在潮下带数米深处的珊瑚或沙砾上，或缠结于马尾藻类等的藻体上，或在风浪较大的岩石上缠结形成团块状。

食疗保健与药用功能：全藻体有润肠通便之功效，适用于慢性便秘等病症。

食用部位与食用方法：加水熬煮成胶冻食用。

17. 龙须菜（江蓠科 Gracilariaceae）

Gracilariopsis lemaneiformis（Bory de Saint-Vincent）E. Y. Dawson, Acleto & Foldvik

识别要点：红藻，藻体红褐色，线性，圆柱形，丛生于盘状固着器上，高30～50 cm，分枝少，一般1～2次，藻体质地坚韧，不易折断。

分布与生境：温带广泛分布种，我国山东有野生种群，全国沿海有养殖，生长于潮间带或潮下带，半埋在沙地中。

食疗保健与药用功能：藻体味甘，性寒，全藻体有去内热、利小便之功效，适用于瘿结热气等病症。

食用部位与食用方法：藻体可凉拌、炒食或煮食。

18. 钩凝菜（仙菜科 Ceramiaceae）

Campylaephora hypnaeoides J. Agardh

识别要点：红藻，藻体暗红色或略带黄色，枝圆柱形，高 10~20 cm，直径约为 1 mm，固着器由假根形成，呈圆锥状。藻体缠结成团，主枝为不规则的叉状分枝，上部分枝往往偏向一侧，分枝顶端多少呈钩状屈曲，有时为镰刀形的弯钩，钩的尖端具有钳形小枝。

分布与生境：产辽宁、河北、山东沿海海域，生长在潮下带岩石上或附着在其他大型海藻上，互相钩卷，不易分清，形似一团乱发。西北太平洋广泛分布。

食疗保健与药用功能：全藻有润肠通便之功效，适用于慢性便秘等病症。

食用部位与食用方法：藻体煮食或凝固后食用。

19. 三叉仙菜（仙菜科 Ceramiaceae）

Ceramium kondoi Yendo

识别要点：红藻，藻体紫红色或淡红色，粗壮，丛生，直立，高 10~30 cm，固着器圆锥状、扁圆形。分枝繁盛，二叉、三叉或四叉分枝，分枝顶端为钳状。藻体有节，但不十分明显。

分布与生境：产我国南北各地沿海，生于潮下带的岩石或潮间带的石沼中，有时附生于其他大型海藻上。日本和朝鲜半岛有分布。

食疗保健与药用功能：全藻体有化痰、软坚散结、利尿之功效，适用于痰核瘰疬、慢性便秘等病症。

食用部位与食用方法：藻体和米汤煮成凝胶或制成仙菜食用。

20. 铁钉菜（铁钉菜科 Ishigeaceae）

Ishige okamurae Yendo

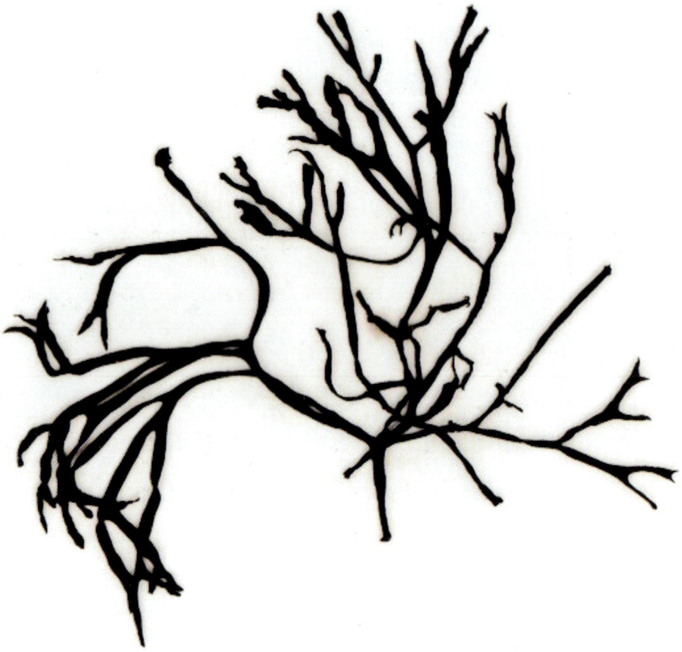

识别要点：褐藻，藻体黑褐色。圆柱状，软骨质，直立，丛生，高 4~12 cm，直径 1~1.5 mm；复叉状分枝，呈灌丛状，枝圆柱状，稍有棱角或扭曲，枝顶扁圆。

分布与生境：产浙江以南海域至广东、香港沿海，生于潮间带上部的岩石上。温带西太平洋区域有分布。

食疗保健与药用功能：藻体味咸，性寒，全藻体有软坚散结、清热解毒、祛痰之功效，适用于颈部淋巴结肿、甲状腺肿、喉炎等病症。

食用部位与食用方法：可与肉一起炖食，也可蒸煮后蘸酱油食用。

21. 萱藻（萱藻科 Scytosiphonaceae）

Scytosiphon lomentaria（Lyngbye）Link

识别要点：褐藻，藻体褐色至深褐色，单条，直立，高 20~50 cm，直径 2~5 mm，在小盘状的基部丛生，管状或有时扁压，节部一般缢缩，有时无节。

分布与生境：产黄海、渤海沿岸，生长于潮下带或潮间带的石沼中或岩石上，大干潮线下 1 m 深处的岩石上也有生长。北半球太平洋地区有分布。

食疗保健与药用功能：藻体味咸，性寒，全藻体有软坚散结、清热解毒、祛痰之功效，适用于瘿瘤、瘰疬、干咳、肺结核、咽喉痛等病症。

食用部位与食用方法：可包饺子或炒食，也可烘干后揉成粉末与米饭一起食用。

22. 裙带菜（翅藻科 Alariaceae）

Undaria pinnatifida (Harvey) Suringar

识别要点： 褐藻，藻体深褐色或褐绿色，由叶片、柄部和固着器组成。叶片长可达 2 m，宽 60～100 cm，具中肋，两侧羽状深裂。柄部圆柱状，近叶片部逐渐扁平，柄的两侧具龙骨，成熟时形成许多木耳状的重叠皱褶，肥厚且富于胶质，光滑。固着器为叉状分枝的假根状。

分布与生境： 产黄海、渤海，生于风浪较大的低潮线及以下 1～5 m 深处的岩石上，或低潮带石沼中。

食疗保健与药用功能： 全藻体有化痰、软坚散结、利尿通淋之功效，适用于瘿瘤、瘰疬、肝脾肿大、水肿等病症。

食用部位与食用方法： 采集藻体，去杂洗净后，可做汤、炒食或沸水焯后凉拌食用。

23. 海带（海带科 Laminariaceae）

Saccharina japonica (Areschoug) C. Lane, Mayes, Druehl & G. W. Saunders

识别要点： 大型褐藻，由叶片、柄部和固着器组成。叶片扁平带状，无分枝，褐色，有光泽，一般长 2～5 m，宽 20～30 cm，中部较厚，边缘较薄而软，具波浪褶，表面黏滑；柄部短柱状；固着器呈假根状，树状分枝。藻体干燥后变深褐色或黑褐色，上附白色粉状盐渍。

分布与生境： 产黄海、渤海沿岸及浙江、福建等地沿海，以固着器附着于大干潮线下 1～3 m 或更深的海底岩石上。俄罗斯东部、朝鲜和日本的北太平洋海域有分布。

食疗保健与药用功能： 藻体带片营养价值高，含热量低，蛋白质含量中等，含丰富的碘等矿物质元素，有防治甲状腺肿、预防心脑血管病、消除乳腺增生、降血脂、降血糖、抗凝血、抗肿瘤、软坚散结、消痰利水之功效，适用于瘿瘤、瘰疬、噎嗝、痰饮水肿等病症。

食用部位与食用方法： 带片可食，凉拌、做汤、红烧、炖肉、焖均可。

注意事项： 患甲状腺功能亢进人群不宜食用；不宜与茶、酸性水果同食。

24. 鹿角菜 角叉菜（墨角藻科 Fucaceae）

Silvetia siliquosa（Tseng & C. F. Chang）Serrao, Cho, Boo & Brawley

识别要点：多年生褐藻，藻体线状，直立部分二叉状分枝，枝扁平至椭圆，无中肋，自柄部外叉状分枝 2~8 次，藻体下部叉状分枝较规则且分枝角度宽，上部分枝角度较狭而分枝不等长，上部的节间长于下部，鲜时绿黄色或黄橄榄色，干燥后变黑色，软骨质，高达 14 cm。下端柄部亚圆柱形，甚短，逐渐向上则扁压成楔形。基底固着器圆锥状。

分布与生境：产辽宁及山东沿海，生中潮间带岩石上，在隐蔽、风浪小处体大而分枝繁多，在风浪大处藻体小而分枝简单。朝鲜半岛有分布。

食疗保健与药用功能：藻体味甘、咸，性寒，全藻体有软坚散结、清热化痰之功效，适用于劳热骨蒸、痰热咳嗽、肺结核、瘿瘤、瘰疬等病症。

食用部位与食用方法：由于鹿角菜含有大量植物胶质，受热后容易融化，通常大多制作凉拌菜，味美，炖食或炒菜较少。

25. 海蒿子（马尾藻科 Sargassaceae）

Sargassum confusum C. Agardh

识别要点：多年生褐藻，藻体褐色，长 30~60 m，最长可达 1 m，固着器盘状。主干圆柱形，单生，少数双生或三生。初生分枝自主干呈钝角羽状生出，次生分枝自初生分枝的叶腋间生出，幼枝上和主干幼期均生有短小的刺状突起。初生藻叶披针形、倒卵形或倒披针形，革质，全缘；次生藻叶线形、披针形、倒披针形、倒卵形、狭匙形或羽状分裂。气囊多生于末端小枝上，成熟时为球形或近球形，顶端圆滑或具尖细突起，稀冠以大小不同的叶。

分布与生境：盛产于黄海、渤海沿岸各地，生于潮间带的石沼和大干潮线下 1~4 m 深处的岩石上。

食疗保健与药用功能：全藻体有软坚散结、清热祛痰、利水、降血压之功效，适用于瘿瘤、瘰疬、痰饮水肿、子痈等病症。

食用部位与食用方法：藻体可食用或制作饲料。

26. 羊栖菜（马尾藻科 Sargassaceae）

Sargassum fusiforme（Harvey）Setchell

识别要点：多年生褐藻，藻体黄褐色，肥厚多汁，高40～200 cm；固着器圆柱形，假根状，不等长；主干圆柱形，直立，顶部长出数条分枝。初级分枝圆柱形，长达100 cm，直径3～4 mm，表面光滑；次级分枝腋生，互生，长5～10 cm。藻叶肉质，肥厚，细匙形或线形，长3～5 cm，宽2～3 mm，边缘常有锯齿或波状缺刻，顶端常膨大成纺锤形气囊。

分布与生境：暖温带—亚热带性海藻，产辽宁、山东、浙江、福建、广东海域，生长于低潮带和大干潮线下的岩石上或经常被浪水冲击的地方。朝鲜和日本有分布。

食疗保健与药用功能：藻体味苦、咸，性寒，全藻体有软坚散结、利水消肿、泻热化痰之功效，适用于瘿瘤、瘰疬、子痈、痰饮水肿、脚气等病症。

食用部位与食用方法：藻体可鲜用或干制后食用，用沸水焯后凉拌，或与其他菜一同炒食、开汤均可。

27. 铜藻（马尾藻科 Sargassaceae）

Sargassum horneri（Turner）C. Agardh

识别要点：多年生褐藻，藻体黄褐色，较纤细，高0.5～2 m，由固着器、主干、分枝、藻叶、气囊等部分组成。固着器裂瓣状，上生圆柱形主干；主干常单生，直径1.5～3 mm；分枝互生或对生；主干下部叶反曲，叶基部边缘常向中肋处深裂，向上至叶尖渐浅裂并变狭，叶尖微钝，叶片长1.5～7 cm，宽0.3～1.2 cm，有中肋，柄长1～2 cm；气囊在分枝上总状排列，圆柱形，长0.5～1.5 cm，宽2～3 mm，两端尖。

分布与生境：产辽宁、浙江、福建、广东等省海域海岸，生长于低潮带深沼中或大干潮线下的岩石上。朝鲜、日本和俄罗斯东部有分布。

食疗保健与药用功能：藻体味咸，性寒，全藻体有痰消软坚、清热利水之功效，适用于瘿瘤、水肿或脚气浮肿、甲状腺肿、颈淋巴结肿等病症。

食用部位与食用方法：藻体可鲜用或干制后食用，用沸水焯后凉拌，或与其他菜一同炒食、开汤均可。

三、药食两用蕨类

蕨类是一类多为草本，有根、茎、叶的分化，无花，无果实，无种子，以孢子繁殖的植物。在蕨类植物中，一些种类的根状茎、块茎或幼嫩叶具有药食两用功能。

1. 七指蕨（瓶尔小草科 Ophioglossaceae）

Helminthostachys zeylanica（L.）Hook.

识别要点： 草本。根状茎肉质，近顶部生 1~2 枚叶。掌状复叶；叶柄长 20~40 cm；叶片由 3 裂分枝的不育叶片和直立孢子囊穗组成，自柄端分离；不育叶片每分枝由顶生羽片（或小叶）和其下面的 1~2 对侧生羽片（或小叶）组成，每分枝均具短柄，羽片无柄，长宽均 12~25 cm，宽掌状，各羽片长 10~18 cm，宽 2~4 cm，全缘或有稍不整齐锯齿。

分布与生境： 产台湾、广东、海南、广西及云南，生于低海拔的阴湿疏荫林下。广布于印度北部、斯里兰卡、中南半岛、菲律宾、印度尼西亚及澳大利亚。

食疗保健与药用功能： 全草有清热化痰、散瘀解毒之功效，适用于劳热咳嗽、咽痛、跌打损伤、痈疮、毒蛇咬伤等病症。

食用部位与食用方法： 采集幼嫩叶，经洗净、沸水焯、换清水浸泡后，可炒食或加工成干菜或腌菜。

2. 福建莲座蕨 福建观音座莲（合囊蕨科 Marattiaceae）

Angiopteris fokiensis Hieron.

识别要点： 草本，高 2 m 以上。根状茎块状，直立。叶柄长 0.5~1 m，有瘤状突起；叶片长 0.6~1.4 m，宽 0.6~1 m；羽片 5~10 对，长 50~80 cm，宽 14~25 cm，具长柄，奇数一回羽状；小羽片 20~40 对，披针形，中部的长 10~15 cm，宽 1.2~2.2 cm；叶两面光滑；叶脉羽状，侧脉单一或分叉。

分布与生境： 产浙江、福建、江西、湖北、湖南、广东、广西、贵州、四川及云南，生于海拔 150~1 600 m 河谷溪边林下或灌丛下。日本有分布。

食疗保健与药用功能： 根状茎有清热凉血、祛瘀止血、镇痛安神之功效，适用于腮腺炎、痈肿疮毒、毒蛇咬伤、跌打肿伤、外伤出血、崩漏、乳痈、风湿痹痛、产后腹痛、心烦失眠等病症。

食用部位与食用方法： 根状茎可提取淀粉，供食用。

3. 紫萁 薇菜（紫萁科 Osmundaceae）

Osmunda japonica Thunb.

识别要点： 草本，高 50～80 cm。叶簇生，直立；叶柄长 20～30 cm，幼时密被绒毛，渐全脱落；叶长 30～50 cm，宽 20～40 cm，顶部一回羽状，其下二回羽状；羽片 3～5 对，对生，矩圆形，长 15～25 cm，基部宽 8～11 cm，柄长 1～1.5 cm，奇数羽状；小羽片 5～9 对，对生或近对生，无柄，长 4～7 cm，宽 1.5～1.8 cm，矩圆形或矩圆状披针形，有细锯齿；小脉平行，伸达锯齿。

分布与生境： 产山东、河南、陕西、甘肃、江苏、安徽、浙江、台湾、福建、江西、湖北、湖南、广东、广西、重庆、贵州、四川、云南及西藏，生于海拔 3 000 m 以下林下或溪边酸性土中。不丹、印度北部喜马拉雅山地区、朝鲜半岛及日本有分布。

食疗保健与药用功能： 植株味苦，性微寒，归肺、胃、肝经，有清热解毒、止血、杀虫之功效，适用于疫毒感冒、热毒泻痢、痈疮肿毒、吐血、衄血、便血、崩漏、虫积腹痛等病症。

食用部位与食用方法： 4～6 月采拳卷状幼嫩叶，去毛，洗净，经沸水焯后，在清水中浸泡一天（换水 2～3 次），沥 / 挤干水后可与肉炒食，味道鲜美，亦可制成干菜或腌菜。为名贵山野珍品。

4. 蕨 （碗蕨科 Dennstaedtiaceae）

Pteridium aquilinum（L.）Kuhn var. *latiusculum*（Desv.）Underw. ex Heller

识别要点： 草本，高达 1 m。根状茎长而横走，密被锈黄色柔毛。叶疏生；叶柄长 20~80cm，光滑无毛；叶片长 30~60cm，三回羽状；羽片 4~6 对，基部 1 对三角形，长 15~25cm，二回羽状；小羽片约 10 对，互生，披针形，具短柄，一回羽状；裂片 10~15 对，宽披针形或矩圆形，钝头或近圆，全缘；叶脉羽状，侧脉分叉。

分布与生境： 产全国各地，生于海拔 2 500m 以下阳坡及林缘光照充足的偏酸性土中。热带及温带地区有分布。

食疗保健与药用功能： 根状茎味甘，性寒，有清热利湿、降气化痰、止血之功效，适用于感冒发热、黄疸、痢疾、带下病、噎嗝、肺结核咯血、肠风便血、风湿痹痛等病症。

食用部位与食用方法： 根状茎（俗称蕨根）提取的淀粉称蕨根粉，嫩叶称蕨菜，均可食用。① 蕨根粉，在淀粉含量最高时的立冬至春分前采集蕨根，制作成蕨根粉丝或蕨根淀粉食用。② 蕨菜，采集拳卷状幼嫩叶，经沸水焯、冷水漂洗后可炒食、凉拌或做馅，亦可加工成干菜或腌菜。

5. 毛轴蕨 毛蕨（碗蕨科 Dennstaedtiaceae）

Pteridium revolutum（Bl.）Nakai

识别要点： 草本，高 1 m 以上。根状茎横走，被锈色毛。叶疏生；叶柄长 24~50 cm，有纵沟，幼时具锈色毛；叶片长 30~80 cm，三回羽状；羽片 4~6 对，对生，具柄，矩圆形，长 20~30 cm；小羽片 12~18 对，对生或互生，无柄，披针形，长 6~8 cm，深羽裂几达小羽轴；裂片约 20 对，对生或互生，镰状披针形，长约 8 mm，全缘，边缘反卷，下面密被毛；叶轴及各回羽轴下面和上面纵沟内均密被柔毛。

分布与生境： 产河南、陕西、甘肃、安徽、浙江、江西、湖北、湖南、广东、海南、广西、贵州、四川、云南及西藏，生于海拔 600~3 000 m 山坡阳处或山谷疏林下林间空地。亚洲热带及亚热带地区有分布。

食疗保健与药用功能： 根状茎有清热解表、祛风除湿、利水通淋、驱虫之功效，适用于热毒疮疡、烫伤、肿肛、风湿痹痛、小便淋沥、诸虫症等病症。

食用部位与食用方法： 根状茎（俗称蕨根）提取的淀粉称蕨根粉，可食用。嫩叶称蕨菜，经洗净、沸水焯、换清水浸泡后，可食用。

6. 水蕨（凤尾蕨科 Pteridaceae）

Ceratopteris thalictroides（L.）Brongn.

识别要点：水生或沼生草本，多汁柔软，高达 70 cm。根状茎短而直立，一簇粗根着生淤泥。叶簇生，二型；不育叶柄长 3~40 cm，圆柱形，肉质；叶片直立，或幼时漂浮，长 6~30 cm，二至四回羽状深裂；能育叶柄与不育叶的相同，叶片长 15~40 cm，二至三回羽状深裂；羽片 3~8 对，互生，一至二回分裂，裂片边缘反卷。

分布与生境：产山东、江苏、安徽、浙江、福建、台湾、江西、湖北、湖南、广东、海南、广西、贵州、四川及云南，生于池沼、水田及水沟淤泥中，有时漂浮深水面。热带和亚热带及日本有分布。

食疗保健与药用功能：全草有消积、化瘀、解毒、止血之功效，适用于腹中痞块、痢疾、小儿胎毒疮疖、跌打损伤、外伤出血等病症。

食用部位与食用方法：采集拳卷状幼嫩叶，经洗净、沸水焯、换清水浸泡后，可炒食或加工成干菜、腌菜。

7. 尖齿凤了蕨（凤尾蕨科 Pteridaceae）

Coniogramme affinis (Presl) Hieron.

识别要点：植株高 0.6~1 m。根状茎长而横走。叶柄长 30~70 cm；叶片长 25~50 cm，二回羽状或基部三回羽状，羽片 5~8 对，基部 1 对长 20~35 cm，柄长 2~3 cm，侧生小羽片 3~6 对，长 8~15 cm，披针形；顶生小羽片较大，第二对羽片羽状或 3 出；上部的羽片单一，向上渐短，长 17~10 cm，披针形或宽披针形；羽片边缘有尖细锯齿，侧脉分离，顶端水囊略厚，伸达锯齿下侧边；叶两面无毛。

分布与生境：产黑龙江、吉林、辽宁、河南、陕西、甘肃、四川、云南及西藏，生于海拔 1 600~3 600 m 林下。缅甸北部、印度北部及尼泊尔有分布。

食疗保健与药用功能：根状茎有清热解毒、舒筋之功效，适用于痈肿疮毒、狗咬伤、腰膝酸痛等病症。

食用部位与食用方法：根状茎可提取淀粉，嫩叶经洗净、沸水焯、换清水浸泡后，可作蔬菜。

8. 普通凤了蕨（凤尾蕨科 Pteridaceae）

Coniogramme intermedia Hieron.

识别要点：植株高 0.6~1.2 m。根状茎长而横走。叶柄长 24~60 cm；叶片和叶柄等长或稍短，二回羽状，侧生羽片 3~5（~8）对，基部 1 对长 18~24 cm，柄长 1~2 cm，一回羽状，侧生小羽片 1~3 对，长 6~12 cm，披针形，有短柄，顶生小羽片较大，基部极不对称；第二对羽片 3 出或单一；第三对羽片单一，长 12~18 cm，披针形，顶生羽片基部常叉裂；侧脉二回分叉，顶端水囊线形，伸入锯齿，不达齿缘；叶下面有疏短柔毛。

分布与生境：产黑龙江、吉林、辽宁、河北、河南、陕西、甘肃、宁夏、安徽、浙江、福建、台湾、江西、湖北、湖南、广东、广西、贵州、四川、云南及西藏，生于海拔 300~2 500 m 湿润林下。日本、朝鲜半岛、越南及俄罗斯远东地区有分布。

食疗保健与药用功能：根状茎有清热利湿、祛风活血之功效，适用于小便淋涩、痢疾、泄泻、带下病、风湿痹痛、疮毒、跌打损伤等病症。

食用部位与食用方法：根状茎可提取淀粉，嫩叶经洗净、沸水焯、换清水浸泡后，可作蔬菜。

9. 凤了蕨（凤尾蕨科 Pteridaceae）

Coniogramme japonica（Thunb.）Diels

识别要点： 植株高 0.6~1.2 m。根状茎长而横走。叶柄长 30~50 cm，基部以上光滑；叶片和叶柄等长或稍长，二回羽状，羽片（3）5 对，基部 1 对长 20~35 cm，柄长 1~2 cm，羽状（偶 2 叉），侧生小羽片 1~3 对，长 10~15 cm，披针形，顶生小羽片长 20~28 cm，宽披针形，羽片和小羽片边缘有前伸疏矮齿；叶脉网状，网眼外的小脉分离，小脉顶端有纺锤形水囊，不达锯齿基部；叶两面无毛。

分布与生境： 产陕西、河南、江苏南部、安徽、浙江、福建、台湾、江西、湖北、湖南、广东北部、广西、贵州、四川及云南，生于海拔 100~2 000 m 湿润林下和山谷阴湿处。朝鲜半岛南部及日本有分布。

食疗保健与药用功能： 根状茎有祛风除湿、活血止痛、清热解毒之功效，适用于风湿性关节炎、跌打损伤、瘀血腹痛、经闭、目赤肿痛、肿毒初期、乳腺炎等病症。

食用部位与食用方法： 根状茎可提取淀粉，嫩叶经洗净、沸水焯、换清水浸泡后，可作蔬菜。

10. 星毛蕨（金星蕨科 Thelypteridaceae）

Ampelopteris prolifera（Retz.）Cop.

识别要点： 蔓状草本，高达 1 m 以上。根状茎长而横走，连同叶柄基部疏被星状鳞片。叶簇生或近生；叶柄长达 40 cm；叶片披针形，叶轴顶端常延长成鞭状，着地生根，形成新株，一回羽状，羽片达 30 对，披针形，长 5~10（~15）cm，宽达 2 cm，边缘浅波状，近无柄，羽片腋间常有鳞芽，长出一回羽状小叶片。

分布与生境： 产福建、台湾、江西、湖南、广东、海南、广西、贵州、四川及云南，生于海拔 100~1 000 m 向阳溪边河滩沙地。除美洲外，热带和亚热带地区均有分布。

食疗保健与药用功能： 全草有清热凉血、利湿、解毒、消肿之功效，适用于痢疾、淋浊、水肿、胃炎、风湿肿痛等病症。

食用部位与食用方法： 采集拳卷状幼嫩叶，经洗净、沸水焯、换清水浸泡后，可炒食或加工成干菜或腌菜。

11. 荚果蕨（球子蕨科 Onocleaceae）

Matteuccia struthiopteris（L.）Todaro

识别要点：草本，高 0.7~1.1 m。根状茎短而直立，深褐色，叶柄基部密被披针形鳞片。叶簇生，二型。不育叶叶柄长 6~10 cm；叶片椭圆状倒披针形，长 0.5~1 m，幼时呈拳状卷曲，鲜绿色，成长后叶片展开，二回羽状深裂，羽片 40~60 对，叶脉羽状，侧脉不分枝。能育叶深褐色，一回羽状分裂，羽片线形，两侧向背面反卷成念珠状。

分布与生境：产黑龙江、吉林、辽宁、内蒙古、河北、山西、河南、陕西、甘肃、新疆、湖北、四川、云南及西藏，生于海拔 100~3 800 m 山谷林下或河岸湿地。亚洲东部、欧洲和北美洲有分布。

食疗保健与药用功能：全草味苦，性微寒，有祛风清热、解毒之功效，适用于感冒发热、痢疾、风湿、头晕、失眠等病症。

食用部位与食用方法：春季采集嫩叶，洗净，经沸水焯、换清水漂洗后，可炒食、凉拌、做汤、做馅，或晒干、腌制加工后食用。

12. 狗脊（乌毛蕨科 Blechnaceae）

Woodwardia japonica（L. f.）Smith

识别要点： 草本，高 0.8~1.2 m。根状茎粗壮，横卧，暗褐色，叶柄基部密被鳞片。叶簇生；叶柄长 15~70 cm，暗棕色；叶片长 25~80 cm，二回羽状分裂，羽片 7~16 对；叶脉网状，明显隆起，沿羽轴及主脉两侧各有 1 行窄长网眼。孢子囊群线形，生主脉两侧，长网状，不连续，单行排列。

分布与生境： 产河南、江苏、安徽、浙江、台湾、福建、江西、湖北、湖南、广东、香港、广西、贵州、四川及云南，生于海拔 300~1 500 m 疏林下。朝鲜半岛、日本及越南有分布。

食疗保健与药用功能： 根状茎味苦、甘，性温，归肝、肾二经，有清热解毒、杀虫、止血、祛风湿之功效，适用于风热感冒、时行瘟疫、恶疮痈肿、虫积腹痛、小儿疳积、便血、崩漏、外伤出血、风湿痹痛等病症。

食用部位与食用方法： 根状茎富含淀粉，可食用及酿酒。

13. 中华蹄盖蕨（蹄盖蕨科 Athyriaceae）

Athyrium sinense Rupr.

识别要点：草本，高 0.5~1.2 m。根状茎粗短。叶簇生；叶柄长 20~50 cm，基部密被棕褐色披针形鳞片；叶轴、羽轴被卷缩先端膨大腺毛，叶片长 25~60 cm，宽 10~30 cm，通常二回羽状，羽片 15~20 cm，互生，无柄，相距 1~4 cm，中部羽片长 8~18 cm，宽 1.5~5 cm，先端渐尖，小羽片羽状浅裂至深裂。

分布与生境：产黑龙江、吉林、辽宁、陕西、甘肃、宁夏、内蒙古、河北、河南、山西、山东及安徽西部，生于海拔 300~2 600 m 的山地林中。朝鲜半岛北部、日本及俄罗斯远东地区有分布。

食疗保健与药用功能：根状茎有清热解毒、驱虫之功效，适用于流行性感冒、麻疹、流行性乙型脑炎、流行性脑脊髓膜炎、钩虫病、蛔虫病等病症。

食用部位与食用方法：采集拳卷状幼嫩叶经沸水焯、换清水漂洗后可炒食，或加工成干菜或腌菜食用。

14. 食用双盖蕨 菜蕨（蹄盖蕨科 Athyriaceae）

Diplazium esculentum（Retz.）Swartz

识别要点：根状茎直立，高达 15 cm，密被鳞片。叶簇生；叶柄长 50~60 cm，基部疏生鳞片；叶片长 60~80 cm，宽 30~60 cm，二回（稀一回）羽状，羽片 12~16 对，有柄，长 16~20 cm，宽 6~10 cm，宽披针形，一回羽状或羽裂，小羽片 8~10 对，长 4~6 cm，宽 0.6~1 cm，两侧稍耳状，边缘有齿或浅裂，裂片有浅钝齿；叶无毛或叶轴和羽片下面有毛。

分布与生境：产安徽南部、浙江、福建、台湾、江西、湖南、广东、海南、广西、贵州、四川、云南及西藏，生于海拔 100~1 200 m 山谷林下湿地及河沟边。亚洲热带、亚热带及热带波利尼西亚有分布。

食疗保健与药用功能：全草味甘、微苦，性寒，有清热解毒之功效，适用于痢疾、痈肿等病症。

食用部位与食用方法：采集拳卷状幼嫩叶，经洗净、沸水焯、换清水浸泡后，可炒食，或加工成干菜或腌菜，亦可凉拌、卤。

注意事项：此菜偏凉，不宜多食、久食，以免伤阳气。

15. 肾蕨（肾蕨科 Nephrolepidaceae）

Nephrolepis cordifolia（L.）C. Presl

识别要点： 附生或陆生草本。根状茎直立，被鳞片，下部有向四方伸展匍匐茎；匍匐茎长达30 cm，棕褐色，不分枝，疏被鳞片，有须根及近圆形密被鳞片的块茎。叶簇生；叶柄长6~11 cm，暗褐色，上面有纵沟，密被鳞片；叶片长30~70 cm，宽3~5 cm；一回羽状，羽片45~120对，披针形，中部的长约2 cm，宽6~7 mm，圆钝头或尖头，几无柄。

分布与生境： 产安徽、浙江、福建、台湾、江西、湖南、广东、海南、广西、贵州、四川、云南及西藏，生于海拔1 500 m以下林中。广布热带及亚热带地区。

食疗保健与药用功能： 块茎有清热利湿、通淋止咳、消肿解毒之功效，适用于感冒发热、淋巴结炎、咳嗽出血、泄泻、带下病、痢疾、血淋等病症。

食用部位与食用方法： 块茎富含淀粉，经提取后可制作食品。嫩叶经洗净、沸水焯、换清水浸泡后，可炒食或凉拌食用。

四、药食两用裸子植物

裸子植物是原始的种子植物，为多年生木本植物，其胚珠裸露而无子房包被，种子裸露而无果实包被。裸子植物广布于南、北半球，是重要的森林植物。全世界现有裸子植物约 850 种；中国是世界上裸子植物最丰富的国家，约有 250 种。

1. 银杏 白果（银杏科 Ginkgoaceae）

Ginkgo biloba L.

识别要点： 落叶乔木。叶片扇形，有长柄。种子核果状，椭球形至近球形，长2.5~3.5 cm，秋季成熟时淡黄色，被白粉。

分布与生境： 原产我国，各地普遍栽培或半野生。

食疗保健与药用功能： 种仁味甘、苦、涩，性平，有毒，含银杏酸、维生素C、胡萝卜素等，有敛肺气、定喘咳、止带浊、缩小便之功效，适用于哮喘痰咳、带下病白浊、尿频、遗精、淋病等病症，还能降低血液中胆固醇水平、防止动脉硬化、降低血液黏稠度。

食用部位与食用方法： 种仁可食，营养丰富，药、食俱佳。将核果状种子的肉质外种皮搓洗掉，再去除白色骨质中种皮，经水煮剥脱黄褐色膜质内种皮后，留下种仁，剔除内面的胚芽。可蒸食（如将银杏种仁置入剖开的南瓜内蒸食等）、煮食（如将银杏种仁、百合、枸杞混合煮汤等）、烘烤制成干果食用，以及制成白果精、白果羹、冰糖白果、蜜饯白果、白果蜜汁、月饼、罐头、酒、饮料等食用。

注意事项： 银杏种子含氰苷，外种皮、胚芽有小毒。食用前应充分用水煮熟，倒掉水，并去除外种皮和胚芽，再与其他食材一起制作食品。食用时一次不能进食太多，否则易发生中毒现象，表现为口舌麻木、腹泻、嗜睡、发热、恐惧、惊厥、昏迷、面色青紫等反应，重者可因呼吸麻痹而死亡。解救时可采用催吐、洗胃、导泻、服蛋清等方法，若症状较重，则要送医院治疗。

2. 华山松（松科 Pinaceae）

Pinus armandii Franch.

识别要点：常绿乔木，高达 25 m。叶针形，束生，五针一束，长 8~15 cm。球果圆锥状长卵球形，长 10~20 cm，直径 5~8 cm，成熟后球果张开，种子脱落。种子倒卵球形，长 1~1.5 cm，无翅或两侧及顶端具棱脊。球果 9~10 月成熟。

分布与生境：产山西南部、河南、陕西、甘肃南部、宁夏、青海东部、湖北西部、湖南西部、重庆、四川、贵州、云南及西藏东南部，生于海拔 1 000~3 300 m 地带，常组成单纯林或混交林。缅甸北部有分布。

食疗保健与药用功能：种子有润肠、滑肠之功效，适用于慢性便秘、肺燥咳嗽等病症。

食用部位与食用方法：种仁经炒或烘熟后可食用，亦可做菜、煮粥或做糕点。

3. 红松（松科 Pinaceae）

Pinus koraiensis Sieb. & Zucc.

识别要点：常绿乔木，高达 50 m。叶针形，束生，五针一束，长 6~12 cm，粗硬。球果圆锥状卵球形或圆锥状长卵球形，长 9~14 cm，直径 6~8 cm，成熟后球果不开裂或微张开。种子倒卵状三角形，长 1.2~1.6 cm，无翅。球果 9~10 月成熟。

分布与生境：产黑龙江、吉林及辽宁，生于海拔 150~1 800 m 地带，组成针、阔叶混交林或单纯林。俄罗斯远东地区、朝鲜和日本有分布。

食疗保健与药用功能：种仁味甘，性温，含脂肪油、蛋白质、碳水化合物、钙、铁、磷，以及多种人体必需氨基酸和维生素，有润燥、养血、祛风之功效，适用于肠燥便秘、肺燥咳嗽、诸风头晕、骨节风、风痹等病症，具有很高的营养价值和医药保健功能。

食用部位与食用方法：同华山松。

4. 偃松（松科 Pinaceae）

Pinus pumila (Pall.) Regel

识别要点：常绿小乔木，高 3~6 m。叶针形，束生，五针一束，长 4~6 cm。球果圆锥状卵球形，长 3~4.5 cm，直径 2.5~3 cm，成熟后球果不开裂或微张开。种子三角状倒卵球形，长 7~10 mm，无翅。球果 9 月成熟。

分布与生境：产黑龙江、吉林及内蒙古，生于海拔 1 000~2 300 m 的高山上部，与其他针叶林组成矮林。俄罗斯东部、朝鲜和日本有分布。

食疗保健与药用功能：种子有润燥通便之功效，适用于便秘、风湿性关节炎、肺燥咳嗽、心血管疾病等病症。

食用部位与食用方法：同华山松。

5. 侧柏（柏科 Cupressaceae）

Platycladus orientalis（L.）Franco

识别要点：常绿乔木。小枝直展，扁平，排成一平面，两面同形。鳞叶交互对生，背面有腺点。球果卵状椭球形，长 1.5～2 cm；果鳞背部顶端下方有一弯曲钩状尖头。种子椭球形或卵球形，长 4～6 mm，灰色或紫灰色，无翅。球果 10 月成熟。

分布与生境：产辽宁、内蒙古、河北、山西、河南、陕西、甘肃、山东、湖北、四川、云南及西藏，生于海拔 300～3 300 m 石灰岩山地，江苏、安徽、浙江、福建、江西、湖北、湖南、广东、广西、贵州等省区有栽培。俄罗斯远东地区、朝鲜和越南有分布。

食疗保健与药用功能：种仁味甘，性平，归心、肾、大肠经，有养心安神、润肠、止汗等功效，适用于虚烦失眠、心悸怔忡、肠燥便秘、阴虚盗汗等病症。

食用部位与食用方法：种仁富含油脂，经炒熟或烘熟后可食用，亦可做菜、做糕点或煮粥。

6. 榧树 香榧（红豆杉科 Taxaceae）

Torreya grandis Fort. ex Lindl.

识别要点：常绿乔木；枝轮生。叶交叉对生，基部扭转排成 2 列，线形，长 1.1 ~ 2.5 cm，宽 2.5 ~ 3.5 mm，先端凸尖成刺状尖头，基部圆或微圆，中脉不明显，有 2 条稍明显的纵槽，叶面光绿色，叶背淡绿色。种子核果状，椭球形，长 2 ~ 4.5 cm，直径 1.5 ~ 2.5 cm，成熟时淡紫褐色，有白粉，顶端有小凸尖头。种子 9 ~ 10 月成熟。

分布与生境：产安徽、浙江、福建、江西、湖南及贵州，生于海拔 1 400 m 以下山地林中。

食疗保健与药用功能：种仁味甘、涩，性平，归肺、胃、大肠经，有杀虫、消食、润燥之功效，适用于肺燥咳嗽、肠燥便秘、小儿疳积、痔疮、肠道寄生虫病等病症。

食用部位与食用方法：将核果状种子的外种皮搓洗掉，保留坚硬的中种皮，晾干，炒熟。食用时去除中种皮，留下的种仁可食，其味香酥甘醇，营养丰富，曾为贡品。种仁含油脂、粗蛋白、总糖、矿物质等。氨基酸占粗蛋白的 82.3%，其中有人体不能合成的 8 种必需氨基酸。

五、药食两用被子植物

被子植物又称有花植物，具有根、茎、叶、花、果实和种子，其种子包被于果实之内。

被子植物种类最多，分布最广，结构最复杂，适应性最强，经济价值最大，药食两用种类最多。全世界现有被子植物约 25 万种；中国被子植物资源极其丰富，有 3 万余种。

在被子植物中，根据植株具直根系，叶脉为网状叶脉，花通常为 5 或 4 基数，种子的子叶有 2 枚，以及植株为须根系，叶脉为平行叶脉或弧形叶脉，花为 3 基数，种子的子叶只有 1 枚，而分为双子叶植物和单子叶植物。

（一）药食两用双子叶植物

Ⅰ. 肉质植物

肉质植物是指植物的茎、叶或茎叶肥厚而多汁，储藏有大量水分的植物。

1. 番杏（番杏科 Aizoaceae）

Tetragonia tetragonioides(Pall.)Kuntze

识别要点：一年生肉质植物，全株无毛。茎初直立，后平卧上升。单叶互生，叶片卵状菱形或卵状三角形，长 4~10 cm，边缘波状；叶柄长 0.5~2.5 cm。花 1~3 朵生于叶腋，黄绿色。坚果陀螺形，长约 5 mm。

分布与生境：产江苏、浙江、福建、台湾、广东及云南，日本、南亚、大洋洲、非洲和南美洲有分布。

食疗保健与药用功能：茎叶有疏风清热、解毒消肿之功效，适用于风热目赤、疔疮肿毒、肠炎、败血病、肿瘤等病症。

食用部位与食用方法：嫩茎叶可作蔬菜食用，富含铁、钙、维生素 A 及 B 族维生素。

2. 马齿苋（马齿苋科 Portulacaceae）

Portulaca oleracea L.

识别要点： 一年生肉质植物，全株无毛。茎平卧或斜倚，多分枝，圆柱形，淡绿色或暗红色。单叶互生或近对生，叶片扁平肥厚，倒卵形，长 1~3 cm，先端钝圆或平截，有时微凹，全缘，叶面暗绿色，叶背淡绿色或带暗红色，中脉微隆起；叶柄粗短。花无梗，直径 4~5 mm，黄色。

分布与生境： 产全国各地，喜肥土，为田间常见杂草。温带及热带地区广泛分布。

食疗保健与药用功能： 茎叶味酸，性寒，归肝、大肠经，有清热解毒、凉血止血、止痢之功效，适用于热毒血痢、痈肿疔疮、湿疹、丹毒、蛇虫咬伤、便血、痔血、崩漏下血等病症。

食用部位与食用方法： 嫩茎叶可直接炒食，亦可沸水焯后凉拌、腌、炒、煮、炖等；或经沸水烫后，晒制成干品，可较长期保存，泡发后可做馅、蒸肉、做汤。

注意事项： 有滑胎作用，孕妇慎食；脾胃虚寒者少食为宜。

3. 费菜（景天科 Crassulaceae）

Phedimus aizoon (L.) Hart

识别要点： 多年生肉质草本，全株无毛。块根胡萝卜状，根状茎粗短。茎高达 50 cm，不分枝。单叶互生，叶片窄披针形、椭圆状披针形或卵状披针形，长 3.5~8 cm，先端渐尖，基部楔形，边缘有不整齐锯齿。花序多花，分枝平展。花瓣 5 枚，黄色。

分布与生境： 产黑龙江、吉林、辽宁、内蒙古、河北、河南、山西、陕西、甘肃、宁夏、青海、新疆、山东、江苏、安徽、浙江、福建、江西、湖北、湖南、广东、广西、贵州及四川，生于海拔 1 000~3 000 m 山地阴湿石上或草丛中。朝鲜、日本、蒙古和俄罗斯东部有分布。

食疗保健与药用功能： 茎叶味甘、微酸，性平，有散瘀止血、安神镇静之功效，适用于心悸失眠、吐血、衄血、牙龈出血、便血等病症，外用可治跌打损伤、外伤出血、烫火伤。

食用部位与食用方法： 幼苗及嫩茎叶经沸水焯、换清水浸泡后，可炒食、凉拌或做汤食用。

4. 凹叶景天（景天科 Crassulaceae）

Sedum emarginatum Migo

识别要点：多年生肉质草本，全株无毛。茎达 10~15 cm。单叶对生，叶匙状倒卵形或宽卵形，长 1~2 cm，先端圆，有微缺，基部渐窄，有短距。花序顶生；花黄色。

分布与生境：产河南、陕西、甘肃、江苏、安徽、浙江、福建、江西、湖北、湖南、广东、广西、贵州、四川及云南，生于海拔 200~1 800 m 的山坡阴湿处。

食疗保健与药用功能：茎叶有清热解毒、凉血止血、止痛、利湿之功效，适用于肝炎、痢疾、咯血、衄血、便血、淋病、黄疸、月经过多等病症，外用可治跌打损伤、痈疖、疔疮、带状疱疹。

食用部位与食用方法：幼苗及嫩茎叶经沸水焯、换清水浸泡后，可炒食或凉拌食用。

5. 佛甲草（景天科 Crassulaceae）

Sedum lineare Thunb.

识别要点：多年生肉质草本，全株无毛。茎高达 20 cm。3 枚叶轮生，稀 4 枚叶轮生或对生，叶线形，长 2~2.5 cm，先端钝尖，基部无柄，有短距。花序顶生；花黄色。

分布与生境：产山西、陕西、甘肃、河南、江苏、安徽、浙江、福建、江西、湖北、湖南、广东、广西、贵州、四川及云南，生于低山或平原草地。日本有分布。

食疗保健与药用功能：茎叶味甘、微酸，性凉，有清热解毒、消肿之功效，适用于肝炎、热淋、痈肿、水火烫伤、蛇虫咬伤、接骨、劳伤咳嗽等病症。

食用部位与食用方法：幼苗及嫩茎叶经沸水焯、换清水浸泡后，可炒食或凉拌食用。

6. 垂盆草（景天科 Crassulaceae）

Sedum sarmentosum Bunge

识别要点：多年生肉质草本，长 10 ~ 25 cm，全株无毛。茎匍匐，节部生根。3 枚叶轮生，叶倒披针形或矩圆形，长 1.5 ~ 2.8 cm，基部骤窄，有距。花序顶生；花黄色。

分布与生境：产黑龙江、吉林、辽宁、河北、河南、山西、陕西、甘肃、山东、江苏、安徽、浙江、福建、江西、湖北、湖南、广东、广西、贵州、四川及云南，生于海拔 1 600 m 以下山坡阳处或石上。朝鲜、日本和泰国北部有分布。

食疗保健与药用功能：茎叶味甘、淡，性凉，归肝、胆、小肠经，有利湿退黄、清热解毒之功效，适用于湿热黄疸、小便不利、痈肿疮疡等病症。

食用部位与食用方法：幼苗及嫩茎叶经沸水焯、换清水浸泡后，可炒食、凉拌或做火锅料。

7. 昙花（仙人掌科 Cactaceae）

Epiphyllum oxypetalum（DC.）Haw.

识别要点：附生肉质灌木；老茎圆柱状，木质化。分枝多数，叶状侧扁，披针形或矩圆状披针形，长 15 ~ 100 cm，宽 5 ~ 12 cm，先端长渐尖、急尖或圆，边缘波状或具深圆齿，基部楔形或渐窄成柄状，深绿色，无毛。花夜间开放，白色，芳香，瓣状花被片倒卵状披针形或倒卵形，长 7 ~ 10 cm。浆果长球形，成熟后紫红色，具纵脊。

分布与生境：原产中美洲。我国各地有栽培，云南南部有野化。

食疗保健与药用功能：花味淡，性平，茎有清热解毒之功效，适用于咽喉痛、疔疮等病症。花有清肺化痰、凉血止血、安神之功效，适用于肺热咳嗽、咯血、失眠、心悸、崩漏、心胃气痛等病症。

食用部位与食用方法：茎去皮可熟食。花晒干后可用于煲汤食用或加冰糖作茶饮用，亦可鲜时煲汤食用。果可鲜食。

8. 量天尺 霸王花、火龙果（仙人掌科 Cactaceae）

Hylocereus undatus（Haw.）Britt. & Rose

识别要点：攀缘肉质灌木，长可达 15 m，具气生根。分枝具 3 角或棱，棱常翅状，深绿色或淡蓝绿色，无毛，老枝淡褐色。小窠沿棱排列，窠内有 1～3 根硬刺，刺长 2～10 mm。花白色，瓣状花被片矩圆状倒披针形，长 12～15 cm。浆果长球形，成熟后红色，长 7～20 cm，直径 5～15 cm。

分布与生境：1654 年引入我国，现福建、台湾、广东、海南及广西有野化。

食疗保健与药用功能：茎有清热解毒、消肿止痛之功效，适用于咽喉痛、腮腺炎等病症。花有清肺化痰、解毒之功效，适用于肺热咳嗽、瘰疬、腮腺炎等病症。

食用部位与食用方法：茎去皮可熟食。花晒干后常用于煲汤食用。果可鲜食，商品名称“火龙果”。

9. 仙人掌（仙人掌科 Cactaceae）

Opuntia dillenii（Ker Gawl.）Haw.

识别要点：丛生肉质灌木，上部分枝宽倒卵形、倒卵状椭圆形或近圆形，长 10~40 cm，宽 7~25 cm，厚 1.2~2 cm，先端圆，边缘常不规则波状或全缘，基部楔形，绿色或蓝绿色，无毛。小窠疏生，突出，窠内多刺，刺长 1.2~5 cm，坚硬。花黄色，瓣状花被片倒卵形或匙状倒卵形，长 2.5~3 cm。浆果倒卵球形，成熟后紫红色，长 4~6 cm，直径 2.5~4 cm。

分布与生境：广东、海南及广西有野化，全国各地公园或温室常有栽培。

食疗保健与药用功能：茎味苦，性寒，归心、肺、胃经，有清肺止咳、清热解毒、凉血止血、活血祛瘀、消肿、健胃止痛之功效，适用于肺热咳嗽、痢疾、乳痈、体内出血、腮腺炎、疔疮、水火烫伤、蛇虫咬伤、乳腺炎、痈疖肿毒等病症。果有生津止渴之功效，适用于胃阴不足、烦热口渴等病症。

食用部位与食用方法：肉质茎刮去外皮，入沸水中焯一下后，可炒食、炖菜、凉拌、做汤或裹面糊炸食。果酸甜，去果皮和刺后可鲜食。

10. 梨果仙人掌 仙桃（仙人掌科 Cactaceae）

Opuntia ficus-indica（L.）Mill.

识别要点：肉质灌木或小乔木，老株基部圆柱状主干。分枝宽椭圆形、倒卵状椭圆形或矩圆形，长 25~60 cm，宽 7~20 cm，厚 2~2.5 cm，先端圆，边缘全缘，基部圆或宽楔形，淡绿色或灰绿色，无毛。小窠疏生，窠内常无刺，有时具数根白色刺，刺长 0.3~3.2 cm。花深黄色、橙黄色或橙红色，瓣状花被片倒卵形或矩圆状倒卵形，长 2.5~3.5 cm。浆果椭球形或梨形，成熟后橙黄色，长 5~10 cm，直径 4~9 cm。

分布与生境：广西、贵州、四川、云南及西藏有野化，生于海拔 600~2 900 m 干热河谷中。

食疗保健与药用功能：茎有清肺、清热解毒、凉血止血、行气活血之功效，适用于肺热咳嗽、痢疾、肺痈、疔疮、水火烫伤、蛇虫咬伤等病症。

食用部位与食用方法：茎去皮可熟食。果味美可食。

11. 单刺仙人掌 绿仙人掌（仙人掌科 Cactaceae）

Opuntia monacantha（Willd.）Haw.

识别要点： 肉质灌木或小乔木，老株常具圆柱状主干。分枝倒卵形、倒卵状矩圆形或倒披针形，长 10~30 cm，宽 7~13 cm，先端圆，边缘全缘，基部渐窄成柄状，鲜绿有光泽，无毛。小窠疏生，窠内常有 1~3 根灰色刺，刺通常长 1~5 cm。花深黄色，瓣状花被片倒卵形或矩圆状倒卵形，长 2.3~4 cm。浆果梨形或倒卵球形，成熟后紫红色，长 5~8 cm，直径 4~5 cm。

分布与生境： 福建、台湾、广西及云南有野化，生于海边或山坡旷地。

食疗保健与药用功能： 茎有清肺止咳、解毒、凉血止血之功效，适用于肺热咳嗽、痢疾、乳痈、腮腺炎、疔疮、水火烫伤、蛇虫咬伤等病症。果有生津止渴之功效，适用于胃阴不足、烦热口渴等病症。

食用部位与食用方法： 茎去皮可熟食。果酸甜可食。

12. 锁阳（锁阳科 Cynomoriaceae）

Cynomorium songaricum Rupr.

识别要点： 根寄生多年生肉质草本，全株红棕色，无叶绿素，高 15~100 cm，大部分埋于沙中。茎圆柱状，直立，棕褐色，直径 3~6 cm，被螺旋状排列脱落性鳞片叶，基部略增粗或膨大。鳞片叶卵状三角形，长 0.5~1.2 cm，宽 0.5~1.5 cm。穗状花序生于茎顶，棒状，长 5~16 cm，直径 2~6 cm，生密集的花和鳞片状苞片；花小，暗紫色，有香气。

分布与生境： 产内蒙古、陕西、甘肃、宁夏、青海及新疆，生于海拔 500~700 m 的荒漠草原，以及草原化荒漠与荒漠地带的河边、湖边、池边等生境且有白刺、枇杷柴生长的盐碱地区。中亚、伊朗、蒙古也有分布。

食疗保健与药用功能： 全草味甘，性温，归肝、肾、大肠经，有补肾阳、益精血、润肠通便之功效，适用于肾阳不足、精血亏虚、腰膝痿软、阳痿滑精、肠燥便秘等病症，对瘫痪和改善性功能衰弱有一定的作用。

食用部位与食用方法： 肉质茎含淀粉，可制作糕点、酿酒及代食品。

13. 菟丝子（旋花科 Convolvulaceae）

Cuscuta chinensis Lam.

识别要点： 寄生草本，茎黄色，肉质，直径约 1 mm。叶退化。花序侧生，少花至多密集成聚伞状团伞花序，花序无梗；花梗长约 1 mm；花萼杯状；花冠白色，壶形，长约 3 mm，花冠裂片三角状卵形，先端反折；雄蕊生于花冠喉部。蒴果球形，直径约 3 mm。

分布与生境： 产全国各省市自治区，生于海拔 3 000 m 以下田野、山坡、灌丛中或沙丘。常寄生在豆科、菊科、蒺藜科等植物体上。朝鲜、日本、俄罗斯、蒙古、哈萨克斯坦、斯里兰卡、阿富汗、亚洲西南部、非洲及大洋洲有分布。

食疗保健与药用功能： 成熟种子味辛、甘，性平，归肝、肾、脾经，有补益肝肾、固精缩尿、安胎、明目、止泻之功效，适用于肝肾不足、腰膝酸软、阳痿遗精、遗尿尿频、肾虚胎漏、胎动不安、目昏耳鸣、脾肾虚泻等病症，外用治白癜风。全草有清热凉血、利水解毒之功效，适用于吐血、衄血、便血、血崩、淋浊、带下病、痢疾、黄疸、痈疽、疔疮、热毒痱疹等病症。

食用部位与食用方法： 嫩茎可做食疗菜，置锅内加水煮至呈褐灰色稠状粥时，加酒、面粉做饼。

14. 金灯藤 大菟丝子（旋花科 Convolvulaceae）

Cuscuta japonica Choisy

识别要点： 一年生寄生缠绕草本。茎肉质，直径 1~2 mm，黄色，常被紫红色瘤点，无毛，多分枝，叶退化。穗状花序，长达 3 cm，基部常分枝。花无梗或近无梗；苞片及小苞片鳞状卵圆形，长约 2 mm；花萼碗状，肉质，长约 2 mm，常被紫红色瘤点；花冠钟状，淡红色或绿白色，长 3~5 mm，5 浅裂。果卵球形，长约 5 mm，近基部周裂。花期 8 月，果期 9 月。

分布与生境： 产全国各省市自治区，寄生于草本或灌木上。俄罗斯、日本、朝鲜及越南有分布。

食疗保健与药用功能： 成熟种子有滋肝补肾、固精缩尿之功效，适用于肾虚腰痛、阳痿遗精、腰膝酸软等病症。全草有清热凉血、利水、解毒之功效，适用于吐血、衄血、便血、血崩、淋浊、带下病、痢疾、黄疸、痈疽、疔疮、热毒痱疹等病症。

食用部位与食用方法： 嫩茎可做食疗菜，置锅内加水煮至呈褐灰色稠状粥时，加酒、面粉做饼。

15. 草苁蓉（列当科 Orobanchaceae）

Boschniakia rossica (Cham. & Schlecht.) Fedtsch.

识别要点：多年生寄生草本，高 15~35 cm。根状茎矩圆柱形。茎肉质，粗壮，2~3 条，直立，不分枝。叶密集生于近茎基部，向上渐稀，近三角形，长、宽 6~8 mm。穗状花序长 7~22 cm；花紫色或暗紫红色；花梗长 1~2 mm。

分布与生境：产黑龙江、吉林东部、辽宁、内蒙古东北部及河北西部，生于海拔 1 500~1 800 m 山坡、林下低湿地或河边，寄生于桤木属植物根部。朝鲜、日本及俄罗斯西伯利亚地区有分布。

食疗保健与药用功能：全草味甘、咸，性温，有补肾壮阳、润肠通便、止血之功效，适用于肾虚阳痿、腰膝冷痛、肠燥便秘、膀胱炎等病症。

食用部位与食用方法：全草可做药膳食用，如炖肉等，适用于亚健康人群。

16. 肉苁蓉（列当科 Orobanchaceae）

Cistanche deserticola Ma

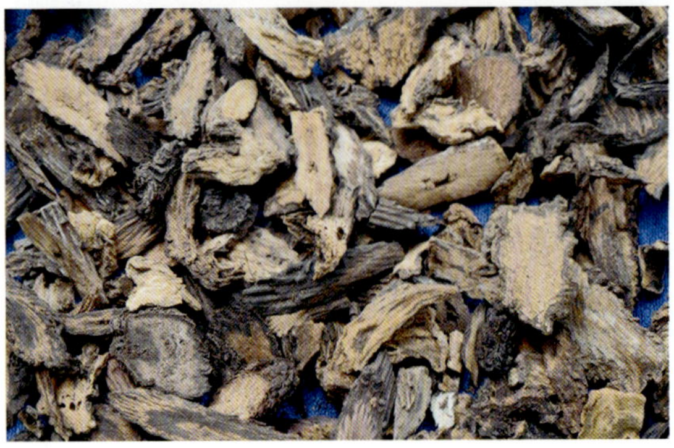

识别要点：多年生根寄生草本。高 0.4~1.6 m；茎肉质，常不分枝。叶肉质鳞片状，螺旋状排列；茎、叶、花淡黄色；下部叶紧密，宽卵形或三角状卵形，长 0.5~1.5 cm；上部叶较稀疏，披针形或窄披针形，无毛。穗状花序长 15~50 cm；花冠筒状钟形，长 3~4 cm，淡黄色，裂片 5，淡黄色或边缘淡紫色。

分布与生境：产内蒙古、甘肃、宁夏及新疆，生于海拔 200~1 200 m 梭梭荒漠沙丘；寄主为梭梭。蒙古有分布。

食疗保健与药用功能：全草味甘、咸，性温，归肾、大肠经，有补肾阳、益精血、润肠通便之功效，适用于肾阳不足、精血亏虚、阳痿不孕、腰膝酸软、筋骨无力、肠燥便秘等病症。

食用部位与食用方法：全草可做药膳食用，可炖肉，适用于亚健康人群。

17. 盐生肉苁蓉（列当科 Orobanchaceae）

Cistanche salsa（C. A. Mey.）G. Beck

识别要点：多年生根寄生草本，高 10~45 cm；茎肉质，常不分枝。叶肉质鳞片状，螺旋状排列；叶卵形或矩圆状卵形，长 0.6~1.6 cm，上部叶较稀疏，无毛。穗状花序长 8~20 cm；花冠筒状钟形，长 2.5~3 cm，筒部白色，5 浅裂，裂片淡紫色。

分布与生境：产内蒙古、甘肃、宁夏、青海及新疆，生于海拔 700~2 700 m 荒漠草原及荒漠区湖盆低地或盐化低地；寄主有盐爪爪属、红沙属、白刺属植物。伊朗、高加索、中亚及蒙古有分布。

食疗保健与药用功能：同肉苁蓉。

食用部位与食用方法：全草可做药膳食用，如炖肉等，适用于亚健康人群。

18. 列当（列当科 Orobanchaceae）

Orobanche coerulescens Steph.

识别要点：二年生或多年生寄生草本，高 15~50 cm；全株密被蛛丝状长绵毛。茎肉质，不分枝。叶鳞片状，螺旋状排列，卵状披针形，长 1.5~2 cm。穗状花序长 10~20 cm；花冠深蓝色、蓝紫色或淡紫色，长 2~2.5 cm。

分布与生境：产黑龙江、吉林、辽宁、内蒙古、河北、山西、河南、山东、陕西、甘肃、宁夏、青海、新疆、江苏、浙江、湖北、贵州、四川、云南及西藏，生于海拔 850~4 000 m 山坡、沙丘、沟边、草地；常寄生于蒿属 *Artermisia* 植物根部。俄罗斯、朝鲜及日本有分布。

食疗保健与药用功能：全草味酸、苦，性凉，有补肾助阳、强筋骨之功效，适用于腰膝冷痛性神经衰弱、阳痿、遗精、肠炎、痢疾、神经官能症、小儿久泻等病症。

食用部位与食用方法：全草可做药膳食用，如炖肉等，适用于亚健康人群。

Ⅱ. 藤本植物

藤本植物是具有长而细弱不能直立的茎，只能依附其他植物或有他物支持向上攀爬的植物。如靠自身螺旋状缠绕于他物上的缠绕藤本，或用卷须、小根、吸盘或其他特有卷附的器官攀爬于他物上的攀缘藤本。

1. 薜荔（桑科 Moraceae）

Ficus pumila L.

识别要点：攀缘或匍匐灌木，有乳汁。单叶互生，营养枝上生不定根，叶片卵状心形，长约 2.5 cm；果枝上无不定根，叶片卵状椭圆形，长 5~10 cm。雌雄异株；榕果单生叶腋，近球形，先端圆，直径 3~5 cm，成熟后硬而实心，有果籽；瘿花果梨形，先端平截，成熟后软而中空，无果籽。果期 5~8 月。

分布与生境：产陕西、河南、江苏、安徽、浙江、福建、台湾、江西、湖北、湖南、广东、海南、广西、贵州、四川及云南，日本和越南有分布。

食疗保健与药用功能：果味甘、酸，性平，有补肾固精、活血、催乳之功效，适用于乳汁不足、遗精、淋浊、肠风下血等病症。

注意事项：孕妇慎用，多食容易造成早产或流产。

食用部位与食用方法：果经水洗可做凉粉食用，或炖菜、制果饮料。凉粉制作方法：夏季采收成熟榕果，洗净，对半切开，掏出里面的果籽先晒干备用，待收集到一定量后，取晒干的果籽适量并放入干净的布袋里，扎紧袋口，浸入凉水中，用手反复揉搓，挤出黏滑的汁液，一直反复浸水揉搓挤汁，直到感觉袋里的果籽挤出的汁液不黏滑后即可；其间，可加入几片茄片或将干的慈姑片用石磨擦注入其中，以促进胶体形成。液体在常温下静置 4~5 h 后就会凝固成薜荔凉粉，加入糖或蜂蜜，或其他配料即可食用。

2. 赤苍藤（铁青树科 Olacaceae）

Erythropalum scandens Bl.

识别要点：常绿木质藤本；具腋生卷须。单叶互生，叶片卵形或长卵形，长 8~20 cm，全缘，叶背粉绿色，基部 3 或 5 出脉；叶柄长 3~10 cm。花序腋生；花序梗长 3~9 cm，花后增粗增长。核果卵状椭球形或椭球形，长 1.5~2.5 cm，成熟时淡红褐色。种子 1 枚，蓝紫色。

分布与生境：产广东、海南、广西、贵州、云南及西藏，生于海拔 1 500 m 以下山地、丘陵沟谷、溪边林中或灌丛中。亚洲东南部至南部有分布。

食疗保健与药用功能：叶有清热利湿、祛风除湿之功效，适用于黄疸、淋证、泄泻、水肿、急性肾盂肾炎等病症。

食用部位与食用方法：嫩叶可作蔬菜。

3. 何首乌 夜交藤（蓼科 Polygonaceae）

Fallopia multiflora（Thunb.）Haralds.

识别要点：多年生缠绕草质藤本，长达数米，全株无毛。块根肥大，长椭球形，外表黑褐色、赤褐色或暗红色，内部紫红色。茎中空。单叶互生，叶片卵形或长卵形，长 3~7 cm，先端渐尖，基部心形或近心形，全缘；叶柄长 1.5~3 cm；托叶膜质，鞘状包茎。花序圆锥状，长达 20 cm；花白色。果具 3 棱，包于宿存翅状花被片内。

分布与生境：产黑龙江、吉林、辽宁、河北、河南、陕西、甘肃、青海、山东、江苏、安徽、浙江、福建、台湾、江西、湖北、湖南、广东、海南、广西、贵州、四川及云南，生于海拔 3 000 m 以下山坡林下、山谷灌丛、山沟石隙。日本有分布。

食疗保健与药用功能：块根味苦、甘、涩，性微温，归肝、心、肾经，有解毒、消痈、截疟、润肠通便之功效，适用于疮痈、瘰疬、风疹瘙痒、久疟体虚、肠燥便秘等病症。茎叶味甘，性平，有养心安神、通络祛风之功效，适用于失眠、神经衰弱等病症。

食用部位与食用方法：秋季可挖取块根，经洗净、煮熟后，在清水中浸泡一天，再炒食。或煎成汤汁，配料做菜，或煮稀饭，或与禽类、鱼类于瓷锅中煲汤，做药膳食用，或可制作淀粉或酿酒。嫩茎叶经沸水焯后，可做汤、炒食或泡茶饮。

注意事项：① 块根有毒，须经炮制解毒后食用，不宜多食，不宜常食。② 常有不法之人做人形模具，将薯蓣科（Dioscoreaceae）或防己科（Menispermaceae）植物种植于内，2~3 年后取出，谎称人形“何首乌”出售。薯蓣科、防己科植物藤上没有膜质的托叶鞘，易于区分。

4. 木通（木通科 Lardizabalaceae）

Akebia quinata(Houtt.) Decne.

识别要点：落叶或半常绿木质藤本。掌状复叶，小叶 5 枚，稀 3~4 枚或 6~7 枚；叶柄长 3~14 cm，小叶柄长 0.7~1.7 cm；小叶片倒卵形或倒卵状椭圆形，长 2~5 cm，宽 1.5~2.5 cm。肉质蓇葖果孪生或单生，成熟时紫色，矩圆状圆柱形，长 6~9 cm，直径 3~5 cm。种子多数，卵球形，长约 6 mm。果期 6~8 月。

分布与生境：产河南、山东、江苏、安徽、浙江、福建、江西、湖北及四川，生于海拔 300~1 500 m 山坡灌丛、林缘、路边、沟边阴湿处。日本和韩国有分布。

食疗保健与药用功能：果味甘，性寒，有疏肝理气、活血止痛、散结、利尿之功效，适用于脘胁胀痛、痛经闭经、痰核痞块、小便不利等病症。

食用部位与食用方法：嫩果可煮食；成熟果可鲜食。

5. 三叶木通（木通科 Lardizabalaceae）

Akebia trifoliata(Thunb.) Koidz.

识别要点：落叶木质藤本。掌状复叶，小叶 3 枚，稀 4 枚或 5 枚；叶柄长 7~11 cm，中央小叶柄长 2~4 cm，侧生小叶柄长 6~12 mm；小叶片卵形、椭圆形或披针形，长 3~8 cm，宽 2~6 cm，边缘波状或不规则浅裂。肉质蓇葖果成熟时灰白色略带淡紫色，矩圆状圆柱形，长 5~9 cm，直径 2~4 cm。种子多数，扁卵球形，长约 7 mm。果期 7~8 月。

分布与生境：产陕西南部、甘肃南部、河北、山西南部、山东、河南南部、江苏、安徽、浙江、福建、台湾、江西、湖北、湖南、广东、贵州、四川及云南，生于海拔 100~2 800 m 溪边、山谷、林缘、路边、沟边阴湿处或稍干旱山坡。日本有分布。

食疗保健与药用功能：果味甘，性平，有疏肝理气、活血止痛、散结、利尿之功效，适用于脘胁胀痛、痛经经闭、痰核痞块、小便不利等病症。

食用部位与食用方法：果肉甘甜可口，具香蕉风味，可食或酿酒。

6. 白木通 （木通科 Lardizabalaceae）

Akebia trifoliata (Thunb.) Koidz. subsp. *australis* (Diels) T. Shimizu

识别要点： 落叶木质藤本。掌状复叶，小叶 3 枚，稀 4 枚；叶柄长 7~11 cm，中央小叶柄长 2~4 cm，侧生小叶柄长 6~12 mm；小叶片革质，卵状矩圆形或卵形，长 4~7 cm，宽 1.5~3.5 cm，边缘通常全缘，有时略有少数不规则浅缺刻。肉质蓇葖果成熟时黄褐色，矩圆状圆柱形，长 6~8 cm，直径 3~5 cm。果期 6~9 月。

分布与生境： 产陕西、山西、河南、江苏、安徽、浙江、福建、台湾、江西、湖北、湖南、广东、广西、贵州、四川及云南，生于海拔 300~2 100 m 山坡灌丛或沟谷疏林中。

食疗保健与药用功能： 果味甘，性平，归肾、肝经，有疏肝理气、活血止痛、散结、利尿之功效，适用于脘胁胀痛、痛经经闭、痰核痞块、小便不利等病症。

食用部位与食用方法： 果肉甘甜可口，可食或酿酒。

7. 五月瓜藤 五风藤（木通科 Lardizabalaceae）

Holboellia angustifolia Wall.

识别要点： 落叶木质藤本。幼枝具细纹。掌状复叶，小叶 3~7 枚，小叶片窄矩圆形、披针形至倒披针形，长 3~11 cm，叶缘无半透明蜡质带，叶背灰绿色。果圆柱形，成熟时紫红色，长 5~9 cm，直径约 2 cm，干后常结肠状。果期 7~8 月。

分布与生境： 产陕西、甘肃、安徽、福建、江西、湖北、湖南、广东、广西、贵州、四川、云南及西藏，生于海拔 400~3 000 m 较阴湿溪边、林缘及较干旱的山地。巴基斯坦、尼泊尔、不丹、印度和缅甸有分布。

食疗保健与药用功能： 果有疏肝理气、除烦利尿、解毒止痛、利湿通乳之功效，适用于肝胃气痛、胃热、烦渴、赤白痢疾、腰痛、肋痛、疝痛、痛经、子宫下坠等病症。

食用部位与食用方法： 果可食。

8. 鹰爪枫（木通科 Lardizabalaceae）

Holboellia coriacea Diels

识别要点：常绿木质攀缘藤本。幼枝具细纵棱。掌状复叶，小叶3枚，小叶片椭圆形或矩圆形，长5~13 cm，叶缘反卷，具半透明蜡质带，叶背粉绿色。果长球形，成熟时淡紫色，长4~7 cm，直径约2 cm。果期8~9月。

分布与生境：产陕西、甘肃、河南、江苏、安徽、浙江、江西、湖北、湖南、广西东北部、贵州及四川，生于海拔400~1 800 m山谷、溪边、山坡灌丛中或林缘。

食疗保健与药用功能：果有理气止痛之功效，适用于疝气等病症。

食用部位与食用方法：果可食，亦可酿酒。

9. 八月瓜（木通科 Lardizabalaceae）

Holboellia latifolia Wall.

识别要点：常绿木质攀缘藤本。幼枝具细纹。掌状复叶，小叶3~5（~7）枚，小叶片卵状矩圆形、卵圆形或椭圆形，长4~13 cm，叶缘无半透明蜡质带，叶背淡绿色。果圆柱形或卵球形，稀结肠状，成熟时紫红色，长4~8（~12）cm，直径1.5~5 cm。果期7~9月。

分布与生境：产贵州、四川、云南及西藏，生于海拔600~2 900 m山坡或山谷阔叶林林缘。巴基斯坦、印度、尼泊尔、不丹、孟加拉国和缅甸有分布。

食疗保健与药用功能：果味苦，性凉，归膀胱、心、肝经，有利湿、通乳、解毒、止痛之功效，适用于小便不利、脚气水肿、乳汁不通、胃痛、风湿骨痛、跌打损伤等病症。

食用部位与食用方法：果可食。

10. 黑老虎 冷饭团（木兰科 Magnoliaceae）

Kadsura coccinea(Lem.)A. C. Smith

识别要点：常绿木质藤本，全株无毛。叶革质，矩圆形或卵状披针形，长 7~18 cm，先端钝或短渐尖，全缘。聚合果近球形，直径 6~12 cm，或更大；果梗长 2.5~5 cm；小浆果长达 4 cm。种子心形或卵状心形，长 6.9~8.5 mm，表面平滑。果期 7~11 月。

分布与生境：产福建、江西、湖南、广东、海南、广西、贵州、四川及云南，生于海拔 400~1 400 m 的山坡、峡谷灌丛或森林中。越南、老挝、缅甸、泰国和印度尼西亚有分布。

食疗保健与药用功能：果味辛、微苦，性温，有行气止痛、祛风活络、散瘀消肿之功效，适用于失眠、支气管炎咳嗽、胃溃疡、十二指肠溃疡、慢性胃炎、风湿性关节炎、跌打肿痛、痛经、产后淤血腹痛等病症。

食用部位与食用方法：成熟果实红色或紫红色，味酸甜，可食。

11. 异形南五味子（木兰科 Magnoliaceae）

Kadsura heteroclita(Roxb.)Craib

识别要点：常绿木质藤本，全株无毛，老茎木栓层厚，块状纵裂。叶革质，卵状椭圆形、宽椭圆形至椭圆形，长 6~13.5 cm，先端急尖或短渐尖，尖头通常偏斜，全缘或疏生细齿。聚合果近球形，直径 2.5~5 cm；果梗长 1.4~4.5 cm；小浆果长 0.4~2.2 cm。种子肾形或扁椭球形，长 4.2~6.5 mm，表面平滑。果期 8~12 月。

分布与生境：产浙江、福建、江西、湖北、湖南、广东、海南、广西、贵州、四川及云南，生于海拔 100~2 100 m 的丘陵、山坡林中或溪边灌丛中。越南、老挝、缅甸、印度、孟加拉国、泰国、斯里兰卡、马来西亚、印度尼西亚及菲律宾有分布。

食疗保健与药用功能：果味辛、苦，性温，有益肾宁心、祛痰止咳之功效，适用于肾虚腰痛、神经衰弱、支气管炎等病症。

食用部位与食用方法：成熟果实红色，味酸甜，可食。

12. 南五味子 日本南五味子、长梗南五味子（木兰科 Magnoliaceae）

Kadsura japonica（L.）Dunal

识别要点：常绿木质藤本，全株无毛，老茎木栓层厚，块状纵裂。叶革质或坚纸质，矩圆状披针形、卵状椭圆形或椭圆形，长 4~12 cm，先端短渐尖至渐尖，尖头竖直，边缘有齿，稀全缘。聚合果球形，直径 1.5~3.5 cm；果梗长 5~17 cm；小浆果长 0.8~2 cm。种子肾形或扁椭球形，长 3.8~4.9 mm，表面平滑。果期 9~12 月。

分布与生境：产河南南部、江苏、安徽、浙江、福建、台湾、江西、湖北、湖南、广东、广西、贵州、四川及云南，生于海拔 100~2 000 m 的丘陵、山地溪边林中或灌丛中。日本、韩国和菲律宾有分布。

食疗保健与药用功能：果有收敛固涩、益气生津、补肾宁心之功效，适用于久咳虚喘、梦遗滑精、遗尿、尿频、久泻不止、自汗、盗汗、津伤口渴、短气脉虚、内热消渴、心悸失眠等病症。

食用部位与食用方法：成熟果实红色，味酸甜，可食。

13. 冷饭藤（木兰科 Magnoliaceae）

Kadsura oblongifolia Merr.

识别要点：常绿木质藤本，全株无毛。叶坚纸质至近革质，矩圆状披针形、狭矩圆形或狭椭圆形，长 5~9 cm，宽 1~3 cm，先端钝，全缘或具不明显疏齿。聚合果近球形，直径 1.2~2 cm；果梗长 1~6 cm；小浆果长 4~8 mm。种子肾形或扁椭球形，长 2.4~4.7 mm，表面平滑。果期 10~11 月。

分布与生境：产福建、台湾、广东、海南及广西，生于海拔 250~1 500 m 的山地林中。越南北部有分布。

食疗保健与药用功能：果味甘，性温，有收敛固涩、益气生津、补肾宁心之功效，适用于久咳虚喘、盗汗、津伤口渴、心悸失眠等病症。

食用部位与食用方法：成熟果实红色，味酸甜，可食。

14. 五味子 北五味子（木兰科 Magnoliaceae）

Schisandra chinensis（Turcz.）Baill.

识别要点：落叶木质藤本，老枝枝皮片状剥落。叶膜质，卵形至倒卵形，长 3~14 cm，先端急尖，叶缘具疏浅锯齿，叶背脉上被毛。聚合果穗状，长 2~9 cm；果梗长 2~7 cm；小浆果近球形，直径 6~8 mm。种子肾形，长 2.5~4.0 mm，表面平滑。果期 8~10 月。

分布与生境：产黑龙江、吉林、辽宁、内蒙古、河北、北京、山西及山东，生于海拔 300~2 170 m 的山地沟谷、溪边或山坡林中或灌丛中。俄罗斯远东地区、日本、朝鲜和韩国有分布。

食疗保健与药用功能：果味酸、甘，性温，归肺、心、肾经，有收敛固涩、益气生津、补肾宁心之功效，适用于久嗽虚喘、梦遗滑精、遗尿尿频、久泻不止、自汗盗汗、津伤口渴、内热消渴、心悸失眠等病症。

食用部位与食用方法：成熟果实红色，稀白色，可食。

15. 大花五味子 红花五味子（木兰科 Magnoliaceae）

Schisandra grandiflora（Wall.）Hook. f. & Thoms.

识别要点：落叶木质藤本，幼枝圆柱形，芽鳞早落，全株无毛。叶纸质，狭椭圆形、椭圆形、倒披针形或倒卵形，长 3.5~16 cm，先端渐尖，叶缘具疏锯齿，侧脉在叶面下凹。花红色。聚合果穗状，长 5~25 cm；果梗长 2.5~8 cm；小浆果倒卵状椭球形，长 7~11 mm。种子肾形，长 2.5~3.8 mm，表面近光滑。果期 8~9 月。

分布与生境：产陕西、甘肃南部、湖北、湖南、贵州、重庆、四川、云南及西藏，生于海拔 1 000~4 100 m 的山顶、山脊或山体上部山坡林中或灌丛中。不丹、尼泊尔、缅甸及印度有分布。

食疗保健与药用功能：果味酸、甘，性温，归肺、心、肾经，有收敛固涩、益气生津、补肾宁心、祛风除湿、润肺止咳、固精之功效，适用于肺虚咳嗽、口渴、盗汗、遗精、泄泻、失眠、风湿痹痛、肾虚腰痛等病症。

食用部位与食用方法：成熟果实红色，味酸甜，可食。

16. 翼梗五味子（木兰科 Magnoliaceae）

Schisandra henryi Clarke

识别要点：落叶木质藤本，幼枝常具纵向翅状棱，芽鳞宿存至幼果期，全株无毛。叶纸质，宽卵形、矩圆状卵形或近圆形，长 6~18 cm，先端短渐尖或短急尖，叶缘具浅锯齿，叶背常被白粉。聚合果穗状，长 3~14 cm；果梗长 6~13 cm；小浆果球形，直径 5~10 mm。种子肾形或扁椭球形，长 2~4 mm，表面具瘤状突起。果期 8~9 月。

分布与生境：产陕西西南部、安徽、浙江、福建、江西、湖北、湖南、广东、广西、贵州、四川及云南，生于海拔 400~2 600 m 的山地沟谷、山坡林下或灌丛中。越南和泰国有分布。

食疗保健与药用功能：果味酸、甘，性温，有滋肾、敛肺、生津、涩精之功效，适用于肺虚咳嗽、口干作渴、自汗、盗汗、劳伤羸瘦、梦遗滑精、久泻久痢、解酒毒、壮筋骨、除烦热等病症。

食用部位与食用方法：成熟果实红色，味酸甜，可食。

17. 毛叶五味子 毛脉五味子、柔毛五味子（木兰科 Magnoliaceae）

Schisandra pubescens Hemsl. & Wils.

识别要点：落叶木质藤本，幼枝圆柱形，芽鳞早落，芽鳞、幼枝、叶背、果梗多少被毛。叶纸质，卵形、宽卵形、卵状椭圆形或近圆形，长 5~14 cm，先端短急尖，叶缘具浅锯齿。聚合果穗状，长 3~15 cm；果梗长 4~10 cm；小浆果近球形，直径 4.5~8 mm。种子肾形或扁椭球形，长 2.4~3.6 mm，表面平滑。果期 7~9 月。

分布与生境：产湖北、湖南、广东北部、广西东北部、贵州、四川及云南，生于海拔 400~2 600 m 的山坡丛林中。越南北部有分布。

食疗保健与药用功能：果有收敛固涩、益气生津、强筋骨之功效，适用于肺虚咳嗽、口渴、盗汗、遗精、泄泻等病症。

食用部位与食用方法：成熟果实红色，味酸甜，可食。

18. 二色五味子 瘤枝五味子（木兰科 Magnoliaceae）

Schisandra repanda（Sieb. & Zucc.）Radlk.

识别要点：落叶木质藤本，老枝紫褐色或黑褐色，皮孔大，具瘤状突起，老茎木栓层厚，块状纵裂，全株无毛。叶纸质，阔卵形至近圆形，长 4~9 cm，先端骤尖，边缘疏生小齿。聚合果穗状，长 3~7 cm；果梗长 3~8 cm；小浆果球形，直径 1~2 cm。种子肾形，长 3.1~5.6 mm，表面具瘤状突起。果期 9~10 月。

分布与生境：产安徽南部、浙江、江西、湖南、广西东北部及云南东南部，生于海拔 100~1 500 m 的山地林中或灌丛中。日本和韩国有分布。

食疗保健与药用功能：果有固涩收敛、益气生津、补肾宁心之功效，适用于久咳虚喘、遗尿、遗精、盗汗、心悸失眠等病症。

食用部位与食用方法：成熟果实红色、紫红色或紫黑色，味酸甜，可食。

19. 华中五味子 绿叶五味子、小花五味子、阿里山五味子、滇藏五味子（木兰科 Magnoliaceae）

Schisandra sphenanthera Rehd. & Wils.

识别要点：落叶木质藤本，幼枝圆柱形，芽鳞早落，全株无毛。叶纸质，卵状披针形、卵形、圆形至倒卵状披针形，长 3~15 cm，先端短急尖或渐尖，叶缘具疏齿。聚合果穗状，长 6~22 cm；果梗长 3~12 cm；小浆果椭球形，长 5~12 mm。种子肾形或扁球形，长 2.6~4.0 mm，表面光滑。果期 7~10 月。

分布与生境：产山西、陕西南部、宁夏南部、河南南部、江苏南部、安徽、浙江、福建、台湾、江西、湖北、湖南、广东、广西、贵州、重庆、四川、云南及西藏，生于海拔 200~3 000 m 的山地沟谷、山坡林间或灌丛中。尼泊尔、缅甸、印度、越南、泰国、斯里兰卡等国有分布。

食疗保健与药用功能：果味酸、甘，性温，归肺、心、肾经，有收敛固涩、益气生津、补肾宁心之功效，适用于久嗽虚喘、梦遗滑精、遗尿尿频、久泻不止、自汗盗汗、津伤口渴、内热消渴、心悸失眠等病症。

食用部位与食用方法：成熟果实红色，味酸甜，可食。

20. 金樱子（蔷薇科 Rosaceae）

Rosa laevigata Michx.

识别要点：常绿攀缘灌木。小枝无毛，有钩状皮刺和刺毛。3（~5）小叶复叶，互生；小叶片革质，椭圆状卵形或披针状卵形，长 2.5~7 cm，有细齿状锯齿，无毛；叶轴和叶柄有钩状皮刺；托叶与叶柄分离。花单生，白色。蔷薇果近梨形或倒卵球形，长 2~4 cm，紫褐色，密被刺毛。果期 7~11 月。

分布与生境：产陕西、甘肃、河南、江苏、安徽、浙江、福建、台湾、江西、湖北、湖南、广东、海南、广西、贵州、四川及云南，生于海拔 200~1 600 m 向阳山坡、田边或溪边灌丛。

食疗保健与药用功能：果味酸、甘、涩，性平，归肾、膀胱、大肠经，有固精缩尿、固崩止带、涩肠止泻之功效，适用于遗精滑精、遗尿尿频、崩漏带下病、久泻久痢等病症。

食用部位与食用方法：果可鲜食、做甜汤、煮粥或干后备用，也可酿酒、制果酱、制饮料、熬糖等。

21. 野蔷薇 多花蔷薇（蔷薇科 Rosaceae）

Rosa multiflora Thunb.

识别要点：落叶攀缘灌木。小枝有皮刺。单数羽状复叶，互生，小叶 5~9 枚，连叶柄长 5~10 cm；小叶片倒卵形、矩圆形或卵形，长 1.5~5 cm，有尖锐单锯齿，叶背有毛；叶轴和叶柄散生腺毛；托叶大部贴生叶柄。圆锥花序，花多数，白色，芳香，直径 1.5~2 cm。蔷薇果近球形，直径约 6 mm，红色、红褐色或紫褐色，无毛，萼片脱落。

分布与生境：产陕西、甘肃、河北、河南、山西、山东、江苏、安徽、浙江、福建、台湾、江西、湖北、湖南、广东、广西、贵州、四川及云南，生于海拔 300~2 000 m 山坡、溪边、草地或林缘。日本和朝鲜半岛有分布。

食疗保健与药用功能：叶有清热解毒之功效，适用于下疳疮、痈疽脓或不溃或溃破久不收口等病症。花有清暑解渴、止血之功效，适用于暑热胸闷、头痛烦躁、口渴、呕吐、不思饮食、脘腹胀痛、胃痛、泄泻、口疮、吐血、疟疾等病症。果味甘，性凉，有活血通络、收敛解毒之功效，适用于关节痛、面神经瘫痪、高血压、偏瘫、烫伤、月经不调、小便不利、水肿、疮痈疔毒、顽癣疥癞、跌打损伤等病症。

食用部位与食用方法：嫩茎叶剥皮后经沸水焯、清水漂洗，可凉拌或炒食。花瓣可开汤或作蔬食。果可食。

22. 灰白毛莓（蔷薇科 Rosaceae）

Rubus tephrodes Hance

识别要点：攀缘灌木。枝密被灰白色绒毛，疏生微弯皮刺，具刺毛和腺毛。单叶，叶片近圆形，直径 5~10 cm，基部心形，有 5~7 枚钝圆裂片和不整齐锯齿，基脉掌状 5 出，叶面被柔毛及腺毛，叶背密被灰白色绒毛；叶柄长 1~3 cm，具绒毛，疏生小皮刺、刺毛及腺毛。聚合果球形，直径 1~1.5 cm，紫黑色，无毛。果期 8~10 月。

分布与生境：产江苏、安徽、福建、台湾、江西、湖北、湖南、广东、广西、贵州及四川，生于海拔 1 500 m 以下山坡、路边或灌丛中。

食疗保健与药用功能：果有补肝肾、缩小便、补气益精之功效，适用于病后虚弱、神经衰弱等病症。

食用部位与食用方法：果可鲜食、酿酒、制醋、制果汁和果酱等。

23. 土栾儿（豆科 Leguminosae/Fabaceae）

Apios fortunei Maxim.

识别要点：缠绕草质藤本。有球状块根。茎疏被白色毛。奇数羽状复叶互生；小叶 3~7 枚，小叶片卵形或菱状卵形，长 3~7.5 cm。总状花序腋生，长 6~26 cm；花黄绿色或淡绿色，长约 1.1 cm。荚果带状，长约 8 cm，直径约 6 mm。

分布与生境：产陕西、甘肃、河南、山西、山东、安徽、浙江、福建、江西、湖北、湖南、广东、广西、贵州及四川，生于海拔 300~1 000 m 山坡灌丛。日本有分布。

食疗保健与药用功能：块根有消肿解毒、祛痰止咳之功效，适用于感冒咳嗽、咽喉痛、疝气、痈肿、瘰疬、百日咳、无名肿毒、毒蛇咬伤、带状疱疹等病症。

食用部位与食用方法：块根可食。

24. 野大豆（豆科 Leguminosae/Fabaceae）

Glycine soja Sieb. & Zucc.

识别要点：一年生缠绕草本；全株被褐色毛。侧根密生于主根上部。茎纤细，长 1~4 m。叶具 3 枚小叶，长达 14 cm，顶生小叶片卵形或卵状披针形，长 3.5~6 cm，先端急尖或钝，基部圆，两面均密被糙伏毛。总状花序长约 10 cm；花小，淡紫红色或白色。荚果长球形，长 1.7~2.3 cm，直径 4~5 mm，两侧扁，种子间稍缢缩，干后易开裂，有褐色或黑色种子 2~3 枚。

分布与生境：产黑龙江、吉林、辽宁、内蒙古、河北、山西、河南、陕西、甘肃、宁夏、山东、江苏、安徽、浙江、福建、江西、湖北、湖南、贵州、四川、云南及西藏，生于海拔 150~2 700 m 田边、沟边、沼泽、草甸、沿海岛屿向阳灌丛中。

食疗保健与药用功能：种子味甘，性温，有补益肝肾、祛风解表之功效，适用于阴亏目昏、肾虚腰痛、筋骨痛、阴虚盗汗、内热消渴、产后风、小儿疳积、痈肿等病症。

食用部位与食用方法：幼苗可作蔬菜。种子可煮食或磨面食用。

25. 常春油麻藤（豆科 Leguminosae/Fabaceae）

Mucuna sempervirens Hemsl.

识别要点：常绿木质藤本；老茎直径达 30 cm。羽状复叶具 3 枚小叶，长 21~39 cm，无毛，顶生小叶片椭圆形、矩圆形或卵状椭圆形，长 8~15 cm，侧生小叶极偏斜，小叶柄膨大；叶柄长 7~17 cm。总状花序生于老茎上，长 10~36 cm；花深紫色，长约 6.5 cm，有臭味。荚果带形，木质，长 30~60 cm，直径 3~3.5 mm，种子间缢缩。种子扁长球形，长 2.2~3 cm，直径 2~2.2 cm，厚约 1 cm。

分布与生境：产陕西南部、浙江、福建、江西、湖北、湖南、广东、广西、贵州、四川及云南，生于海拔 300~3 000 m 山坡林中或灌丛中。日本有分布。

食疗保健与药用功能：根有活血化瘀、补血、通经活络、祛风除湿之功效，适用于跌打损伤、风湿疼痛、四肢麻木、痛经、闭经、月经不调、贫血等病症。种子可用于震颤麻痹。

食用部位与食用方法：根可制淀粉。种子可磨豆腐。

注意事项：有小毒，不宜多食。

26. 食用葛（豆科 Leguminosae/Fabaceae）

Pueraria edulis Pampan.

识别要点：粗壮藤本，茎基部木质。块根肥厚。茎疏被毛。3 枚小叶羽状复叶，互生；小叶片宽卵形或斜卵形，长 8~15 cm；托叶背着，基部 2 裂呈箭头形。总状花序腋生，单生，长达 30 cm；花紫色或粉红色。荚果条形，长 5~9 cm，直径约 1 cm。果期 10 月。

分布与生境：产广西、贵州、四川及云南，生于海拔 1 000~3 200 m 山沟林中。

食疗保健与药用功能：块根有生阳解肌、透疹止泻、除烦止渴之功效，适用于伤寒、温热头痛项强、烦热消渴、泄泻、痢疾、斑疹不透、高血压、心绞痛、耳聋等病症。

食用部位与食用方法：块根富含淀粉，秋季挖取，可供食用。

27. 葛 野葛、葛藤（豆科 Leguminosae/Fabaceae）

Pueraria montana(Lour.)Merr.

识别要点：粗壮藤本，茎基部木质，各部被黄色长硬毛。块根肥厚。茎长达 8 m。3 枚小叶羽状复叶，互生；小叶片宽卵形或斜卵形，长 7~19 cm；托叶背着。总状花序腋生，单生，长 15~30 cm；花紫色。荚果长椭球形，长 5~9 cm，直径 0.8~1.1 cm，扁平。果期 11~12 月。

分布与生境：除青海、新疆和西藏外，全国各地均产，生于草坡、路边、山地疏林或密林中。亚洲东部至东南部、澳大利亚有分布。

食疗保健与药用功能：块根味甘、辛，性凉，归脾、胃、肺经，有解肌退热、生津止渴、透疹、升阳止泻、通经活络、解酒毒之功效，适用于外感发热头痛、项背强痛、口渴、消渴、麻疹不透、热痢、泄泻、眩晕头痛、中风偏瘫、胸痹心痛、酒毒伤中等病症。

食用部位与食用方法：块根富含淀粉、味甜，秋季挖取，经洗净、切碎、捣烂或磨细后，装入布袋，置水中反复挤压，滤出淀粉，再用淀粉加工成粉皮、粉丝等葛粉食品。夏季采集花朵，经清水洗净、沸水焯后，可凉拌、炒食或做馅食用。

28. 紫藤（豆科 Leguminosae/Fabaceae）

Wisteria sinensis（Sims）Sweet

识别要点：落叶木质大藤本。茎左旋；嫩枝、嫩叶被毛。奇数羽状复叶，互生，长 15~25 cm；小叶 9~13 枚，小叶片卵状椭圆形或卵状披针形，长 5~8 cm；小托叶刺毛状。总状花序生于上年短枝的叶腋或顶芽，长 15~30 cm，直径 8~10 cm，先叶开放；花萼密被细毛；花冠紫色或蓝紫色。果密被绒毛。花期 4~5 月。

分布与生境：产陕西、河北、河南、山西、山东、江苏、安徽、浙江、福建、江西、湖北、湖南及广西，其余地区常有栽培。世界各地广为栽培。

食疗保健与药用功能：花味甘，性微温，有利尿、驱虫、止痛、止吐泻之功效，适用于腹痛等病症。

食用部位与食用方法：春季采集花朵，经洗净、在沸水中焯后，可凉拌、炒食、煮粥、做馅食用；鲜花常少量加入糕点或饼中食用。

注意事项：花有小毒，食用前要煮熟或煮熟后晒干菜。豆荚、种子有毒，不能食用。

29. 飞龙掌血（芸香科 Rutaceae）

Toddalia asiatica（L.）Lam.

识别要点：木质藤本。老茎具木栓层，茎枝及叶轴具钩刺。3 枚小叶复叶，互生，密生透明油腺点，小叶无柄，小叶片卵形、倒卵形、椭圆形或倒卵状椭圆形，长 5~9 cm，叶缘中部以上具钝圆齿，侧脉多而纤细。圆锥花序；花单性。核果近球形，成熟时橙红色或朱红色，直径 8~10 mm，含胶液，具 4~8 分核。种子肾形，长 5~6mm，种皮褐黑色。

分布与生境：产河南、陕西、甘肃、浙江、福建、台湾、江西、湖北、湖南、广东、海南、广西、贵州、四川、云南及西藏，生于海拔 2 000 m 以下平地及山地灌丛、林中，攀缘树上，石灰岩山地常见。亚洲和非洲热带有分布。

食疗保健与药用功能：全株药用，有活血、散瘀、止痛之功效，适用于感冒、胃痛、风湿骨痛、跌打损伤、咯血等病症。

食用部位与食用方法：果可食，味甜，果皮麻辣。

30. 乌蔹莓（葡萄科 Vitaceae）

Cayratia japonica（Thunb.）Gagnep.

识别要点：攀缘草质藤本。卷须与叶对生，具 2~3 叉分枝。叶互生，鸟足状 5 枚小叶复叶，中央小叶长椭圆形或椭圆状披针形，长 2.5~4.5 cm，侧生小叶椭圆形或长椭圆形，长 1~7 cm，先端渐尖，基部楔形或宽圆形，边缘有疏锯齿；叶柄长 1.5~10 cm。花序腋生。浆果近球形，直径约 1 cm。

分布与生境：产陕西、甘肃、河北、河南、山东、江苏、安徽、浙江、福建、台湾、江西、湖北、湖南、广东、海南、广西、贵州、四川及云南，生于海拔 300~2 500 m 山谷林中或灌丛中。日本、菲律宾、越南、缅甸、印度、印度尼西亚及澳大利亚有分布。

食疗保健与药用功能：叶味酸，性寒，归心、肝、胃经，有清热解毒、利尿消肿之功效，适用于热毒痈肿、疔疮、腮腺炎、丹毒、风湿痛、黄疸、痢疾、尿血、白浊等病症。

食用部位与食用方法：采集嫩叶，洗净后经沸水焯，再换清水漂洗，可凉拌、炒食或腌制咸菜食用。

31. 显齿蛇葡萄 藤茶、茅岩莓（葡萄科 Vitaceae）

Ampelopsis grossedentata (Hand.-Mazz.) W. T. Wang

识别要点： 木质藤本，全株无毛。小枝有显著纵棱纹。卷须与叶对生，2 叉分枝。一至二回羽状复叶，互生，二回羽状复叶者基部一对小叶为 3 枚小叶，小叶宽卵形或长椭圆形，长 2~5 cm，直径 1~2.5 cm，有粗锯齿；叶柄长 1~2 cm。花序与叶对生。浆果球形，直径 0.6~1 cm。

分布与生境： 产福建、江西、湖北、湖南、广东、海南、广西、贵州及云南，生于海拔 200~1 500 m 沟谷林中或山坡灌丛。

食疗保健与药用功能： 叶味甘、淡，性凉，含黄酮，有杀菌抗炎、清热解毒、镇痛消肿、降脂降压、软化血管、消除血液中的血垢、润喉止咳之功效，可提高人体免疫力、调节血脂、调节肾功能，适用于黄疸型肝炎、感冒风热、咽喉肿痛、痈疖、目赤肿痛、急性结膜炎等病症。

食用部位与食用方法： 采集嫩叶，可代茶饮用。

注意事项： 果实有小毒，不能食用。

32. 山葡萄（葡萄科 Vitaceae）

Vitis amurensis Rupr.

识别要点： 攀缘木质藤本，全株无刺。有卷须，2~3叉分枝。单叶互生，叶片卵圆形，长6~24cm，先端尖锐，基部宽心形，边缘有28~36条粗锐齿，不分裂、中裂或3浅裂，基出脉5条；叶柄被蛛丝状毛。圆锥花序与叶对生，疏散，长5~13cm。浆果球形，直径1~1.5cm，成熟时黑色。果期7~9月。

分布与生境： 产黑龙江、吉林、辽宁、内蒙古、河北、山西、河南、山东、安徽、浙江及福建，生于海拔100~2 100 m山坡、沟谷林中或灌丛。朝鲜和俄罗斯有分布。

食疗保健与药用功能： 果味甘、酸，性平，有清热利尿之功效，适用于烦热口渴、尿路感染、小便不利等病症。

食用部位与食用方法： 果味酸，可食，亦可酿酒或制醋。

33. 葛藟葡萄（葡萄科 Vitaceae）

Vitis flexuosa Thunb.

识别要点： 木质藤本，各部幼嫩时被蛛丝状绒毛。卷须2叉分枝，与叶对生。单叶互生，叶片宽卵形、卵形至卵状椭圆形，长2.5~12 cm，基部浅心形或截形，叶缘有不整齐锯齿，基出脉5条；叶柄长1.5~7 cm。圆锥花序与叶对生，长4~12 cm；花序梗长2~5 cm。浆果球形，直径8~10 mm。种子倒卵状椭圆球形。果期7~11月。

分布与生境： 产山东、河北、河南、陕西南部、甘肃南部、江苏南部、安徽、浙江、福建、江西、湖北、湖南、广东北部、广西、贵州、四川及云南，生于海拔100~2 300 m山坡、田边或灌丛。

食疗保健与药用功能： 果有润肺止咳、清热凉血、消食之功效，适用于咳嗽、呕血、食积等病症。

食用部位与食用方法： 成熟果实可食。

34. 软枣猕猴桃 （猕猴桃科 Actinidiaceae）

Actinidia arguta（Sieb. & Zucc.）Planch. ex Miq.

识别要点：落叶木质藤本。幼枝疏被毛，髓心片层状。叶片宽椭圆形或宽倒卵形，长 8～12 cm，叶缘有锐锯齿，叶面无毛，叶背脉腋处有毛；叶柄长 2～8 cm。花序腋生，花 3～6 朵，绿白色或黄绿色。浆果球形、椭球形或长球形，黄绿色，长 2～3 cm，直径约 1.8 cm，无毛，无斑点。

分布与生境：产黑龙江、吉林、辽宁、陕西、甘肃、河北、河南、山西、山东、安徽、浙江、福建、台湾、江西、湖北、湖南、贵州、四川及云南西北部，生于海拔 600～3 600 m 山地林中。日本和朝鲜有分布。

食疗保健与药用功能：果味甘、酸，性凉，有滋阴清热、除烦止渴、通淋之功效，适用于热病津伤或阴血不足、烦渴引饮、砂淋、石淋、维生素 C 缺乏症、牙龈出血、消化不良、食欲缺乏、呕吐、肝炎等病症。

食用部位与食用方法：果实成熟后可鲜食，也可加工成罐头、果脯、果酱、果汁、果酒等。

35. 中华猕猴桃 猕猴桃（猕猴桃科 Actinidiaceae）

Actinidia chinensis Planch.

识别要点：落叶木质藤本。幼枝被毛。枝条髓心白色或淡褐色，片层状。叶片近圆形，长 6～17 cm，基部楔状稍圆，叶缘有细齿，叶背密被星状毛；叶柄长 3～10 cm，被毛。花初时白色，后橙黄色。浆果近球形，直径 4～6 cm，黄褐色，具淡褐色斑点。

分布与生境：产陕西、甘肃、河南、江苏、安徽、浙江、福建、江西、湖北、湖南、广东、广西、贵州、四川及云南，生于海拔 200～2 600 m 山地林内及灌丛中。

食疗保健与药用功能：果味甘、酸，性寒，有解热通淋、止渴之功效，适用于消化不良、食欲缺乏、呕吐、烧烫伤等病症。

食用部位与食用方法：果大味美，营养丰富，可鲜食，或制成猕猴桃汁、猕猴桃罐头、猕猴桃果脯、猕猴桃酱、猕猴桃酒等。

36. 狗枣猕猴桃（猕猴桃科 Actinidiaceae）

Actinidia kolomikta（Maxim. & Rupr.）Maxim.

识别要点：落叶木质藤本。小枝髓心褐色，片层状。叶片宽卵形、卵形至矩圆状倒卵形，长 6~15 cm，叶缘有重锯齿或兼单锯齿，叶面疏被毛；叶柄长 2.5~5 cm。花序腋生，花常 3 朵，白色或粉红色。浆果矩圆状卵球形，成熟时淡橘黄色，具深色纵纹，长 2~2.5 cm，无毛，无斑点。

分布与生境：产黑龙江、吉林、辽宁、陕西、甘肃、山西、河北、河南、江苏、湖北、湖南、四川及云南东北部，生于海拔 800~2 900 m 山地林中。日本、朝鲜和俄罗斯东部有分布。

食疗保健与药用功能：果味甘、酸，性凉，有滋养强壮、生津润燥之功效，适用于维生素 C 缺乏症。

食用部位与食用方法：同软枣猕猴桃。

37. 阔叶猕猴桃 多花猕猴桃（猕猴桃科 Actinidiaceae）

Actinidia latifolia（Gardn. & Champ.）Merr.

识别要点：落叶木质藤本。小枝髓心白色。叶片宽卵形、近圆形或长卵形，长 8~13 cm，宽 5~8.5 cm，先端短渐尖或渐尖，基部圆或稍心形，叶缘有细齿，叶面无毛，叶背密被星状毛；叶柄长 3~7 cm。花序 3~4 歧，花多数，花序梗长 2.5~8.5 cm。浆果圆柱形或卵状圆柱形，长 3~3.5 cm，直径 2~2.5 cm，成熟时暗绿色，有斑点，无毛或两端被疏毛。果期 11 月。

分布与生境：产安徽、浙江、福建、台湾、江西、湖北、湖南、广东、海南、广西、贵州、四川及云南，生于海拔 400~1 700 m 山地灌丛或林中。越南、老挝、柬埔寨和马来西亚有分布。

食疗保健与药用功能：果有益气养阴之功效，适用于久病虚弱、肺痨、尿结石等病症。

食用部位与食用方法：同软枣猕猴桃。

38. 黑蕊猕猴桃（猕猴桃科 Actinidiaceae）

Actinidia melanandra Franch.

识别要点：落叶木质藤本。小枝无毛，髓心片层状。叶片椭圆形或卵圆形，长5~11 cm，叶缘有细齿，叶面无毛，叶背有白粉和脉腋处有毛；叶柄长1.5~5 cm。雌花单生叶腋，白色。浆果椭球形或卵球形，长2.5~3 cm，直径约2.5 cm，无毛，无斑点。

分布与生境：产陕西、甘肃、河南、安徽、浙江、福建、江西、湖北、湖南、贵州、四川及云南，生于海拔100~1 600 m山地林中。

食疗保健与药用功能：果有解热、通淋、止渴之功效，适用于消化不良、食欲缺乏、呕吐、烧烫伤等病症。

食用部位与食用方法：同软枣猕猴桃。

39. 龙珠果（西番莲科 Passifloraceae）

Passiflora foetida L.

识别要点：草质藤本。茎柔弱，被平展毛。单叶互生，叶片膜质，宽卵形或矩圆状卵形，长4.5~13 cm，宽4~12 cm，基部心形，3浅裂，有缘毛及少数腺毛；叶柄长2~6 cm；托叶细线状分裂。花白色或淡紫色，直径2~3 cm；苞片羽状分裂，裂片顶端具腺毛。浆果卵球形或球形，直径2~3 cm。花期7~8月，果期翌年4~5月。

分布与生境：原产西印度群岛。台湾、福建、江西、广东、香港、海南、广西、贵州及云南有栽培或野化。

食疗保健与药用功能：果有润肺、止痛之功效，适用于疥疮及无名肿毒。

食用部位与食用方法：成熟果味甜，可食。

40. 镰叶西番莲（西番莲科 Passifloraceae）

Passiflora wilsonii Hemsl.

识别要点：木质藤本。单叶互生，叶片纸质，长 4~11 cm，宽 4~13 cm，先端平截，三尖头状，或 2~3 微裂，裂片长达 1.5 cm，尖或渐尖，叶片基部宽圆形或近心形，无毛；叶柄长 2~6.5 cm，下部具 2 腺体；无托叶。花白色或淡紫色，直径 2~3 cm。浆果初时被白粉，成熟时紫黑色，近球形，直径 2.5~3 cm。花期 4~6 月，果期 7~9 月。

分布与生境：产云南及西藏，生于海拔 1 300~2 500 m 山地灌丛中。缅甸、泰国、老挝和越南有分布。

食疗保健与药用功能：全草药用，有舒筋活络、散瘀活血、止咳化痰、驱虫之功效，适用于风湿骨痛、跌打损伤、疟疾、肝炎、蛔虫病等病症，外用可治骨折。

食用部位与食用方法：成熟果可食。

41. 酸藤子 酸果藤（紫金牛科 Myrsinaceae）

Embelia laeta（L.）Mez.

识别要点：攀缘灌木或藤本。单叶互生，叶片倒卵形或矩圆状倒卵形，长 3~7 cm，先端圆钝或微凹，叶缘全缘，叶背常有白粉；叶柄长 5~8 mm。花序腋生、侧生或生于前年无叶枝上；花白色或黄色。浆果核果状，球形，直径 5 mm，腺点不明显。果期 4~6 月。

分布与生境：产福建、台湾、江西、广东、海南、广西及云南，生于海拔 100~2 000 m 山地林下或林缘。越南、老挝、柬埔寨和泰国有分布。

食疗保健与药用功能：果味甘、酸，性平，有强壮补血之功效，适用于食欲缺乏、牙龈出血、胃酸缺乏等病症。

食用部位与食用方法：嫩芽和叶可鲜食、炒食或做汤食用，味酸。果可食。

42. 白首乌（萝藦科 Asclepiadaceae）

Cynanchum bungei Decaisne

识别要点：草质缠绕藤本，长达 4 m，有乳汁。块根粗壮，长 3~7 cm，直径 1.5~4 cm。茎被微毛。单叶对生，叶片戟形或卵状三角形，长 3~8 cm，基部耳状心形，叶耳圆，两面被毛；无托叶。花序伞状，长达 4 cm；花白色或黄绿色，辐状。果实披针状圆柱形，无毛，长 9~10 cm，直径约 1 cm。

分布与生境：产辽宁、陕西、甘肃、宁夏、内蒙古、河北、河南、山西、山东、四川、云南及西藏，生于海拔 1 500 m 以下山坡、沟谷或灌丛中。朝鲜有分布。

食疗保健与药用功能：块根味苦、甘、涩，性微温，无毒，归肝、肾经，有补肝肾、强筋骨、益精血之功效，适用于久病虚弱、慢性风痹、腰膝酸软、须发早白、神经衰弱、阴虚久疟、老人便秘等病症。

食用部位与食用方法：块根可做药膳，炖鸡、炖肉食等，适于体虚亚健康人群。

43. 地梢瓜（萝藦科 Asclepiadaceae）

Cynanchum thesioides (Freyn) K. Schum.

识别要点： 草质或亚灌木状藤本，有乳汁。小枝被毛。单叶对生或近对生，稀轮生，线形或线状披针形，长 3~10 cm，宽 0.2~1.5 cm，边缘全缘；近无柄。花序腋生；花绿白色。蓇葖果双生，卵球状纺锤形，长 5~7 cm，直径 1~2 cm。果期 8~10 月。

分布与生境： 产黑龙江、吉林、辽宁、陕西、甘肃、宁夏、青海、新疆、内蒙古、河北、河南、山西、山东、江苏、湖北及湖南，生于海拔 3 000 m 以下山坡、沙丘、干旱山谷、荒地、灌丛及草地。朝鲜、俄罗斯和蒙古有分布。

食疗保健与药用功能： 果味甘，性平，有清热解毒、生津止渴、活血通经之功效，适用于气血亏虚、咽喉肿痛、月经不调等病症。

食用部位与食用方法： 幼果可鲜食、油炸或炒食。

44. 打碗花 小旋花（旋花科 Convolvulaceae）

Calystegia hederacea Wall.

识别要点： 一年生草质藤本，高 20~40 cm，全株无毛。茎平卧，具细棱。茎基部叶片矩圆形，长 2~5 cm，先端圆，基部戟形；茎上部叶三角状戟形，侧裂片常 2 裂；叶柄长 1~5 cm。花单生叶腋；花梗长 2.5~5.5 cm；花冠漏斗状，粉红色，长 2~4 cm。

分布与生境： 产全国各地区，生于平原至高海拔荒地、路边及田野。亚洲其他地区有分布。

食疗保健与药用功能： 根味微甘，性淡平，有健脾益气、利尿、调经止带之功效，适用于脾虚消化不良、月经不调、红白带下病、乳汁缺少等病症。

食用部位与食用方法： 秋末挖根，经洗净后，可炖食或炒食。将幼苗、初夏采摘嫩叶洗净，经沸水焯、清水漂洗去除苦味后，可炒食、煮食、做汤或做粥。

45. 七爪龙（旋花科 Convolvulaceae）

Ipomoea mauritiana Jacq.

识别要点：多年生草质缠绕藤本，长达 10 m，全株无毛。根粗壮，稍肉质。叶片近圆形，长 7～18 cm，掌状 5～7 深裂，裂片披针形或椭圆形，全缘或波状；叶柄长 3～11 cm。花序腋生；花序梗长 2.5～20 cm；花梗长 0.9～2.2 cm；漏斗形花冠，淡红色或红紫色，长 5～6 cm。蒴果卵球形，长 1.2～1.4 cm。种子 4 枚。

分布与生境：产福建、台湾、广东、海南、广西及云南，生于海拔 1 100 m 以下滨海矮林、溪边、灌丛中。日本、东南亚及太平洋诸岛有分布。

食疗保健与药用功能：块根味苦，性寒，有清热解毒、解表散结、逐水消肿之功效，适用于二便不利、水肿腹胀、便秘、瘰疬、痰饮、乳痈、疮疡肿毒等病症。

食用部位与食用方法：块根富含淀粉，可提取食用。

46. 水忍冬 华南忍冬（忍冬科 Caprifoliaceae）

Lonicera confusa DC.

识别要点：木质缠绕藤本。幼枝、叶柄和总花梗被灰色短柔毛或无毛。单叶对生，叶片卵形或卵状矩圆形，长 3～7 cm，叶背无毛或被短柔毛；叶柄长 5～10 mm；无托叶。双花腋生，或生于小枝或侧生短枝顶部而集成具 2～4 节的短总状花序，芳香；总花梗长 2～8 mm；合瓣花，花冠白色，后转黄色，唇形，长 3.2～5 cm。花期 4～5 月。

分布与生境：产广东、海南、广西、贵州及云南，生于海拔 300～800 m 丘陵山坡、杂木林和灌丛中、平原旷野路旁或河边。越南北部有分布。

食疗保健与药用功能：花有清热解毒、疏散风热之功效，适用于疔疮疖肿、喉痹、丹毒、热毒血痢、风热感冒、温病发热等病症。

食用部位与食用方法：花可食用，焯后凉拌，或炒菜或炖粥，花蕾可泡茶饮用。

注意事项：本植物在野外采摘时有可能发生误采剧毒植物钩吻而导致中毒事故，可参考忍冬的注意事项而加以防范。

47. 忍冬 金银花（忍冬科 Caprifoliaceae）

Lonicera japonica Thunb.

识别要点：半常绿缠绕木质藤本。幼枝密被毛。单叶对生，叶片通常卵形或矩圆状卵形，长 3~5（~9）cm，基部圆形或近心形，有缘毛，小枝上部叶两面均密被毛，下部叶常无毛；叶柄长 4~8 mm，密被毛；无托叶。花成对生于腋生总花梗顶端；花梗密被柔毛，兼有腺毛；合瓣花，花冠白色，后转黄色，唇形，长 3~5 cm。花期 4~6 月。

分布与生境：产吉林、辽宁、陕西、甘肃、内蒙古、河北、河南、山西、山东、江苏、安徽、浙江、福建、台湾、江西、湖北、湖南、广东、广西、贵州、四川及云南，生于海拔 1 500 m 以下山坡灌丛或疏林中、乱石堆及村边。日本和朝鲜半岛有分布。

食疗保健与药用功能：花味甘，性寒，归肺、心、胃经，有清热解毒、疏散风热之功效，适用于痈肿疔疮、喉痹、丹毒、热毒血痢、风热感冒、温病发热等病症。

食用部位与食用方法：花可食用，经沸水焯后可凉拌、炒菜、炖粥、做汤、炖肉、炖鱼；或将花朵晒干后，制作清凉饮料或泡茶喝。

注意事项：本植物在野外采摘时曾发生误采剧毒植物钩吻［*Gelsemium elegans*（Gardn. & Champ.）Benth.］（又称断肠草）而导致中毒的事故。钩吻全株无毛，花始终为黄色，而忍冬的幼枝、叶柄、花梗、花冠等多处部位均被明显的毛，花冠白色，后转黄色，可以将二者甄别。

断肠草

48. 大花忍冬（忍冬科 Caprifoliaceae）

Lonicera macrantha（D. Don）Spreng.

识别要点： 半常绿藤本。幼枝、叶柄和总花梗均被黄白色或金黄色糙毛，并散生腺毛。单叶对生，叶片近革质或厚纸质，卵形、卵状矩圆形、矩圆状披针形或披针形，长 5~10（~14）cm，基部圆或微心形，边缘有毛，叶面中脉和叶背脉上有毛；叶柄长 0.3~1 cm。花微香，双花腋生，密集成伞房状花序；总花梗长 1~5（~8）mm；萼筒长约 2 mm；花冠白色至黄色，长（3.5~）4.5~7（~9）cm，外被糙毛和小腺毛，唇形，花冠筒长为唇瓣的 2~2.5 倍，内面有密柔毛，下唇裂片反卷。花期 4~5 月。

分布与生境： 产安徽、浙江、福建、台湾、江西、湖北、湖南、广东、海南、广西、贵州、四川、云南及西藏，生于海拔 300~1 800 m 山谷、山坡林中或灌丛中。尼泊尔、不丹、印度北部、缅甸及越南有分布。

食疗保健与药用功能： 花有清热解毒之功效，适用于瘟病发热、热毒血痢、痈肿疔疮、喉痹等病症。

食用部位与食用方法： 花可食，同忍冬。

注意事项： 本植物在野外采摘时有可能发生误采剧毒植物钩吻而导致中毒事故，可参考忍冬的注意事项而加以防范。

49. 绞股蓝（葫芦科 Cucurbitaceae）

Gynostemma pentaphyllum（Thunb.）Makino

识别要点： 攀缘草质藤本。鸟足状复叶互生，具（3~）5~7（~9）枚小叶，叶柄长 3~7 cm，小叶片卵状矩圆形或披针形，中央小叶长 3~12 cm，具波状齿或牙齿，两面疏被硬毛。卷须侧生叶柄基部，分 2 叉，稀单一。圆锥花序腋生，长 10~15 cm，被柔毛。果球形，直径 5~6 mm，成熟后黑色。种子 2 枚，卵状心形。花期 3~11 月，果期 4~12 月。

分布与生境： 产陕西、甘肃、河南、山东、江苏、安徽、浙江、台湾、福建、江西、湖北、湖南、广东、海南、广西、贵州、四川、云南及西藏，生于海拔 300~3 200 m 山谷密林、山坡疏林、灌丛中或路旁草丛中。日本、朝鲜半岛、印度、尼泊尔、孟加拉国和东南亚有分布。

食疗保健与药用功能： 全草味微甘，性凉，归肺、脾、肾三经，有清热解毒、止咳祛痰、降血脂、降血糖、抗癌、抗疲劳、提高机体免疫力、镇静、催眠之功效，适用于慢性气管炎、咳嗽、病毒性肝炎、肾盂肾炎、小便淋痛、梦遗滑精、胃肠炎、吐泻、癌肿、高血压、高血脂、高血糖、脂肪肝等病症。

食用部位与食用方法： 采集嫩茎叶，经洗净、沸水焯、清水漂洗后，可炒食或做汤；全草亦可泡开水或煮水作饮料喝。

50. 油渣果 油瓜（葫芦科 Cucurbitaceae）

Hodgsonia heteroclita（Roxb.）Hook. f. & Thoms.

识别要点：常绿攀缘木质藤本，长达 30 m。茎枝粗，具纵棱。单叶互生，叶片厚革质，3~5 裂或不裂，长宽均 15~24 cm，基部平截或微凹，两面无毛，基出脉 3~5 条；叶柄长 4~8 cm。卷须侧生叶柄基部，2~5 分歧。雌花单生叶腋，花冠外面黄色，内面白色，5 深裂，裂片先端具长达 15 cm 的流苏。瓠果扁球形，高 10~16 cm，直径约 20 cm，成熟后淡红褐色，被绒毛，具 12 条纵沟。种子长球形，长约 7 cm，两侧扁。果期 7~10 月。

分布与生境：产广西、云南及西藏，生于海拔 300~1 500 m 山坡路旁或灌丛中。不丹、印度、缅甸、孟加拉、泰国、越南、老挝、柬埔寨和马来西亚有分布。

食疗保健与药用功能：种仁有凉血止血、解毒消肿之功效，适用于胃和十二指肠溃疡出血、疮疖肿痛、湿疹等病症。

食用部位与食用方法：种子富含油脂，可炸食，味胜腰果，亦可榨油。

51. 罗汉果（葫芦科 Cucurbitaceae）

Siraitia grosvenorii（Swingle）C. Jeffrey ex A. M. Lu & Z. Y. Zhang

识别要点：攀缘草质藤本。茎、枝、叶柄均被柔毛和黑色腺鳞。单叶互生，叶片卵状心形、三角状卵形或宽卵状心形，长 12~23 cm，先端渐尖或长渐尖，基部心形，叶缘微波状，疏被毛和腺鳞。卷须侧生叶柄基部，分 2 叉。花序腋生。瓠果球形或长球形，长 6~11 cm，直径 4~8 cm，果皮较薄，干后易脆。果期 7~9 月。

分布与生境：产江西、湖南、广东、广西及贵州，生于海拔 400~1 400 m 山坡林下、河边湿地及灌丛中。朝鲜半岛和俄罗斯东部有分布。

食疗保健与药用功能：果含糖量高，甜度是甘蔗的 300 倍。果味甘，性凉，归肺、大肠经，有清热润肺、利咽开音、滑肠通便之功效，适用于肺火燥咳、咽痛失音、百日咳、口干口渴、肠燥便秘、便血、咯血等病症。

食用部位与食用方法：果味甜，可泡开水作清凉饮料、制果冻等。

52. 茅瓜（葫芦科 Cucurbitaceae）

Solena heterophylla Lour.

识别要点： 攀缘草质藤本。单叶互生，叶片三角形、矩圆形、卵状三角形或戟形，长8~12 cm，不裂或3~5裂；叶柄长0.5~1 cm。卷须侧生叶柄基部，单一。雌花单生叶腋，黄色。瓠果长球形或近球形，长2~6 cm，成熟后红褐色。种子数枚，灰白色，近球形或卵球形。果期8~11月。

分布与生境： 产台湾、福建、江西、广东、海南、广西、贵州、四川、云南及西藏，生于海拔600~2 600 m山坡路旁、林下或灌丛中。尼泊尔、印度、越南和印度尼西亚有分布。

食疗保健与药用功能： 果味甘、苦、微涩，性寒，归肺、肝、脾经，有利水、解毒、除痰散结之功效，适用于水肿腹胀、风湿脾痛、肺痈咳嗽、酒疸、湿疹、咽喉肿痛、腮腺炎、小便淋痛等病症。

食用部位与食用方法： 成熟果实可鲜食或凉拌。

注意事项： 果有小毒，不宜多食，不宜连续食用。

53. 赤瓟（葫芦科 Cucurbitaceae）

Thladiantha dubia Bunge

识别要点： 攀缘草质藤本，全株被黄白色长柔毛状硬毛。茎有沟棱。单叶互生，叶片宽卵状心形，长5~8 cm，宽4~9 cm，最基部1对叶脉沿叶基弯缺边缘外展；叶柄长2~6 cm；卷须单一。雄花单生或聚生于短枝上端呈假总状花序，雌花单生，花黄色。瓠果卵状长球形，长4~5 cm，直径约3 cm，具10条纵纹。种子卵球形，黑色。果期8~10月。

分布与生境： 产黑龙江南部、吉林南部、辽宁南部、山东、河北、山西、陕西、甘肃及宁夏，生于海拔300~1 800 m山坡、河谷或林缘湿处。

食疗保健与药用功能： 果有理气、活血、祛痰、利湿之功效，适用于跌打损伤、腰部扭伤、黄疸、肠炎、痢疾、肺结核咳血等病症。

食用部位与食用方法： 成熟果可鲜食或煮熟食用。

54. 栝楼 瓜蒌（葫芦科 Cucurbitaceae）

Trichosanthes kirlowii Maxim.

识别要点：攀缘草质藤本。块根圆柱状，淡黄褐色。茎被柔毛。单叶互生，叶片近圆形，直径 5~20 cm，常 3~5 浅裂至中裂，叶基心形，两面疏被毛，基出掌状脉 5 条；叶柄长 3~10 cm，被毛。卷须侧生叶柄基部，分 3~7 叉。雌花单生叶腋。瓠果椭球形或球形，长 7~11 cm，黄褐色、橙红色或橙黄色。种子卵状椭球形，扁，长 1.1~1.6 cm。果期 8~10 月。

分布与生境：产辽宁、河北、山西、陕西、甘肃、河南、山东、江苏、安徽、浙江、福建、江西、湖北、湖南、广西、贵州及四川，生于海拔 200~1 800 m 山坡林下、灌丛、草地或村旁。日本、朝鲜半岛、越南和老挝有分布。

食疗保健与药用功能：根味甘、微苦，性凉，有清热泻火、生津止渴、消肿排脓之功效，适用于热病烦渴、肺热燥咳、内热消渴、疮疡肿毒等病症。果皮味甘，性寒，归肺、胃经，有清热化痰、利气宽胸之功效，适用于痰热咳嗽、胸闷胁痛等病症。果肉（栝楼瓤）味甘、微苦，性寒，归肺、胃、大肠经，有清热涤痰、宽胸散结、润燥滑肠之功效，适用于肺热咳嗽、痰浊黄稠、胸痹心痛、结胸痞满、乳痈、肺痈、肠痈、大便秘结等病症。种子味甘，性寒，归肺、胃、大肠经，有润肺化痰、滑肠通便之功效，适用于燥咳痰黏、肠燥便秘等病症。

食用部位与食用方法：秋、冬季采挖块根，削去外皮，切段后用水浸泡 4~5 d，经捣烂并过滤出细粉，加糖后可用来做烧饼、煎饼等；鲜食时切片，可炖肉食用。栝楼瓤可用来煮粥，有甜味。种子炒熟后可食，称“天花籽”或“瓜蒌子”。

注意事项：不宜多食，多食容易腹泻；不宜与乌头类药材同用。

55. 金钱豹（桔梗科 Campanulaceae）

Campanumoea javanica Bl.

识别要点：多年生缠绕草本，有乳汁。根胡萝卜状。单叶，通常对生，心形或心状卵形，边缘有浅锯齿，长 3~11 cm，无毛，有长叶柄。花单生叶腋，花钟状，白色或黄绿色，内面紫色，长 1.8~3 cm。浆果球状，黑紫色或紫红色，直径 1.2~2 cm。花果期 5~11 月。

分布与生境：产甘肃南部、安徽、浙江、福建、台湾、江西、湖北、湖南、广东、海南、广西、贵州及云南，生于海拔 2 400 m 以下的灌丛或疏林中。不丹、尼泊尔、印度、缅甸、印度尼西亚、老挝、越南和泰国有分布。

食疗保健与药用功能：根有健胃益气、止咳、下乳之功效，适用于虚劳内伤、气虚乏力、心悸、多汗、脾虚泄泻、白带异常、乳汁减少、小儿疳积、遗尿、气虚咳嗽等病症。

食用部位与食用方法：果实味甜，可食。根为补药，可做药膳或蔬菜食用，适用于亚健康人群。

56. 羊乳（桔梗科 Campanulaceae）

Codonopsis lanceolata (Sieb. & Zucc.) Trautv.

识别要点： 多年生缠绕草本，长约 1 m，常有多数短细分枝，有乳汁。根肉质，常肥大呈纺锤状，长 10~20 cm。单叶，在主茎互生，叶片披针形或菱状窄卵形，长 0.8~1.4 cm，在小枝顶端通常 2~4 枚簇生，或近对生或轮生状，叶片菱状卵形、窄卵形或椭圆形，长 3~10 cm，通常全缘或有疏波状齿。花单生或对生于小枝顶端；花萼裂片长 1.3~3 cm；花冠宽钟状，长 2~4 cm，直径 2~3.5 cm，黄绿色或乳白色内有紫色斑。蒴果半球形。花果期 7~8 月。

分布与生境： 产黑龙江、吉林、辽宁、河北、山东、山西、河南、江苏、安徽、浙江、福建、江西、湖北、湖南、广东、广西及贵州，生于海拔 200~1 500 m 的山地灌木林下、沟边阴湿地或阔叶林内。日本、朝鲜半岛和俄罗斯远东地区有分布。

食疗保健与药用功能： 肉质根味甘、辛，性平，有益气养阴、消肿排脓、解毒、通乳之功效，适用于肺痈、乳痈、肠痈、疮疖肿毒、瘰疬、产后缺乳、白带异常、毒蛇咬伤等病症。

食用部位与食用方法： 将肉质根部洗净，经切片、切丝或切段后，可凉拌、炒食、炖食或腌制食用，也可提取淀粉，制作糕点或酿酒。嫩茎叶经沸水焯、换清水浸泡去除异味后，可炒食或凉拌。

57. 党参（桔梗科 Campanulaceae）

Codonopsis pilosula（Franch.）Nannf.

识别要点：多年生缠绕草本，长 1~2 m，有乳汁。根肉质，常肥大呈纺锤状或纺锤状圆柱形，长 15~30 cm。单叶，在主茎及侧枝上互生，在小枝上近对生，叶片卵形或窄卵形，长 1~6.5 cm，基部近心形，边缘具波状钝锯齿，分枝上叶渐狭，基部圆形或楔形。花单生枝端；花萼裂片长 1.4~1.8 cm；花冠宽钟状，黄绿色，内面有紫斑。蒴果半球形。花果期 7~10 月。

分布与生境：产黑龙江、吉林、辽宁、陕西、甘肃、宁夏、青海东部、内蒙古、河北、河南、山西、山东、湖北、湖南、重庆、贵州、四川、云南及西藏，生于海拔 900~3 900 m 的山地林缘、灌丛或林中。韩国、蒙古、俄罗斯远东地区有分布。

食疗保健与药用功能：肉质根味甘，性平，归脾、肺经，有健脾益肺、养血生津之功效，适用于脾肺气虚、食少倦怠、咳嗽虚喘、气血不足、面色萎黄、心悸气短、津伤口渴、内热消渴等病症。

食用部位与食用方法：肉质根部为补品，秋季采挖，可做药膳食用，可炖食、煮食、做馅、泡酒等，适于亚健康人群。

Ⅲ. 草本植物（地上部分为草质的非藤本植物）

1. 蕺菜 鱼腥草（三白草科 Saururaceae）

Houttuynia cordata Thunb.

识别要点：多年生草本，高达 60 cm。具下部伏地的根状茎，节上生不定根，茎上部直立，有时紫红色。单叶互生，叶密被腺点，叶片宽卵形或卵状心形，长 4~10 cm，先端短骤尖，基部心形，基出脉 5（7）条，叶背常带紫色；叶柄长 1~4 cm，托叶鞘长 0.5~2.5 cm。穗状花序长 1~2.5 cm，具白色花瓣状苞片。植株揉碎后散发鱼腥气味。

分布与生境：产河南、陕西、甘肃、江苏、安徽、浙江、福建、台湾、江西、湖北、湖南、广东、海南、广西、四川、贵州、云南及西藏，生于海拔 2 500 m 以下沟边、溪边、林下、湿地及田边。亚洲东部到东南部广泛分布。

食疗保健与药用功能：全草味辛，性微寒，归肺经，有清热解毒、消痈排脓、利尿通淋之功效，适用于肺痈吐脓、痰热喘咳、热痢、热淋、痈肿疮毒等病症；外用可治痈肿疮毒、毒蛇咬伤。

食用部位与食用方法：根状茎和嫩茎叶可炒食、凉拌，亦可经沸水烫后腌食或制成干菜食用。凉拌时将根状茎洗净，切成小段，放入盆中，加入盐、酱油、白糖、醋、鸡精、香油（芝麻油）、辣椒油，拌匀即可。

2. 假蒟（胡椒科 Piperaceae）

Piper sarmentosum Roxb.

识别要点：多年生匍匐草本，长达 10 m，能育小枝近直立，节部膨大。单叶互生，叶片卵形或近圆形，上部叶卵形或卵状披针形，长 7～14 cm，宽 5～11 cm，掌状叶脉，叶脉 7 条，最上 1 对离基 1～2 cm；叶柄长 1～3 cm。穗状花序与叶对生。

分布与生境：产福建、广东、海南、广西、贵州、云南及西藏，生于海拔 1 000 m 以下村旁湿地或林下。东南亚有分布。

食疗保健与药用功能：叶性温，味苦，有祛风除湿、健胃镇痛之功效，适用于风湿痹痛、腰膝无力、扭挫伤、胃脘冷痛、消化不良、腹胀等病症。

食用部位与食用方法：采嫩茎叶，经沸水焯后，可炒食。

3. 糯米团（荨麻科 Urticaceae）

Gonostegia hirta（Bl. ex Hassk.）Miq.

识别要点：多年生草本。茎上部四棱形，被柔毛。单叶对生，叶片宽披针形、披针形至椭圆形，长 3～10 cm，宽 1～2.8 cm，全缘，基部 3 或 5 出脉，叶背有毛，钟乳体点状；叶柄长 1～4 mm。花序腋生。

分布与生境：产陕西、河南、江苏、安徽、浙江、福建、台湾、江西、湖北、湖南、广东、海南、广西、贵州、四川、云南及西藏，生于海拔 100～2 700 m 丘陵山地林中、灌丛中或沟边草地。亚洲热带、亚热带地区和澳大利亚有分布。

食疗保健与药用功能：叶有清热解毒、消食积、散瘀消肿、利湿、止血之功效，适用于乳痈、痢疾、消化不良、疳积、带下病、小便不利、跌打损伤、体内出血、外伤出血等病症。

食用部位与食用方法：嫩芽、幼叶经沸水焯、清水浸泡洗净后，可炒食、开汤，或混拌糯米粉加工成饼食用。

4. 狭叶荨麻（荨麻科 Urticaceae）

Urtica angustifolia Fisch. ex Hornem.

识别要点： 多年生草本。茎被刺毛和糙毛。单叶对生，叶片披针形或披针状线形，长 4~15 cm，边缘具齿，两面被毛，钟乳体点状，基部 3 出脉；叶柄长 0.5~2 cm；托叶每节 4 枚。花序圆锥状。

分布与生境： 产黑龙江、吉林、辽宁、内蒙古、河北、山西及山东，生于海拔 800~2 200 m 山地河谷溪边或台地潮湿处。日本、朝鲜半岛、蒙古和俄罗斯东部有分布。

食疗保健与药用功能： 叶味苦、辛，性温，有小毒，有祛风除湿、活血止痛之功效，适用于风湿痹痛、产后抽风、小儿惊风、高血压、荨麻疹等病症。

食用部位与食用方法： 幼苗或嫩茎叶经沸水焯、清水浸泡后可做汤或火锅食用。

注意事项： 刺毛扎人，采摘时注意，不可凉拌。成熟植株叶不宜采食，有小毒。

5. 荨麻 裂叶荨麻（荨麻科 Urticaceae）

Urtica fissa E. Pritz.

识别要点： 多年生草本。茎被刺毛和微柔毛。单叶对生，叶片宽卵形、椭圆形、五角形或近圆形，长 5~15 cm，边缘 5~7 对浅裂或 3 深裂，叶面疏生刺毛和糙伏毛，叶背生柔毛及脉上有刺毛，钟乳体杆状，基部 5 出脉；叶柄长 2~8 cm；托叶每节 4 枚。花序圆锥状。

分布与生境： 产陕西、甘肃、河南、安徽、浙江、福建、江西、湖北、湖南、广西、贵州、四川及云南，生于海拔 2 000 m 以下山坡、路边或宅旁半阴湿处。越南北部有分布。

食疗保健与药用功能： 叶味甘、淡，性凉，有祛风除湿、活血止痛、止咳之功效，适用于小儿惊风、跌打损伤、风湿痹痛、荨麻疹、毒蛇咬伤等病症。

食用部位与食用方法： 幼苗或嫩茎叶经沸水焯、清水浸泡后可煮食、做汤或火锅食用。

注意事项： 刺毛扎人，采摘时注意，不可凉拌。

6. 金荞 金荞麦、野荞麦（蓼科 Polygonaceae）

Fagopyrum dibotrys（D. Don）H. Hara

识别要点：多年生草本，高 50~100 cm。茎直立，有纵棱。单叶互生，叶片三角形或卵状三角形，长 4~12 cm，先端渐尖，基部近戟形，两面被乳头状突起；叶柄长可达 10 cm；托叶膜质，鞘状包茎，长 5~10 mm。花白色。

分布与生境：产陕西、甘肃、河南、江苏、安徽、浙江、福建、江西、湖北、湖南、广东、广西、贵州、四川、云南及西藏，生于海拔 250~3 300 m 山谷湿地、山坡灌丛中。印度、尼泊尔、越南及泰国有分布。

食疗保健与药用功能：全草味微辛、涩，性凉，归肺经，有清热解毒、排脓祛瘀之功效，适用于肺痈吐脓、肺热喘咳、乳蛾肿痛等病症。

食用部位与食用方法：采幼苗或嫩茎叶，经沸水焯、清水浸洗后，可炒食。

7. 荞麦（蓼科 Polygonaceae）

Fagopyrum esculentum Moench.

识别要点：一年生直立草本，上部分枝，全株无毛。茎红色或绿色，一侧具乳头状突起。单叶互生，叶片三角形或卵状三角形，长 2.5~7 cm，先端渐尖，基部心形，沿叶脉有乳头状突起；叶柄长 0.5~6 cm；托叶膜质，鞘状包茎，偏斜。花白色或红色。瘦果卵球形，长 5~6 mm，具 3 锐棱。

分布与生境：全国各地有栽培或野化，生于田边、沟边或荒地。

食疗保健与药用功能：果味甘，性寒。茎叶有降血压、止血之功效。种子有降气宽肠、导滞、消肿毒之功效，适用于肠胃积滞、泄泻、痈疽发背、瘰疬、烧伤、烫伤等病症。

食用部位与食用方法：幼苗和嫩茎叶可做蔬菜，炒食或凉拌食用。果去壳后，种子（荞麦米）可用来煮荞米饭、荞米粥和荞麦片，亦可磨成荞麦粉，制成面条、烙饼、面包、糕点、荞酥、凉粉、灌肠等民间风味食品，还可酿酒。

8. 萹蓄（蓼科 Polygonaceae）

Polygonum aviculare L.

识别要点：一年生草本，高 10~40 cm。茎平卧或上升，基部多分枝。单叶互生，近无柄；叶片狭椭圆形或披针形，长 1.5~3 cm，宽 5~10 mm，顶端钝或急尖，全缘；托叶鞘膜质，上部白色透明。花腋生，1~5 朵簇生，遍布全植株；花梗细而短；花白色或淡红色。

分布与生境：产全国各地，生于海拔 4 200 m 以下沟边、湿地、田边或草地。北温带广泛分布。

食疗保健与药用功能：茎叶味苦，性微寒，归膀胱经，有利尿通淋、杀虫、止痒之功效，适用于热淋涩痛、小便短赤、虫积腹痛、皮肤湿疹、阴痒带下病等病症。

食用部位与食用方法：采摘幼苗和嫩茎叶，经洗净、沸水焯、清水漂洗后，可炒食、切碎做馅、和面蒸食或晒干做成干菜食用。

9. 火炭母（蓼科 Polygonaceae）

Polygonum chinense L.

识别要点： 多年生草本，高 70~100 cm，茎直立，多分枝，浅红色，节膨大。单叶互生，叶片卵形或长卵形，长 4~10 cm，叶面常有“八”字形暗紫色纹，两面无毛，叶脉紫红色，边缘全缘；叶柄长 1~2 cm；托叶膜质，鞘状包茎，鞘长 1.5~2.5 cm。头状花序；花白色或淡红色。

分布与生境： 产陕西、甘肃、江苏、安徽、浙江、台湾、福建、江西、湖北、湖南、广东、海南、广西、贵州、四川、云南及西藏，生于海拔 2 400 m 以下山坡草地、河滩、沟边或山谷湿地。日本、印度、喜马拉雅山区、菲律宾及马来西亚有分布。

食疗保健与药用功能： 茎叶味酸、微涩，性凉，有清热利湿、凉血、活血止痛、清肝明目之功效，适用于痢疾、泄泻、白喉、中耳炎、肺热咳嗽、带下病、跌打损伤、湿疹等病症。

食用部位与食用方法： 采幼苗或嫩茎叶，经洗净、沸水焯后，用清水浸洗，可炒食。

10. 辣蓼 水蓼（蓼科 Polygonaceae）

Polygonum hydropiper L.

识别要点： 一年生直立草本，多分枝，无毛。单叶互生，叶片披针形或椭圆状披针形，长 4~8 cm，先端渐尖，基部楔形，全缘，两面无毛，具辛辣味；叶柄长 4~8 mm；托叶膜质，鞘状包茎，鞘长 1~1.5 cm。穗状花序下垂，花稀疏。

分布与生境： 全国各地均有分布，生于海拔 3 500 m 以下河滩、沟边、山谷湿地。日本、朝鲜、印度、印度尼西亚、欧洲和北美洲有分布。

食疗保健与药用功能： 茎叶味辛，性温，入胃、大肠经，有祛风止痒、清热利湿、收敛止血之功效，适用于泄泻、痢疾、崩漏、湿疹、外伤出血、毒蛇咬伤等病症。

食用部位与食用方法： 幼苗和嫩茎叶经洗净、沸水焯后，去汁，加调料炒食、凉拌或做汤。

11. 马蓼 酸模叶蓼（蓼科 Polygonaceae）

Polygonum lapathifolium L.

识别要点： 一年生直立草本，高达 90 cm。茎直立，上部分枝，粉红色，无毛，节部膨大。单叶互生，叶片披针形或宽披针形，长 5~15 cm，先端渐尖，基部楔形，叶面常有黑褐色新月形斑点，全缘；托叶鞘筒状包茎，鞘长 1.5~3 cm，无毛。穗状花序组成圆锥状；花粉红色或白色。

分布与生境： 产全国各地，生于海拔 3 900 m 以下田边湿地、水边或荒地。日本、朝鲜半岛、蒙古、俄罗斯、印度、巴基斯坦、菲律宾、欧洲和北美洲有分布。

食疗保健与药用功能： 茎叶味辛、苦，性温，有清热解毒、利湿、止痒之功效，适用于痢疾、泄泻、小便不利、疥癣、湿疹、瘰疬等病症。

食用部位与食用方法： 采幼苗或嫩茎叶，经沸水焯、清水浸洗后，可炒食、拌面粉蒸食。

12. 红蓼 东方蓼（蓼科 Polygonaceae）

Polygonum orientale L.

识别要点：一年生直立草本，高达 2 m，密被长柔毛。单叶互生，叶片宽卵形或宽椭圆形，长 10~20 cm，先端渐尖，基部圆或近心形，全缘，密被柔毛；叶柄长 2~12 cm，密被长柔毛；托叶膜质，鞘状包茎，鞘长 1~2 cm，被长柔毛。穗状花序组成圆锥状；花淡红色或白色。果近球形，扁平，双凹，直径 3~3.5 mm。

分布与生境：全国各省区均有分布，生于海拔 3 000 m 以下沟边湿地、村边。日本、朝鲜、俄罗斯、印度、菲律宾、欧洲和大洋洲有分布。

食疗保健与药用功能：茎叶味咸，性微寒，有祛风除湿、活血止痛之功效，适用于风湿痹痛、跌打损伤、疝气等病症。

食用部位与食用方法：采幼苗和嫩茎叶，经沸水焯、清水浸洗后，可炒食、掺入玉米面蒸食。

13. 虎杖 酸筒杆（蓼科 Polygonaceae）

Reynoutria japonica Houtt.

识别要点：多年生草本，全株无毛。茎直立，丛生，粗壮，圆柱形，节间中空，表面疏生红色或紫红色斑点。单叶互生，叶片宽卵形或卵状椭圆形，长 5~12 cm，全缘；叶柄长 1~2 cm；托叶膜质，鞘状包茎。花序圆锥状，腋生。果具 3 棱，包于宿存翅状花被片内。

分布与生境：产黑龙江、辽宁、陕西、甘肃、河南、山东、江苏、安徽、浙江、福建、台湾、江西、湖北、湖南、广东、海南、广西、贵州、四川及云南，生于海拔 2 000 m 以下山坡灌丛、山谷、田边湿地。日本、朝鲜和俄罗斯东部有分布。

食疗保健与药用功能：茎叶味微苦，性微寒，归肝、胆、肺经，有利湿退黄、清热解毒、散瘀止痛、止咳化痰之功效，适用于湿热黄疸、淋浊、带下病、风湿痹痛、痈肿疮毒、水火烫伤、经闭、癥瘕、跌打损伤、肺热咳嗽等病症。

食用部位与食用方法：将幼苗、嫩叶或嫩茎经剥皮、拍碎、切段，用沸水焯、换清水浸泡后，可炒食、做汤或腌制咸菜；或可用开水烫浸 1 h，捞出后加适量白糖腌制 30 min 以上，食用时加盐、味精、麻油等调料做凉拌菜食用。

14. 药用大黄 大黄、南大黄（蓼科 Polygonaceae）

Rheum officinale Baill.

识别要点：草本，高达 2 m。根及根状茎粗壮，内部黄色。茎粗壮，被白毛。基生叶近圆形，稀宽卵圆形，直径 30~50 cm，基部近心形，掌状浅裂，裂片齿状三角形，基脉 5~7 条，叶面无毛，叶背被淡褐色毛；叶柄与叶片等长或稍短，被毛；茎生叶向上渐小；托叶鞘长达 15 cm，密被毛。圆锥花序，分枝开展，花 4~10 朵成簇互生，绿色或黄白色。花期 5~6 月。

分布与生境：产河南西部、陕西、福建、湖北、四川、贵州及云南，生于海拔 1 200~4 200 m 山沟或林下，多有栽培。

食疗保健与药用功能：茎叶味苦，性寒，归脾、胃、大肠、肝、心包经，有泻下攻积、清热泻火、凉血解毒、逐瘀通经、利湿退黄之功效，适用于实热积滞便秘、血热吐衄、目赤咽肿、痈肿疔疮、肠痈腹痛、瘀血经闭、产后瘀阻、跌打损伤、湿热痢疾、黄疸尿赤、淋证、水肿等病症，外用治烧烫伤。酒大黄善清上焦血分热毒，适用于目赤咽肿、齿龈肿痛。熟大黄有泻下力缓、泻火解毒之功效，适用于火毒疮疡。大黄炭有凉血化瘀止血之功效，适用于血热有瘀出血症。

食用部位与食用方法：叶柄去皮后可做糕点夹馅、蜜饯，幼苗做蔬菜或和面做糕。

注意事项：含草酸钙多，宜少食。

15. 酸模（蓼科 Polygonaceae）

Rumex acetosa L.

识别要点：多年生草本，高 40~100 cm，全株无毛。单叶，基生叶及茎下部叶箭形，长 3~12 cm，先端尖或圆钝，基部裂片尖，全缘或微波状；叶柄长 5~12 cm；茎上部叶较小，具短柄或近无柄。托叶膜质，鞘状包茎，易开裂而早落。圆锥花序顶生。

分布与生境：产全国各地，生于海拔 4 100 m 以下山坡、林下、沟边、田边或荒地。亚洲、欧洲和美洲有分布。

食疗保健与药用功能：茎叶味酸，性寒，有清热、凉血、解毒、通便、利尿、杀虫之功效，适用于痢疾、热淋、体内出血、呕血、恶疮、疥癣、神经性皮炎、湿疹、劳伤、支气管炎、咳嗽、便秘、内痔出血等病症。

食用部位与食用方法：幼苗和嫩茎叶味酸，经沸水焯、换清水浸泡 1 h 以去除酸味后，可凉拌、炒食、做汤和拌面粉蒸食。

16. 皱叶酸模（蓼科 Polygonaceae）

Rumex crispus L.

识别要点：多年生草本，高 0.5~1.5 m，全株无毛。茎直立，通常不分枝。单叶，叶片披针形或窄披针形，长 10~25 cm，宽 2~5 cm，先端尖，基部楔形，边缘皱波状；叶柄短于叶片。托叶膜质，鞘状包茎，常破落。圆锥花序顶生。

分布与生境：除江西、福建、广东、海南、广西、西藏外，全国其他省区均产，生于海拔 2 500 m 以下山坡、沟边、田边或荒地。亚洲、欧洲和北美洲有分布。

食疗保健与药用功能：叶有清热解毒、凉血止血、杀虫、收敛之功效，适用于内出血、紫癜、便秘、湿热黄疸、痢疾、痈疽、疮疡等病症。

食用部位与食用方法：幼苗和嫩茎叶味酸，经沸水焯后、换清水浸泡以去除酸味，可凉拌、炒食或做汤。

17. 藜 灰灰菜、白藜（藜科 Chenopodiaceae）

Chenopodium album L.

识别要点：一年生草本；全株被白色粉粒。茎具条棱及色条。单叶互生，叶片菱状卵形或宽披针形，长 3~6 cm，宽 2.5~5 cm，叶缘有不整齐锯齿；叶柄与叶片近等长。圆锥花序；花小。种子双凸镜形，直径 1.2~1.5 mm。

分布与生境：遍及全国各地，生于路边、荒地及田间。广泛分布于温带至热带。

食疗保健与药用功能：茎叶味甘，性平，有清热利湿、透疹止痒、杀虫之功效，适用于痢疾、泄泻、湿疹、痒疹、疥癣、白癜风、疔疮、蛇虫咬伤等病症。

食用部位与食用方法：幼苗和嫩茎叶经沸水焯、换清水浸泡，沥干水后，可炒食或做汤，亦可切碎加佐料凉拌食用。

注意事项：部分人群食后在日照下裸露皮肤有过敏反应，不宜多食，也不宜常食。

18. 小藜（藜科 Chenopodiaceae）

Chenopodium ficifolium Smith

识别要点：一年生草本，被粉粒，高 20~50 cm。茎直立，分枝，有条纹。单叶互生；叶片卵形或卵状矩圆形，长 2.5~5 cm，宽 1~3 cm，常 3 浅裂，先端钝，基部楔形，边缘有波状牙齿，下部的叶近基部有 2 个较大的裂片；叶柄细弱。花序穗状，腋生或顶生；花小，淡绿色。

分布与生境：除西藏外，全国各地区均产，生于荒地、河滩、沟谷湿地、田间或路边。亚洲东部至中亚和欧洲有分布。

食疗保健与药用功能：茎叶味苦，性凉，有祛风除湿、清热解毒、杀虫止痒之功效，适用于泄泻、痢疾、疔疮、疥癣、湿疹、白癜风、蛇虫咬伤等病症。

食用部位与食用方法：幼苗和嫩茎叶可炒食或做汤，亦可经沸水焯后，沥干水，切碎加佐料拌食。

注意事项：部分人群食后在日照下裸露皮肤有过敏反应，不宜多食，也不宜常食。

19. 灰绿藜（藜科 Chenopodiaceae）

Chenopodium glaucum L.

识别要点：一年生草本，高 20~40 cm。茎具条棱及绿色或紫红色色条。单叶互生，叶片矩圆状卵形或披针形，长 2~4 cm，宽 0.6~2 cm，稍肥厚，基部楔形，有缺刻状牙齿，叶面平滑，无粉粒，叶背密被粉粒，呈灰白色或紫红色。花序腋生。

分布与生境：除台湾、福建、江西、广东、广西、贵州及云南外，其余省区均有分布，生于湖滨、荒地、农田等轻度盐碱的土壤。广泛分布于两半球温带地区。

食疗保健与药用功能：茎叶味甘，性平，有小毒，有清热利湿、解毒消肿、杀虫止痒之功效，适用于感冒、痢疾、泄泻、疥癣、湿疹、白癜风、毒虫咬伤等病症。

食用部位与食用方法：采幼苗或嫩茎叶，洗净，经沸水焯、清水浸泡后，可炒食、凉拌或制成干菜食用。

20. 地肤（藜科 Chenopodiaceae）

Kochia scoparia（L.）Schrad.

识别要点：一年生草本。单叶互生，淡绿色或绿色，叶片线状披针形或披针形，长 2~5 cm，宽 3~7 mm，常具 3 主脉，全缘，基部渐狭成短柄。花小，1~3 朵簇生于叶腋。种子卵形或近圆形，直径 1.5~2 mm。

分布与生境：遍及全国各地。生于路边、荒地及田间。亚洲、欧洲和北美洲有分布。

食疗保健与药用功能：茎叶味苦，性寒，入膀胱经，有清热解毒、利尿通淋之功效，适用于痢疾、泄泻、热淋、恶疮疥癣等病症。

食用部位与食用方法：幼苗和嫩茎叶经洗净、沸水焯、清水浸泡后，捞出挤干水、切碎，做馅或制作凉拌菜，亦可炒食、做汤或腌咸菜。

21. 猪毛菜（藜科 Chenopodiaceae）

Salsola collina Pall.

识别要点：一年生草本；茎直立，基部分枝，具绿色或紫红色条纹，枝伸展。单叶互生，圆柱状，条形，长 2~5 cm，宽 0.5~1.5 mm，先端具刺尖；无叶柄。穗状花序；花小。

分布与生境：产黑龙江、吉林、辽宁、陕西、甘肃、宁夏、青海、新疆、内蒙古、河北、河南、山西、山东、江苏、安徽、湖南、贵州、四川、云南及西藏，生于路边、村旁、沟沿或荒地。朝鲜、蒙古、俄罗斯等国有分布。

食疗保健与药用功能：茎叶味淡，性凉，有平肝潜阳、润肠通便之功效，适用于高血压、头痛、眩晕、失眠、便秘等病症。

食用部位与食用方法：幼苗和嫩茎叶经沸水焯、换清水浸泡后，可炒食、凉拌或做馅食用。

22. 牛膝（苋科 Amaranthaceae）

Achyranthes bidentata Bl.

识别要点：多年生草本。茎节部膝状膨大，有分枝，枝对生。单叶对生，叶片椭圆形或椭圆状披针形，长4.5~12 cm，先端锐尖或长渐尖，基部楔形或宽楔形，两面被柔毛；叶柄长0.5~3 cm。穗状花序腋生及顶生；花多数，密集排列。

分布与生境：产河北、河南、山西、陕西、甘肃、山东、江苏、安徽、浙江、台湾、福建、江西、湖北、湖南、广东、海南、广西、贵州、四川、云南及西藏，生于海拔2 500 m以下田边、路旁、山坡林下。日本、朝鲜半岛、俄罗斯、印度、不丹、尼泊尔、缅甸、越南、老挝、泰国和菲律宾有分布。

食疗保健与药用功能：茎叶味苦、甘、酸，性平，归肝、肾经，有逐瘀通经、补肝肾、强筋骨、利尿通淋、引血下行之功效，适用于经闭、痛经、腰膝酸痛、筋骨无力、淋证、水肿、头痛、眩晕、牙痛、口疮、吐血、衄血等病症。

食用部位与食用方法：幼苗和嫩茎叶经沸水焯后，浸泡于清水中去除酸味，然后可炒食、做汤、做馅或制作凉拌菜。

23. 喜旱莲子草 空心莲子草（苋科 Amaranthaceae）

Alternanthera philoxeroides（Mart.）Griseb.

识别要点： 多年生草本。茎匍匐，上部上升，具分枝，节间中空。单叶对生，叶片矩圆形、矩圆状倒卵形或倒卵状披针形，长 2.5~5 cm，先端尖或钝圆，全缘，无毛或疏被毛；叶柄长 3~10 mm。头状花序单生于叶腋，有花序梗。

分布与生境： 原产巴西，河北、江苏、安徽、浙江、福建、台湾、江西、湖北、湖南、广西及四川有野化，生于海拔 750 m 以下水沟、沼泽或池塘边。

食疗保健与药用功能： 茎叶味微甘，性寒，有清热凉血、利尿、解毒之功效，适用于麻疹、流行性乙型脑炎、肺结核咳血、尿血、淋浊、腮腺炎、湿疹、疔疮、毒蛇咬伤等病症。

食用部位与食用方法： 幼苗和嫩茎叶经沸水焯、换清水漂洗后可炒食、做馅或制作凉拌菜。

24. 莲子草（苋科 Amaranthaceae）

Alternanthera sessilis（L.）R. Br. ex DC.

识别要点： 多年生匍匐或上升草本。茎多分枝。单叶对生，叶片条状披针形、矩圆形、倒卵形或卵状矩圆形，长 1~8 cm，先端尖或圆钝，全缘或有不明显锯齿，无毛或疏被毛；叶柄长 1~4 mm。头状花序 1~4 个，腋生；无花序梗。

分布与生境： 产江苏、安徽、浙江、福建、台湾、江西、湖北、湖南、广东、海南、广西、贵州、四川及云南，生于海拔 1 800 m 以下村边草坡、水沟边、田边、沼泽或海边潮湿处。印度、缅甸、越南、马来西亚和菲律宾有分布。

食疗保健与药用功能： 茎叶味苦，性凉，有清热解毒、凉血散瘀、除湿通淋之功效，适用于咳嗽咯血、呕血、衄血、肠风下血、湿热黄疸、痢疾、淋证、咽喉肿痛、肠痈、乳痈、痈疽肿毒、疮疖、湿疹、皮炎、体癣、跌打损伤、毒蛇咬伤等病症。

食用部位与食用方法： 幼苗和嫩茎叶经沸水焯、换清水漂洗后可炒食或制作凉拌菜。

25. 凹头苋 野苋（苋科 Amaranthaceae）

Amaranthus blitum L.

识别要点： 一年生草本，全株无毛；茎伏卧上升，基部分枝。单叶互生，叶片卵形或菱状卵形，长 1.5~4.5 cm，先端凹缺，具芒尖，全缘或稍波状；叶柄长 1~3.5 cm。花成簇腋生，组成穗状或圆锥花序；花小，淡绿色。

分布与生境： 除内蒙古、青海、台湾、海南及西藏外，全国其余省区广泛分布，生于海拔 2 000 m 以下田野、村边、沟边和杂草地。

食疗保健与药用功能： 茎叶味甘，性凉，有清热解毒、利尿之功效，适用于痢疾、腹泻、乳痈、痔疮、疔疮肿毒、毒蛇咬伤、蜂螯伤、小便不利、水肿等病症。

食用部位与食用方法： 幼苗和嫩茎叶可炒食，或沸水焯后做汤、切碎做馅、制作凉拌菜或制成干菜。

26. 反枝苋（苋科 Amaranthaceae）

Amaranthus retroflexus L.

识别要点： 一年生草本；茎密被毛。单叶互生，叶片菱状卵形或椭圆状卵形，长 5~12 cm，先端锐尖或尖凹，全缘或波状，两面被毛；叶柄长 1.5~5.5 cm，被毛。穗状圆锥花序，腋生及顶生，直径 2~4 cm；花小，淡绿色。

分布与生境： 原产美洲热带地区，我国各地有野化，生于农田、园圃、村边、宅旁。现广泛分布于世界各地。

食疗保健与药用功能： 茎叶味甘，性寒，有清热解毒、利尿之功效，适用于痢疾、腹泻、乳痈、痔疮、疔疮肿毒、毒蛇咬伤、蜂螯伤、小便不利、水肿等病症。

食用部位与食用方法： 幼苗和嫩茎叶经洗净、沸水焯后，可炒食或做汤、做粥、制作凉拌菜、制成干菜等。

27. 刺苋（苋科 Amaranthaceae）

Amaranthus spinosus L.

识别要点：一年生草本；茎多分枝，无毛或稍被毛。单叶互生，叶片菱状卵形或卵状披针形，长 3~12 cm，先端圆钝，全缘，无毛或稍被毛；叶柄长 1~8 cm，腋部具 2 刺，刺长 5~10 mm。穗状花序，腋生及顶生，长达 25 cm，具刺；花小，绿色。

分布与生境：产陕西、山西、河南、江苏、安徽、浙江、福建、台湾、江西、湖北、湖南、广东、海南、广西、贵州、四川及云南，生于海拔 1 200 m 以下旷地。日本、印度、中南半岛、菲律宾和美洲有分布。

食疗保健与药用功能：茎叶味微苦，性凉，有清热利湿、凉血止血、解毒消肿之功效，适用于湿热泄泻、痢疾、白带、血热吐血、便血、水气水肿、瘰疬、咽喉痛、目赤、胆结石等病症。

食用部位与食用方法：幼苗和嫩茎叶经洗净、沸水焯后，可炒食、凉拌或做馅食用。

28. 苋（苋科 Amaranthaceae）

Amaranthus tricolor L.

识别要点：一年生草本；茎绿色或红色。单叶互生，叶片卵形、菱状卵形或披针形，长 4~10 cm，绿色或带红色、紫色，先端圆钝，具凸尖，全缘，无毛；叶柄长 2~6 cm。花成簇腋生，组成穗状花序，花簇球形，直径 0.5~1.5 cm；花小，绿色或黄绿色。

分布与生境：原产亚洲南部，我国各地有野化，生于海拔 2 100 m 以下农田、园圃、村边、沟边、宅旁。

食疗保健与药用功能：茎叶味甘，性微寒，归大肠、小肠经，有清热解毒、凉血止血、利湿止泻之功效，适用于痢疾、痔疮、体内出血、急慢性肠炎、蛇虫咬伤、疮毒等病症。

食用部位与食用方法：嫩茎叶可食。

29. 皱果苋（苋科 Amaranthaceae）

Amaranthus viridis L.

识别要点： 一年生草本，高达 80 cm，全株无毛。茎直立，稍分枝。单叶互生，叶片卵形、卵状矩圆形或卵状椭圆形，长 3~9 cm，先端尖凹或凹缺，稀圆钝，具芒尖，基部宽楔形或近平截，全缘或波状；叶柄长 3~6 cm。穗状花序顶生，长达 12 cm，圆柱形，细长，直立；花序梗长 2~2.5 cm。果扁球形，直径约 2 mm，皱缩。种子黑色。

分布与生境： 原产热带非洲，除西北地区和西藏外，我国其余省区有野化。

食疗保健与药用功能： 茎叶味甘，性寒，有清热利湿之功效，适用于痢疾、泄泻、急慢性肠炎、小便赤涩、乳痈、痔疮肿痛、蛇虫咬伤等病症。

食用部位与食用方法： 采摘幼苗、嫩茎叶，经洗净、沸水焯后，可炒食、做汤、做馅或凉拌食用。

30. 青葙（苋科 Amaranthaceae）

Celosia argentea L.

识别要点： 一年生草本，全株无毛。茎直立。单叶互生，叶片披针形或披针状条形，长 5~8 cm，宽 1~3 cm，绿色常带红色，先端尖或渐尖，具小芒尖，基部渐窄，边缘全缘；叶柄长 0~1.5 cm。花多数密集成顶生的塔状或圆柱状穗状花序，不分枝，长 3~10 cm；花初时淡红色，后变白色。果实卵球形；种子黑色。花期 5~8 月，果期 6~10 月。

分布与生境： 产全国各地，生于海拔 1 500 m 以下平原、田边、丘陵或山坡。日本、朝鲜半岛、俄罗斯、印度、不丹、缅甸、越南、柬埔寨、泰国、菲律宾、马来西亚和热带非洲有分布。

食疗保健与药用功能： 茎叶味苦，性微寒，无毒，有清热燥湿、杀虫、凉血止血之功效，适用于湿热带下病、小便不利、尿浊、泄泻、风瘙身痒、疮疥、痔疮、衄血、刀伤出血等病症。

食用部位与食用方法： 将洗净的幼苗、嫩茎叶在沸水中焯后，再置于清水中浸去苦味，即可炒食、凉拌、烩食或拌面粉蒸食。

31. 商陆（商陆科 Phytolaccaceae）

Phytolacca acinosa Roxb.

识别要点：多年生草本，高 1~1.5 m，全株无毛。根肥厚，肉质，倒圆锥形。茎绿色或紫红色，具纵沟，肉质。单叶互生，叶片卵状椭圆形至长椭圆形，长 12~30 cm，宽 5~10 cm；叶柄长 1.5~3 cm。总状花序顶生或侧生，长达 20 cm；花白色或黄绿色。果序直立，浆果扁球形，紫色或黑紫色。

分布与生境：除黑龙江、吉林、内蒙古、青海、新疆外，全国其他省区均产，生于海拔 100~3 400 m 沟谷、山坡林下、林缘或路边。朝鲜、日本和印度有分布。

食疗保健与药用功能：叶味苦，性寒，有清热解毒之功效，适用于痈肿疮毒等病症。

食用部位与食用方法：幼苗及嫩茎叶经沸水焯后，置清水中浸泡以去除苦味，捞出沥干水后可炒食、做汤或凉拌食用。

注意事项：根有毒，特别是红色根有剧毒，不可食。

32. 荷莲豆草（石竹科 Caryophyllaceae）

Drymaria cordata（L.）Schultes

识别要点：一年生匍匐草本，长 60~90 cm。茎纤细，无毛。单叶对生，叶片卵状心形，长 1~3 cm，基出脉 3~5；无托叶；叶柄短。花序顶生；花梗细；花绿白色。

分布与生境：产浙江、台湾、福建、湖南、广东、海南、广西、贵州、四川、云南及西藏，生于海拔 2 400 m 以下山谷或林缘。亚洲、非洲、美洲和澳大利亚有分布。

食疗保健与药用功能：茎叶味酸、淡，性凉，有清热解毒、活血祛瘀、利水消肿之功效，适用于黄疸、急性肝炎、胃脘痛、疟疾、肝腹水、便秘、小便不利、风湿脚气、疔疮、蛇虫咬伤、小儿疳积等病症。

食用部位与食用方法：采摘嫩苗或嫩叶，洗净经沸水焯、凉水浸泡后，可炒食、做汤、凉拌或做馅，亦可煮食或做粥。

33. 鹅肠菜 牛繁缕（石竹科 Caryophyllaceae）

Myosoton aquaticum（L.）Moench

识别要点：多年生草本，高 50~80 cm。茎外倾或上升，多分枝，上部被腺毛。单叶对生；无托叶；叶片卵形或宽卵形，长 2.5~5.5 cm，宽 1~3 cm，顶端尖，基部近圆形或稍心形；叶柄长 5~10 mm，疏生柔毛，上部叶常无柄或具极短柄。花顶生于枝端或单生于叶腋；花梗细长；花瓣 5 枚，白色。

分布与生境：产全国各省区，多生于海拔 2 700 m 以下的田间、路旁草地、山野、山谷、林下、河滩或阴湿处。广布于欧亚温带地区。

食疗保健与药用功能：茎叶味酸，性平，有清热凉血、消肿止痛、消积通乳之功效，适用于小儿疳积、头痛、眼痛、牙痛、痢疾、痔疮、肿毒、乳痈、乳汁不通等病症，外用可治疮疖。

食用部位与食用方法：采摘嫩苗或嫩叶，洗净经沸水焯、凉水浸泡后，可炒食、做汤、凉拌或做馅，亦可煮食或做粥。

34. 莼菜（睡莲科 Nymphaeaceae）

Brasenia schrebgeri J. F. Gmel.

识别要点：多年生水生草本。茎细长，多分枝，包被胶质鞘内。叶二型：浮水叶互生，叶片盾状着生，幼嫩时从两边向中央卷折，张开后椭圆状矩圆形，长 3.5~6 cm，宽 5~10 cm，叶面绿色，叶背带紫色，无毛，全缘，叶柄长 25~40 cm，生于叶片背面中央；沉水叶至少在芽时存在。

分布与生境：产黑龙江、江苏、安徽、浙江、台湾、江西、湖北、湖南、四川及云南，生于池塘或河湖中。俄罗斯、日本、印度、北美洲、大洋洲及西非有分布。

食疗保健与药用功能：叶味甘，性寒，有清热解毒、止呕之功效，适用于高血压、泻痢、黄疸、胃痛、呕吐、痈疽疔疖等病症。

食用部位与食用方法：采摘幼嫩卷叶，置于非金属器具内装盛，经洗净、沸水浸烫杀青、冷水浸泡脱涩后，可做汤、炒食、凉拌、做馅等。

35. 芡实 鸡头米（睡莲科 Nymphaeaceae）

Euryale ferox Salisb.

识别要点：一年生水生草本。叶二型：初生叶为沉水叶，叶片箭形或椭圆形，无刺；次生叶为浮水叶，叶片椭圆状肾形或圆形，直径 0.6~1.3 m，盾状，叶缘全缘，叶面深绿色，叶背带紫色，两面在叶脉分枝处具锐刺；叶柄及花梗长达 25 cm，均被硬刺。浆果球形，直径 3~5（~10）cm，暗紫红色，密被硬刺。种子 20~100 枚，球形，具浆质假种皮及黑色厚种皮。果期 8~9 月。

分布与生境：产黑龙江、吉林、辽宁、河北、河南、山东、江苏、安徽、浙江、福建、湖北、湖南及广西，生于湖塘池沼中。俄罗斯、朝鲜、日本和印度有分布。

食疗保健与药用功能：种仁味甘、涩，性平，归脾、肾经，有益肾固精、补脾止泻、除湿止带之功效，适用于遗精滑精、遗尿尿频、脾虚久泻、白浊、带下病等病症。

食用部位与食用方法：嫩叶柄可作蔬菜。种子供食用，通常煮食、与其他材料一起炖食或与粳米一同煮粥，是传统的保健食品，还可酿酒。

36. 莲 荷花（睡莲科 Nymphaeaceae）

Nelumbo nucifera Gaertn.

识别要点：多年生水生草本。根状茎肥厚，横生泥中，节长。叶片盾状圆形，伸出水面，直径25~90 cm；叶柄长1~2 m，中空。花单生于花葶顶端；花托倒圆锥形。坚果椭球形或卵球形，黑褐色，长1.5~2.5 cm，生于花托穴内。种子种皮红色或白色。果期8~10月。

分布与生境：我国南北各地均有，自生或在池塘及水田内栽培。俄罗斯、朝鲜、日本、印度、越南，以及亚洲南部和大洋洲有分布。

食疗保健与药用功能：荷叶味苦，性平，归肝、脾、胃经，有清暑化湿、升发清阳、凉血止血之功效，适用于暑热烦渴、暑湿泄泻、脾虚泄泻、血热吐衄、便血崩漏等病症；荷叶炭有收涩化瘀止血之功效，适用于出血症和产后血晕。生藕味甘，性寒，有除烦解渴、清热生津、健脾生肌、开胃消食、凉血、止血、散瘀之功效；熟藕性温，有补心生血、健脾开胃、滋养强壮之功效。藕节味甘、涩，性平，归肝、肺、胃经，有收敛止血、化瘀之功效，适用于吐血、咯血、衄血、尿血、崩漏等病症。莲花有化瘀止血之功效，适用于崩漏、尿血、痔疮出血、产后瘀阻、恶露不尽等病症。莲须（雄蕊）味甘、涩，性平，归心、肾经，有固肾涩精之功效，适用于遗精滑精、带下病、尿频等病症。莲房（干燥花托）味苦、涩，性温，归肝经，有化瘀止血之功效，适用于崩漏、尿血、痔疮出血、产后瘀阻、恶露不尽等病症。莲子味甘、涩，性平，归脾、肾、心经，有补脾止泻、止带、益肾涩精、养心安神之功效，适用于脾虚泄泻、带下病、遗精、心悸失眠等病症。莲心（绿色的胚）味苦，性寒，归心、肾经，有清心安神、交通心肾、涩精止血之功效，适用于热入心包、神昏谵语、心肾不交、失眠遗精、血热吐血等病症。

食用部位与食用方法：根状茎粗壮部分称藕，可凉拌、炒食、做馅或炖食，也可制成藕粉；根状茎先端细长部分为藕尖，亦可炒食或凉拌。莲花可炒食或拖面炸食。坚果称莲子，去壳后可食用种子，种皮红色者称红莲，种皮白色者称白莲，可煮粥、煮汤或炖食等。

37. 萍蓬草（睡莲科 Nymphaeaceae）

Nuphar pumila(Timm.)DC.

识别要点：多年生水生草本。根状茎肥厚，直径 2~3 cm。叶生于根状茎顶端，浮水叶片卵形或宽卵形，长 6~17 cm，宽 6~12 cm，基部具弯缺，叶面无毛，叶背密被柔毛；沉水叶无毛；叶柄长 20~50 cm。

分布与生境：产黑龙江、吉林、新疆、内蒙古、河北、河南、江苏、安徽、浙江、福建、台湾、江西、湖北、广东、广西及贵州，生于湖沼和池塘中。俄罗斯、日本，以及欧洲有分布。

食疗保健与药用功能：根状茎有清虚热、补虚健胃、止汗、止咳、止血、祛瘀调经之功效，适用于劳热骨蒸、肺痨咳嗽、月经不调、刀伤等病症。

食用部位与食用方法：根状茎含淀粉，可食用。

38. 延药睡莲（睡莲科 Nymphaeaceae）

Nymphaea nouchali N. L. Burm.

识别要点： 多年生水生草本。根状茎粗短。叶漂浮，叶片圆形或椭圆形，长7~19 cm，宽7~10 cm，基部具弯缺，具浅波状钝齿，叶面绿色，叶背带紫色；叶柄长达50 cm。花瓣白色带青紫色、蓝色或紫红色。

分布与生境： 产安徽、台湾、湖北、广东、海南、云南等省，生于池塘或沼泽中。阿富汗、孟加拉国、尼泊尔、巴基斯坦、缅甸、印度、越南、泰国、斯里兰卡、菲律宾和印度尼西亚有分布。

食疗保健与药用功能： 根及根状茎有强壮、收敛之功效，适用于腹泻、痔疮、胆病等病症。

食用部位与食用方法： 根状茎含淀粉，可食用。

39. 睡莲（睡莲科 Nymphaeaceae）

Nymphaea tetragona Georgi

识别要点：多年生水生草本。根状茎粗短。叶漂浮，叶片心状卵形或卵状椭圆形，长 5~12 cm，宽 3.5~9 cm，基部具深弯缺，全缘，叶面深绿色，叶背带红色或紫色；叶柄长达 60 cm。花瓣白色。

分布与生境：产黑龙江、吉林、辽宁、内蒙古、河北、河南、山西、陕西、新疆、山东、江苏、安徽、福建、台湾、江西、湖北、湖南、广东、海南、广西、贵州、四川、云南及西藏，生于池塘或沼泽中。俄罗斯、朝鲜、日本、印度、越南等国有分布。

食疗保健与药用功能：根状茎有消暑、解酒、定惊之功效，适用于肾炎、中暑、醉酒烦渴、小儿惊风等病症。

食用部位与食用方法：根状茎含淀粉，可食用或酿酒。

40. 粗毛淫羊藿（小檗科 Berberidaceae）

Epimedium acuminatum Franch.

识别要点： 多年生草本，高 30~50 cm。根状茎粗短，质硬，多须根，褐色。一回三出复叶，小叶 3 枚，小叶片窄卵形或披针形，长 3~10 cm，基部心形，边缘有细密刺齿，叶面无毛，叶背灰绿或灰白色，密被粗伏毛，基脉 7。圆锥花序长 12~25 cm；花黄色、白色、紫红色或淡青色。花期 4~5 月。

分布与生境： 产湖北、湖南、广西、贵州、四川及云南，生于海拔 270~2 400 m 草丛、林下、灌丛、竹林下或石灰岩陡坡。

食疗保健与药用功能： 全草有补肾壮阳、祛风除湿之功效，适用于肾虚阳痿、遗精、风湿痛、四肢麻木、肾虚等病症。根及根状茎有补肾助阳、祛风除湿之功效，适用于肾虚阳痿、小便淋漓、喘咳、风湿痹痛等病症。

食用部位与食用方法： 根状茎切片，可炖肉，食其汤汁，不食根状茎，适用于亚健康人群。

41. 淫羊藿（小檗科 Berberidaceae）

Epimedium brevicornu Maxim.

识别要点：多年生草本，高 20~60 cm。根状茎粗短，质硬、多须根，褐色。二回三出复叶，小叶 9 枚；基生叶 1~3 枚，具长柄，茎生叶 2 枚，对生；小叶片卵形或宽卵形，长 3~7 cm，基部深心形，边缘有细密刺齿，叶无毛，叶背苍白色，基脉 7。圆锥花序长 10~35 cm；花白色或淡黄色。花期 5~6 月。

分布与生境：产陕西、甘肃、宁夏、青海、山西、河南、湖北、贵州及四川，生于海拔 550~3 500 m 林下、沟边灌丛中或山坡阴湿处。

食用部位与食用方法：根状茎切片，可炖肉。根状茎硬而不适口，可捞出，只喝汤汁、吃肉，适用于亚健康人群。

食疗保健与药用功能：全草味辛、甘，性温，归肝、肾经，有补肾阳、强筋骨、祛风湿之功效，适用于肾阳虚衰、阳痿遗精、筋骨痿软、风湿痹痛、麻木拘挛等病症。

42. 桃儿七（小檗科 Berberidaceae）

Sinopodophyllum hexandrum（Royle）T. S. Ying

识别要点：多年生草本，高 20~50 cm。根状茎粗短，横走，节状，多须根。茎直立，单生，具纵棱，基部被褐色大鳞片。叶 2 枚，基部心形，3~5 深裂几达中部，叶面无毛，叶背被柔毛，具粗锯齿；叶柄长 10~25 cm，具纵棱。花大，单生，先叶开放，粉红色，萼片 6 枚，花瓣 6 枚，长 2.5~3.5 cm。浆果卵球形，长 4~7 cm，不裂，成熟时橘红色。种子红褐色。果期 7~9 月。

分布与生境：产陕西、甘肃、宁夏、青海、四川、云南及西藏，生于海拔 2 200~4 300 m 林下、林缘湿地、灌丛或草丛中。尼泊尔、印度东北部、巴基斯坦、阿富汗东部和克什米尔地区有分布。

食疗保健与药用功能：根、根状茎有祛风除湿、活血止痛、祛痰止咳之功效，适用于风湿痹痛、跌打损伤、月经不调、痛经、脘腹疼痛、咳嗽等病症；果有活血调经、止咳平喘、健脾理气之功效，适用于劳伤咳喘、腰痛、血瘀经闭、难产、死胎、胎盘不下、带下病、宫颈癌等病症。

食用部位与食用方法：根、根状茎及果均可食。

43. 白花菜 羊角菜（山柑科 Capparaceae）

Cleome gynandra L.

识别要点：一年生直立草本，高约 1 m。幼枝稍被黏质腺毛，老枝无毛。掌状复叶互生；小叶 3~7 枚，小叶片倒卵形或倒卵状披针形，先端尖或钝圆，全缘或有小锯齿，中央小叶长 1~5 cm，宽 0.8~1.6 cm，侧生小叶渐小；叶柄长 2~7 cm；小叶柄长 2~4 mm；无托叶。总状花序顶生，长 15~30 cm；花瓣 4 枚，白色或带红晕；雌雄蕊柄长 0.5~2.2 cm。蒴果圆柱形，长 3~8 cm，有纵条纹。

分布与生境：产河北、河南、山东、江苏、安徽、浙江、台湾、福建、江西、湖北、湖南、广东、海南、广西、贵州、四川及云南，生于低海拔荒地、田野、路旁、村边草地。

食疗保健与药用功能：茎叶味苦、辛，性温，有祛风散寒、活血止痛、解毒消肿之功效，适用于风湿关节痛、跌打损伤、痔疮、疟疾、痢疾等病症。

食用部位与食用方法：采集其嫩茎叶，洗净，切碎，每 1 000 g 鲜菜加入 150 g 左右食盐，边揉边加盐，待能捏成团，色泽由草绿色变为深绿色时，放入坛或罐内，密封好，腌制 3~4 天后可炒食、生食或晒成干菜食用。

注意事项：有微毒，鲜材食用以量少为宜，通常腌制解毒后食用。

44. 荠 荠菜、地菜（十字花科 Brassicaceae/Cruciferae）

Capsella bursa-pastoris（L.）Medic.

识别要点：一年生或二年生草本，高 10~50 cm，无毛或被毛。基生叶莲座状，叶片椭圆形或倒披针形，长 0.5~10 cm，通常大头羽状分裂；茎生叶窄椭圆形或披针形，长 1.5~5.5 cm，基部箭形，抱茎，全缘或有齿。总状花序。花瓣白色。短角果倒三角形，长 4~9 mm；果柄长 0.5~1.5 cm。

分布与生境：全国分布，生于海拔 4 000 m 以下山坡、荒地、路旁或田园。世界常见杂草。

食疗保健与药用功能：全草味甘，性凉，入肝、肺、脾经，有凉血止血、清热利尿、明目、降压、解毒之功效，适用于痢疾、高血压病、乳糜尿、水肿及各种出血、肾结石、淋病、目赤肿痛等病症。

食用部位与食用方法：嫩苗和嫩叶可作为蔬菜食用，经沸水焯、冷水过凉后，可凉拌、炝、腌或炒（荠菜炒豆笋皮）、烧、炖、煮、蒸、做汤（荠菜豆腐汤）、做馅（荠菜水饺、荠菜馄饨、荠菜肉丸）等。有的地区亦有农历三月三地菜煮鸡蛋的习俗：采花期或幼果期植株，洗净，加入生鸡蛋（连壳煮）、红枣、姜（切成片），煮至鸡蛋熟后，用筷子将蛋壳敲破，再煮一会儿即可出锅，捞去地菜后，所余汤、鸡蛋、红枣、姜均可食。

45. 白花碎米荠（十字花科 Brassicaceae/Cruciferae）

Cardamine leucantha（Tausch）O. E. Schulz

识别要点： 多年生草本，高 25~75 cm，全株被毛。茎单一，呈“之”字形曲折。茎生叶 4~7 枚，羽状，长 10~25 cm，叶柄长 2~8 cm；小叶片披针形或卵状披针形，长 4~9 cm，边缘有锯齿，小叶柄长 0.5~1.3 cm。总状花序顶生或腋生。花瓣白色。长角果长 1~2 cm；果柄长 1~2 cm。

分布与生境： 产黑龙江、吉林、辽宁、陕西、甘肃、宁夏、内蒙古、河北、河南、山西、江苏、安徽、浙江、江西、湖北、湖南、贵州及四川，生于海拔 2 000 m 以下山谷阴湿处、林下或山坡湿草地。亚洲东部有分布。

食疗保健与药用功能： 叶辛、甘，性平，归肺、肝经，有清热解毒、解痉、化痰止咳、活血止痛之功效，适用于百日咳、咳嗽痰喘、顿咳、慢性支气管炎、月经不调、跌打损伤等病症。

食用部位与食用方法： 采摘幼苗和嫩茎叶，经洗净、沸水焯、清水漂洗后，可炒食、做汤、腌渍或晒成干菜食用。

46. 水田碎米荠（十字花科 Brassicaceae/Cruciferae）

Cardamine lyrata Bunge

识别要点：多年生草本，高 20~70 cm，全株无毛。具匍匐茎，长可达 80 cm，柔软，生有长 1~3 cm 的圆形单叶，有叶柄。茎生叶羽状，长 3~5 cm，无叶柄；小叶 2~9 对，小叶片近圆形或卵圆形，位于基部的 1 对小叶耳状抱茎。总状花序顶生。花瓣白色。长角果长 2.5~4 cm；果柄长 1.2~2 cm。

分布与生境：产黑龙江、吉林、辽宁、内蒙古、河北、河南、山东、江苏、安徽、浙江、福建、江西、湖北、湖南、广西东北部、贵州及四川，生于海拔 1 600 m 以下水田边、溪沟边或浅水处。日本、朝鲜半岛和俄罗斯东部有分布。

食疗保健与药用功能：茎叶味甘、微辛，性平，归膀胱、肝经，有清热解毒、凉血、明目去翳、调经之功效，适用于肾炎水肿、痢疾、吐血、崩漏、月经不调、目赤、云翳等病症。

食用部位与食用方法：采嫩苗、嫩茎叶，经洗净、沸水焯、清水浸洗后，可凉拌、炒食或做汤。

47. 大叶碎米荠（十字花科 Brassicaceae/Cruciferae）

Cardamine macrophylla Willd.

识别要点： 多年生草本，高 30~100 cm，通常全株无毛。茎单一或上部分枝。茎生叶 3~12 枚，羽状，长 10~50 cm；小叶 3~7 对，叶柄长 2.5~5 cm，小叶片椭圆形或至卵状披针形，长 4~9 cm，边缘有锯齿，无小叶柄。总状花序顶生或腋生。花瓣紫红色或淡紫色。长角果长 3.5~5 cm；果柄长 1~2.5 cm。

分布与生境： 产吉林、辽宁、陕西、甘肃、宁夏、青海、新疆、内蒙古、河北、河南、山西、安徽、浙江、江西、湖北、湖南、贵州、四川、云南及西藏，生于海拔 500~4 200 m 山坡林下、沟边或高山草坡水湿处。亚洲东部、中部及西南部有分布。

食疗保健与药用功能： 茎叶味甘、淡，性平，有健脾补气、消肿利尿、止痛之功效，适用于虚劳内伤、头晕乏力、崩漏、带下病、胃痛、败血症等病症。

食用部位与食用方法： 嫩苗或嫩茎叶经洗净、沸水焯、清水浸洗后，可炒食、凉拌或煮菜粥食用。

48. 弯曲碎米荠（十字花科 Brassicaceae/Cruciferae）

Cardamine flexuosa With.

识别要点： 一年生或二年生草本，高 10~40 cm。茎曲折，基部分枝。羽状复叶，长 4~10 cm，有叶柄；小叶 2~7 对，小叶片菱状卵形或倒卵形，1~3 裂或全缘。总状花序顶生。花瓣白色。果序轴呈“之”字形曲折；长角果长 1.2~2.5 cm；果柄长 3~6 mm。

分布与生境： 全国分布，生于海拔 3 600 m 以下田边、路旁、沟边、溪边、潮湿林下及草地。亚洲、欧洲、美洲及澳洲有分布。

食疗保健与药用功能： 茎叶味甘，性平，有清热利湿、养心安神、收敛、止带、解毒之功效，适用于痢疾、淋证、小便涩痛、风湿性心脏病等病症。

食用部位与食用方法： 嫩苗、嫩茎叶可供食用。

49. 碎米荠（十字花科 Brassicaceae/Cruciferae）

Cardamine hirsuta L.

识别要点： 一年生草本，高 10~40 cm，被毛。茎分枝或单一。羽状复叶，长 2.5~13 cm，有长 0.5~5 cm 的叶柄；小叶 2~5 对，小叶片卵圆形、菱状倒卵形或倒披针形，边缘有圆齿或茎上部小叶全缘。总状花序顶生。花瓣白色。长角果长 2~3 cm；果柄长 0.4~1.2 cm。

分布与生境： 产全国各地，生于海拔 3 000 m 以下山坡、路旁、荒地及草丛湿处。广泛分布于温带地区。

食疗保健与药用功能： 茎叶味甘，性平，有清热解毒、利尿之功效，适用于痢疾、泄泻、腹胀、外伤出血、乳糜尿、妇女赤白带下病等病症。

食用部位与食用方法： 采嫩茎叶，经清洗、沸水焯、凉水浸洗后，可炒食、凉拌、做汤或晒成干菜食用。

50. 弹裂碎米荠（十字花科 Brassicaceae/Cruciferae）

Cardamine impatiens L.

识别要点： 二年生或一年生草本，高 20~65 cm，无毛或近无毛。茎单一或上部分枝，有棱。羽状复叶，叶柄长 1~3 cm，茎生叶叶柄基部半耳状抱茎；小叶 2~8 对，小叶片椭圆形或卵状椭圆形，长 0.5~2.5 cm，边缘有圆齿或圆裂。总状花序；花瓣白色；长角果长 2~2.8 cm；果柄长 0.3~1 cm。

分布与生境： 产吉林、辽宁、陕西、甘肃、青海、新疆、山西、山东、河南、江苏、安徽、浙江、台湾、福建、江西、湖北、湖南、广西、贵州、四川、云南及西藏，生于海拔 4 000 m 以下山坡、路旁、沟谷、水边或阴湿地。亚洲和欧洲有分布。

食疗保健与药用功能： 茎叶味淡，性平，有利湿清热、利尿解毒、活血调经之功效，适用于淋浊、带下病、月经不调、痢疾、胃痛、疔毒等病症。

食用部位与食用方法： 采嫩茎叶，经清洗、沸水焯、凉水浸洗后，可炒食、凉拌、做汤或晒成干菜食用。

51. 菘蓝 板蓝根（十字花科 Brassicaceae/Cruciferae）

Isatis tinctoria L.

识别要点： 二年生草本，高 40~100 cm。茎上部分枝，多少被白粉和毛。基生叶莲座状，叶片椭圆形或倒披针形，长 5~15 cm，叶柄长 0.5~5.5 cm，全缘、啮蚀状或有齿；茎中部叶无柄，叶片椭圆形或披针形，长 3~7 cm，全缘，先端尖，基部箭形或耳状。总状花序组成圆锥状；十字形花冠；花瓣黄色；短角果椭球状倒披针形、椭球状倒卵形或椭球形，长 1~2 cm，边缘有翅。

分布与生境： 产辽宁、内蒙古、陕西、甘肃、新疆、河北、河南、山西、山东、浙江、福建、江西、湖北、贵州、四川、云南及西藏，生于海拔 600~2 800 m 田野、牧场、路边、荒地。亚洲和欧洲有分布。

食疗保健与药用功能： 根为板蓝根，叶为大青叶，供药用，味苦，性寒，归心、胃经，有清热解毒、凉血利咽之功效，适用于瘟疫时毒、发热咽痛、温毒发斑、腮腺炎、烂喉丹痧、痈肿等病症。

食用部位与食用方法： 早春时采摘嫩茎叶，经洗净、沸水焯后，可炒食、凉拌或做汤。

52. 独行菜（十字花科 Brassicaceae/Cruciferae）

Lepidium apetalum Willd.

识别要点： 一年生或二年生草本，高 10~30 cm。茎有分枝，被腺毛。基生叶窄匙形，一回羽状浅裂或深裂，长 3~5 cm；茎生叶向上渐由窄披针形至线形，有疏齿或全缘，疏被腺毛；无柄。总状花序顶生。短角果近圆形或宽椭圆形，长 2~3 mm，有窄翅。

分布与生境： 除广东、海南和广西外，全国其他省区均有分布，生于海拔 5 000 m 以下田边、草地、渠边或山坡。日本、朝鲜半岛、蒙古、印度、尼泊尔和巴基斯坦有分布。

食疗保健与药用功能： 全草味辛，性寒，有止咳化痰、强心利尿之功效，适用于咳嗽、水肿等病症。

食用部位与食用方法： 早春时采摘嫩茎叶，经洗净、沸水焯后，可炒食、凉拌、做汤或切碎做馅。

注意事项： 早春采摘味美不辣，入夏后辣味加重，口感较差；种子有毒，不能食。

53. 高河菜（十字花科 Brassicaceae/Cruciferae）

Megacarpaea delavayi Franch.

识别要点： 多年生草本，高 15~85 cm。根肉质，肥厚。茎被柔毛。一回羽状复叶，基生叶和茎下部叶具柄，长 2~5 cm，中部叶和上部叶基部抱茎，长 6~10 cm；小叶 5~7 对，长 1.5~2 cm，无柄，边缘有不整齐锯齿或羽状深裂，叶轴被长柔毛。总状花序呈圆锥状。花紫红色或粉红色。短角果顶端 2 深裂，裂瓣歪倒卵形，长 1~1.4 cm，边缘具翅。

分布与生境： 产甘肃、宁夏、青海、四川、云南及西藏，生于海拔 3 000~5 000 m 高山草地、山坡沟边、湖边灌丛或流石滩。缅甸有分布。

食疗保健与药用功能： 茎叶有清热、健胃、消食之功效，适用于痢疾、肺热咳嗽、胃热积滞、消化不良等病症。

食用部位与食用方法： 全草可制作腌菜，为云南名产。

54. 豆瓣菜 西洋菜（十字花科 Brassicaceae/Cruciferae）

Nasturtium officinale R. Br.

识别要点： 多年生水生或湿生草本，高 10~70 cm，全株无毛。茎匍匐或浮水，多分枝，节上生不定根。奇数羽状复叶，小叶 3~9 枚，小叶片宽卵形、矩圆形或近圆形，全缘或微波状。总状花序顶生，花瓣白色。长角果长 1.5~2 cm。

分布与生境： 产黑龙江、陕西、新疆、河北、河南、山西、山东、江苏、安徽、浙江、台湾、江西、湖北、广东、广西、贵州、四川、云南及西藏，生于海拔 3 700 m 以下浅水中、河边、沟旁、山涧、沼泽地或水田中。欧洲、亚洲及北美有分布。

食疗保健与药用功能： 全草味甘，性寒，有清喉润肺、祛咳止痰、开胃导滞、凉血利尿、解毒之功效，适用于肺热燥咳、坏血病、泌尿系统炎症、疔毒痈肿、皮肤瘙痒等病症。

食用部位与食用方法： 全草可做蔬菜，可直接炒食、做汤或做馅，亦可经沸水焯后腌制、干制、酱制、泡渍、凉拌等食用。

55. 诸葛菜 二月兰（十字花科 Brassicaceae/Cruciferae）

Orychophragmus violaceus（L.）O. E. Schulz

识别要点：一年生或二年生草本，高 20~45 cm。基生叶心形，边缘锯齿不整齐；下部茎生叶大头羽状深裂或全裂，顶裂片卵形或三角状卵形；上部茎生叶矩圆形或窄卵形，边缘锯齿不整齐，基部抱茎。总状花序顶生，十字形花冠，花淡紫色、紫蓝色或白色。花期 3~5 月。

分布与生境：产辽宁、内蒙古、河北、河南、山西、陕西、甘肃、山东、江苏、安徽、浙江、江西、湖北、湖南及四川，生于海拔 1 500 m 以下山坡林中或平原。日本及朝鲜半岛有分布。

食疗保健与药用功能：茎叶味辛、甘，性平，有开胃下气、利湿解毒之功效，适用于消化不良、黄疸、消渴、热毒风肿、乳痈等病症。

食用部位与食用方法：将嫩茎叶洗净，经沸水焯后，再清水漂去苦味，即可拌食、炒食、煮粥或做馅食用。

56. 沙芥（十字花科 Brassicaceae/Cruciferae）

Pugionium cornutum（L.）Gaertn.

识别要点：一年生或二年生草本，高达 0.5~1.5 m。根肉质，圆柱状。茎分枝多。基生叶有柄，叶片羽状全裂，长 10~30 cm，裂片 3~6 对；茎生叶无柄，叶片羽状全裂，裂片全缘。总状花序呈圆锥状。花瓣黄色，长约 1.5 cm。短角果横卵形，长约 1.5 cm，侧向扁，两侧各有 1 剑形翅。

分布与生境：产陕西、宁夏及内蒙古，生于海拔 1 000~1 100 m 的沙漠地区沙地。

食疗保健与药用功能：茎叶味辛，性温，有行气、止痛、消食、解毒之功效，适用于消化不良、胸胁胀满、胃肠胀气、气管炎、食物中毒等病症。

食用部位与食用方法：嫩茎叶可做蔬菜食用。

57. 斧翅沙芥（十字花科 Brassicaceae/Cruciferae）

Pugionium dolabratum Maxim.

识别要点：一年生草本，高 0.5~1 m。茎直立，多数缠结成球形，直径达 1 m。基生叶稍肉质，二回羽状全裂，长 10~25 cm，末回裂片丝状或线形；茎中部和上部叶与基生叶相似。总状花序。花瓣粉红色，长 1.2~2 cm。短角果横椭圆形，连翅宽 1~2 cm，果翅平展，长 0.7~2.5 cm。

分布与生境：产陕西、甘肃、宁夏及内蒙古，生于海拔 1 000~1 400 m 荒漠沙地。蒙古有分布。

食疗保健与药用功能：茎叶有解毒、清肺止咳、发汗解表、行气止痛、健胃消食、解食毒之功效，适用于胃肠胀气、消化不良、胸腹胀满痛、食物中毒、风寒感冒、咳嗽等病症。

食用部位与食用方法：嫩茎叶可做蔬菜食用。

58. 无瓣蔊菜 野油菜（十字花科 Brassicaceae/Cruciferae）

Rorippa dubia（Pers.）Hara

识别要点： 一年生草本，高15~40cm，无毛。茎生叶及茎下部叶倒卵形或倒卵状披针形，长3~11cm，常大头羽状分裂，侧裂片1~4对，裂片边缘有锯齿；茎上部叶片卵状披针形或矩圆形，具波状齿。总状花序顶生或侧生，无花瓣。长角果长2~3.5cm。

分布与生境： 产辽宁、陕西、甘肃、河北、河南、山东、江苏、安徽、浙江、福建、台湾、江西、湖北、湖南、广东、海南、广西、贵州、四川、云南及西藏，生于海拔3 700 m以下山坡路旁、山谷、河边湿地或田野潮湿处。日本、印度、印度尼西亚、菲律宾及美国南部有分布。

食疗保健与药用功能： 茎叶味辛，性凉，有清热解毒、止咳化痰、平喘、利尿、活血通络、散瘀消肿之功效，适用于慢性气管炎、咽喉痛、感冒发热、咳嗽、经闭、风湿关节痛、小便不利、痈疮肿毒、干血痨、麻疹不透、跌打损伤等病症。

食用部位与食用方法： 嫩苗、嫩茎叶经沸水焯、换清水浸泡后可炒食、凉拌、做馅、做汤或与主粮掺和煮食。

59. 风花菜 球果蔊菜（十字花科 Brassicaceae/Cruciferae）

Rorippa globosa（Turcz. ex Fisch. & Mey.）Hayek

识别要点： 一年生或二年生草本，高 30~100 cm，被白色毛或近无毛。茎下部叶具柄，上部叶无柄，叶片矩圆形或倒卵状披针形，长 5~15 cm，两面被疏毛，边缘有不整齐粗齿。总状花序多数，顶生或腋生，圆锥状排列。花瓣黄色。短角果近球形，直径约 2 mm。

分布与生境： 产黑龙江、吉林、辽宁、宁夏、内蒙古、河北、河南、山西、山东、江苏、安徽、浙江、福建、台湾、江西、湖北、湖南、广东、广西、贵州、四川、云南及西藏，生于海拔 2 500 m 以下河边、路边、沟旁、草丛或旱地。日本、朝鲜半岛、蒙古、俄罗斯东部有分布。

食疗保健与药用功能： 茎叶味苦，性凉，有清热、利尿、解毒消肿之功效，适用于黄疸、水肿、淋病、咽痛、痈肿、烫火伤等病症。

食用部位与食用方法： 嫩苗、嫩茎叶经沸水焯、换清水浸泡后可炒食、凉拌或做汤煮食。

60. 蔊菜（十字花科 Brassicaceae/Cruciferae）

Rorippa indica（L.）Hiern

识别要点：一年生草本，高 20~60 cm。茎生叶及茎下部叶长 4~12 cm，叶片常大头羽状分裂，有长柄；侧裂片 1~5 对；茎上部叶片宽披针形或近匙形，疏生齿。总状花序顶生或侧生。花瓣黄色。长角果长 1~2 cm。

分布与生境：产辽宁、陕西、甘肃、青海、河北、河南、山西、山东、江苏、安徽、浙江、福建、台湾、江西、湖北、湖南、广东、海南、广西、贵州、四川、云南及西藏，生于海拔 3 200 m 以下田边、溪沟边、河旁、山坡路边、宅旁等较潮湿处。日本、朝鲜半岛、印度、印度尼西亚及菲律宾有分布。

食疗保健与药用功能：茎叶味辛、苦，性微温，有清热解毒、祛痰止咳、消炎止痛、解表散寒、通经活血、利湿退黄、祛寒健胃之功效，适用于感冒发热、麻疹透发不畅、急慢性气管炎、咳嗽痰多、气喘、咽喉痛、牙痛、风湿关节痛、闭经、淋证、跌打损伤、湿热黄疸、水肿、小便不利等病症，外用治痈肿、烫火伤、毒蛇咬伤。

食用部位与食用方法：嫩苗、嫩茎叶经沸水焯、换清水浸泡后可炒食、凉拌、做汤或与主粮掺和煮食。

61. 沼生蔊菜（十字花科 Brassicaceae/Cruciferae）

Rorippa palustris（L.）Besser

识别要点：一年生或二年生草本，高 10~100 cm，无毛或近无毛。茎具棱，下部常带紫色。基生叶有柄，叶片羽状深裂或大头羽状分裂，长 5~10 cm，侧裂片 3~7 对，不规则浅裂或深波状；茎生叶向上渐小，近无柄，羽状深裂或具齿。总状花序顶生或腋生。花瓣黄色。短角果椭球形，长 3~8 mm。

分布与生境：产黑龙江、吉林、辽宁、内蒙古、河北、河南、山西、山东、陕西、甘肃、宁夏、青海、新疆、江苏、安徽、浙江、台湾、湖北、湖南、广西、贵州、四川、云南及西藏，生于海拔 4 000 m 以下河边、沟旁、溪岸、湖湿地、田边、山坡草地或草场。亚洲、欧洲、美洲等均有分布。

食疗保健与药用功能：茎叶味苦，性凉，有清热解毒、宣肺止咳、利尿通淋、活血通经之功效，适用于咽喉痛、风热感冒、肝炎、黄疸、水肿、腹水、肺热咳嗽、肺炎、结膜炎、小便淋痛、淋证、尿道感染、膀胱结石、关节痛、痘疹、小儿惊风、痈肿、烧烫伤等病症。

食用部位与食用方法：嫩苗、嫩茎叶经沸水焯、清水浸泡后，可炒食、做馅或凉拌食用。

62. 菥蓂 遏蓝菜（十字花科 Brassicaceae/Cruciferae）

Thlaspi arvense L.

识别要点：一年生草本，高 15~60 cm，全株无毛。基生叶有长 1~3 cm 的柄；茎生叶矩圆状披针形，长 3~5 cm，基部箭形，抱茎，边缘有疏齿。总状花序顶生。花瓣白色。短角果近圆形或倒卵形，长 1.2~1.8 cm，边缘有宽翅。

分布与生境：除广东、海南和台湾外，全国各省区均产，生于海拔 5 000 m 以下路旁、沟边、山坡草地或田边。亚洲、欧洲及非洲北部有分布。

食疗保健与药用功能：茎叶味甘，性平，有清肝明目、和中利湿、解毒消肿之功效，适用于目赤肿痛、脘腹胀痛、胁痛、肠痈、水肿、带下病、疮疖痈肿等病症。

食用部位与食用方法：嫩苗或嫩茎叶经沸水焯、换清水浸泡去除苦味后，可炒食、凉拌或腌制食用。

63. 大叶子 山荷叶（虎耳草科 Saxifragaceae）

Astilboides tabularis（Hemsl.）Engl.

识别要点： 多年生草本。根状茎粗，暗褐色，长达 35 cm。茎下部疏生硬腺毛。基生叶 1 枚，叶片盾状着生，叶片长 20~60 cm，掌状浅裂，边缘具齿状缺刻和不规则重锯齿，被毛；叶柄长 30~60 cm，有刺状硬腺毛；茎生叶小，掌状 3 或 5 裂。圆锥花序顶生；花多而小，白色。蒴果长 6~7 mm。

分布与生境： 产吉林及辽宁，生于山坡林下或山谷沟边。朝鲜半岛有分布。

食疗保健与药用功能： 全草有收敛、固肠止泻之功效，适用于泄泻等病症。

食用部位与食用方法： 根状茎富含淀粉，秋季挖取可酿酒、制醋；春季采摘嫩芽及嫩叶柄，可食。

64. 扯根菜（虎耳草科 Saxifragaceae）

Penthorum chinense Pursh.

识别要点： 多年生草本。根状茎分枝。单叶互生，叶片窄披针形或披针形，长 4~10 cm，先端渐尖，边缘有细重锯齿，无毛；无叶柄。花序具多花，长 1.5~4 cm，被腺毛；花黄白色。蒴果红紫色，直径 4~5 mm。种子多数。花果期 7~10 月。

分布与生境： 产黑龙江、吉林、辽宁、陕西、甘肃、青海、内蒙古、河北、河南、山西、山东、江苏、安徽、福建、江西、湖北、湖南、广东、广西、贵州、四川及云南，生于海拔 2 200 m 以下灌丛草甸、林下或水边。日本、朝鲜和俄罗斯东部有分布。

食疗保健与药用功能： 茎叶味甘，性平，归肝经，有利水除湿、活血散瘀、止血、解毒之功效，适用于胃脘痛、水肿、小便不利、黄疸、带下病、痢疾、闭经、跌打损伤、尿血、崩漏、疮痈肿毒、毒蛇咬伤等病症。

食用部位与食用方法： 幼苗、嫩茎叶可食用。

65. 七叶鬼灯檠（虎耳草科 Saxifragaceae）

Rodgersia aesculifolia Batalin

识别要点：多年生草本。根状茎横走，直径 2~4 cm。掌状复叶，小叶 5~7 枚，边缘有重锯齿，被毛；叶柄长 15~40 cm，基部鞘状，被长柔毛；圆锥花序，花序轴被毛。蒴果卵球形，具喙。种子多数。

分布与生境：产陕西、甘肃、宁夏、山西、河北、河南、浙江、湖北、湖南、四川、云南及西藏，生于海拔 1 100~3 800 m 林下、灌丛中、草甸或石隙中。

食疗保健与药用功能：根状茎有清热解毒、祛风除湿、止血生肌、收敛止咳、散瘀、止血消瘿之功效，适用于泻痢、白浊、带下病、衄血、吐血、咯血、崩漏、跌打损伤、外伤出血、咽喉肿痛、疮毒、烫火伤、脱肛、子宫脱垂等病症。

食用部位与食用方法：根状茎富含淀粉、糖类，秋季挖取可酿酒、制醋。

66. 羽叶鬼灯檠（虎耳草科 Saxifragaceae）

Rodgersia pinnata Franch.

识别要点：多年生草本。根状茎粗壮。近羽状复叶，小叶 6~9 枚，顶生者 3~5 枚，下部具轮生者 3~4 枚，小叶椭圆形或矩圆形，长 8~32 cm，边缘有重锯齿；叶柄长 4~32 cm，基部和小叶着生处具褐色长柔毛。花序圆锥状，花序轴被毛。

分布与生境：产贵州、四川及云南，生于海拔 2 000~3 800 m 林下、林缘、灌丛中、草甸或石隙中。

食疗保健与药用功能：根状茎有活血调经、祛风除湿、收敛止痢之功效，适用于跌打损伤、骨折、月经不调、痛经、风湿痹痛、外伤出血、肠炎、痢疾、甲状腺功能亢进等病症。

食用部位与食用方法：根状茎富含淀粉，秋季挖取可酿酒、制醋。

67. 龙芽草 仙鹤草（蔷薇科 Rosaceae）

Agrimonia pilosa Ledeb.

识别要点：多年生草本。根状茎短，基部常有1至数个地下芽。茎高达1.2 m，被毛。叶为间断单数羽状复叶，常有小叶3~4对；小叶倒卵形、倒卵状椭圆形或倒卵状披针形，长1.5~5 cm，叶面被毛，叶背脉上有毛和腺点；托叶草质，镰形，有齿或裂片，稀全缘。总状花序顶生；花梗长1~5 mm；萼筒上部有一圈钩状刺；花瓣5枚，黄色。

分布与生境：除海南外，全国各省区均产，生于海拔100~3 800 m溪边、路旁、草地、灌丛、林缘或疏林下。越南北部至亚洲东部、欧洲中部有分布。

食疗保健与药用功能：茎叶味苦、涩，性平，归心、肝经，有收敛止血、截疟、止痢、解毒、补虚之功效，适用于咯血、吐血、崩漏下血、疟疾、血痢、痈肿疮毒、阴痒带下病、脱力劳伤等病症。

食用部位与食用方法：将嫩茎叶洗净，经沸水焯、清水反复漂洗去除苦涩味后，可凉拌、炒食或蘸酱拌食。

68. 蛇莓（蔷薇科 Rosaceae）

Duchesnea indica（Andr.）Focke

识别要点：多年生草本。匍匐枝细长，节上生不定根。三出复叶，有长叶柄，小叶片倒卵形或菱状矩圆形，长2~3.5 cm，有钝锯齿，两面被柔毛。花单生叶腋；萼片卵形，副萼片倒卵形，长于萼片；花瓣黄色；花梗长3~6 cm。瘦果小，多数，聚生于花托上而形成聚合果；花托在果期膨大，海绵质，鲜红色，球形，直径1~2 cm。果期8~10月。

分布与生境：产吉林、辽宁、陕西、甘肃、宁夏、河北、河南、山西、山东、江苏、安徽、浙江、福建、台湾、江西、湖北、湖南、广东、海南、广西、贵州、四川、云南及西藏，生于海拔3 100 m以下山坡、河岸、草地或潮湿地。亚洲、欧洲和北美洲均有分布。

食疗保健与药用功能：果味甘、酸，性寒，有小毒，全草有清热解毒、凉血、调经、祛风化湿之功效，适用于感冒发热、咳嗽吐血、小儿高热惊风、咽喉肿痛、白喉、黄疸肝炎、细菌性痢疾、月经过多等病症，外用适用于腮腺炎、眼结膜炎、目赤、烫伤、蛇伤、疔疮、湿疹等病症。

食用部位与食用方法：花托及果可鲜食，味酸甜。

69. 东方草莓（蔷薇科 Rosaceae）

Fragaria orientalis Losinsk.

识别要点： 多年生草本。茎被开展柔毛。匍匐枝细长，节上生不定根。三小叶复叶，有长叶柄，小叶片卵形或菱状卵形，长 1~5 cm，有缺刻状锯齿，两面被毛。花序由 1~6 朵花组成；萼片卵状披针形，副萼片线状披针形，花瓣白色；花梗长 0.5~1.5 cm。瘦果小，多数，聚生于花托上而形成聚合果；花托半球形，肉质，成熟后紫红色；宿存花萼开展或微反折。果期 7~9 月。

分布与生境： 产黑龙江、吉林、辽宁、内蒙古、河北、山西、陕西、甘肃、青海、湖北及四川，生于海拔 600~4 000 m 山坡、草地或林下。朝鲜半岛、蒙古和俄罗斯远东地区有分布。

食疗保健与药用功能： 果有止渴生津之功效，适用于肾结石、湿疹等病症。

食用部位与食用方法： 果肉多汁，微酸甜，有浓香，可鲜食，或制作果酱、果汁或果酒。

70. 蕨麻 鹅绒委陵菜（蔷薇科 Rosaceae）

Potentilla anserina L.

识别要点： 多年生草本。根向下延长，有时在根的下部长成纺锤形或椭球形块根。茎匍匐，节处生根，常着地长出新植物。基生叶为间断羽状复叶，小叶 6~11 对，小叶片椭圆形、卵状披针形或长椭圆形，长 1.5~4 cm，边缘有多数尖锐锯齿或呈裂片状，背面密被紧贴银白色绢毛；茎生叶与基生叶相似，小叶对数较少。单花腋生；花黄色。

分布与生境： 产黑龙江、吉林、辽宁、陕西、甘肃、宁夏、青海、新疆、内蒙古、山西、河北、四川、云南及西藏，生于海拔 500~4 100 m 河岸、路边、山坡草地或草甸。

食疗保健与药用功能： 块根味甘，性寒，有健脾益胃、生津止渴、益气补血、利湿之功效，适用于脾虚腹泻病后贫血、营养不良、风湿痹痛等病症。

食用部位与食用方法： 块根富含淀粉，可洗净后生食，味极甘甜，或与米一同煮稀饭，或掺入面中做主食，或制成干品存储食用，亦可酿酒。嫩苗或嫩茎叶经沸水焯、凉水浸泡、去除苦味后可炒食。

71. 委陵菜（蔷薇科 Rosaceae）

Potentilla chinensis Ser.

识别要点：多年生草本。花茎直立或上升，被柔毛及白色绢毛。基生叶为羽状复叶，小叶 5~15 对，连柄长 4~25 cm，小叶无柄，小叶片矩圆形、倒卵形或矩圆状披针形，长 1~5 cm，羽状中裂，裂片三角状卵形至矩圆状披针形，叶背被白色绒毛，沿脉被白色绢状长柔毛；茎生叶与基生叶相似，小叶对数较少。伞房状花序；花黄色。花果期 4~10 月。

分布与生境：产黑龙江、吉林、辽宁、陕西、甘肃、宁夏、青海、内蒙古、河北、河南、山西、山东、江苏、安徽、浙江、福建、台湾、江西、湖北、湖南、广东、广西、贵州、四川、云南及西藏，生于海拔 400~3 200 m 山坡、草地、沟谷、林缘、灌丛或疏林下。亚洲东部有分布。

食疗保健与药用功能：茎叶味苦，性寒，归肝、大肠经，有清热解毒、凉血止痢之功效，适用于赤痢腹痛、久痢不止、痔疮出血、痈肿疮毒等病症。

食用部位与食用方法：嫩苗或嫩茎叶经沸水焯、凉水浸泡去除苦味后可炒食或凉拌食用。

72. 翻白草（蔷薇科 Rosaceae）

Potentilla discolor Bunge

识别要点：多年生草本。根下部常肥厚呈纺锤状。花茎直立、上升或微铺散，被白色绵毛。基生叶为羽状复叶，小叶 2~4 对，连柄长 4~20 cm，小叶片矩圆形或矩圆状披针形，长 1~5 cm，具圆钝齿，稀急尖锯齿，叶背密被白色或灰白色绵毛；茎生叶 1~2 枚，小叶对数较少。多花组成花序；花黄色。

分布与生境：产黑龙江、吉林、辽宁、陕西、甘肃、内蒙古、河北、河南、山西、山东、江苏、安徽、浙江、福建、台湾、江西、湖北、湖南、广东、贵州、四川、云南及西藏，生于海拔 100~1 900 m 荒地、山谷、沟边、山坡草地、草甸或疏林下。日本和朝鲜半岛有分布。

食疗保健与药用功能：带根全草有清热解毒、止血、止痢、消肿之功效，适用于肺热咳嗽、肺痈、泄泻、疟疾、咳血、便血、崩漏、痈肿疮毒、瘰疬结核等病症。

食用部位与食用方法：块根富含淀粉，可洗净后生食，或与米一同煮稀饭，或掺入面中做主食，亦可酿酒。嫩苗或嫩茎叶经沸水焯、凉水浸泡去除苦味后可炒食或凉拌食用。

73. 朝天委陵菜（蔷薇科 Rosaceae）

Potentilla supina L.

识别要点：一年生或二年生草本。茎平展，上升或直立，叉状分枝，长 20~50 cm，被疏毛或无毛。基生叶为羽状复叶，连叶柄长 4~15 cm，小叶无柄，小叶矩圆形或倒卵状矩圆形，长 1~2.5 cm，边缘有齿，两面绿色，被疏毛或几无毛。茎生叶与基生叶相似，向上小叶较少。基生叶托叶膜质，褐色。花单生叶腋；花梗长 0.5~1.5 cm；花黄色。花果期 3~10 月。

分布与生境：产黑龙江、吉林、辽宁、陕西、甘肃、宁夏、青海、新疆、内蒙古、河北、河南、山西、山东、江苏、安徽、浙江、江西、湖北、湖南、广东、贵州、四川、云南及西藏，生于海拔 2 000 m 以下田边、荒地、河岸沙地、草甸或山坡湿地。广泛分布于北半球温带及部分亚热带地区。

食疗保健与药用功能：茎叶味苦，性凉，有收敛止泻、凉血止血、滋阴益肾之功效，适用于泄泻、吐血、尿血、便血、血痢、须发早白、牙齿不固等病症。

食用部位与食用方法：嫩苗或嫩茎叶经沸水焯、凉水浸泡去除涩味后可炒食、凉拌或做馅食用。

74. 地榆（蔷薇科 Rosaceae）

Sanguisorba officinalis L.

识别要点：多年生草本。根粗壮，呈纺锤状，横切面黄白色或紫红色。茎直立，有棱。奇数羽状复叶，基生叶具小叶 9~13 枚，小叶片卵形或矩圆状卵形，长 1~7 cm，先端圆钝，基部心形，边缘有圆钝粗大锯齿，两面绿色，小叶柄短；茎生叶较少，小叶片狭矩圆形，先端急尖，基部微心形至圆形，有短柄或近无柄；托叶大，半卵形，有尖锐锯齿。穗状花序椭球形、圆柱形或卵球形，直立；花紫红色。

分布与生境：除台湾和海南外，全国各地均有分布，生于海拔 3 000 m 以下草原、草甸、山坡草地、灌丛或疏林下。广泛分布于欧洲、亚洲北温带地区。

食疗保健与药用功能：茎叶味苦、酸、涩，性微寒，归肝、大肠经，有凉血止血、解毒敛疮之功效，适用于便血、痔血、血痢、崩漏、水火烫伤、痈肿疮毒等病症。

食用部位与食用方法：采摘幼苗或嫩叶，经洗净、沸水焯、清水漂洗后，除去苦味，可炒食、凉拌、做馅、做汤等或腌酸菜。

75. 蒙古黄耆 黄耆、黄芪（豆科 Leguminosae/Fabaceae）

Astragalus mongholicus Bunge

识别要点：多年生草本。根肥厚，灰白色。茎直立，高达1 m，被白色柔毛。羽状复叶互生，长5~10 cm；小叶13~27枚，小叶片椭圆形或矩圆状卵形，长0.7~3 cm。总状花序；花10~20朵，密生；花序梗与叶等长或较长，果期显著伸长；花黄色或淡黄色，长1~2 cm。荚果膜质，半椭球形，长2~3 cm，顶端具刺尖。

分布与生境：产黑龙江、吉林、辽宁、陕西、甘肃、宁夏、青海、新疆、内蒙古、河北、山西、山东、四川及西藏，生于海拔800~2 000 m林缘、灌丛中或疏林下。俄罗斯东部和蒙古有分布。

食疗保健与药用功能：根味甘，性微温，归肺、脾经，有补气升阳、固表止汗、利水消肿、生津养血、行滞通痹、托毒排脓、敛疮生肌之功效，适用于气虚乏力、食少便溏、中气下陷、久泻脱肛、便血崩漏、表虚自汗、气虚水肿、内热消渴、血虚萎黄、半身不遂、痹痛麻木、痈疽难溃、久溃不敛等病症。

食用部位与食用方法：根可做药膳食用，适用于体虚亚健康人群。

76. 猪屎豆（豆科 Leguminosae/Fabaceae）

Crotalaria pallid Ait.

识别要点：多年生草本或呈灌木状。茎枝密被柔毛。三出复叶，互生，叶柄长2~4 cm；小叶片矩圆形或椭圆形，长3~6 cm，小叶柄长1~2 mm。总状花序顶生；花黄色。荚果长球形，长3~4 cm，果瓣开裂后扭转，具20~30枚种子。花果期9~12月。

分布与生境：产山东、浙江、福建、台湾、江西、湖南、广东、海南、广西、四川及云南，生于海拔1 000 m以下荒山草地及沙质土壤中。美洲、非洲、亚洲热带和亚热带地区有分布。

食疗保健与药用功能：种子味甘涩，性凉，有补肝肾、明目、固精之功效，适用于肾虚、头晕眼花、神经衰弱、遗精、早泄、小便数频、遗尿、白带、肿瘤等病症。

食用部位与食用方法：种子煮熟后可食。

注意事项：有小毒，不宜多食。

77. 补骨脂（豆科 Leguminosae/Fabaceae）

Cullen corylifolium（L.）Medikus

识别要点：一年生草本；全株被白色柔毛和黑褐色腺点。茎直立，高达 1.5 m。单叶，有时具 1 枚细小的侧生小叶，叶片宽卵形，长 4.5~9 cm，先端钝或圆，基部圆或微心形，边缘有不规则疏齿；托叶线形，长 7~8 mm；叶柄长 2~4.5 cm，小叶柄长 2~3 mm。花序腋生；花 10 余朵密生，淡紫色或白色。荚果卵球形，长约 5 mm，不开裂，成熟时黑色，具种子 1 枚。

分布与生境：产陕西、台湾、湖北、广西、四川及云南，生于山坡、溪边或田边；河北、山西、河南、安徽、江西、广东、广西及贵州等地区有栽培或逸为野生。印度、缅甸和斯里兰卡有分布。

食疗保健与药用功能：果味辛、苦，性温，归肾、脾经，有温肾助阳、纳气平喘、温脾止泻之功效，适用于肾阳不足、阳痿遗精、遗尿尿频、腰膝冷痛、肾虚作喘、五更泄泻等病症；外用有消风祛斑之功效，可治白癜风、斑秃。

食用部位与食用方法：种子可做汤料。

78. 鸡头薯（豆科 Leguminosae/Fabaceae）

Eriosema chinense Vog.

识别要点：多年生直立草本。块根纺锤形或球形，肉质。茎高达 50 cm，不分枝，密被毛。单叶互生，叶片披针形，长 3~7 cm，叶面疏生毛，叶背密被短绒毛；无明显小叶柄；托叶线形或线状披针形，长 4~8 mm。总状花序腋生；花 1~2 朵，淡黄色。荚果菱状椭球形，成熟时黑色，被毛。

分布与生境：产福建、台湾、江西、湖南、广东、海南、广西、贵州、云南及西藏，生于海拔 300~2 000 m 山野及干旱贫瘠的草坡上。印度、缅甸、越南、泰国和印度尼西亚有分布。

食疗保健与药用功能：块根有清热化痰、生津止渴、消肿止痛、健胃消食之功效，适用于肺热咳嗽、上呼吸道感染、发热烦渴、肺脓肿、痢疾、阴囊积水、食积不消等病症，外用可治跌打损伤。

食用部位与食用方法：块根可供食用。

79. 胀果甘草（豆科 Leguminosae/Fabaceae）

Glycyrrhiza inflata Batal.

识别要点：多年生草本。根与根状茎粗壮，味甜。茎直立，高 0.5~1.5 m。羽状复叶互生，长 4~20 cm；叶柄、叶轴及花序梗均密被褐色腺点；小叶 3~7 枚，小叶片卵形、椭圆形或矩圆形，长 2~6 cm。总状花序腋生；花紫色或淡紫色，长 0.6~1 cm。荚果椭球形或长球形，直，膨胀，被腺点、刺毛状腺体和疏柔毛。

分布与生境：产内蒙古、甘肃及新疆，生于河岸阶地、水边、田边或荒地。亚洲中部有分布。

食疗保健与药用功能：根和根状茎有祛痰止咳、清热解毒、祛痰止咳、缓急止痛、调和药性之功效，适用于脾胃虚弱、倦怠乏力、心悸气短、咳嗽痰多、脘腹、四肢挛急疼痛、痈肿疮毒等病症。

食用部位与食用方法：根和根状茎可做药膳食用。

80. 甘草（豆科 Leguminosae/Fabaceae）

Glycyrrhiza uralensis Fisch. ex DC.

识别要点：多年生草本。根与根状茎粗壮，外皮褐色，内面淡黄色，味甜。茎直立，高 0.3~1.2 m，密被腺点、腺体和柔毛。羽状复叶互生，长 5~20 cm；叶柄及小叶均密被褐色腺点和柔毛；小叶 5~17 枚，小叶片卵形或近圆形，长 1.5~5 cm。总状花序腋生；花紫色、白色或黄色，长 1~2.4 cm。荚果线形，弯曲呈镰刀状或环状，有瘤状突起和刺毛状腺体，密集成球状。

分布与生境：产黑龙江、吉林、辽宁、陕西、甘肃、宁夏、青海、新疆、内蒙古、河北、河南、山西及山东，生于海拔 400~2 700 m 旱沙地、河岸沙质地、山坡草地或盐渍化土壤中。俄罗斯东部和蒙古有分布。

食疗保健与药用功能：根和根状茎味甘，性平，归心、肺、脾、胃经，有补脾益气、清热解毒、祛痰止咳、缓急止痛、调和诸药之功效，适用于脾胃虚弱、倦怠乏力、心悸气短、咳嗽痰多、脘腹、四肢挛急疼痛、痈肿疮毒等病症。

食用部位与食用方法：根和根状茎可做药膳食用。

81. 长萼鸡眼草（豆科 Leguminosae/Fabaceae）

Kummerowia stipulacea（Maxim.）Makino

识别要点：一年生草本，高 7~15 cm。茎平伏、上升或直立，被疏生向上的白毛。3 枚小叶复叶；托叶长 3~8 mm，较叶柄长或近等长；叶柄短；小叶倒卵形、宽倒卵形或倒卵状楔形，长 0.5~1.8 cm，先端微凹或近平截，基部楔形，叶背中脉及叶缘有毛，侧脉多而密。花常 1~2 朵腋生；蝶形花冠，花暗紫色或紫红色。

分布与生境：产黑龙江、吉林、辽宁、内蒙古、河北、河南、山东、山西、陕西、甘肃、宁夏、青海、新疆、江苏、安徽、浙江、台湾、福建、江西、湖北、湖南、广东、广西、贵州、四川及云南，生于海拔 1 200 m 以下路旁、草地、山坡或沙丘等处。朝鲜、日本及俄罗斯远东地区有分布。

食疗保健与药用功能：茎叶味甘，性平，有清热解毒、健脾利湿、活血利尿、止痢止泻之功效，适用于感冒发热、暑湿吐泻、黄疸、痈肿疔疮、痢疾、疳积、血淋、咯血、衄血、跌打损伤、赤白带下病等病症。

食用部位与食用方法：采摘嫩茎叶，洗净，经沸水焯后，可炒食或做汤。

82. 鸡眼草（豆科 Leguminosae/Fabaceae）

Kummerowia striata（Thunb.）Schindl.

识别要点：一年生草本，高 10~45 cm。茎披散或平卧，被倒生向下的白毛。3 枚小叶复叶；托叶长 3~4 mm，较叶柄长；叶柄极短；小叶倒卵形、长倒卵形或矩圆形，长 0.6~2.2 cm，先端圆，基部近圆形或宽楔形，叶背中脉及叶缘有毛，侧脉多而密。花常 1~3 朵腋生；蝶形花冠，花粉红色或紫红色。

分布与生境：产全国各省区，生于海拔 500 m 以下田边、溪旁、沙质地或山坡草地。日本及俄罗斯远东地区有分布。

食疗保健与药用功能：茎叶味苦，性寒，归脾、肺经，有清热解毒、健脾利湿、活血止血、利尿、止泻之功效，适用于感冒发热、暑湿吐泻、黄疸、痈肿疔疮、痢疾、疳积、血淋、咯血、衄血、跌打损伤、赤白带下病等病症。

食用部位与食用方法：采摘嫩茎叶，洗净，经沸水焯、换清水浸泡后，可凉拌、炒食、做汤或拌面蒸食。

83. 天蓝苜蓿（豆科 Leguminosae/Fabaceae）

Medicago lupulina L.

识别要点：一年生至多年生草本，高15~60 cm，全株被柔毛或有腺毛。茎平卧或上升，多分枝。羽状三出复叶；托叶卵状披针形，长达1 cm；下部叶柄较长，长1~2 cm；小叶倒卵形、宽倒卵形或倒心形，长0.5~2 cm，上半部边缘具不明显尖齿，两面被毛；顶生小叶较大，小叶柄长2~6 mm。花序小，头状；蝶形花冠，花黄色。

分布与生境：产全国各地，生河边、田野或林缘。广泛分布于欧亚大陆。

食疗保健与药用功能：茎叶味甘、涩，性凉，有舒筋活络、清热利湿、止咳平喘、凉血解毒之功效，适用于湿热黄疸、热淋、石淋、风湿痹痛、腰腿痛、腰肌劳损、咳喘、白血病、痔疮出血、指头疔等病症，外用可治毒蛇咬伤。

食用部位与食用方法：采摘嫩茎叶，洗净后炒食、做汤或做馅，亦可经沸水烫后凉拌或腌制成咸菜食用。

84. 南苜蓿（豆科 Leguminosae/Fabaceae）

Medicago polymorpha L.

识别要点：一或二年生草本，高20~90 cm。茎近四棱形，多分枝。羽状三出复叶；托叶卵状矩圆形；小叶宽倒卵形，长0.7~2 cm，边缘1/3以上有浅锯齿，叶面无毛，叶背有疏毛。花序头状，腋生；蝶形花冠，花黄色。荚果盘形，外圈有刺或瘤状突起。

分布与生境：产陕西、甘肃、山西、河南、江苏、安徽、浙江、台湾、福建、江西、湖北、湖南、广东、海南、广西、贵州、四川及云南，生田边、路边、旷野、草原、河岸或沟谷。欧洲南部及亚洲西南部有分布。

食疗保健与药用功能：茎叶味苦，性平，有清热解毒、祛风除热、利湿退黄、通淋排石之功效，适用于热病烦满、黄疸、肠炎、痢疾、浮肿、尿路结石、痔疮出血、消渴症等病症。

食用部位与食用方法：嫩茎叶经沸水烫、清水洗净后，可凉拌、炒食、做汤或做馅食用。

85. 紫苜蓿（豆科 Leguminosae/Fabaceae）

Medicago sativa L.

识别要点：多年生草本，高 0.3~1 m。茎四棱，多分枝。羽状三出复叶；托叶卵状披针形；小叶倒卵形，长 1~4 cm，边缘 1/3 以上有锯齿，叶面无毛，叶背有贴伏毛；侧脉 8~10 对。花序总状或头状，腋生；蝶形花冠，花深蓝色或暗紫色。荚果螺旋状。

分布与生境：全国各地半野生或栽培，生田边、路边、旷野、草原、河岸或沟谷。世界各国有栽培或半野生。

食疗保健与药用功能：茎叶味微苦，性平，有健胃、清热利尿之功效，适用于腹泻、石淋、夜盲等病症。

食用部位与食用方法：采摘嫩茎叶，经沸水烫、清水洗净后，可凉拌、炒食、做汤或做馅。

86. 紫雀花（豆科 Leguminosae/Fabaceae）

Parochetus communis Buch.-Ham. ex D. Don

识别要点： 多年生匍匐草本。掌状三出复叶；托叶长 4~5 mm；叶柄长 8~15 cm；小叶片倒心形，长 0.8~2 cm，全缘，或有时具波状浅圆齿，叶面无毛，叶背有贴伏毛。花单生或 2~3 朵组成花序，生于叶腋；花序梗与叶柄等长；苞片 2~4 枚。花长约 2 cm；花梗长 0.5~1 cm，被毛；花萼钟形，具 15~20 条脉纹；花冠淡蓝色或蓝紫色，稀白色或淡红色。果线形，膨胀，稍压扁，具 8~12 枚肾形种子。花果期 4~11 月。

分布与生境： 产贵州、四川、云南及西藏，生于海拔 1 800~3 000 m 的林缘草地、山坡或路旁荒地。印度、尼泊尔、不丹、缅甸、泰国、斯里兰卡、马来西亚及非洲东部有分布。

食疗保健与药用功能： 全草味甘，性温，有补肾壮阳、止血接骨之功效，适用于肾虚、阳痿、创伤出血、跌打损伤、骨折等病症。

食用部位与食用方法： 花可食。

87. 豆茶决明 山扁豆（豆科 Leguminosae/Fabaceae）

Senna nomame（Makino）T. C. Chen

识别要点： 一年生草本，高 30~60 cm。双数羽状复叶，互生；叶柄上端有一黑褐色、盘状、无柄的腺体；小叶 10~28 对，小叶片带状披针形，稍不对称，长 5~9 mm。花腋生，黄色。荚果扁平，有毛，长 3~8 cm，宽约 5 mm。种子 6~12 枚，扁菱形。果期 8~10 月。

分布与生境： 产黑龙江、吉林、辽宁、河北、河南、山东、江苏、安徽、浙江、台湾、江西、湖北、湖南、重庆、四川及云南，生于山坡、原野草丛中。日本和朝鲜半岛有分布。

食疗保健与药用功能： 种子味甘、微苦，性平，有清肝明目、健脾利湿、止咳化痰、清热利尿、润肠通便之功效，适用于慢性肾炎、咳嗽痰多、目花、夜盲、偏头痛、水肿、脚气、黄疸、咳嗽、习惯性便秘等病症。

食用部位与食用方法： 嫩果荚可煮食。成熟种子可煮食。

注意事项： 有小毒，不宜多食，否则易引起腹泻。

88. 决明（豆科 Leguminosae/Fabaceae）

Senna tora（L.）Roxb.

识别要点：一年生亚灌木状草本，高 1~2 m。双数羽状复叶，互生；叶柄上无腺体，叶轴上每对小叶间有 1 腺体；小叶 3 对，小叶片倒卵形或倒卵状长椭圆形，长 2~6 cm。花常 2 朵聚生于叶腋；花黄色。荚果纤细，近四棱形，长达 15 cm，直径 3~4 mm；有多数种子。果期 8~11 月。

分布与生境：原产美洲热带地区，现全世界热带、亚热带地区广泛分布，我国长江以南各省区均有野化，生于山坡、旷野及河滩沙地。

食疗保健与药用功能：种子味甘、苦、咸，性微寒，归肝、大肠经，有清热明目、润肠通便之功效，适用于目赤涩痛、畏光多泪、头痛眩晕、目暗不明、大便秘结等病症。

食用部位与食用方法：嫩叶和嫩果荚可炒食，须经沸水焯、清水漂洗去苦味后食用。

注意事项：有小毒，不宜多食，否则易引起腹泻。

89. 救荒野豌豆（豆科 Leguminosae/Fabaceae）

Vicia sativa L.

识别要点：一年生或二年生草本，高 0.15~1 m，茎斜升或攀缘。偶数羽状复叶，长 2~10 cm，叶轴先端卷须 2~3 分叉；托叶戟形，常有 2~4 齿裂；小叶 2~7 对，小叶片长椭圆形，长 0.9~2.5 cm，先端微凹，两面有毛。花 1~2 朵生于叶腋；花梗短；蝶形花冠，花紫色或红色。荚果条形。

分布与生境：原产欧洲南部及亚洲西部，我国各地有栽培或野化，生于海拔 3 000 m 以下荒山、田边草丛或林中。

食疗保健与药用功能：茎叶味甘、辛，性温，全草有清热利湿、活血祛瘀之功效，适用于黄疸、浮肿、疟疾、鼻出血、心悸、梦遗、月经不调等病症。

食用部位与食用方法：嫩茎叶经沸水焯、换清水浸泡后，可凉拌、炒食或做汤。

注意事项：成熟植株有毒，不宜食用。种子有毒，不可食用。

90. 野豌豆（豆科 Leguminosae/Fabaceae）

Vicia sepium L.

识别要点：多年生草本；根状茎匍匐。茎细弱，斜升或攀缘，具棱。双数羽状复叶，卷须发达；托叶半截形；小叶 5~7 对，小叶片卵圆形或矩圆状披针形，长 0.6~3cm，先端有短尖头，基部圆，边缘全缘，两面被毛。总状花序，有花 2~6 余，粉红色、红色或紫色。荚果扁，矩圆形，长 2~4cm，成熟时黑色，顶端具喙。果期 7~8 月。

分布与生境：产陕西、甘肃、宁夏、新疆、青海、贵州、四川、云南及西藏，生于海拔 1 000~2 200m 山坡或林缘草丛。日本、朝鲜半岛和俄罗斯有分布。

食疗保健与药用功能：全草有祛风除湿、活血消肿之功效，适用于风湿关节肿痛、湿热黄疸、咳嗽痰多、跌打损伤、腰痛、阴囊湿疹、疮疡肿毒等病症。种子味甘、辛，性温，有活血通经、下乳、消肿之功效，适用于血瘀、经闭、乳汁不下、痈肿疔毒等病症。

食用部位与食用方法：幼苗和嫩叶经沸水焯、换清水浸泡后，可凉拌、炒食或做汤。嫩荚果可煮食或炒食。成熟种子可煮粥或磨面食用。

91. 歪头菜（豆科 Leguminosae/Fabaceae）

Vicia unijuga A. Br.

识别要点：多年生草本，高 0.4~1 m，茎常丛生，具棱。叶轴顶端具细刺尖，偶见卷须；小叶 1 对，小叶片卵状披针形或近菱形，先端尾状渐尖，边缘有小齿状，疏被毛。总状花序单一，长 4.5~7 cm；蝶形花冠，花蓝紫色、紫红色或淡蓝色，长 1~1.6 cm。荚果扁，矩圆形，长 2~3.5 cm。

分布与生境：产黑龙江、吉林、辽宁、陕西、甘肃、宁夏、青海、新疆、内蒙古、河北、河南、山西、山东、江苏、安徽、浙江、江西、湖北、湖南、贵州、四川、云南及西藏，生于海拔 4 000 m 以下山地、林缘、草地、沟边或灌丛中。日本、朝鲜、蒙古和俄罗斯东部有分布。

食疗保健与药用功能：茎叶味甘，性平，有清热利尿、补虚调肝、理气止痛之功效，适用于劳伤、头晕、胃痛、浮肿、疔疮等病症。

食用部位与食用方法：幼苗或嫩叶经沸水焯、换清水浸泡后，可炒食、凉拌、做汤、拌面蒸食或制成干菜食用。

92. 酢浆草（酢浆草科 Oxalidaceae）

Oxalis corniculata L.

识别要点：多枝草本，味酸。茎柔弱，常平卧，节上生不定根，被疏毛。3枚小叶复叶互生；小叶无柄，小叶片倒心形，长5~10 mm，被毛；叶柄长2~6.5 cm，被毛。花1至数朵，腋生。花瓣5枚，黄色。

分布与生境：产全国各省区，生旷野或田边。世界温带及热带地区有分布。

食疗保健与药用功能：全草味酸，性寒，有清热利湿、凉血散瘀、解毒消肿之功效，适用于感冒发热、肠炎、湿热泄泻、痢疾、黄疸肝炎、淋证、尿路感染、带下病、吐血、衄血、尿血、咽喉痛、痈疖疔疮、湿疹、脚癣、疥癣、瘾疹、癞子、痔疾、脱肛、跌打损伤、劳伤、扭伤疼痛、烧烫伤、毒蛇咬伤等病症。

食用部位与食用方法：将嫩茎叶洗净、沸水焯、清水漂洗后，可加佐料凉拌食用、做沙拉菜配料或做汤食用。

注意事项：植株含草酸盐等，酸性较重，不宜多食，不宜常食。

93. 甜麻（椴树科 Tiliaceae）

Corchorus aestuans L.

识别要点：一年生草本。单叶互生，叶片卵形，长4.5~6.5 cm，两面疏被长毛，先端尖，基部圆，边缘有锯齿，基部有一对线状小裂片，基出脉5~7条；叶柄长1~1.5 cm。花单生或数朵组成花序，生叶腋；花梗极短；花黄色。果实长筒形，长2.5 cm，具纵棱6条，3~4条呈翅状，顶端有2分叉的长角3~4个。

分布与生境：产山东、河南、江苏、安徽、浙江、福建、台湾、江西、湖北、湖南、广东、海南、广西、贵州、四川及云南，生于旷野、荒地或村旁。亚洲热带、中美洲和非洲有分布。

食疗保健与药用功能：叶味淡，性寒，全株有清凉解毒之功效，适用于麻疹、热病不退、疥癞疮肿等病症。

食用部位与食用方法：嫩叶经沸水焯后可炒食。

94. 磨盘草（锦葵科 Malvaceae）

Abutilon indicum（L.）Sweet

识别要点：直立亚灌木状草本。分枝多，小枝、叶柄及花梗均被柔毛。单叶互生，叶片卵圆形或近圆形，长 2.5~9 cm，基部心形，边缘具不规则钝齿，两面被星状毛；叶柄长 2~5 cm。花单生叶腋，黄色。蒴果半球形，顶端平截，似磨盘，直径约 1.5 cm；分果爿 15~20，顶端平截，具短芒，被星状长硬毛。种子肾形。花期 7~10 月。

分布与生境：产福建、台湾、广东、香港、海南、广西、贵州、四川及云南，生于海拔 800 m 以下平原、海边、沙地、旷野、河谷或路旁。越南、老挝、柬埔寨、泰国、斯里兰卡、缅甸、印度和印度尼西亚有分布。

食疗保健与药用功能：全草有疏风清热、益气通窍、祛痰利尿之功效，适用于感冒高热、中耳炎、耳鸣、耳聋、咽炎、流行性腮腺炎、甲状腺肿大、咳嗽、泄泻、遗精、小便不利等病症。种子有通窍、利水、清热解毒之功效，适用于耳聋、乳汁不通、便秘、水肿、痢疾、痈疽肿毒等病症。

食用部位与食用方法：嫩苗、嫩果可做蔬菜。种子浸除苦味，晒干后磨粉蒸食，亦可榨油食用。

95. 苘麻（锦葵科 Malvaceae）

Abutilon theophrasti Medikus

识别要点：一年生亚灌木状直立草本，高 1~2 m。茎枝被柔毛。单叶互生，叶片圆心形，长 3~12 cm，基部心形，两面密被星状毛。花单生叶腋，黄色。蒴果半球形，顶端平截，直径约 2 cm，长约 1.2 cm，分果爿 15~20，被粗毛。种子肾形，黑褐色，被星状毛。花期 6~10 月。

分布与生境：产吉林、辽宁、陕西、宁夏、新疆、内蒙古、河北、河南、山西、山东、江苏、安徽、浙江、福建、台湾、江西、湖北、湖南、广东、海南、广西、贵州、四川及云南，生于村边、路旁、荒地或田野间。日本、印度、越南、欧洲和北美有分布。

食疗保健与药用功能：叶有清热利湿、解毒开窍之功效，适用于痢疾、中耳炎、耳鸣、耳聋、睾丸炎、扁桃体炎、痈疽肿毒等病症。种子味苦，性平，有清热解毒、利湿、退翳之功效，适用于赤白痢疾、淋证涩痛、痈肿疮毒、目生翳膜等病症。

食用部位与食用方法：嫩苗、嫩果可做蔬菜。种子浸除苦味、晒干后磨粉蒸食，亦可榨油食用。

96. 野葵（锦葵科 Malvaceae）

Malva verticillata L.

识别要点： 二年生草本，高达 1 m。茎被星状长柔毛。单叶互生，叶片肾形或圆形，直径 5~11 cm，通常 5~7 掌状分裂；叶柄长 2~8 cm，上面槽内被绒毛。花数朵簇生，白色或淡红色。花期 3~11 月。

分布与生境： 产黑龙江、吉林、辽宁、内蒙古、河北、河南、山西、山东、陕西、甘肃、宁夏、青海、新疆、江苏、安徽、浙江、福建、江西、湖北、湖南、广东、广西、贵州、四川、云南及西藏，生于平原旷野、村边、路旁、水边湿地或沙滩草地。印度及欧洲有分布。

食疗保健与药用功能： 全草味甘，性寒，有清热、止咳、利尿、下乳、润肠、通便之功效，适用于肾炎、水肿、结石、大便燥结、乳汁不通、咳嗽、烫伤等病症。

食用部位与食用方法： 嫩苗、嫩叶可炒食、做汤、做馅或做火锅配料；亦可经沸水焯、凉水冷却后，凉拌食用。

97. 野西瓜苗（锦葵科 Malvaceae）

Hibiscus trionum L.

识别要点： 一年生草本，平卧或直立，高 20~70 cm。茎被白色星状柔毛。单叶互生，叶片掌状 3~5 深裂，直径 3~6 cm，裂片常羽状全裂，叶背疏被星状刺毛。花单生叶腋，淡黄色，内面基部紫色，直径 2~3 cm。果实矩圆状球形，直径约 1 cm，被硬毛。花期 7~10 月。

分布与生境： 原产非洲中部，逸为野生，我国各地平原、山野、丘陵、田边均有分布。

食疗保健与药用功能： 全草味甘，性寒，有清热解毒、祛风除湿、止咳、利尿之功效，适用于感冒、咳嗽、肠炎、痢疾、急性关节炎等病症；外用可治烧伤、烫伤、疮毒。

食用部位与食用方法： 采摘嫩苗或幼嫩芽，洗净，经沸水焯后，可凉拌、做汤或炒食。

98. 鸡腿堇菜（堇菜科 Violaceae）

Viola acuminata Ledeb.

识别要点：多年生草本。根状茎较粗。茎 2~4 条丛生，高达 40 cm。叶片心形、卵状心形或卵形，长 1.5~5.5 cm，先端尖或渐尖，基部心形，叶缘具钝锯齿，两面密生褐色腺点，沿叶脉被毛；叶柄长达 6 cm；托叶叶状，长 1~3.5 cm，羽状深裂呈流苏状或齿状。花淡紫色或近白色，花梗常长于叶。果有黄褐色腺点。

分布与生境：产黑龙江、吉林、辽宁、陕西、甘肃、宁夏、内蒙古、河北、河南、山西、山东、江苏、安徽、浙江、江西、湖北、湖南、广西、贵州、四川及云南，生于海拔 2 500 m 以下林缘、灌丛、草地或山坡。日本、朝鲜半岛和俄罗斯东部有分布。

食疗保健与药用功能：全草味淡，性寒，有清热解毒、消肿止痛之功效，适用于肺热咳嗽、跌打肿痛、疮疖肿毒等病症。

食用部位与食用方法：嫩叶经沸水焯、换清水浸泡后，可炒食、凉拌、做汤、做馅或和面蒸食。

99. 如意草 堇菜（堇菜科 Violaceae）

Viola arcuata Bl.

识别要点：多年生草本，高达 20 cm。地上茎常数条丛生，无毛。基生叶宽心形或肾形，长 1.5~3.5 cm，先端圆或微尖，基部宽心形，叶缘生圆齿，两面近无毛；茎生叶少，幼时常卷折；叶柄长 1.5~7 cm。花白色或淡紫色，花梗远长于叶。果无毛。

分布与生境：产黑龙江、吉林、辽宁、陕西、甘肃、内蒙古、河北、河南、山西、山东、江苏、安徽、浙江、福建、台湾、江西、湖北、湖南、广东、广西、贵州、四川及云南，生于海拔 3 000 m 以下湿草地、山坡草丛、灌丛、林缘、田野或宅旁。日本、朝鲜半岛、蒙古和俄罗斯有分布。

食疗保健与药用功能：全草味辛、微酸，性寒，归心、肝二经，有清热解毒、散瘀止血之功效，适用于疮疡肿毒、乳痈、跌打损伤、开放性骨折、外伤出血、毒蛇咬伤等病症。

食用部位与食用方法：幼苗或嫩叶经沸水焯、换清水漂洗后，可凉拌、炒食或做汤。

100. 戟叶堇菜（堇菜科 Violaceae）

Viola betonicifolia Smith

识别要点：多年生草本，无地上茎。叶多数，基生，莲座状，叶片窄披针形、长三角状戟形或三角状卵形，长2~8 cm，基部平截或心形，叶缘具齿，两面无毛或近无毛。花白色或淡紫色，长1.4~1.7 cm，花梗高于叶。花期4~9月。

分布与生境：产陕西、甘肃、河南、山东、江苏、安徽、浙江、台湾、福建、江西、湖北、湖南、广东、海南、广西、贵州、四川、云南及西藏，生于海拔1 500 m以下田野、路边、山坡草地、灌丛或林缘。喜马拉雅地区、印度、斯里兰卡、印度尼西亚、日本及澳大利亚有分布。

食疗保健与药用功能：全草有清热解毒、祛瘀消肿、利温之功效，适用于肠痈、淋浊、喉痛、乳痈、黄疸、目赤肿痛、疔疮肿毒、刀伤出血、烧伤等病症。

食用部位与食用方法：幼苗或嫩叶经沸水焯、换清水漂洗后，可凉拌或炒食。

101. 球果堇菜 毛果堇菜、圆叶堇菜（堇菜科 Violaceae）

Viola collina Bess.

识别要点：多年生草本，高达20 cm。叶基生，莲座状；叶片宽卵形或近圆形，长1~3.5 cm，先端钝，基部弯缺或心形，边缘有锯齿，两面密生白色柔毛；叶柄被倒生柔毛。花淡紫色，芳香，长约1.4 cm。果球形，密被白色柔毛。

分布与生境：产黑龙江、吉林、辽宁、陕西、甘肃、宁夏、内蒙古、河北、河南、山西、山东、江苏、安徽、浙江、福建、湖北、湖南、贵州、四川及云南，生于2 800 m以下林下或林缘、灌丛、草坡、沟谷及路旁较阴湿处。日本、朝鲜和欧洲有分布。

食疗保健与药用功能：全草味苦、涩，性凉，有清热解毒、凉血消肿之功效，适用于痈疽疮毒、肺痈、跌打损伤、刀伤出血等病症。

食用部位与食用方法：幼苗或嫩叶经沸水焯、换清水漂洗后，可凉拌或炒食。

102. 紫花堇菜（堇菜科 Violaceae）

Viola grypoceras A. Gray

识别要点：多年生草本。根状茎短粗，地上茎高达30 cm。基生叶心形或宽心形，茎生叶三角状心形或卵状心形，长1~4 cm，先端钝或微尖，基部弯缺窄，无毛，密被褐色腺点；叶柄长可达8 cm；托叶具流苏状长齿。花淡紫色，花梗长6~11 cm。果密生褐色腺点。

分布与生境：产陕西、甘肃、河南、江苏、安徽、浙江、福建、台湾、江西、湖北、湖南、广东、广西、贵州、四川及云南，生于海拔2 400 m以下草坡或灌丛中。日本和朝鲜半岛有分布。

食疗保健与药用功能：全草味微苦，性凉，有清热解毒、凉血、止血、化瘀之功效，适用于脓性炎症、乳腺炎、败血症、疮痈、湿热、黄疸、疥痈、急性结膜炎、咽喉肿痛、便血、刀伤出血、跌打损伤等病症。

食用部位与食用方法：幼苗或嫩叶经沸水焯、换清水漂洗后，可凉拌或炒食。

103. 长萼堇菜 犁头草（堇菜科 Violaceae）

Viola inconspicua Bl.

识别要点：多年生草本，无地上茎。基生叶，莲座状，叶片三角形、三角状卵形或戟形，长1.5~7 cm，基部宽心形，弯缺呈宽半圆形，具圆齿，叶面密生乳点；叶柄长2~7 cm；托叶与叶柄合生。花淡紫色；花梗与叶片等长或稍高出于叶；萼片长4~7 mm。

分布与生境：产陕西、甘肃南部、山东、河南、江苏、安徽、浙江、福建、台湾、江西、湖北、湖南、广东、海南、广西、贵州、四川及云南，生于海拔1 600 m以下林缘、山坡草地、田边及溪旁。东南亚有分布。

食疗保健与药用功能：全草味苦、微辛，性寒，有清肝解毒、散瘀消肿之功效，适用于肠痈、疔疮、瘰疬、红肿疮毒、黄疸、淋浊、目赤生翳等病症。

食用部位与食用方法：幼苗或嫩叶经沸水焯、换清水漂洗后，可凉拌或炒食。

104. 紫花地丁（堇菜科 Violaceae）

Viola philippica Cav.

识别要点： 多年生草本，无地上茎，高达 14 cm。叶多数，基生，莲座状，下部叶较小，叶片三角状卵形或窄卵形，上部叶较大，叶片圆形、窄卵状披针形或矩圆状卵形，长 1.5~4 cm，先端钝圆，基部平截或楔形，叶缘生圆齿。花紫堇色或淡紫色，花梗通常等长于叶。花期 4 月中下旬至 8 月。

分布与生境： 产黑龙江、吉林、辽宁、陕西、甘肃、宁夏、内蒙古、河北、河南、山西、山东、江苏、安徽、浙江、福建、台湾、江西、湖北、湖南、广东、海南、广西、贵州、四川及云南，生于海拔 1 700 m 以下田间、荒地、山坡草丛、林缘或灌丛中。朝鲜半岛和俄罗斯东部有分布。

食疗保健与药用功能： 全草味苦、辛，性寒，归心、肝经，有清热解毒、凉血消肿之功效，适用于疔疮肿毒、痈疽发背、丹毒、毒蛇咬伤等病症。

食用部位与食用方法： 幼苗或嫩叶经沸水焯、换清水漂洗后，可凉拌或炒食。

105. 早开堇菜（堇菜科 Violaceae）

Viola prionantha Bunge

识别要点： 多年生草本，无地上茎，高达 10 cm。叶多数，基生，叶片矩圆状卵形、卵状披针形或窄卵形，长 1~4.5 cm，幼叶两侧常向内卷，叶缘密生细圆齿，两面无毛或被细毛。花紫色，直径 1.2~1.6 cm，花梗高于叶。果无毛。花期 3~4 月。

分布与生境： 产黑龙江、吉林、辽宁、内蒙古、河北、河南、山西、山东、陕西、甘肃、宁夏、青海、江苏、湖北、湖南、四川及云南，生于海拔 2 800 m 以下山坡草地、沟边或宅旁等向阳处。朝鲜半岛和俄罗斯东部有分布。

食疗保健与药用功能： 全草有清热解毒、凉血消肿之功效，适用于痈疖、丹毒、乳腺炎、目赤肿痛、咽炎、黄疸型肝炎、肠炎、毒蛇咬伤等病症。

食用部位与食用方法： 幼苗或嫩叶经沸水焯、换清水漂洗后，可凉拌或炒食。

106. 节节菜（千屈菜科 Lythraceae）

Rotala indica (Willd.) Koehne

识别要点：一年生草本。茎分枝多，节上生根，基部匍匐，上部直立或稍披散。全株无毛。单叶对生，叶片倒卵状椭圆形或矩圆状倒卵形，长0.4~1.7 cm，宽3~8 mm；无叶柄。腋生穗状花序，长0.8~2.5 cm；花淡红色。果椭球形。

分布与生境：产河南、山西、山东、江苏、安徽、浙江、台湾、福建、江西、湖北、湖南、广东、海南、广西、贵州、四川、云南及西藏，常生于水田中或湿地。日本、俄罗斯东部、印度至东南亚有分布。

食疗保健与药用功能：全草味酸、苦，性凉，有清热解毒、止泻之功效，适用于小儿泄泻、疮疖肿毒等病症。

食用部位与食用方法：嫩苗经沸水焯、换清水漂洗后，可炒食。

107. 圆叶节节菜（千屈菜科 Lythraceae）

Rotala rotundifolia (Buch.-Ham. ex Roxb.) Koehne

识别要点：一年生草本。根茎细长，匍匐。茎单一或稍分枝，直立，丛生，高达30cm，带紫红色。全株无毛。单叶对生，叶片近圆形、宽倒卵形或椭圆形，长0.5~1cm，宽0.4~1.5mm；无叶柄。顶生稠密穗状花序，长1~5cm；花淡紫红色。果椭球形。

分布与生境：产河南、山东、江苏、安徽、浙江、台湾、福建、江西、湖北、湖南、广东、海南、广西、贵州、四川、云南及西藏，常生于海拔2 700m以下水田或湿地。日本、印度至东南亚有分布。

食疗保健与药用功能：全草味甘、淡，性凉，有清热解毒、健脾利湿、消肿之功效，适用于肺热咳嗽、痢疾、黄疸性肝炎、牙龈肿痛、急性脑膜炎、急性咽喉炎、水臌、痛经、痔疮、淋证、小便淋痛等病症。

食用部位与食用方法：嫩苗经沸水焯、换清水漂洗后，可炒食。

108. 千屈菜（千屈菜科 Lythraceae）

Lythrum salicaria L.

识别要点： 多年生草本。茎直立，分枝多，枝常四棱，全株青绿色。叶对生或轮生，叶片披针形或宽披针形，长 4~7 cm，宽 8~15 mm；无叶柄。花序簇生，花梗及花序梗短，花枝似一大型穗状花序；花紫红色或淡紫色。

分布与生境： 产全国各省区，常生于河岸、湖畔、溪沟边、水田中或湿润草地。亚洲东部至东南部、北美洲及澳大利亚有分布。

食疗保健与药用功能： 嫩苗味苦，性寒，归大肠经，有清热解毒、收敛止血之功效，适用于肠炎、痢疾、腹泻、便血、吐血、衄血、血崩、月经不调、外伤出血等病症。

食用部位与食用方法： 采嫩苗，经洗净、沸水焯、清水漂洗后，可凉拌、炒食、开汤或拌面蒸食。

109. 细果野菱 四角刻叶菱（菱科 Trapaceae）

Trapa incisa Sieb. & Zucc.

识别要点： 一年生浮水水生草本。根二型：黑色着泥根生于泥中，淡绿褐色羽状丝裂根生于水中。茎粗 1~2.5 mm。浮水叶聚生于茎顶，叶片菱状三角形，长 1.5~3 cm，宽 2~4 cm，叶缘具缺刻状齿；叶柄上部膨大成海绵质气囊。果在水中成熟，狭菱形，长 0.8~1.5 cm，具 4 角，角圆锥状、烛尖状至锐尖。

分布与生境： 产黑龙江、吉林、辽宁、陕西、河北、河南、江苏、安徽、浙江、福建、台湾、江西、湖北、湖南、广东、海南、贵州、四川及云南，生于海拔 2 000 m 以下池塘或湖沼中。亚洲东部至东南部有分布。

食疗保健与药用功能： 鲜果肉有清暑消热、除烦解渴之功效。果肉熟食有益气、健脾、解酒之功效，适用于腰腿筋骨疼痛、周身四肢不仁、风湿入窍等病症。

食用部位与食用方法： 嫩茎叶可炒食或做汤。果实内种仁富含淀粉，可鲜食，也可制作菱粉，配制冰淇淋等食品，亦可酿酒。

110. 欧菱 菱、乌菱、无角菱、丘角菱、四角菱（菱科 Trapaceae）

Trapa natans L.

识别要点： 一年生浮水水生草本。根二型，黑色着泥根生于泥中，淡绿褐色羽状丝裂根生于水中。茎粗 2.5~6 mm。浮水叶聚生于茎顶，叶片三角状菱形，长 4~6 cm，宽 4~8 cm，叶缘具浅齿、圆齿或锯齿；叶柄上部膨大成海绵质气囊。果在水中成熟，陀螺状至短菱形，长 1.8~3 cm，具 2~4 角，稀无角，角三角形至圆锥状，基部变厚，先端钝圆至锐尖。

分布与生境： 产黑龙江、吉林、辽宁、内蒙古、陕西、新疆、河北、河南、山东、江苏、安徽、浙江、福建、台湾、江西、湖北、湖南、广东、海南、广西、贵州、四川、云南及西藏，生于海拔 2 700 m 以下池塘、湖泊、沼泽及缓流江水边。分布于亚洲、欧洲和非洲。

食疗保健与药用功能： 同细果野菱。

食用部位与食用方法： 嫩茎叶可炒食或做汤。果实内种仁富含淀粉，可鲜食或熟食，也可制作菱粉，配制冰淇淋等食品，亦可酿酒。

111. 柳叶菜（柳叶菜科 Onagraceae）

Epilobium hirsutum L.

识别要点： 多年生草本。茎多分枝，密被长柔毛，常混生腺毛。单叶交互对生，茎上部的互生，多少抱茎，叶片披针形至椭圆形，长 4~12 cm，先端锐尖至渐尖，边缘有细锯齿，两面被长柔毛，侧脉 7~9 对；无叶柄。总状花序；花红色；子房下位。蒴果棱形，长 2.5~9 cm，具 4 棱，被毛。果期 7~8 月。

分布与生境： 产吉林、辽宁、陕西、甘肃、宁夏、青海、新疆、内蒙古、河北、河南、山西、山东、江苏、安徽、浙江、福建、江西、湖北、湖南、广东、广西、贵州、四川、云南及西藏，生于海拔 2 800 m 以下河谷、溪边、沙地、石砾地或沟边、湖边向阳湿处、灌丛中或荒坡，常成片生长。广泛分布于欧亚大陆与非洲温带。

食疗保健与药用功能： 全草味苦、淡，性寒，有清热解毒、利湿止泻、消食理气、活血接骨之功效，适用于湿热泻痢、食积、脘腹胀痛、牙痛、月经不调、闭经、带下病、骨折、跌打损伤、疔疮痈肿、烫火伤等病症。

食用部位与食用方法： 嫩苗、嫩叶经沸水焯、换清水漂洗后，可炒食。

112. 人参（五加科 Araliaceae）

Panax ginseng C. A. Mey.

识别要点：多年生草本，高 30~60 cm。主根纺锤形。茎单生，无毛。掌状复叶，3~6 枚轮生茎顶，无毛；小叶 3~5 枚，中央小叶片椭圆形或矩圆状椭圆形，长 8~12 cm，侧生小叶片卵形或菱状卵形，长 2~4 cm，边缘具细密锯齿，齿具刺尖。叶柄长 3~8 cm。伞形花序单生茎顶，具 30~50 朵花，花淡黄绿色。果实扁球形，鲜红色，直径 6~7 mm。

分布与生境：产黑龙江、吉林和辽宁，生于低海拔针、阔叶混交林下。

食疗保健与药用功能：根茎味甘、微苦，性微温，归脾、肺、心、肾经，有大补元气、复脉固脱、补脾益肺、生津养血、安神益智之功效，适用于体虚欲脱、肢冷脉微、脾虚食少、肺虚喘咳、津伤口渴、内热消渴、气血亏虚、久病虚羸、惊悸失眠、阳痿宫冷等病症。

食用部位与食用方法：根茎为著名强壮滋补药，可做药膳食用，适用于体虚亚健康人群。

113. 竹节参（五加科 Araliaceae）

Panax japonicus（T. Nees）C. A. Mey.

识别要点： 多年生草本，高50~100 cm。主根竹鞭状，肉质。茎单生，无毛。掌状复叶，3~5 枚轮生茎顶，无毛；小叶 5 枚，小叶片倒卵状椭圆形或长椭圆形，长 5~18 cm，边缘有锯齿或重锯齿，沿脉被刺毛；叶柄长 8~11 cm。伞形花序单生茎顶，具50~80 朵花。果实近球形，红色，直径5~7 mm。

分布与生境： 产陕西、甘肃、青海、山西、河南、安徽、浙江、福建、江西、湖北、湖南、广西、贵州、四川、云南及西藏，生于海拔 1 200~3 600 m 山地林下或灌丛中。日本、朝鲜、缅甸、尼泊尔和越南有分布。

食疗保健与药用功能： 根味甘、微苦，性温，归肝、脾、肺经，有散瘀止血、消肿止痛、祛痰止咳、补虚强壮之功效，适用于痨嗽咯血、跌仆损伤、咳嗽痰多、病后虚弱等病症。

食用部位与食用方法： 纺锤根可与肉等炖食。

114. 三七（五加科 Araliaceae）

Panax notoginseng（Burkill）F. H. Chen ex C. Chow & W. G. Huang

识别要点： 多年生草本，高 20~60 cm。主根纺锤形。茎无毛。掌状复叶，3~6 枚轮生茎顶，无毛；小叶 3~5 枚，小叶片长椭圆形、倒卵形或倒卵状长椭圆形，长 3.5~13 cm，边缘具重锯齿，沿脉被刺毛；叶柄长 5~12 cm。伞形花序单生茎顶，具80~100 朵花，花淡黄色。果实扁球状肾形，鲜红色，直径约 1 cm。

分布与生境： 产云南东南部，生于海拔1 200~1 800 m 山地林中。

食疗保健与药用功能： 根味甘、微苦，性温，归肝、胃经，有散瘀止血、消肿定痛之功效，适用于咯血、吐血、衄血、便血、崩漏、外伤出血、胸腹刺痛、跌仆肿痛等病症。

食用部位与食用方法： 纺锤根可做药膳，适用于体虚亚健康人群。

115. 白芷 兴安白芷（伞形科 Umbelliferae/Apiaceae）

Angelica dahurica（Fisch. ex Hoffm.）Benth. & J. D. Hook. ex Franch. & Sav.

识别要点：草本，高达 2.5 m。根圆柱形，有分枝，直径 3~5 cm，黄褐色，有浓香。茎中空，带紫色。基生叶一回羽状分裂，有长柄，叶鞘管状，边缘膜质；茎上部叶二至三回羽状分裂，叶柄长达 15 cm，叶鞘囊状，紫色；叶宽卵状三角形，小裂片卵状矩圆形，无柄，长 2.5~7 cm，有不规则白色软骨质重锯齿，小叶基部下延，叶轴呈翅状。复伞形花序直径 10~30 cm，被糙毛；伞辐 18~40~（70）。花期 7~8 月。

分布与生境：产黑龙江、吉林、辽宁、内蒙古、河北、山西、陕西及台湾北部，生于海拔 500~1 000 m 的林下、林缘、溪边灌丛中及山谷草地。

食疗保健与药用功能：全草味辛，性温，归胃、大肠、肺经，有解表散寒、祛风止痛、宣通鼻窍、燥湿止带、消肿排脓之功效，适用于感冒头痛、眉棱骨痛、鼻塞流涕、鼻鼽、鼻渊、牙痛、带下病、疮疡肿痛等病症。

食用部位与食用方法：嫩茎剥皮后可做菜食。

116. 当归（伞形科 Umbelliferae/Apiaceae）

Angelica sinensis(Oliv.)Diels

识别要点：草本，高 0.4~1 m。根圆柱状，多分枝，须根肉质，黄褐色，有香气。茎带紫色。叶三出二至三回羽状分裂，小羽片 3 对，具不整齐缺锯；叶柄长 3~11 cm，基部叶鞘抱茎。复伞形花序；花白色；花序梗密被毛。果矩圆形，背腹扁，侧棱翅状，翅与果等宽或稍宽，边缘淡紫色。

分布与生境：产陕西、甘肃、湖北、四川及云南，生于海拔 2 500~3 000 m 的山地林下或阴地灌丛中。

食疗保健与药用功能：根味甘、辛，性温，归肝、心、脾经，有补血活血、调经止痛、润肠通便之功效，适用于血虚萎黄、眩晕心悸、月经不调、经闭痛经、虚寒腹痛、风湿痹痛、跌仆损伤、痈疽疮疡、肠燥便秘等病症。酒当归有活血通经之功效，适用于经闭痛经、风湿痹痛、跌打损伤等病症。

食用部位与食用方法：根可做药膳，适用于女性中亚健康人群。

117. 积雪草（伞形科 Umbelliferae/Apiaceae）

Centella asiatica（L.）Urban

识别要点： 多年生草本。茎匍匐，节上生根。单叶，叶片肾形或马蹄形，长 1~2.8 cm，宽 1.5~5 cm，有钝锯齿；叶柄长 1.5~2.7 cm。伞形花序有花 3~4 朵；花紫红色或乳白色。

分布与生境： 产河南、山西、陕西、青海、江苏、安徽、浙江、福建、台湾、江西、湖北、湖南、广东、海南、广西、贵州、四川、云南及西藏，生于海拔 1 900 m 以下阴湿草地或沟边。日本、东南亚、大洋洲群岛、澳大利亚及非洲有分布。

食疗保健与药用功能： 全草味苦、辛，性寒，归肝、脾、肾经，有清热利湿、解毒消肿之功效，适用于湿热黄疸、中暑腹泻、石淋血淋、痈肿疮毒、跌打损伤等病症。

食用部位与食用方法： 幼苗及嫩茎叶经沸水焯、换清水漂洗去其苦味后，可炒食、凉拌或做汤食用。

118. 明党参（伞形科 Umbelliferae/Apiaceae）

Changium smyrnioides H. Wolff

识别要点：多年生草本，高 0.5~1 m；全株无毛。主根纺锤形或长索形，深褐色或淡黄色，内部白色。茎直立，有白粉。基生叶有长柄，三出二至三回羽状全裂，小羽片长 1~2 cm，3 裂、羽裂或羽状缺刻；叶柄基部鞘状抱茎。复伞形花序；伞辐 4~10；伞形花序有花 8~20 朵；花白色。果卵球形，长 2~3 mm，侧扁。

分布与生境：产辽宁、河南、江苏、安徽、浙江、江西及湖北，生于海拔 100~500 m 山地灌丛、石缝或山坡草地。

食疗保健与药用功能：根味甘、微苦，性微寒，归肺、脾、肝经，有润肺化痰、养阴和胃、平肝、解毒之功效，适用于肺热咳嗽、呕吐反胃、食少口干、目赤眩晕、疔毒疮疡等病症。

食用部位与食用方法：根可做药膳食用，适用于体虚的亚健康人群。

119. 鸭儿芹（伞形科 Umbelliferae/Apiaceae）

Cryptotaenia japonica Hassk.

识别要点：草本，高达 1 m。茎直立，有分枝，有时稍带淡紫色。基生叶或较下部的茎生叶有柄，柄长 5~20 cm，小叶 3 枚；顶生小叶菱状倒卵形，近无柄，有不规则锐齿或 2~3 浅裂。花序圆锥状，花序梗不等长；伞形花序有花 2~4 朵。花梗极不等长。果线状矩圆形，长 4~6 mm，宽 2~2.5 mm。花期 4~5 月，果期 6~10 月。

分布与生境：产辽宁、河北、河南、山西、陕西、甘肃、安徽、江苏、浙江、台湾、福建、江西、湖北、湖南、广东、广西、贵州、四川及云南，生于海拔 200~2 400 m 山地、山沟及林下较阴湿地带。朝鲜、日本有分布。

食疗保健与药用功能：全草味辛、苦，性平，有祛风止咳、利湿解毒、化瘀止痛之功效，适用于感冒咳嗽、肺痈、淋痛、月经不调、风火牙痛、目赤翳障、痈疽疮肿、皮肤瘙痒、跌打肿痛、蛇虫咬伤等病症。

食用部位与食用方法：摘去叶片，将嫩茎、叶柄切段，可炒食，或经沸水焯后炒食，凉拌或做馅食用。

120. 野胡萝卜（伞形科 Umbelliferae/Apiaceae）

Daucus carota L.

识别要点： 二年生草本，高 0.4~1.2 m；植株被白色粗硬毛，余无毛。根细，多分枝。基生叶二至三回羽状全裂；小裂片线形或披针形，长 2~15 mm，宽 0.5~4 mm，先端尖；叶柄长 3~12 cm，叶鞘抱茎；茎生叶近无柄。复伞形花序；花白色，有时带淡红色。果有白色刺毛。

分布与生境： 产陕西、甘肃、宁夏、新疆、河北、河南、山西、山东、江苏、安徽、浙江、江西、湖北、湖南、广东、贵州、四川、云南及西藏，生于山坡、路边、旷野及田间杂草地。欧洲及东南亚有分布。

食疗保健与药用功能： 全草味甘，性寒，有杀虫健脾、利湿解毒之功效，适用于虫积、疳积、脘腹胀满、水肿、黄疸、烟毒、疮疹湿痒、斑秃等病症。

食用部位与食用方法： 采集幼苗、嫩叶或挖根，经洗净、沸水焯、漂洗后，可炒食、凉拌、做馅或根腌制酱菜食用。

注意事项： 野胡萝卜苗期与侧金盏花属植物（*Adonis* L.）相似，侧金盏花属植物有剧毒，不能食用。野胡萝卜的叶揉碎有香味，叶柄基部鞘状抱茎，复伞形花序，花白色；侧金盏花属植物叶无香味，叶柄基部不呈鞘状，不抱茎，花单生，黄色（辽吉侧金盏花 *Adonis ramosa* Franch.），可以将它们甄别。

辽吉侧金盏花

121. 珊瑚菜（伞形科 Umbelliferae/Apiaceae）

Glehnia littoralis F. Schmidt. ex Miq.

识别要点：多年生草本，高 20~30 cm，全株被白色柔毛。根粗壮，圆柱形，长达 70 cm。茎直立，不分枝。叶互生，二回三出羽状全裂或深裂，边缘有粗锯齿。复伞形花序，花枝密生绒毛；花小，白色。双悬果。

分布与生境：产辽宁、河北、山东、江苏、浙江、福建、台湾、广东及海南，生于海边沙滩。日本、朝鲜及俄罗斯远东地区有分布。

食疗保健与药用功能：根味甘、微苦，性微寒，归肺、胃经，有养阴清肺、益胃生津之功效，适用于肺热燥咳、劳嗽痰血、胃阴不足、热病津伤、咽干口渴等病症。

食用部位与食用方法：秋末挖根，去杂洗净，可炖食或做汤。春季采幼苗及嫩茎叶，经沸水焯、换清水漂洗后，可炒食或凉拌食用。

122. 天胡荽（伞形科 Umbelliferae/Apiaceae）

Hydrocotyle sibthorpioides Lam.

识别要点：草本。茎匍匐、铺地，节上生根。单叶互生，叶片圆形或肾状圆形，长 0.5~1.5 cm，宽 0.8~2.5 cm，不裂或 5~7 浅裂，裂片有钝齿；叶柄长 1~9 cm。伞形花序与叶对生，单生节上，每伞形花序有花 5~18 朵；花绿白色。

分布与生境：产陕西西南部、河北、山东、江苏、安徽、浙江、福建、台湾、江西、湖北、湖南、广东、海南、广西、贵州、四川、云南及西藏，生于海拔 3 000 m 以下阴湿草地、沟边或林下。日本、朝鲜、东南亚及印度有分布。

食疗保健与药用功能：全草有清热利湿、解毒消肿之功效，适用于黄疸、痢疾、水肿、淋证、目翳、喉肿、痈肿疮毒、带状疱疹、跌打损伤等病症。

食用部位与食用方法：幼苗及嫩茎叶经沸水焯、换清水漂洗后，可炒食、凉拌或做汤食用。

123. 辽藁本（伞形科 Umbelliferae/Apiaceae）

Ligusticum jeholense（Nakai & Kitag.）Nakai & Kitag.

识别要点：多年生草本，高 0.4~1 m。根圆锥形，叉状分枝。茎中上部分枝。基生叶及茎下部叶叶柄长达 19 cm，基部叶鞘抱茎；叶三出二至三回羽状分裂，一回羽片 4~6 对，小裂片卵圆形或矩圆状卵形，长 2~3 cm，宽 1~2 cm，3~5 裂；茎上部叶一回羽裂或 3 裂。复伞形花序，直径 3~7 cm；花白色；花序梗密被毛。果长球形。

分布与生境：产吉林、辽宁、内蒙古、河北、山西、山东及河南，生于海拔 1 100~2 500 m 的山地林下、沟边、山坡或草地。

食疗保健与药用功能：根味辛，性温，有祛风、散寒、除湿、止痛之功效，适用于风寒感冒、巅顶疼痛、风湿痹痛等病症。

食用部位与食用方法：根可做药膳，与肉等炖食，适用于亚健康人群。

124. 水芹（伞形科 Umbelliferae/Apiaceae）

Oenanthe javanica（Bl.）DC.

识别要点：多年生草本，高 15~80 cm；全株无毛。茎实心，基部匍匐或直立，下部节处生成束的须根。叶一至二回羽状分裂，小羽片长 2~5 cm，有不整齐锯齿，叶揉碎后手指变黑；叶柄基部鞘状抱茎。复伞形花序顶生；伞形花序有花 10~25 朵。

分布与生境：产全国各地，生于海拔 4 000 m 以下的低洼湿地、池沼、水边。亚洲东部至东南部有分布。

食疗保健与药用功能：全草味辛、甘，性凉，有清热解毒、利湿、止血之功效，适用于高血压病、暴热烦渴、呕吐腹泻、黄疸、吐泻、水肿、小便不利、淋痛、尿血、便血、吐血、衄血、崩漏、经多、目赤、咽痛、喉肿、口疮、牙疳、乳痈、痈疽、瘰疬、腮腺炎、带状疱疹、痔疮、跌打损伤等病症。

食用部位与食用方法：嫩茎叶及叶柄洗净后，经沸水焯后捞出，可凉拌、炒食或做馅食用。

注意事项：本植物在野外采摘时曾发生与毒芹（*Cicuta virosa* L.）混合采摘食用导致中毒，或市场购买时混入毒芹。毒芹亦生于水边或沼泽，但其株高 70~100 cm，茎单生，直立，中空，内有横隔，无匍匐茎，叶二至三回羽状分裂，叶揉碎后手指不变色，可以区别。

毒芹

125. 短果茴芹（伞形科 Umbelliferae/Apiaceae）

Pimpinella brachycarpa（Kom.）Nakai

识别要点： 多年生草本，高达85 cm。茎2~3分枝。基生叶3裂，成3枚小叶，侧生小叶卵圆形，长3~8 cm，宽4~6.5 cm，顶生小叶宽卵圆形，长5~8 cm，宽4~6 cm，叶脉有毛，边缘有粗锯齿，稀二回3裂；茎生叶与基生叶同形，无柄，3裂，裂片披针形。复伞形花序，伞辐7~15，长2~4 cm；伞形花序有15~20朵花；花瓣白色，宽卵圆形，先端微内凹。果心状卵球形。花果期6~9月。

分布与生境： 产吉林、辽宁、河北及山西，生于海拔500~900 m山地林缘、沟边。朝鲜、俄罗斯有分布。

食疗保健与药用功能： 全草有祛风散寒、理气止痛之功效，适用于胃寒痛、痢疾、腹泻等病症。

食用部位与食用方法： 嫩茎、叶柄、幼苗及嫩叶可炒食、凉拌、做馅或腌渍食用，为传统野菜。

126. 变豆菜 山芹菜（伞形科 Umbelliferae/Apiaceae）

Sanicula chinensis Bunge

识别要点： 多年生草本，高0.2~1 m。茎、叶无毛。基生近圆肾形或圆心形，常3裂，中裂片倒卵形，侧裂片深裂，有不规则锯齿；叶柄长7~30 cm，基部鞘状抱茎。总苞片叶状，常3深裂，裂片有不规则锯齿。伞形花序二至三回叉式分枝；花白色或绿白色。果实卵球形，长4~5 mm，有钩状皮刺。

分布与生境： 产全国各省市自治区，生于海拔2 300 m以下山坡、林下、溪岸、路边或沟边草丛。日本、朝鲜和俄罗斯有分布。

食疗保健与药用功能： 全草味甘，性平，有清热解毒、散寒止咳、行血通经、杀虫之功效，适用于风寒咳嗽、月经过多、尿血、外伤出血、痈肿疮毒、蛔虫病等病症。

食用部位与食用方法： 幼苗及嫩叶经沸水焯、清水漂洗后，可炒食、凉拌、做馅、做汤或腌制食用。

127. 防风（伞形科 Umbelliferae/Apiaceae）

Saposhnikovia divaricata（Turcz.）Schischk.

识别要点：多年生草本，高 50~80 cm。主根圆锥形，淡黄褐色。茎单生，二歧分枝。基生叶有长柄，叶鞘宽，叶二至三回羽裂，小裂片线形或披针形，先端尖；茎生叶较小。复伞形花序；花白色。

分布与生境：产黑龙江、吉林、辽宁、内蒙古、河北、山东、山西、陕西、甘肃、宁夏、新疆、河南及湖北，生于海拔 400~800 m 草原、丘陵、石砾山坡、草地。朝鲜、蒙古及俄罗斯西伯利亚东部有分布。

食疗保健与药用功能：根味辛、甘，性微温，归膀胱、肝、脾经，有祛风解表、胜湿、止痉之功效，适用于感冒头痛、风湿痹痛、风疹瘙痒、破伤风等病症。叶味辛、甘，性温，有发汗解表、祛风除湿之功效，适用于风热出汗等病症。

食用部位与食用方法：幼苗及嫩茎叶可炒食、凉拌、做馅或腌渍食用。

128. 矮桃 珍珠菜（报春花科 Primulaceae）

Lysimachia clethroides Duby

识别要点：多年生草本，高 0.4~1 m，全株多少被黄褐色卷毛。具横走根状茎。单叶互生，叶片椭圆形或宽状披针形，长 6~16 cm，宽 4~7 cm，先端渐尖，基部渐窄，两面散生黑色腺点，全缘。总状花序顶生；合瓣花，白色。蒴果球形。

分布与生境：产吉林、辽宁、河北、陕西、河南、山东、江苏、安徽、浙江、台湾、福建、江西、湖北、湖南、广东、海南、广西、贵州、四川及云南，生于海拔 200~3 500 m 山坡林缘、草坡或湿润地。俄罗斯远东地区、朝鲜半岛及日本有分布。

食疗保健与药用功能：全草有清热解毒、活血调经、利水消肿、健脾和胃之功效，适用于月经不调、带下病、小儿疳积、水肿、痢疾、风湿性关节炎、跌打损伤、咽喉痛、乳痈、石淋、胆囊炎等病症。

食用部位与食用方法：采幼嫩茎叶，经洗净、沸水焯、凉水漂洗后，可炒食、凉拌或做汤食用。

129. 荇菜 杏菜（龙胆科 Gentianaceae）

Nymphoides peltata (Gmel.) Kuntze

识别要点： 多年生水生草本。上部叶对生，下部叶互生，叶片漂浮，圆形或卵圆形，宽 1.5~8 cm，基部心形，全缘，具不明显掌状脉，叶背紫褐色，密被腺体，粗糙，叶面光滑；叶柄圆，长 5~10 cm，基部鞘状，半抱茎。花簇生，金黄色，长 2~3 cm。果椭球形，长 1.7~2.5 cm。

分布与生境： 除海南、青海和西藏外，全国其他省市自治区均产，生于海拔 1 800 m 以下池塘或不甚流动河溪中。日本、朝鲜半岛、蒙古、俄罗斯、伊朗、印度和中欧有分布。

食疗保健与药用功能： 全草味甘、辛，性寒，有清热解毒、消肿利尿、发汗透疹之功效，适用于寒热、感冒发热无汗、麻疹透发不畅、荨麻肿疹、水肿、小便不利、热淋、痈肿、火丹、毒蛇咬伤等病症。

食用部位与食用方法： 嫩茎叶经沸水焯后，可加佐料凉拌、炒食、做汤、和面蒸食或晒成干菜。

130. 山茄子（紫草科 Boraginaceae）

Brachybotrys paridiformis Maxim. ex Oliv.

识别要点： 多年生草本。茎直立，常不分枝。单叶，中部茎生叶倒卵状矩圆形，具长柄；上部叶5~6枚近轮生，叶片倒卵形或倒卵状椭圆形，长6~12 cm，具短柄。花序顶生，花6朵，紫色，长约1 cm。小坚果，黑色。花果期4~6月。

分布与生境： 产黑龙江、吉林及辽宁，生于林下、草地或田边。朝鲜和俄罗斯有分布。

食疗保健与药用功能： 全草有麻醉镇痛之功效，适用于胃痛、骨折、风湿病、跌打损伤等病症。

食用部位与食用方法： 嫩茎叶可做蔬菜食用。

131. 附地菜（紫草科 Boraginaceae）

Trigonotis peduncularis (Trev.) Benth. ex Baker & S. Moore

识别要点： 二年生草本，高达30 cm，茎常多条，直立或斜生，下部分枝，密被短糙伏毛。基生叶卵状椭圆形或匙形，长2~3 cm，宽0.5~1 cm，先端钝圆，基部渐窄成叶柄，两面被毛，具柄；茎生叶矩圆形或椭圆形，具短柄或无。花序顶生；花小，淡蓝色或淡紫红色。

分布与生境： 产黑龙江、吉林、辽宁、内蒙古、河北、河南、山东、山西、陕西、甘肃、宁夏、青海、新疆、江苏、安徽、浙江、福建、江西、湖北、湖南、广东、广西、贵州、四川、云南及西藏，生于渠边、林缘、村旁荒地或田间。中亚至欧洲有分布。

食疗保健与药用功能： 全草味辛、微苦，性凉，有行气止痛、解毒消肿之功效，适用于胃痛、吐酸、痢疾、热毒痈肿、手脚麻木等病症，外用可治跌打损伤、骨折。

食用部位与食用方法： 采摘幼苗或嫩茎叶，洗净，经沸水焯后捞出控干水分，可炒食、凉拌或与米一起煮粥食用。

132. 藿香（唇形科 Labiatae/Lamiaceae）

Agastache rugosa（Fisch. & C. Mey.）Kuntze

识别要点：多年生草本，全株芳香，高 0.5~1.5 m，直径 7~8 mm。茎四棱。单叶对生，叶片心状卵形或矩圆状披针形，长 4.5~11 cm，先端尾状尖，基部心形，边缘有粗齿；叶柄长 1.5~3.5 cm。穗状花序顶生，长 2.5~12 cm；花密集，花冠唇形，淡紫蓝色。

分布与生境：我国各地均有野生或常见栽培。日本、朝鲜半岛、俄罗斯和北美有分布。

食疗保健与药用功能：全草味辛，性微温，有解暑化湿、行气和胃之功效，适用于暑湿感冒、暑热引起的发热头痛、胸闷腹痛、呕吐泄泻、不思饮食、疟疾、痢疾等病症。

食用部位与食用方法：采嫩茎叶、花序洗净，经沸水焯、换清水浸泡后，可炒食、凉拌、做馅、蘸酱或做汤食用，亦可煮水做清凉饮料。

133. 肾茶（唇形科 Labiatae/Lamiaceae）

Clerodendranthus spicatus（Thunb.）C. Y. Wu ex H. W. Li

识别要点：多年生草本，高 1~1.5 m。茎四棱，被倒向毛。单叶对生，叶片菱状卵形或矩圆状卵形，长 2~5.5 cm，先端尖，基部宽楔形，边缘具齿，两面被毛及腺点；叶柄长 0.5~1.5 cm。轮伞花序组成圆锥花序，长 8~12 cm，密被毛；花冠唇形，淡紫色或白色，长 1~2 cm；雄蕊伸出花冠，细长。

分布与生境：产台湾、福建、海南、广西及云南，生于海拔 1 500 m 以下林下湿地及旷地。印度、缅甸、泰国、马来西亚、印度尼西亚和菲律宾有分布。

食疗保健与药用功能：全草味甘、微苦，性凉，有清热利湿、通淋排石之功效，适用于尿路结石、胆结石、急慢性肾炎、膀胱炎、风湿性关节炎等病症。

食用部位与食用方法：叶可泡茶饮用。

134. 东紫苏（唇形科 Labiatae/Lamiaceae）

Elsholtzia bodinieri Vaniot

识别要点： 多年生草本，高 25~30 cm。茎四棱，基部稍平卧上升，有时有匍匐茎，枝及茎暗紫色，被平展柔毛。单叶对生，匍匐茎叶倒卵形或矩圆形，长 3.5~5 mm，两面被柔毛，近无柄；茎生叶披针形或倒披针形，长 0.8~2.5 cm，两面带紫红色，无毛或几无毛，近无柄。穗状花序长 2~3.5 cm；花冠唇形，淡紫红色，长约 9 mm。

分布与生境： 产贵州及云南，生于海拔 1 200~3 000 m 松林下或山坡草地。

食疗保健与药用功能： 全草有发散解表、清热利湿、清热解毒、理气和胃之功效，适用于感冒发热、头痛身痛、咽喉痛、虚火牙痛、乳蛾、消化不良、目赤红肿、尿闭、肝炎等病症。

食用部位与食用方法： 嫩叶可代茶饮用。

135. 香薷（唇形科 Labiatae/Lamiaceae）

Elsholtzia ciliata (Thunb.) Hyland.

识别要点： 一年生草本，高 30~50 cm，全株具芳香。茎四棱，老时紫褐色。单叶对生，叶片卵形或卵状椭圆形，长 3~9 cm，先端渐尖，基部楔形下延，边缘具锯齿，叶面疏被毛，叶背被树脂腺点，沿脉被毛；叶柄长 0.5~3.5 cm。穗状花序长 2~7 cm，偏向一侧，密被毛；花冠唇形，淡紫色，长约 4.5 mm。

分布与生境： 除青海、新疆外，产全国各地，生于海拔 3 400 m 以下路边、山坡、荒地、林内或河边。日本、朝鲜半岛、蒙古、俄罗斯东部、印度和中南半岛有分布。

食疗保健与药用功能： 全草味辛、微苦，性温，无毒，有祛风、发汗、解暑、利尿之功效，适用于急性吐泻、感冒发热、恶寒无汗、中暑、胸闷、口臭、小便不利、水肿、湿疹、痈疮等病症。

食用部位与食用方法： 采嫩枝叶洗净，经沸水焯后，可凉拌、炒食或拌咸菜食用。

136. 活血丹（唇形科 Labiatae/Lamiaceae）

Glechoma longituba（Nakai）Kupr.

识别要点： 多年生匍匐草本，高20~30 cm。茎四棱，基部淡紫红色。单叶对生，叶片心形或近肾形，长1.8~2.6 cm，被毛，边缘有圆齿或粗齿，叶背淡紫色；下部叶柄较叶片长1~2倍。轮伞花序；花冠唇形，蓝色或紫色，下唇有深色斑点。

分布与生境： 除甘肃、青海、新疆及西藏外，全国其他省区均有，生于海拔100~2 000 m林缘、疏林下、草地及溪边。朝鲜及俄罗斯有分布。

食疗保健与药用功能： 全草味苦，性凉，有利湿通淋、清热解毒、散瘀消肿之功效，适用于热淋、石淋、湿热黄疸、疮痈肿痛、跌打损伤等病症。

食用部位与食用方法： 幼苗或嫩茎叶经沸水焯、换清水浸泡后，可凉拌、炒食、做汤或制干菜食用。

137. 益母草（唇形科 Labiatae/Lamiaceae）

Leonurus japonicus Houtt.

识别要点： 一年生或二年生草本。茎四棱，被倒向糙毛。叶对生，被毛，茎下部叶卵形，掌状3裂，裂片再裂，小裂片线形；茎中部叶菱形，掌状分裂，裂片矩圆状线形；叶柄长0.5~3 cm，具窄翅。轮伞花序具8~15朵花，直径2~2.5 cm；花唇形，长1~1.2 cm，白色、粉红色或淡紫红色。

分布与生境： 产全国各地，生于海拔3 400 m以下地区，喜光，多生于向阳地方。亚洲东部至东南部、亚洲热带、非洲和美洲有分布。

食疗保健与药用功能： 茎叶味苦、辛，性微寒，归肝、心包、膀胱经，有活血调经、利尿消肿、清热解毒之功效，适用于月经不调、痛经经闭、恶露不尽、水肿尿少、疮疡肿毒等病症。

食用部位与食用方法： 幼苗、嫩茎叶经沸水焯、清水漂洗去苦味后，可凉拌、炒食、做汤或煮粥食。

注意事项： 种子有毒，不能食用。

138. 地笋（唇形科 Labiatae/Lamiaceae）

Lycopus lucidus Turcz. ex Benth.

识别要点：多年生草本，高 20~70 cm。茎四棱，常不分枝，节鞘常紫红色；地下匍匐根状茎肥大，白色，具鳞叶。单叶对生，叶片矩圆状披针形，长 4~8 cm，先端渐尖，基部楔形，边缘有尖齿，两面无毛，叶背有腺点；叶柄无或近无。轮伞花序球形，直径 1.2~1.5 cm；花冠唇形，白色，长约 2 mm。

分布与生境：产黑龙江、吉林、辽宁、陕西、甘肃、内蒙古、河北、河南、山西、山东、江苏、浙江、安徽、福建、台湾、江西、湖北、湖南、广东、广西、贵州、四川及云南，生于海拔 300~2 600 m 沼泽地、沟边湿地或水边。日本及俄罗斯东部有分布。

食疗保健与药用功能：根状茎富含淀粉、蛋白质、矿物质、多种糖，味甘辛，性温，有益气、活血、消肿之功效，适用于吐血、衄血、产后腹痛、黄疸、水肿、带下病、咳嗽、乳痈、痈肿等病症。嫩茎叶味苦、辛，性微温，有活血调经、祛瘀消痈、利水消肿之功效，适用于月经不调、经闭、痛经、产后瘀血腹痛、疮痈肿毒、水肿腹水等病症。

食用部位与食用方法：地下根状茎白色肥厚，可鲜食、炖食，或加工腌渍后凉拌食用，清脆可口。春季采幼苗、嫩茎叶，经沸水焯、换清水浸泡后，可炒食、凉拌、做汤，或加工盐渍后做干菜食用。

139. 薄荷（唇形科 Labiatae/Lamiaceae）

Mentha canadensis L.

识别要点： 多年生草本，高 30～60 cm，全株具清凉芳香。茎四棱，多分枝。单叶对生，叶片卵状披针形或矩圆形，长 3～6 cm，先端尖，基部楔形或圆形，边缘有锯齿，两面被微柔毛；叶柄长 0.2～1 cm。轮伞花序腋生，球形，直径约 1.8 cm；花冠唇形，淡紫色或白色，长约 4 mm。

分布与生境： 全国各省区均产，生于海拔 3 500 m 以下水边湿地。亚洲、欧洲和北美洲有分布。

食疗保健与药用功能： 全草味辛，性凉，归肺、肝经，有疏散风热、清利头目、利咽、透疹、疏肝行气之功效，适用于风热感冒、风温初起、头痛、目赤、喉痹、口疮、风疹、麻疹、胸胁胀闷等病症。夏季，与青蒿一起煮水，洗澡，通常一次就可根治当年暑热所生痱子。

食用部位与食用方法： 幼嫩茎叶经洗净、沸水焯后，可凉拌、煮粥、做汤或炒食，也可加入面粉蒸食，或晒干做干菜，或煮牛羊肉时做调料，能除腥去膻；还可制作薄荷糖或清凉饮料。

140. 留兰香（唇形科 Labiatae/Lamiaceae）

Mentha spicata L.

识别要点： 多年生草本，高 40～130 cm，全株具芳香。茎四棱，无毛；具匍匐茎。单叶对生，叶片卵状矩圆形或矩圆状披针形，长 3～7 cm，先端尖，基部宽楔形或圆形，边缘有尖锯齿，两面无毛或近无毛；叶柄无或近无。轮伞花序组成圆柱形穗状花序；花冠唇形，淡紫色，长约 4 mm。

分布与生境： 新疆有野生，河北、河南、江苏、浙江、湖北、广东、广西、贵州、四川、云南等地有栽培或已野化。亚洲西南部、欧洲和非洲有分布。

食疗保健与药用功能： 全草有祛风散寒、止咳、消肿解毒之功效，适用于感冒咳嗽、咽痛、目赤、鼻衄、神经性头痛、胃痛、腹胀、霍乱吐泻等病症。

食用部位与食用方法： 幼嫩茎叶可食，常作为调味香料。

141. 凉粉草（唇形科 Labiatae/Lamiaceae）

Mesona chinensis Benth.

识别要点： 一年生草本，高 15~100 cm。茎四棱。单叶对生，叶片窄卵形或近圆形，长 2~5 cm，先端尖或钝，基部宽楔形或圆形，边缘具锯齿，叶面被毛；叶柄长 0.2~1.5 cm。轮伞花序组成总状花序，顶生，长 2~11 cm，被毛；花冠唇形，白色或淡红色，长约 3 mm。

分布与生境： 产浙江、台湾、江西、广东、海南及广西，生于沟边及干旱沙地草丛中。

食疗保健与药用功能： 全草有清热利湿、清暑、凉血、解毒之功效，适用于风火牙痛、烧烫伤、丹毒、梅毒、漆过敏、中暑、头部胀痛、头晕目眩、感冒、黄疸、急性肾炎、糖尿病、高血压病、急性风湿性关节炎、肌肉关节疼痛等病症。

食用部位与食用方法： 植株晒干煎汁，与米浆混煮成黑色胶状物，以糖拌之，可供暑天解渴。广东广州称凉粉，广东梅县称仙人拌。具体制作方法与步骤是：① 凉粉草汁液制备。采集凉粉草植株，清水洗净，下锅水煮煎汁（亦可晒干备用），留下汁液，取出凉粉草，放入清水里搓，直至无胶状物，留下汁液。将两次留下的汁液倒在一起，隔袋过滤，去除碎渣。② 米浆制备。取大米浸泡 4 h，磨成米浆备用。③ 汁液与米浆混煮。将汁液烧至快沸，其间要不停搅拌，不要粘锅；将米浆倒入汁液中，不要黏稠状，兑到液体状即可，混煮；搅拌混煮物，特别是快熟时要不停搅拌，待混煮物表面产生气泡时，预示快熟了，将气泡捞掉。④ 将熟了的混煮物倒入容器中，等凉后凝固，呈晶莹剔透、富有弹性的黑色胶状物，则凉粉制成。⑤ 将凉粉切成小块，可根据个人口味，佐以蜂蜜、白糖等，其滑溜爽口，风味独特，可解渴也可充饥，长期食用，具有清热解毒、降压之功效。

142. 荆芥（唇形科 Labiatae/Lamiaceae）

Nepeta cataria L.

识别要点：多年生草本，高 0.4~1.5 m，全株芳香，被白色短柔毛。茎四棱。单叶对生，叶片卵形或三角状心形，长 2.5~7 cm，先端钝或急尖，基部心形，边缘有粗齿；叶柄长 0.7~3 cm。圆锥花序顶生；花冠唇形，白色，下唇有紫色斑点。

分布与生境：产陕西、甘肃、新疆、山西、山东、江苏、湖北、贵州、广西、四川及云南，生于海拔 2 500 m 以下灌丛中或村边。从中欧至东亚均有分布，美洲及非洲南部有栽培并已野化。

食疗保健与药用功能：全草味微苦，性温，有祛风清热、凉血止血之功效，适用于伤风感冒、头痛、发热、咽喉肿痛、目赤红肿、麻疹不透、跌打损伤、吐血、鼻衄、外伤出血、毒蛇咬伤、疔疮疖肿等病症。

食用部位与食用方法：嫩茎叶具清香味，经沸水焯后，可凉拌、炒食或做调味食用。

143. 紫苏 白苏（唇形科 Labiatae/Lamiaceae）

Perilla frutescens（L.）Britt.

识别要点：直立草本，高 0.3~2 m，全株具芳香。茎四棱，绿色或紫色，密被长柔毛。单叶对生，叶片绿色、紫色或叶面绿色叶背紫色，宽卵形或圆形，长 7~13 cm，先端尖或骤尖，基部宽楔形或圆形，边缘有粗锯齿，叶面无毛，叶背有平伏长柔毛；叶柄长 3~5 cm，被长柔毛。轮伞花序组成总状花序，密被长柔毛；花冠唇形，白色、紫红色或粉红色，长 3~4 mm。

分布与生境：产辽宁、河北、山西、江苏、安徽、浙江、福建、台湾、江西、湖北、湖南、广东、海南、广西、贵州、四川、云南及西藏，日本、朝鲜半岛、不丹、印度、中南半岛和印度尼西亚有分布。

食疗保健与药用功能：茎味辛，性温，归肺、脾经，有理气宽中、止痛、安胎之功效，适用于胸膈痞闷、胃脘疼痛、嗳气呕吐、胎动不安等病症。叶味辛，性温，归肺、脾经，有解表散寒、行气和胃之功效，适用于风寒感冒、咳嗽呕恶、妊娠呕吐、鱼蟹中毒等病症。

食用部位与食用方法：幼嫩茎叶及叶经沸水焯、捞出沥干水后可凉拌、炒食、做汤或加工腌食，亦可直接用作煮鱼汤、做泡菜等的调味香料；成熟叶煮水可作为防暑解毒清凉饮料。

144. 山菠菜（唇形科 Labiatae/Lamiaceae）

Prunella asiatica Nakai

识别要点： 多年生草本，高 20~60 cm。茎四棱，紫红色。单叶对生，叶片卵状矩圆形或卵形，长 3~4.5 cm，先端钝尖，基部楔形，边缘有波状齿或圆齿状锯齿；叶柄长 1~2 cm。穗状花序顶生，长 3~5 cm；苞片先端带红色，宽披针形，被疏毛；花冠唇形，淡紫色、深紫色或白色，长 1.8~2.1 cm。

分布与生境： 产黑龙江、吉林、辽宁、山东、山西、河南、江苏、安徽、浙江及江西，生于海拔 1 700 m 以下山坡草地、灌丛及湿地。朝鲜和日本有分布。

食疗保健与药用功能： 全草有清肝明目、散结之功效，适用于高血压病、头痛目眩、目赤流泪、眼部疼痛、乳腺炎、腮腺炎、肺结核、甲状腺肿大、淋巴结结核等病症。

食用部位与食用方法： 嫩茎叶经沸水焯、过清水后沥干，可凉拌、炒食或制干菜食用。

145. 夏枯草（唇形科 Labiatae/Lamiaceae）

Prunella vulgaris L.

识别要点： 多年生草本，高 20~30 cm。茎四棱，紫红色。单叶对生，叶片卵状矩圆形或卵形，长 1.5~6 cm，先端钝，基部通常圆形，边缘有浅波状齿或近全缘；叶柄长 0.7~2.5 cm。穗状花序顶生，长 2~4 cm；苞片淡紫色，宽心形，被糙硬毛；花冠唇形，紫色、红紫色或白色，长约 1.3 cm。

分布与生境： 产陕西、甘肃、新疆、河南、山西、山东、安徽、浙江、福建、台湾、江西、湖北、湖南、广东、广西、贵州、四川、云南及西藏，生于海拔 3 200 m 以下荒坡、草地、溪边、田边及路边。亚洲、欧洲有分布，北美及澳大利亚亦有。

食疗保健与药用功能： 全草味辛、苦，性寒，归肝、胆经，有清肝泻火、明目、散结消肿之功效，适用于目赤肿痛、目珠夜痛、头痛眩晕、瘰疬、瘿瘤、乳痈、乳癖、乳房胀痛等病症。

食用部位与食用方法： 嫩茎叶经沸水焯、过清水后沥干，可凉拌、炒食或制干菜食用。成熟植株可煮水，当凉茶喝，亦是饮料“王老吉”的主要成分之一。

146. 南丹参（唇形科 Labiatae/Lamiaceae）

Salvia bowleyana Dunn

识别要点：多年生草本，高达 1 m。茎四棱，粗壮。一回羽状复叶对生，长 10~20 cm，叶柄长 4~6 cm；小叶 5~7 枚，顶生小叶片卵状披针形，长 4~7.5 cm，先端渐尖或尾尖，基部圆或浅心形，边缘有齿，两面无毛。轮伞花序组成总状花序或圆锥花序，长 14~30 cm，密被柔毛及腺毛；花冠唇形，紫色或蓝紫色，长 1.9~2.4 cm。

分布与生境：产浙江、福建、江西、湖北、湖南、广东及广西，生于海拔 1 000 m 以下山地、路旁、林下或水边。

食疗保健与药用功能：根有活血化瘀、调经止痛、清心除烦之功效，适用于月经不调、经闭腹痛、产后瘀滞腹痛、神经衰弱、失眠、心烦、心悸、肝脾肿大、关节疼痛、疝气痛、疮肿等病症。

食用部位与食用方法：肉质主根可煲汤做药膳食用，适用于心血管亚健康人群。

147. 丹参（唇形科 Labiatae/Lamiaceae）

Salvia miltiorrhiza Bunge

识别要点：多年生草本，高 40~80 cm。主根肉质，深红色。茎四棱，密被长毛。奇数羽状复叶对生，小叶 3~5（~7）枚，小叶片卵形、椭圆状卵形或宽披针形，长 1.5~8 cm，先端尖或渐尖，基部圆或偏斜，边缘有圆齿，两面被毛；叶柄长 1.3~7.5 cm，密被倒向长柔毛。轮伞花序组成总状花序，长 4.5~17 cm，密被毛；花冠唇形，紫蓝色，长 2~2.7 cm。

分布与生境：产辽宁、陕西、河北、河南、山西、山东、江苏、安徽、浙江、江西、湖北及湖南，生于海拔 1 300 m 以下山坡、林下草丛中或溪边。日本有分布。

食疗保健与药用功能：根味苦，性微寒，归心、肝经，有活血祛瘀、通经止痛、清心除烦、凉血消痈、加强心肌收缩力、改善心脏功能、扩张冠状动脉、增加心肌血流量、抗血栓形成、提高纤溶酶活性之功效，适用于胸痹心痛、脘腹胁痛、症瘕积聚、热痹疼痛、心烦不眠、月经不调、痛经经闭、疮疡肿痛、心血管疾病等病症。

食用部位与食用方法：同南丹参。

148. 甘西鼠尾草（唇形科 Labiatae/Lamiaceae）

Salvia przewalskii Maxim.

识别要点：多年生草本，高达 60 cm。茎四棱，密被短柔毛。单叶对生，叶片三角状戟形或矩圆状披针形，长 5~11 cm，先端尖，基部心形或戟形，边缘有圆齿状牙齿，叶面被细硬毛，叶背密被灰白色绒毛；叶柄长 1~4 cm，被毛。轮伞花序组成总状花序或圆锥花序，密被柔毛；花冠唇形，紫红色或红褐色，长 2.1~4 cm。

分布与生境：产甘肃、青海、湖北、四川、云南及西藏，生于海拔 1 100~4 000 m 林缘、沟边或灌丛中。

食疗保健与药用功能：根有活血祛瘀、安神宁心、排脓、止痛之功效，适用于心绞痛、月经不调、痛经经闭、血崩带下病、症瘕积聚、瘀血腹痛、骨节疼痛、惊悸不眠、恶疮肿瘤、乳腺炎、痈肿、吐血、风湿痹痛、肝脾肿大等病症。

食用部位与食用方法：同南丹参。

149. 黄芩（唇形科 Labiatae/Lamiaceae）

Scutellaria baicalensis Georgi

识别要点： 多年生草本，高 30~120 cm。根状茎肉质，直径达 2 cm，分枝；地上茎多分枝。单叶对生，叶片披针形或线状披针形，长 1.5~4.5 cm，先端钝，基部圆形，全缘，两面无毛，背面密被凹腺点；叶柄长约 2 mm。总状花序长 7~15 cm；花冠唇形，紫红色或蓝色。

分布与生境： 产黑龙江、辽宁、陕西、甘肃、内蒙古、河北、河南、山西、山东、江苏及湖北，生于海拔 2 000 m 以下阳坡草地或荒地。日本、朝鲜半岛、蒙古和俄罗斯有分布。

食疗保健与药用功能： 全草味苦，性寒，归肺、胆、脾、大肠、小肠经，有清热燥湿、泻火解毒、止血、安胎之功效，适用于湿温、暑湿、胸闷呕恶、湿热痞满、泻痢、黄疸、肺热咳嗽、高热烦渴、血热吐衄、痈肿疮毒、胎动不安等病症。

食用部位与食用方法： 嫩茎叶可代茶饮，称芩茶。

150. 地蚕（唇形科 Labiatae/Lamiaceae）

Stachys geobombycis C. Y. Wu

识别要点： 多年生草本，高 40~50 cm。根状茎肥大，肉质。茎四棱，被倒向硬毛。单叶对生，叶片矩圆状卵形，长 4.5~8 cm，先端钝，基部浅心形或圆形，边缘有圆齿状锯齿，两面被毛；叶柄长 1~4.5 cm，密被毛。轮伞花序组成穗状花序，顶生，长 5~18 cm；花冠唇形，淡紫色或紫蓝色。

分布与生境： 产浙江、福建、江西、湖北、湖南、广东及广西，生于海拔 200~700 m 的荒地、田边及湿地。

食疗保健与药用功能： 肉质根状茎有益肾润肺、滋阴补血、清热除烦之功效，适用于肺痨咳嗽、肺虚气喘、吐血、盗汗、贫血、小儿疳积等病症。

食用部位与食用方法： 肉质根状茎可供食用，可制作酱菜或泡菜（参见甘露子）。

151. 甘露子 草食蚕（唇形科 Labiatae/Lamiaceae）

Stachys sieboldii Miq.

识别要点：多年生草本，高 30～120 cm。根状茎白色，顶端具念珠状或螺蛳形肥大块茎。茎四棱，被硬毛。单叶对生，叶片卵形或椭圆状卵形，长 3～12 cm，先端尖或渐尖，基部楔形或浅心形，边缘有圆齿状锯齿，两面被硬毛；叶柄长 1～3 cm，被硬毛。轮伞花序组成穗状花序，顶生，长 5～15 cm；花冠唇形，粉红色或紫红色。

分布与生境：产辽宁、陕西、甘肃、宁夏、青海、新疆、内蒙古、河北、河南、山西、山东、江苏、江西、湖北、湖南、广东、广西、四川、云南及西藏，生于海拔 3 200 m 以下湿润或积水地。

食疗保健与药用功能：块茎味甘，性平，有清肺解表、祛风利湿、活血散瘀之功效，适用于风热感冒、肺炎、肺结核、虚痨咳嗽、小儿疳积、黄疸、小便淋痛、疮疡肿毒、毒蛇咬伤等病症。

食用部位与食用方法：春季或秋季采挖块茎，清水洗净后，可供食用，其脆嫩无纤维，宜腌制酱菜或泡菜，口感咸鲜清脆，亦可与其他原料一起煮食、炖食或炒食。腌渍酱菜或泡菜的方法及步骤：①在秋季地上茎枯萎后，挖取地下块茎。② 去除鳞片叶及块茎上端的枯老或较硬部分。③将块茎洗净，经沸水焯后，晾干。④ 按块茎与食盐为 100∶8 的重量比例准备食盐，将食盐溶入开水中，此盐开水的量以能完全浸渍块茎为度。⑤ 将块茎倒入干净的容器、酱菜坛子或大口径玻璃瓶子中，将配好的盐开水亦倒入其中，直至将块茎全部浸渍在盐开水内。⑥ 将容器口蒙上保鲜膜，密封盖紧，置于阴凉通风处；腌渍 5 天后，换同样浓度的盐开水继续浸渍 5 天，即为成品，可以食用；若成品较多，可较长时间食用，则腌渍时宜多放食盐，以防霉菌产生。⑦ 如果喜欢酸甜口味，可用适量糖醋加水煮开晾冷，再将成品浸渍 2 天，即成别有风味的糖醋甘露子 / 地蚕 / 地笋。⑧ 亦可仿块根野菜浸渍方法，以成品作为主料，以切碎的红辣椒、花椒、八角茴香（大料）、桂皮、甘草、姜等作为辅料，以酱油、酱、糖、醋、糟（酒糟）、料酒等作为调料，将主料、辅料和调料混合拌匀，浸渍 3～5 天，即可制作成不同风味的腌渍块茎野菜，其脆嫩无纤维，香脆可口。

152. 酸浆（茄科 Solanaceae）

Physalis alkekengi L.

识别要点：多年生草本，高 40~80 cm。茎被柔毛。单叶互生，叶片长卵形或宽卵形，长 5~15 cm，宽 2~8 cm，叶缘全缘、波状或有粗齿，两面被毛；叶柄长 1~3 cm。浆果单生叶腋或枝腋，球形，黄色或橙红色，直径 1~1.5 cm，被宿存花萼包被；宿存花萼橙色或红色，卵球形，长 2.5~4 cm，直径 2~3.5 cm，网脉明显，有纵肋 10 条，被柔毛。果期 6~10 月。

分布与生境：除西藏外，全国各省区均有，生于海拔 2 500 m 以下田野、沟边、山坡、草地、林下或水边。亚洲和欧洲有分布。

食疗保健与药用功能：果味酸、苦，性寒，归肺、脾经，富含维生素 C，有清热、利尿、解毒之功效，外敷有消炎、消肿之功效，适用于热咳、咽痛、黄疸、痢疾、水肿、疔疮、丹毒等病症。

食用部位与食用方法：绿果味苦，成熟后呈淡黄色或橙红色，味甜，可鲜食，或糖渍、醋渍、制果酱和罐头等。

注意事项：根有毒，不可食用。

153. 蚊母草（玄参科 Scrophulariaceae）

Veronica peregrina L.

识别要点：一年生草本，高 5~25 cm，通常基部多分枝，主茎直立，侧枝披散，全株无毛或疏生柔毛。单叶对生，无叶柄，下部叶倒披针形，上部叶矩圆形，长 1~2.5 cm，全缘或中上端有三角状齿。总状花序顶生；苞片与叶同形而稍小。果实倒心形，长 3~4 mm。

分布与生境：产黑龙江、吉林、辽宁、内蒙古、山东、河南、安徽、江苏、浙江、福建、江西、湖北、湖南、广西、贵州、四川及云南，生于海拔 3 000 m 以下的潮湿荒地及路边。日本、朝鲜半岛、蒙古、俄罗斯、欧洲及北美洲有分布。

食疗保健与药用功能：全草有活血止血、清热消肿、止痛之功效，适用于跌打损伤、瘀血肿痛、咳嗽痰中带血、吐血、鼻衄、便血、咽喉肿痛、疝痛、经痛等病症。

食用部位与食用方法：嫩苗味苦，水煮去苦味后可炒食或做凉拌菜，加入芝麻酱、蒜末、葱末、姜末、盐、味精调拌均匀，再淋入香油即可。

154. 婆婆纳（玄参科 Scrophulariaceae）

Veronica polita Fries

识别要点：铺散多分枝草本，多少被长柔毛，高 10~30 cm。单叶对生，2~4 对，叶片心形或卵形，长 0.5~1 cm，每边有 2~4 枚深刻的钝齿，两面被白色长柔毛；叶柄长 3~6 mm。总状花序长，苞片叶状；花淡紫色、蓝色、粉色或白色。

分布与生境：产陕西、甘肃、宁夏、青海、新疆、内蒙古、河北、山东、河南、江苏、安徽、浙江、福建、台湾、江西、湖北、湖南、广东、广西、贵州、四川及云南，生于海拔 2 200 m 以下的荒地。广泛分布于世界各地。

食疗保健与药用功能：全草有固肾壮阳、凉血止血、止痛之功效，适用于吐血、疝气、腰痛、白带、崩漏、阳痿、小儿虚咳、骨折等病症。

食用部位与食用方法：嫩茎叶味甜，经洗净、沸水焯、清水漂洗后，可炒食。

155. 鸡肉参（紫葳科 Bignoniaceae）

Incarvillea mairei(Lévl.)Grierson

识别要点：多年生草本，高30~40 cm；主根粗长。无茎。一回羽状复叶；侧生小叶2~3对，卵形，顶生小叶片宽卵圆形，长达11 cm，宽9 cm，具钝齿。总状花序顶生，着花2~4朵，花葶长达22 cm。花梗长1~3 cm，花紫红色或粉红色。蒴果长6~8 cm。种子多数，膜质具翅。

分布与生境：产青海、四川、云南及西藏，生于海拔2 400~4 500 m石砾堆。

食疗保健与药用功能：根味甘、淡，性温，归肝、脾、肾三经，有滋被强壮、补气养血之功效，适用于产后少乳、久病虚弱、头痛、贫血等病症。

食用部位与食用方法：根可做药膳食用，如炖肉等，适用于亚健康人群。

156. 芝麻（胡麻科 Pedaliaceae）

Sesamum indicum L.

识别要点：一年生直立草本，高达1.5 m。茎不分枝或分枝。叶对生或互生，叶片披针形至卵形，长4~20 cm，宽2~10 cm，下部常掌状3裂，边缘全缘；叶柄长3~11 cm。花白色或带有紫红色或黄色的彩晕。蒴果长圆柱形，直立，有纵棱，被毛。种子多数，光滑，有黑白之分。花果期夏末秋初。

分布与生境：原产印度。我国各地有栽培或逸为野生。世界热带和亚热带地区广泛栽培或逸为野生。

食疗保健与药用功能：叶有益气、补脑髓、坚筋骨之功效，适用于风寒湿痹、崩中、吐血、阴部湿痒等病症。种子味甘，性平，归肝、肾、大肠经，有补肝肾、益精血、润肠燥之功效，适用于精血亏虚、头晕眼花、耳鸣耳聋、须发早白、病后脱发、肠燥便秘等病症。

食用部位与食用方法：嫩叶经沸水焯后可凉拌食用。种子炒熟后可直接食用，或烙饼时沾在饼外，或做糕点、做芝麻酱、榨芝麻油。

157. 车前（车前科 Plantaginaceae）

Plantago asiatica L.

识别要点：二年生或多年生草本。须根多数。根状茎短，稍粗。叶基生呈莲座状，叶片通常宽椭圆形，长 4~12 cm，先端通常急尖，弧形叶脉 5~7 条；叶柄长 2~15（~27）cm。

分布与生境：除宁夏外，全国各省区均产，生于海拔 3 200 m 以下的草地、沟边、河岸湿地、田边、路边或村边空旷处。朝鲜半岛、俄罗斯远东地区、日本、尼泊尔、马来西亚及印度尼西亚有分布。

食疗保健与药用功能：全草味甘，性寒，归肝、肾、肺、小肠经，有清热利尿通淋、祛痰、凉血、解毒之功效，适用于热淋涩痛、水肿尿少、暑湿泄泻、痰热咳嗽、吐血衄血、痈肿疮毒等病症。

食用部位与食用方法：采摘幼苗和嫩茎叶，经洗净、沸水焯、清水漂洗后，可炒食、凉拌、蘸酱、做汤、切碎做馅、和面蒸食或晒干制成干菜食用。成熟植株煮水，可做凉茶饮用，为凉茶“王老吉”的主要成分之一。

158. 平车前（车前科 Plantaginaceae）

Plantago depressa Willd.

识别要点：一年生或二年生草本。直根长，多少肉质，具多数侧根。根状茎短。叶基生呈莲座状，叶片椭圆形、椭圆状披针形或卵状披针形，长 3~12 cm，先端急尖或微钝，弧形叶脉 5~7 条；叶柄长 2~6 cm。

分布与生境：产黑龙江、吉林、辽宁、陕西、甘肃、宁夏、青海、新疆、内蒙古、河北、河南、山西、山东、江苏、安徽、江西、湖北、四川、云南及西藏，生于海拔 4 500 m 以下的草地、沟边、草甸、田间或路边。朝鲜半岛、俄罗斯远东地区、蒙古、阿富汗、巴基斯坦、克什米尔地区、不丹及印度有分布。

食疗保健与药用功能：同车前。

食用部位与食用方法：采摘幼苗和嫩茎叶，经洗净、沸水焯、清水漂洗后，可炒食、凉拌、蘸酱、做汤、切碎做馅、和面蒸食或晒干做成干菜食用。

159. 大车前（车前科 Plantaginaceae）

Plantago major L.

识别要点： 二年生或多年生草本。须根多数。根状茎粗短。叶基生呈莲座状，叶片通常宽卵形，长 3~18（~30）cm，先端通常钝圆，弧形叶脉（3~5）~7 条；叶柄长 3~10（~26）cm。

分布与生境： 产黑龙江、吉林、辽宁、甘肃、青海、新疆、内蒙古、河北、河南、山西、山东、江苏、安徽、福建、台湾、海南、广西、重庆、四川、云南及西藏，生于海拔 2 800 m 以下的草地、草甸、河滩、沟边、沼泽地、山坡路边、田边或荒地。印度、尼泊尔、巴基斯坦及欧亚大陆温带、寒温带地区均有分布。

食疗保健与药用功能： 同车前。

食用部位与食用方法： 嫩叶及幼苗含较丰富的钙、磷、铁、胡萝卜素及维生素 C，可做野菜食用，通常经沸水焯后，可凉拌、炒食、做汤、做粥等；成熟植株煮水，可做凉茶饮用。

注意事项： 性寒，肠胃不好的人不宜多食。

160. 少蕊败酱 斑花败酱（败酱科 Valerianaceae）

Patrinia monandra C. B. Clarke

识别要点： 二年生或多年生草本，高 0.5~2 m。常无根状茎。基生叶丛生，花时枯萎；茎生叶对生，叶片卵形、椭圆形或卵状披针形，长 2.5~8（~13）cm，不裂、基部具 1~2 对小裂片或大头羽状深裂、全裂；叶柄长 6 cm；无托叶。聚伞花序组成伞房花序；合瓣花，花冠淡黄色。瘦果包于翅状果苞中。花期 7~10 月。

分布与生境： 产辽宁、陕西、甘肃、河南、山东、江苏、安徽、浙江、福建、台湾、江西、湖北、湖南、广东、广西、重庆、贵州、四川及云南，生于海拔 3 100m 以下山坡草丛、疏林下、溪边或路旁。日本、不丹、印度和尼泊尔有分布。

食疗保健与药用功能： 全草有清热解毒、消肿排脓、止血止痛之功效，适用于肠痈、泄泻、目赤、痈肿疔疮、产后瘀血腹痛、肝炎等病症。

食用部位与食用方法： 嫩苗和嫩叶可做蔬菜炒食或凉拌。

注意事项： 味苦，食用前宜用沸水焯一下，换清水浸泡以去除苦味。

161. 败酱 黄花败酱（败酱科 Valerianaceae）

Patrinia scabiosifolia Link

识别要点：多年生草本，高 0.6~1.5 m。根状茎有腐臭味。基生叶丛生，花时枯萎；茎生叶对生，长 5~15 cm，一回奇数羽状深裂或全裂，具 2~3（~5）对侧裂片，顶裂片具粗锯齿，两面被白色糙毛；叶柄长 1~2 cm；无托叶。聚伞花序组成伞房花序；合瓣花，花冠黄色。瘦果长 3~4 mm，具 3 棱，无小苞片包被。花期 7~9 月。

分布与生境：产黑龙江、吉林、辽宁、陕西、甘肃、内蒙古、河北、河南、山西、山东、江苏、安徽、浙江、福建、台湾、江西、湖北、湖南、广东、广西、贵州、四川及云南，生于海拔 2 600 m 以下山坡林下、林缘、灌丛或草丛中。日本、朝鲜半岛、蒙古和俄罗斯有分布。

食疗保健与药用功能：全草味苦，性平，有清热解毒、活血排脓之功效，适用于肠痈、肺痈、痈肿疔疮、阑尾炎、肠炎、痢疾、泄泻、肝炎、眼结肠炎、产后瘀滞腹痛、赤白带下病等病症。

食用部位与食用方法：采摘嫩苗和嫩茎叶，经洗净、沸水焯、清水漂洗去掉苦味后，可炒食、切碎做馅、和面蒸食、做汤、腌食、凉拌或晒成干菜食用。

162. 攀倒甑 白花败酱（败酱科 Valerianaceae）

Patrinia villosa（Thunb.）Dufresne

识别要点：多年生草本，高 0.5~1.2 m。根状茎有腐臭味。基生叶丛生，叶片卵形、宽卵形、卵状披针形，长 4~10（~25）cm，不裂或羽状深裂；叶柄稍长于叶片；无托叶；茎生叶对生，与基生叶同形。聚伞花序组成圆锥花序或伞房花序；合瓣花，花冠白色。瘦果与宿存增大苞片贴生。花期 8~10 月。

分布与生境：产黑龙江、吉林、辽宁、陕西、河南、山东、江苏、安徽、浙江、福建、台湾、江西、湖北、湖南、广东、广西、重庆、贵州及四川，生于海拔 2000m 以下山坡林下、林缘、灌丛或草丛中。日本有分布。

食疗保健与药用功能：全草味苦、辛，性凉，有清热解毒、活血排脓之功效，适用于肝炎、日赤肿痛、泄泻、肠痈、肺痈、痈肿、痢疾、产后瘀滞腹痛等病症。

食用部位与食用方法：采摘嫩苗和嫩茎叶，经沸水焯后，换清水浸泡以去除苦味，可炒食、做汤、做馅、凉拌、腌食或晒干制成干菜。

163. 杏叶沙参（桔梗科 Campanulaceae）

Adenophora petiolata Pax & Hoffm. subsp. *hunanensis*（Nannf.）D. Y. Hong & S. Ge

识别要点：多年生草本，有白色乳汁。根多肉肥厚，胡萝卜状。茎直立，不分枝，高 60~120 cm。单叶互生；茎生叶大多具柄或至少下部叶具柄；叶片卵圆形、卵形或卵状披针形，长 3~10（~15）cm，先端急尖或渐尖，基部宽楔形，边缘有锯齿，两面被短毛。花序分枝长，常组成大而疏散的圆锥花序；花梗极短而粗壮，长 2~3 mm；花冠钟形，蓝色、蓝紫色或紫色，长 1.5~2 cm。蒴果球形或椭球形，或近卵状。花期 7~9 月。

分布与生境：产山西、河北、河南、陕西南部、江西、湖北、湖南、广东、广西、贵州、重庆及四川，生于海拔 2 000 m 以下山坡草地或林缘草地。

食疗保健与药用功能：根有清热养阴、润肺化痰、益胃生津之功效，适用于阴虚咳嗽、喉痹、津伤、口渴等病症。

食用部位与食用方法：将肉质根部洗净，去皮、煮熟后在清水中浸去苦味，可炒食、炖肉、火锅、凉拌或制腌菜。

164. 轮叶沙参（桔梗科 Campanulaceae）

Adenophora tetraphylla (Thunb.) Fisch.

识别要点：多年生草本，有白色乳汁。根多肉肥厚，胡萝卜状。茎直立，不分枝。茎生叶3~6枚轮生，叶片卵圆形或狭卵形，长2~14 cm，先端急尖，基部楔形，边缘有锯齿，两面疏生毛；无叶柄。花序分枝大多轮生；花细钟形，蓝色或蓝紫色；花梗短。蒴果球状圆锥形或卵状圆锥形。花期7~9月。

分布与生境：产黑龙江、吉林、辽宁、内蒙古、河北、河南、山西、山东、江苏、安徽、浙江、台湾、福建、江西、湖南、广东、广西、贵州、四川及云南，生于海拔2000m以下的草地或灌丛中。日本、朝鲜半岛、俄罗斯东部、越南和老挝有分布。

食疗保健与药用功能：根味甘，性微寒，归肺、胃经，有养阴清肺、益胃生津、化痰、益气之功效，适用于肺热燥咳、阴虚劳嗽、干咳痰黏、胃阴不足、食少呕吐、气阴不足、烦热口干等病症。

食用部位与食用方法：将肉质根部洗净，剥皮、煮熟后在清水中浸去苦味，可炒食、炖食、凉拌或制作腌菜。嫩茎叶经沸水焯、换清水浸泡后，可做汤或炒食。

165. 管花党参（桔梗科 Campanulaceae）

Codonopsis tubulosa Kom.

识别要点：多年生蔓性草本，长1~3 m，有乳汁。根肉质，肥大呈纺锤状或纺锤状圆柱形，长10~20 cm。单叶对生，叶片卵形、卵状披针形或窄卵形，长2.5~8 cm，基部楔形或近圆形，边缘近全缘，两面被柔毛。花单生枝端；花萼裂片长1~1.8 cm，齿被毛；花冠管状，长2~3.5 cm，黄绿色。蒴果半球形。花果期7~10月。

分布与生境：产贵州、四川及云南，生于海拔1 900~3 000 m的山地灌丛或草丛中。

食疗保健与药用功能：根有健脾补肺、益气生津之功效，适用于脾胃虚弱、食少便溏、四肢乏力、肺虚喘咳、气短自汗等病症。

食用部位与食用方法：肉质根部为补品，秋季采挖，可做药膳食用，可炖食、煮食、做馅、泡酒等，适用于亚健康人群。

166. 桔梗（桔梗科 Campanulaceae）

Platycodon grandiflorus（Jacq.）A. DC.

识别要点：多年生草本，有白色乳汁。根多肉肥厚，胡萝卜状。茎直立，不分枝，通常无毛。叶轮生、部分轮生至全部互生，叶片卵形、卵状椭圆形或披针形，长 2~7 cm，先端急尖，基部楔形或圆钝，边缘有细锯齿，两面无毛或有时叶背脉上有毛，叶背常有白粉；无叶柄或有极短的柄。花单朵顶生，或数朵集生成假总状花序或圆锥花序；花冠漏斗状钟形，蓝色或蓝紫色，长 1.5~4 cm，花冠裂片 5 枚。蒴果近球形。花期 7~9 月。

分布与生境：产黑龙江、吉林、辽宁、内蒙古、河北、山西、陕西、河南、山东、江苏、安徽、浙江、福建、江西、湖北、湖南、广东、广西、重庆、贵州、四川及云南，生于海拔 2 000 m 以下的阳坡草地或灌丛中，少生于林下。日本、朝鲜半岛和俄罗斯东部有分布。

食疗保健与药用功能：肉质根味苦、辛，性平，归肺经，有宣肺、利咽、祛痰、排脓之功效，适用于咳嗽痰多、胸闷不畅、咽痛音哑、肺痈吐脓等病症。

食用部位与食用方法：在早春或晚秋，挖取地下肉质根，经洗净、煮熟后剥皮，在清水中浸去苦味，撕成细丝，炒食、凉拌、炖食、制腌菜或做果脯食用。嫩茎叶经沸水焯、清水浸泡去除苦味后，可凉拌、炒食、做汤或盐渍。

167. 牛蒡（菊科 Asteraceae/Compositae）

Arctium lappa L.

识别要点：二年生草本，高达 2 m，全株被黄色小腺点。茎被蛛丝状毛。单叶互生，叶片宽卵形或心形，长 20~30 cm，宽达 21 cm，叶面疏生糙毛，叶背被绒毛；叶柄长达 32 cm，被蛛丝状绒毛。头状花序排成伞房或圆锥状伞房花序，外被软骨质钩刺；花紫红色。花期 6~9 月。

分布与生境：除台湾、海南和西藏外，全国其他省区均产，生于海拔 700~3 500 m 山谷、林缘、林中、灌丛中、河边潮湿地、村庄路旁或荒地。广泛分布于欧亚大陆至日本。

食疗保健与药用功能：肉质根味苦，性寒，有疏散风热、解毒、消肿之功效，适用于风热感冒、头痛、咳嗽、热毒面肿、咽喉肿痛、齿龈肿痛、风湿痹痛、症瘕痞块、痈肿恶疮、痔疮、脱肛等病症。

食用部位与食用方法：秋冬季挖肉质根，经切片、浸泡去涩味后，可炒食、凉拌、做馅、腌咸菜或做果脯。幼嫩苗或嫩叶洗净，经沸水焯、换清水漂洗后可炒食、做汤、凉拌或盐渍食用。

168. 黄花蒿（菊科 Asteraceae/Compositae）

Artemisia annua L.

识别要点：一年生草本，全株有浓烈挥发性香气。茎高 0.7~2 m。茎中部叶背面灰黄色或淡黄色，具脱落性白色腺点及细小凹点；2~4 回栉齿状羽状深裂；叶柄长 1~2 cm。圆锥花序由直径 1.5~2.5 mm 的球形头状花序组成；花黄色。花期 8~10 月。

分布与生境：除海南外，全国其他省区均产，生于 3 700 m 以下荒地、山坡、林缘、草原、森林草原、干河谷、半荒漠及砾质坡。亚洲、欧洲、非洲北部及北美洲有分布。

食疗保健与药用功能：全草味苦、辛，性寒，归肝、胆经，有清虚热、除骨蒸、解暑热、截疟、退黄之功效，适用于温邪伤阴、夜热早凉、阴虚发热、骨蒸劳热、暑邪发热、疟疾寒热、湿热黄疸等病症。

食用部位与食用方法：采嫩苗洗净，经沸水焯、换清水漂洗后可炒食、凉拌或做汤。

注意事项：成熟植株叶对人体有刺激，不能食用，但夏天全株煮水洗澡可治痱子。

169. 茵陈蒿（菊科 Asteraceae/Compositae）

Artemisia capillaris Thunb.

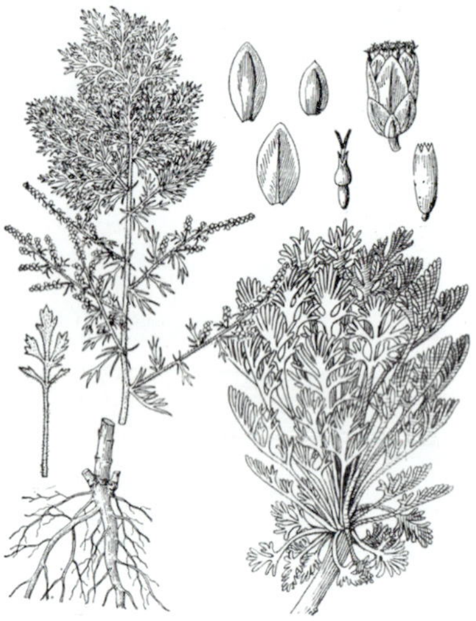

识别要点：亚灌木状草本，植株有浓香，高 30~100 cm，全株被柔毛。叶宽卵形、卵形、卵状椭圆形，长 2~5 cm，一至三回羽状全裂，小裂片线形或丝线形，细直，长 5~12 mm。头状花序多数，直径 1.5~2 mm，排成复总状花序，在茎上再组成圆锥花序。花期 7~10 月。

分布与生境：产吉林、辽宁、陕西、内蒙古、河北、河南、山西、山东、江苏、安徽、浙江、福建、台湾、江西、湖北、湖南、广东、广西、贵州、四川及云南，生于海拔 2 700 m 以下河岸、海岸沙地、路旁或低山坡。日本、朝鲜半岛、俄罗斯东部、尼泊尔、印度、越南、柬埔寨、马来西亚、菲律宾和印度尼西亚有分布。

食疗保健与药用功能：全草味苦、辛，性微寒，归脾、胃、肝、胆经，有清利湿热、利胆退黄之功效，适用于黄疸尿少、湿温暑湿、湿疮瘙痒等病症。

食用部位与食用方法：采嫩茎叶或嫩苗洗净，经沸水焯、换清水漂洗后可炒食、凉拌、做汤、做馅、与面粉一起蒸食或做蒸糕。

170. 青蒿（菊科 Asteraceae/Compositae）

Artemisia caruifolia Buch.-Ham. ex Roxb.

识别要点：一年生草本，全株有浓烈挥发性香气。茎单生，高30~250 cm，植株无毛。茎中部叶背面绿色，无腺点及小凹点；二回栉齿状羽状分裂；叶柄长5~10 mm。圆锥花序由直径3.5~7 mm的半球形头状花序组成；花黄色。花期6~9月。

分布与生境：产吉林、辽宁、陕西、河北、河南、山西、山东、江苏、安徽、浙江、福建、江西、湖北、湖南、广东、广西、贵州、四川及云南，生于低海拔湿润河岸沙地、山谷、林缘或路旁。朝鲜半岛、日本、印度、尼泊尔、缅甸和越南有分布。

食疗保健与药用功能：全草味苦、辛，性寒，归肝、胆经，有清热、解暑、除蒸之功效，适用于温病、暑热、痨热骨蒸、疟疾、泄泻、黄疸、疥疮、瘙痒等病症。

食用部位与食用方法：采嫩苗洗净，经沸水焯、换清水漂洗后可炒食、凉拌或做汤。

注意事项：成熟植株叶对人体有刺激，不能食用，但夏天全株煮水洗澡可治痱子。

171. 柳叶蒿（菊科 Asteraceae/Compositae）

Artemisia integrifolia L.

识别要点：多年生草本，高 50～120 cm。叶面无毛，叶背密被灰白色蛛丝状绒毛；茎下部叶倒披针形或倒披针状线形，长 8～13 cm，全缘或上半部有疏齿；中部叶线形或线状披针形，长 5～10 cm，叶缘反卷；无叶柄。头状花序多数，排成总状窄圆锥花序。花果期 8～10 月。

分布与生境：产黑龙江、吉林、内蒙古、河北及山西，生于低海拔至中海拔林缘、路旁、河边草地、草甸、森林草原、灌丛或沼泽地边缘。朝鲜半岛、蒙古和俄罗斯东部有分布。

食疗保健与药用功能：全草味苦，性寒，有清热解毒之功效，适用于丹毒、痈肿疔疖、风湿关节痛、肺炎、扁桃体发炎等病症。

食用部位与食用方法：嫩茎叶或嫩苗洗净，经沸水焯、换清水漂洗去掉苦味后，可炒食、蘸酱或做汤、做馅食用。

172. 牡蒿（菊科 Asteraceae/Compositae）

Artemisia japonica Thunb.

识别要点： 多年生草本，高 50~130 cm。茎、枝被微柔毛；叶两面无毛或被微柔毛。基生叶、茎下部叶倒卵形或宽匙形，长 4~7 cm，羽状深裂或半裂，具短柄；中部叶匙形，长 2.5~4.5 cm，有 3~5 枚裂片，无柄；上部叶不裂或 3 浅裂。头状花序多数，直径 1.5~2.5 mm，排成穗状或总状花序，在茎上再组成开展圆锥花序。花期 7~10 月。

分布与生境： 除新疆、青海及内蒙古干旱地区外，几乎遍及全国，生于低海拔至 3 300 m 山坡、林缘、草地或路边。日本、朝鲜半岛、俄罗斯、阿富汗、不丹、巴基斯坦、尼泊尔、印度、缅甸、越南、老挝和泰国有分布。

食疗保健与药用功能： 全草味苦，性凉，归肺、胃经，有清热凉血、解毒之功效，适用于感冒发热、中暑、疟疾、肺结核潮热、高血压病、创伤出血、疔疖肿毒等病症。

食用部位与食用方法： 嫩茎叶或嫩苗洗净，经沸水焯、换清水漂洗后可炒食、凉拌、和面粉蒸食、腌咸菜、制干菜食用。亦可做蒿子粑粑食用（参见野艾蒿的蒿子粑粑做法）。

173. 野艾蒿（菊科 Asteraceae）

Artemisia lavandulaefolia DC.

识别要点：多年生草本。茎成小丛，稀单生，高达 1.2 m，分枝多。茎、枝被灰白色蛛丝状毛。叶背密被灰白色绵毛；基生叶与茎下部叶长 8~13 cm，二回羽状全裂或一回全裂、二回深裂；中部叶长 6~8 cm，二回羽状深裂，每侧裂片 2~3 枚，具 2~3 枚条状披针形小裂片或深裂齿，边缘反卷；叶柄长 1~2 cm；上部叶羽状全裂；苞片叶 3 裂或不裂。头状花序极多，直径 2~2.5 mm，排成密穗状或复穗状花序，在茎上组成圆锥花序。

分布与生境：分布几遍全国各省区，生于低海拔至中海拔林缘、路旁、草地、山谷、灌丛或湖滨草地。

食疗保健与药用功能：全草性温，味苦、辛，入脾、肝、肾三经，有散寒、理气行血、祛风除湿之功效，适用于感冒、头痛、疟疾等病症。

食用部位与食用方法：嫩茎叶或嫩苗洗净，经沸水焯、换清水漂洗去掉苦味后，可炒食、蘸酱或做汤、做馅食用。还可做蒿子粑粑食用：采摘嫩茎叶或嫩苗，经洗净、沸水焯、换清水漂洗去掉苦味后，用刀切碎或用搅拌机打碎，加入适量糯米粉和米粉，用融化的白糖水调和，加入少量碎花生、芝麻，揉成光滑的面团，压成饼状，在平底锅中倒入油，小火慢煎，直至两面金黄即可；或压成饼状，上锅，用大火蒸 15 min 左右亦可。煎制的蒿子粑粑外酥内软，蒸熟的蒿子粑粑香软可口，各有风味。民间做蒿子粑粑的食材主要采集自菊科蒿属植物，常用的有野艾蒿、蒌蒿、牡蒿等。

174. 猪毛蒿（菊科 Asteraceae/Compositae）

Artemisia scoparia Waldst. & Kit.

识别要点：草本，植株有浓香，高40~100 cm，全株被柔毛。叶近圆形、长卵形或椭圆形，长1.5~3.5 cm，二至三回羽状全裂，小裂片线形、丝线形或毛发状，细直，长3~8 mm。头状花序多数，直径1~1.5 mm，排成复总状或复穗状花序，在茎上再组成开展圆锥花序。花期7~10月。

分布与生境：除台湾和海南外，全国其他省区均产，生于低海拔至3 800 m山坡、林缘、草原、黄土高原或荒漠边缘。日本、朝鲜半岛、俄罗斯、阿富汗、巴基斯坦、印度、泰国、亚洲中部和西南部，以及欧洲有分布。

食疗保健与药用功能：全草味苦、辛，性微寒，有清利湿热、利胆退黄之功效，适用于黄疸尿少、湿疮瘙痒、风痒疥疮等病症。

食用部位与食用方法：嫩茎叶或嫩苗洗净，经沸水焯、换清水漂洗后可炒食或凉拌。

175. 蒌蒿 水蒿（菊科 Asteraceae/Compositae）

Artemisia selengensis Turcz. ex Bess.

识别要点：多年生草本，植株具清香气味，高60~150 cm。茎无毛。叶面无毛或近无毛，叶背密被灰白色蛛丝状平贴绵毛；茎下部叶宽卵形或卵形，长8~12 cm，掌状或指状深裂，裂片线形或线状披针形，长5~8 cm；中部叶掌状或指状深裂，裂片长椭圆形、椭圆状披针形或线状披针形，长3~5 cm，叶缘有锯齿。头状花序多数，直径2~2.5 mm，排成密穗状花序，在茎上再组成圆锥花序。花期7~10月。

分布与生境：产黑龙江、吉林、辽宁、陕西、甘肃、内蒙古、河北、河南、山西、山东、江苏、安徽、浙江、江西、湖北、湖南、广东、贵州、四川及云南，生于海拔2 500 m以下荒地、河边、沼泽地、湿润疏林或山坡。朝鲜半岛、蒙古和俄罗斯东部有分布。

食疗保健与药用功能：全草味苦、辛，性平，有破血行瘀、下气通络之功效，适用于黄疸、产后瘀积、小腹胀痛、跌打损伤、瘀血肿痛、内伤出血等病症。

食用部位与食用方法：采嫩茎叶或嫩苗洗净，经沸水焯、换清水漂洗后可炒食、凉拌、做汤、掺入米粉或面粉蒸食，味鲜美，有特殊香味。亦可做蒿子粑粑食用（参见野艾蒿的蒿子粑粑做法）。

176. 马兰 田边菊（菊科 Asteraceae/Compositae）

Aster indicus L.

识别要点： 多年生草本，高30~70 cm。茎上部有毛。单叶，叶片倒披针形或倒卵状矩圆形，长3~6 cm，宽0.8~2（~5）cm，边缘有小尖头齿或羽状分裂，基部渐狭成具翅长柄，两面无毛或叶缘及叶背沿脉有粗毛；上部叶全缘。头状花序直径6~9 mm，圆锥伞房状排列；边缘舌状花1层，淡紫色，长达1 cm；中央管状花黄色。花期5~9月。

分布与生境： 产黑龙江、吉林、陕西、甘肃、宁夏、河北、河南、山西、山东、江苏、安徽、浙江、福建、台湾、江西、湖北、湖南、广东、海南、广西、贵州、四川及云南，生于海拔3 900 m以下林缘、草地、溪岸或灌丛中。日本、朝鲜半岛、俄罗斯东部、印度、缅甸、泰国、越南、老挝和马来西亚有分布。

食疗保健与药用功能： 全草味辛，性凉，有凉血止血、清热利湿、消毒消肿之功效，适用于吐血、衄血、血痢、崩漏、创伤出血、黄疸、水肿、淋浊、感冒、咳嗽、咽痛喉痹、痔疮、痈肿、丹毒、小儿疳积等病症。

食用部位与食用方法： 采嫩茎叶或嫩苗洗净，经沸水焯、换清水漂洗后可炒食、凉拌或开汤，味清香。

177. 东风菜（菊科 Asteraceae/Compositae）

Aster scaber Thunb.

识别要点： 多年生草本，高70~150 cm。分枝被微毛。单叶互生，叶片心形、卵状心形或矩圆状披针形，长9~15 cm，宽6~15 cm，边缘有小尖头齿，基部渐狭成长10~15 cm被微毛的柄，两面被微糙毛；无叶柄。头状花序直径1.8~2.4 cm，圆锥伞房状排列，花序梗长0.9~3 cm；边缘舌状花白色，长1~1.5 cm；中央管状花黄色。花期6~10月。

分布与生境： 产黑龙江、吉林、辽宁、内蒙古、河北、河南、山西、山东、陕西、甘肃、江苏、安徽、浙江、福建、江西、湖北、湖南、广东、广西、贵州及四川，生于海拔2 000 m以下山谷坡地、草地或灌丛中。日本、朝鲜半岛和俄罗斯东部有分布。

食疗保健与药用功能： 全草味甘，性寒，有清热解毒、明目、利咽之功效，适用于肝炎、风热感冒、头痛目眩、目赤肿痛、咽喉肿痛、咯血、跌打损伤、痈肿疔疮、毒蛇咬伤等病症。

食用部位与食用方法： 采摘幼苗、嫩叶或嫩茎叶，经洗净、沸水焯、清水漂洗后，可凉拌、炒食、做汤、和面蒸食或盐渍后食用。

178. 三脉紫菀（菊科 Asteraceae/Compositae）

Aster trinervius Roxb. ex D. Don subsp. *ageratoides* (Turcz.) Crierson

识别要点： 多年生草本，高 40~100 cm。单叶互生，叶片窄披针形或矩圆状披针形，长 5~15 cm，基部骤窄成楔形或具宽翅的柄，边缘有 3~7 对锯齿，离基三出脉，侧脉 3~4 对。头状花序直径 1.5~2 cm，圆锥伞房状排列；边缘舌状花 1 层，淡紫色、浅红色或白色；中央管状花黄色。

分布与生境： 除新疆外，全国各地均产，生于海拔 3 400 m 以下林缘、灌丛或山谷湿地。喜马拉雅南部、日本、朝鲜半岛及俄罗斯东部有分布。

食疗保健与药用功能： 全草有清热解毒、祛痰止咳、凉血止血之功效，适用于感冒发热、咽喉肿痛、热淋、吐血、衄血、痈肿疔毒、蛇虫咬伤等病症。

食用部位与食用方法： 采嫩茎叶或嫩苗洗净，经沸水焯、换清水漂洗后可炒食、凉拌或开汤。

179. 野菊（菊科 Asteraceae/Compositae）

Chrysanthemum indicum L.

识别要点： 多年生草本，高 25~100 cm。单叶，中部茎生叶卵形、长卵形或椭圆状卵形，长 3~10 cm，羽状半裂或浅裂，有浅锯齿，疏生柔毛；叶柄长 1~2 cm。头状花序直径 1.5~2.5 cm，排成疏散伞房状圆锥花序或伞房花序；总苞片约 5 层；边缘舌状花 1 层，黄色；中央管状花黄色。花期 6~11 月。

分布与生境： 产黑龙江、吉林、辽宁、陕西、甘肃、内蒙古、河北、河南、山东、江苏、安徽、浙江、福建、台湾、江西、湖北、湖南、广东、广西、贵州、四川及云南，生于海拔 1 200 m 以下山坡草地、灌丛、河边、滨海盐渍地、田边或路旁。日本、朝鲜半岛、俄罗斯东部、不丹、尼泊尔、印度及越南有分布。

食疗保健与药用功能： 叶味甘、微苦，有清热解毒之功效，适用于痈肿、疔疮、目赤、瘰疬、天疱疮、湿疹等病症。花味苦、辛，性微寒，归肝、心经，有清热解毒、泻火平肝之功效，适用于疔疮痈肿、目赤肿痛、头痛眩晕等病症。

食用部位与食用方法： 采嫩叶或嫩茎叶，经洗净、沸水焯、清水漂洗去除苦味后，可炒食、凉拌、做馅或做汤。花可炒、烩或做汤食用，亦可晒干泡茶喝。

180. 甘菊（菊科 Asteraceae/Compositae）

Chrysanthemum lavandulifolium (Fisch. ex Trautv.) Makino

识别要点： 多年生草本。茎密被柔毛。基生叶及中部茎生叶菱形、扇形或近肾形，长 0.5~2.5 cm，二回掌状或掌式羽状分裂，一至二回全裂；最上部及接花序下部的叶羽裂或 3 裂，小裂片线形或宽线形，宽 0.5~2 mm。头状花序直径 2~4 cm，单生茎顶，稀茎生 2~3 个头状花序；总苞片 4 层；舌状花黄色，舌片先端具 3 枚齿或微凹。花果期 6~8 月。

分布与生境： 产吉林、辽宁、内蒙古、河北、河南、山西、陕西、宁夏、甘肃、青海、新疆、山东、江苏、安徽、浙江、台湾、江西、湖北、湖南、贵州、四川及云南，生于海拔 600~3 000 m 山坡、河谷、江岸、湿地或草甸。日本、朝鲜半岛、俄罗斯东部及印度有分布。

食疗保健与药用功能： 花味甘，性凉，有疏风、清热解毒、平肝之功效，适用于疔疮、痈疽、丹毒、湿疹、风热感冒、咽喉肿痛、头痛目眩等病症。

食用部位与食用方法： 花可炒、烩或做汤食用。

181. 菊苣（菊科 Asteraceae/Compositae）

Cichorium intybus L.

识别要点： 多年生草本，高 40~110 cm，植株有乳汁；主根粗壮。基生叶莲座状，倒披针状长椭圆形，长 25~34 cm，大头状倒向羽状分裂，疏生尖锯齿；茎生叶卵状倒披针形或披针形，无叶柄。头状花序单生或集生于茎枝顶端，或排成穗状花序；花序由舌状花组成，蓝色。花期 5~9 月。

分布与生境： 产黑龙江、吉林、辽宁、河北、河南、山西、陕西、甘肃、新疆、山东、台湾，生于滨海荒地、河边、沟边或山坡。广泛分布于欧洲、亚洲及北非。

食疗保健与药用功能： 根有清肝利胆、健胃消食、利尿消肿之功效，适用于湿热黄疸、肝炎、胃炎、胃痛食少、水肿尿少、神经衰弱、肾炎水肿等病症。

食用部位与食用方法： 根及嫩叶可食，叶做生菜，根含菊糖及芳香物质。

182. 刺儿菜 小蓟（菊科 Asteraceae/Compositae）

Cirsium arvense（L.）Scop. var. *integrifolium* Wimm. & Grab.

识别要点： 多年生草本，高 20~50 cm。单叶互生，叶片椭圆形至椭圆状披针形，长 7~15 cm，常羽状浅裂、半裂或有粗大圆齿，叶缘有针刺；通常无叶柄；茎上部叶渐小。头状花序单生茎顶或排成伞房花序；花淡紫红色或白色。花期 5~9 月。

分布与生境： 产黑龙江、吉林、辽宁、内蒙古、河北、河南、山西、山东、陕西、甘肃、宁夏、青海、新疆、江苏、安徽、浙江、福建、江西、湖北、湖南、重庆、贵州及四川，生于海拔 2 700 m 以下平原、丘陵、山地、山坡、河旁、荒地或田间。欧洲东部及中部、中亚、俄罗斯东部、蒙古、朝鲜半岛及日本有分布。

食疗保健与药用功能： 全草味甘、苦，性凉，归心、肝经，有凉血止血、散瘀解毒消痈之功效，适用于衄血、吐血、尿血、血淋、便血、崩漏、外伤出血、痈肿疮毒等病症。

食用部位与食用方法： 嫩茎叶或嫩苗洗净，用沸水焯一下，换清水漂洗，可炒食、凉拌、做汤、做馅、晒干菜或腌制咸菜食用。

183. 蓟 大蓟（菊科 Asteraceae/Compositae）

Cirsium japonicum DC.

识别要点： 多年生草本，高30~150 cm。肉质圆锥状根。茎被长毛。基生叶长倒卵形、倒披针形或椭圆形，长8~20 cm，羽状深裂至几乎全裂，叶缘有针刺及刺齿；无叶柄；茎上部叶渐小。头状花序顶生；花紫色或玫瑰色。

分布与生境： 产内蒙古、河北、陕西、青海、山东、江苏、浙江、福建、台湾、江西、湖北、湖南、广东、广西、重庆、贵州、四川及云南，生于海拔400~2 100 m山坡林中、林缘、灌丛、草地、荒地、田间、路边或溪旁。俄罗斯远东地区、朝鲜半岛、日本及越南有分布。

食疗保健与药用功能： 肉质根味甘、苦，性凉，归心、肝经，有凉血止血、散瘀、解毒、消痈之功效，适用于衄血、吐血、尿血、便血、崩漏、外伤出血、痈肿疮毒等病症。

食用部位与食用方法： 秋末挖取肉质根，去杂洗净，水煮后可腌制酱菜食用；嫩茎叶或根苗洗净，用沸水焯一下，换清水漂洗，可炒食、凉拌、做汤、和面蒸食、晒干菜或腌制咸菜食用。

184. 野茼蒿 革命菜（菊科 Asteraceae/Compositae）

Crassocephalum crepidioides（Benth.）S. Moore

识别要点： 直立草本，高 0.2～1.2 m，无毛。单叶互生，叶片椭圆形或矩圆状椭圆形，长 7～12 cm，边缘有锯齿或重锯齿，或基部羽状分裂；叶柄长 2～2.5 cm。头状花序在茎顶端排成伞房状，直径约 3 cm；头状花序全部由管状花组成，红褐色或橙红色。花期 7～12 月。

分布与生境： 产陕西、安徽、江苏、浙江、台湾、福建、江西、湖北、湖南、广东、海南、广西、贵州、四川、云南及西藏，生于海拔 300～1 800 m 山坡、路旁、水边或灌丛中。热带地区广泛分布。

食疗保健与药用功能： 全草味辛，性平，有清热解毒、调和脾胃、利尿消肿之功效，适用于感冒、肠炎、痢疾、口腔炎、乳腺炎、消化不良、水肿、小便淋痛、乳痈等病症。

食用部位与食用方法： 春夏季采嫩茎叶经沸水焯、清水漂洗后可炒食、凉拌、做馅、做汤食用，味清香可口，略似茼蒿。

185. 尖裂假还阳参 抱茎苦荬菜（菊科 Asteraceae/Compositae）

Crepidiastrum sonchifolium（Maxim.）Pak & Kaw.

识别要点：草本，高 20~100 cm，植株无毛，有乳汁。基生叶莲座状，茎生叶互生，叶片匙状椭圆形、长倒披针形或长椭圆形，长 3~15 cm，羽状分裂，基部心形或耳状抱茎；上部叶心状披针形，多全缘。头状花序排成伞房状花序；花序由舌状花组成，黄色。花期 3~5 月。

分布与生境：产黑龙江、吉林、辽宁、陕西、甘肃、宁夏、内蒙古、河北、河南、山西、山东、江苏、安徽、浙江、江西、湖北、湖南、广西、重庆、贵州及四川，生于海拔 2 700 m 以下山坡、平原路边、灌丛、草地、田野、河边或岩石缝中。韩国、俄罗斯东部和蒙古有分布。

食疗保健与药用功能：全草味苦，性寒，有清热解毒、收敛止血之功效，适用于肺结核咳血、支气管扩张咳血、胃溃疡出血、各种化脓性炎症等病症。

食用部位与食用方法：嫩茎叶或嫩苗洗净，经沸水焯、换清水漂洗以去除苦味后可炒食、凉拌、做汤或蘸酱食用。

186. 鳢肠 墨草（菊科 Asteraceae/Compositae）

Eclipta prostrata（L.）L.

识别要点：一年生草本，揉碎后汁液在手上变黑。茎被糙毛。单叶对生，叶片矩圆状披针形或披针形，长 3~10 cm，边缘有细锯齿或波状，两面密被糙毛；无柄或柄极短。头状花序；舌状花白色，花期 6~9 月。

分布与生境：产吉林、辽宁、河北、河南、山东、山西、陕西、甘肃、江苏、安徽、浙江、福建、台湾、江西、湖北、湖南、广西、贵州、四川及云南，生于 1 600 m 以下水田边、沟渠边、河边、池塘边等湿润地。热带及亚热带地区广泛分布。

食疗保健与药用功能：全草味甘、酸，性寒，有凉血止血、滋补肝肾之功效，适用于肝肾阴虚、牙齿松动、须发早白、眩晕耳鸣、腰膝酸软、阴虚血热吐血、衄血、尿血、血痢、崩漏下血、外伤出血等病症。

食用部位与食用方法：将嫩叶或嫩茎叶洗净，经沸水焯、清水漂洗后可炒食、凉拌、腌咸菜、制干菜或煮粥。

187. 一年蓬（菊科 Asteraceae/Compositae）

Erigeron annuus（L.）Pers.

识别要点：一年生或二年生草本。茎被硬毛；单叶，基部叶矩圆形或宽卵形，长 4~17 cm，具粗齿，叶柄长；中部和上部叶矩圆状披针形或披针形，长 1~9 cm，近全缘或有齿，叶柄短或无柄；最上部叶线形；叶缘被硬毛，两面被疏硬毛或近无毛。头状花序数个或多数，排成圆锥花序；每个头状花序由外围 2 层舌状花（白色或淡蓝色）和中央管状花（黄色）组成。花期 6~9 月。

分布与生境：原产北美洲，黑龙江、吉林、河北、河南、山东、江苏、安徽、福建、江西、湖北、湖南、四川、西藏等地已野化，生于海拔 1 100 m 以下路边旷野或山坡荒地。亚洲东部至中部、北美洲有分布。

食疗保健与药用功能：全草有消食止泻、清热解毒、截疟之功效，适用于消化不良、疟疾、毒蛇咬伤、胃肠炎、肝炎、齿龈炎等病症。

食用部位与食用方法：采嫩枝叶，洗净后用沸水焯一下，换清水浸泡，捞出凉拌或炒食。

188. 红凤菜 紫背天葵、观音苋（菊科 Asteraceae/Compositae）

Gynura bicolor（Roxb. ex Willd.）DC.

识别要点：多年生草本，全株无毛。茎直立，肉质。单叶互生，叶片倒卵形或倒披针形，长 5~10 cm，微肉质，叶面深绿色或略带紫色，有光泽，叶背紫红色，先端尖，基部渐窄成具翅状柄，边缘有不规则波状齿或小尖齿；叶柄短。花序顶生或腋生，伞房状；花橙黄色。花果期 5~10 月。

分布与生境：产浙江、台湾、福建、广东、海南、广西、贵州、四川及云南，生于海拔 600~1 500 m 山坡林下、岩石上或河边湿地。日本、印度、尼泊尔、不丹、缅甸和泰国有分布。

食疗保健与药用功能：全草味微甘、辛，性平，全草有清热解毒、凉血止血、消肿之功效，适用于痛经、血崩、盆腔炎、咳血、创伤出血、溃疡不收口、支气管炎、中暑等病症。

食用部位与食用方法：采摘嫩茎叶，可炒食、凉拌、开汤或做火锅料。

189. 菊芋（菊科 Asteraceae/Compositae）

Helianthus tuberosus L.

识别要点：多年生草本；有块状地下茎。茎高达 3 m，被白色糙毛或刚毛。单叶对生，叶片卵圆形或卵状椭圆形，长10~16cm，有粗锯齿，离基三出脉，叶面被白色粗毛，叶背被柔毛，叶脉有硬毛，叶柄长；上部叶渐窄。头状花序单生枝端，直径2~5cm；边缘舌状花，中央管状花，均为黄色。花期8~9月。

分布与生境：原产北美洲，我国各地有野化或栽培。

食疗保健与药用功能：地下块茎味甘，性平，有清热凉血、活血消肿、利尿、接骨之功效，适用于便血、跌打损伤、骨折肿痛、消渴等病症。

食用部位与食用方法：地下块茎富含淀粉，可直接炒食，香脆可口，或加工制作酱菜、咸菜。菊芋块茎的个头较大，洗净后宜切成小块或厚片状，可直接倒入陈醋腌渍，约 15 天后可以食用；亦可模仿甘露子等的方法进行腌渍，腌渍时间较长，需 20~30 天。

190. 泥胡菜（菊科 Asteraceae/Compositae）

Hemisteptia lyrata（Bunge）Fischer & C. A. Meyer

识别要点：一年生草本，高 20~150 cm。茎被蛛丝状毛。基生叶莲座状，长椭圆形或倒披针形，长 4~15 cm，大头羽状深裂，顶裂片三角形；叶面无毛，叶背灰白色，有蛛丝状毛；茎中部叶椭圆形，羽状分裂，无叶柄。头状花序单生茎顶；花紫红色。花期 5~8 月。

分布与生境：除宁夏、青海、新疆、内蒙古和西藏外，遍布全国，生于海拔 3 300 m 以下平原、丘陵、山地、山坡、河边、荒地或田间。朝鲜半岛、日本、中南半岛、南亚及澳大利亚有分布。

食疗保健与药用功能：全草味苦，性凉，有清热解毒、散结消肿、祛瘀、止血、活血之功效，适用于痔漏、痈肿疔疮、乳痈、瘰疬、风疹、阴虚咳血、慢性气管炎、外伤出血、骨折肿痛等病症。

食用部位与食用方法：春季采幼嫩苗洗净，经沸水焯、换清水漂洗后，可炒食、凉拌、做汤、做馅或腌制食用。

191. 中华苦荬菜 山苦荬（菊科 Asteraceae/Compositae）

Ixeris chinensis（Thunb.）Kitagawa

识别要点：草本，高 5~50 cm，植株无毛，有乳汁。叶长披针形或长椭圆状披针形，长 6~24 cm，羽状分裂或茎上部叶不裂；基部耳状抱茎，无叶柄。头状花序排成伞房状花序；花序由舌状花组成，黄色。花期 1~10 月。

分布与生境：产全国各省区，生于海拔 4 000 m 以下山坡路边、灌丛、草地、田野、河边或岩石缝中。日本、韩国、俄罗斯东部、蒙古、越南、柬埔寨和泰国有分布。

食疗保健与药用功能：全草味苦，性寒，有清热解毒、消肿排脓、泻火、凉血、止血、调经、活血、祛腐排脓生肌、化瘀之功效，适用于无名肿毒、阴囊湿疹、风热咳嗽、泄泻、吐血、衄血、黄水疮、骨折、跌打损伤等病症。

食用部位与食用方法：嫩茎叶或嫩苗洗净，经沸水焯、换清水漂洗以去除苦味后可炒食、凉拌或做汤。

192. 苦荬菜 多头苦荬（菊科 Asteraceae/Compositae）

Ixeris polycephala Cass. ex DC.

识别要点：草本，高 10~80 cm，植株无毛，有乳汁。叶线形、线状披针形或披针形，长 5~22 cm，全缘；基部箭头状半抱茎，无叶柄。头状花序排成伞房状花序；花序由舌状花组成，黄色。花期 3~6 月。

分布与生境：产陕西、宁夏、河南、山东、江苏、安徽、浙江、福建、台湾、江西、湖北、湖南、广东、广西、重庆、贵州、四川及云南，生于海拔 2 200 m 以下山坡林缘、灌丛、草地、田野或路旁。日本、阿富汗、不丹、尼泊尔、缅甸、印度、越南、老挝和柬埔寨有分布。

食疗保健与药用功能：全草味苦，性寒，有清热解毒、利湿消痞之功效，适用于肺热咽痛、疔疮肿毒、乳痈、肠痈、目赤肿痛、风疹等病症。

食用部位与食用方法：采嫩茎叶或嫩苗洗净，经沸水焯、换清水漂洗以去除苦味后可炒食、蘸酱食、凉拌、做馅或做汤。

193. 翅果菊 山莴苣（菊科 Asteraceae/Compositae）

Lactuca indica L.

识别要点：草本，高 0.4~2 m，全株无毛，有乳汁。叶线形、线状长椭圆形、长椭圆形或倒披针状长椭圆形，长 13~37 cm，常全缘，或中部以下有尖头，或有齿，或有大齿；无叶柄。头状花序排成圆锥花序；花序由舌状花组成，黄色。瘦果边缘有宽翅。花期 4~11 月。

分布与生境：产黑龙江、吉林、辽宁、河北、河南、山西、山东、陕西、甘肃、内蒙古、江苏、安徽、浙江、福建、台湾、江西、湖北、湖南、广东、海南、广西、贵州、四川、云南及西藏，生于海拔 3 000 m 以下山谷、山坡林缘、林下、灌丛中、沟边、山坡草地或田间。俄罗斯东部、日本、韩国、不丹、印度、越南、泰国、菲律宾和印度尼西亚有分布。

食疗保健与药用功能：全草味苦，性寒，有清热解毒、活血祛瘀之功效，适用于肠痈、乳痈、乳蛾、带下病、产后瘀痛、痔疮下血、痈疮肿毒等病症。

食用部位与食用方法：采嫩茎叶或嫩苗洗净，用沸水焯一下，换清水漂洗以去除苦味，可炒食、凉拌、做汤或鸡蛋面粉挂糊炸食。

194. 稻槎菜（菊科 Asteraceae/Compositae）

Lapsanastrum apogonoides(Maxim.) Pak & K. Brem.

识别要点：草本，高 5~25cm，植株有乳汁。茎基部簇生分枝及莲座状叶丛；叶椭圆形或长匙形，长 3~7 cm，大头羽状全裂，顶裂片卵形、菱形或椭圆形，侧裂片 2~3 对，无毛；叶柄长 1~4 cm。头状花序排成伞房状圆锥花序；花序由舌状花组成，黄色。花期 1~6 月。

分布与生境：产陕西、河南、江苏、安徽、浙江、台湾、福建、江西、湖北、湖南、广东、广西、四川及云南，生于低海拔的田野、荒地及路边。日本及朝鲜半岛有分布。

食疗保健与药用功能：全草味苦，性平，有清热凉血、止血、消痈解毒、透疹之功效，适用于咽喉肿痛、痢疾、乳痈、疮疡肿毒、肿胀不消、毒蛇咬伤、麻疹透发不畅等病症。

食用部位与食用方法：嫩茎叶或嫩苗洗净，用沸水焯一下，换清水漂洗以去除苦味，可炒食、凉拌或做汤。

195. 蜂斗菜（菊科 Asteraceae/Compositae）

Petasites japonicus(Sieb. & Zucc.) Maxim.

识别要点：多年生草本，全株被白色绒毛或蛛丝状毛。根状茎粗壮。基生叶叶片圆形或肾状圆形，长、宽 15~30 cm，不裂，边缘有细齿，基部深心形，掌状叶脉，具长叶柄；茎生叶苞片状，矩圆形或卵状矩圆形，长 3~8 cm，先端钝尖，无柄，半抱茎。花序少数，密集排列；花白色。花期 4~5 月。

分布与生境：产陕西、河南、山东、江苏、安徽、浙江、福建、江西、湖北、湖南及四川，生于溪边、草地、水边或灌丛中。日本、朝鲜半岛和俄罗斯远东地区有分布。

食疗保健与药用功能：全草味苦、辛，性凉，有清热解毒、散瘀消肿之功效，适用于咽喉肿痛、痈肿疔毒、跌打损伤、毒蛇咬伤等病症。

食用部位与食用方法：叶柄及嫩花芽经沸水焯、置清水中浸除苦味后，可炒食、凉拌、做馅或盐渍、糖渍食用，味美可口。

196. 拟鼠麴草 清明菜、鼠耳草（菊科 Asteraceae/Compositae）

Pseudognaphalium affine（D. Don）Anderb.

识别要点：一年生草本，全株被白色厚绵毛。茎直立或斜上分枝，高 10~40 cm。单叶互生，叶片匙状倒披针形或倒卵状匙形，长 5~7 cm，无叶柄。头状花序直径 2~3 mm，在枝顶密集成伞房状，花黄色或淡黄色。花期 1~4 月。

分布与生境：产陕西、甘肃、河北、河南、山西、山东、江苏、安徽、浙江、福建、台湾、江西、湖北、湖南、广东、海南、广西、贵州、四川、云南及西藏，生于海拔 2 000 m 以下草地，稻田常见。日本、朝鲜半岛、阿富汗、不丹、巴基斯坦、尼泊尔、印度、中南半岛、印度尼西亚、菲律宾和澳大利亚有分布。

食疗保健与药用功能：全草味甘，性平，有化痰止咳、祛风除湿、解毒之功效，适用于咳喘痰多、风寒感冒、风湿痹痛、泄泻、水肿、赤白带下病、痈肿疔疮、阴囊湿痒、高血压病、荨麻疹、蚕豆病等病症。

食用部位与食用方法：春季采摘嫩茎叶，经采摘→洗净→沸水焯→清水浸泡后，可凉拌、炒食或做馅食用。也可经采摘→洗净→打浆→过滤→去渣后，用过滤液和面，做成真正的绿色食品馒头。还可做清明菜粑粑食用，其做法是：① 春季采摘嫩茎叶，经洗净→沸水焯→清水浸泡→沥水→捣碎；再将米煮熟，类似于做糍粑那样捣，并加入捣碎的清明菜；待充分捣碎，均匀混合后，即可压成饼或揉成团，油煎食用或上锅蒸熟食用。② 也可以用糯米粉与大米粉混合，加入凉水拌匀，揉成团，撕成小块，上锅蒸 14 min，备用。水中加点盐、小苏打和油，再将采摘洗净的清明菜水煮 3 min，挤出多余的水，将清明菜搅碎、切碎或捣碎，然后用油将清明菜稍微炒一炒。将炒好的清明菜加入蒸好的米团中，揉匀，压成饼煎一煎，或揉成光滑的团再蒸热。此时的清明菜粑粑就可以食用了，其口感清香味美，风味独特。若喜欢甜食，还可蘸点糖或蜂蜜食用。

197. 绵头雪兔子 绵头雪莲花（菊科 Asteraceae/Compositae）

Saussurea laniceps Hand.-Mazz.

识别要点：多年生一次性结实草本，茎上部密被白色或淡褐色绵毛。叶极密集，倒披针形、窄匙形或长椭圆形，长8~15 cm，全缘、浅波状或疏齿，叶面被蛛丝状绵毛，叶背密被褐色绒毛；叶柄长达8 cm。头状花序无梗，多数，在茎端密集成圆锥状穗状花序；总苞直径1.5 cm，总苞片3~4层。小花白色。花期8~10月。

分布与生境：产四川、云南及西藏，生于海拔3 200~5 500 m高山流石滩。印度和缅甸有分布。

食疗保健与药用功能：全草有除寒、填精、止血之功效，适用于雪盲、牙痛、阳痿、腰膝酸软、带下病、月经不调、风湿痹痛、外伤出血等病症。

食用部位与食用方法：花可食。

198. 水母雪兔子 水母雪莲花（菊科 Asteraceae/Compositae）

Saussurea medusa Maxim.

识别要点：多年生草本。茎密被白色绵毛。叶密集，茎下部叶倒卵形、扇形、圆形、矩圆形或菱形，连叶柄长达10 cm，上半部边缘有8~12枚粗齿；上部叶卵形或卵状披针形；最上部叶线形或线状披针形，边缘有细齿；叶两面灰绿色，被白色长绵毛。头状花序在茎端密集成半球形总花序，为被绵毛的苞片所包围或半包围；总苞直径5~7 mm，总苞片3层。小花蓝紫色。花果期7~9月。

分布与生境：产甘肃、青海、新疆南部、四川、云南及西藏，生于海拔3 000~5 600 m多砾石山坡或高山流石滩。克什米尔地区及尼泊尔有分布。

食疗保健与药用功能：全草有强筋活络、补肾壮阳、调经止血、散寒除湿、抗癌、抗炎、抗疲劳之功效，适用于风湿关节痛、肾虚腰痛、阳痿、腰膝酸软、妇女小腹冷痛、闭经、胎衣不下、肺寒咳嗽、麻疹不透、痈疮肿毒、高山缺氧等病症。

食用部位与食用方法：花可食。

199. 桃叶鸦葱（菊科 Asteraceae/Compositae）

Scorzonera sinensis（Lipsch. & Krasch.）Nakai

识别要点：多年生草本，高 10~50 cm，具乳汁。茎叶均无毛。基生叶披针形或宽披针形，长 7~33 cm，常有白粉，叶缘皱波状；茎生叶小，半抱茎。头状花序单生茎顶；花黄色。花期 4~7 月。

分布与生境：产辽宁、内蒙古、河北、河南、山西、山东、陕西、甘肃、宁夏、江苏及安徽，生于海拔 200~2 500 m 丘陵、沙丘、山坡、荒地或灌木林下。蒙古有分布。

食疗保健与药用功能：全草味微苦，性寒，有消肿解毒之功效，适用于痈肿疔疮等病症。

食用部位与食用方法：采嫩茎叶或嫩苗洗净，经沸水焯、换清水漂洗，可炒食、凉拌、做汤、做馅或蘸酱食用。

200. 花叶滇苦菜 续断菊（菊科 Asteraceae/Compositae）

Sonchus asper（L.）Hill

识别要点：一年生草本，高 20~50 cm，植株有乳汁。茎单生或簇生。基生叶与茎生叶同型，较小；叶长椭圆形、倒卵形、匙状椭圆形，长 7~13 cm，不分裂，羽状浅裂、半裂或深裂，叶缘或裂片边缘有尖刺齿，两面无毛，基部耳状抱茎或基部无柄。头状花序排成伞房状花序；花序由舌状花组成，黄色。花期 5~9 月。

分布与生境：产新疆、陕西、山西、山东、江苏、安徽、浙江、福建、台湾、江西、湖北、湖南、广西、贵州、四川、云南及西藏，生于海拔 1 500~3 700 m 山坡、林缘或水边。欧洲、西亚至东亚有分布。

食疗保健与药用功能：全草有清热解毒、消炎止血、消肿止痛、祛瘀之功效，适用于带下病、白浊、痈肿、痢疾、肠痈、目赤红肿、产后瘀血、腹痛、肺结核、咳血、咳嗽、小儿气喘等病症。

食用部位与食用方法：采嫩茎叶或嫩苗洗净，经沸水焯、换清水漂洗以去除苦味，可炒食、凉拌、做馅、煮粥或腌制咸菜食用。

201. 苦苣菜（菊科 Asteraceae/Compositae）

Sonchus oleraceus L.

识别要点：草本，高 40~150 cm，植株有乳汁。叶无毛，叶片羽状深裂或大头状羽状深裂，椭圆形或倒披针形，长 3~12 cm，叶缘有刺状锯齿；叶柄基部圆耳状抱茎。头状花序单生于茎顶，或排成伞房花序或总状花序；花序梗密被腺毛；花序由舌状花组成，黄色。花期 5~12 月。

分布与生境：产辽宁、内蒙古、河北、河南、山西、山东、陕西、甘肃、宁夏、青海、新疆、江苏、安徽、浙江、福建、台湾、江西、湖北、湖南、广西、海南、贵州、四川、云南及西藏，生于海拔 3 200 m 以下山谷林缘、林下、田间、空旷地或近水处。分布几遍全球。

食疗保健与药用功能：全草味苦，性寒，有清热解毒、凉血止血、祛风湿之功效，适用于急性黄疸、肠痈、乳痈、无名肿毒、口腔溃疡、咽喉肿痛、乳蛾、吐血、衄血、咯血、尿血、便血、崩漏、泄泻、痢疾、痔瘘、毒蛇咬伤等病症。

食用部位与食用方法：将嫩茎叶、嫩苗或花序梗洗净，用沸水焯、换清水漂洗以去除苦味，可炒食、凉拌、做馅、做汤或腌制食用。

202. 苣荬菜（菊科 Asteraceae/Compositae）

Sonchus wightianus DC.

识别要点：草本，高 30~150 cm，植株有乳汁；茎常紫红色。叶倒披针形或长椭圆形，羽状分裂，长 6~24 cm，无毛，叶缘有小锯齿或小尖头；中部以上茎生叶无柄，基部圆耳状半抱茎。头状花序排成伞房状花序；花序由舌状花组成，黄色。花期 1~9 月。

分布与生境：产辽宁、陕西、甘肃、宁夏、青海、新疆、内蒙古、河北、河南、山西、山东、江苏、安徽、浙江、福建、台湾、江西、湖北、湖南、广东、海南、广西、贵州、四川、云南及西藏，生于海拔 2 300 m 以下山坡草地、林间草地、潮湿地、近水旁、村边或河边砾石滩。分布几遍全球。

食疗保健与药用功能：全草味苦，性寒，有清热解毒、消炎止痛、消肿化瘀、凉血止血之功效，适用于肠痈、乳痈、痔疮、痢疾、疮疖肿毒、口腔炎、鼻衄、风火牙痛、遗精、白浊、烧烫伤等病症。

食用部位与食用方法：采嫩茎叶或嫩苗洗净，经沸水焯、换清水漂洗以去除苦味，可炒食、凉拌、做馅、酱拌、做汤或腌制食用，味鲜美可口。

203. 兔儿伞（菊科 Asteraceae/Compositae）

Syneilesis aconitifolia（Bunge）Maxim.

识别要点：多年生草本。茎无毛，不分枝。基生叶1枚，叶片圆盾形，宽20~30 cm，掌状深裂，叶柄长10~16 cm；茎生叶2枚，互生；叶柄长2~6 cm。花序在茎顶端密集排列；花淡粉红色。花期4~5月。

分布与生境：产黑龙江、吉林、辽宁、内蒙古、河北、河南、山东、山西、陕西、甘肃、江苏、安徽、浙江、福建、江西、湖南、广西及贵州，生于海拔500~1 800 m山坡、荒地、林缘或路旁。日本、朝鲜半岛和俄罗斯远东地区有分布。

食疗保健与药用功能：全草味苦、辛，性温，有祛风除湿、舒筋活血、消肿止痛之功效，适用于风湿痹痛、跌打损伤、月经不调、痛经、痈疽肿毒、瘰疬、痔疮等病症。

食用部位与食用方法：采嫩苗及嫩叶，经去杂洗净、沸水焯、清水浸泡后，可炒食、凉拌、做汤或制作干菜食用。

注意事项：兔儿伞叶形与乌头（*Aconitum carmichaeli* Debx.）有些相似，乌头为剧毒植物，不能食用。兔儿伞叶通常2枚，叶片盾状着生（叶柄着生在叶片的背面，而不是在叶片的基部或边缘），掌状5~9深裂，每裂片再2~3浅裂；乌头叶基浅心形（叶柄着生在叶片浅心形的基部），掌状3~5深裂，每裂片常再羽状分裂或缺刻状。可根据叶片是否盾状着生而将二者区分。若能见到花果，则更易识别，乌头为总状花序，蓇葖果。

乌头 1

乌头 2

204. 蒙古蒲公英 蒲公英（菊科 Asteraceae/Compositae）

Taraxacum mongolicum Hand.-Mazz.

识别要点： 草本。叶倒卵状披针形、倒披针形或矩圆状披针形，长4~20cm，边缘具波状齿或羽状深裂，有时倒向羽状深裂或大头羽状深裂，每侧裂片3~5枚，通常具齿，基部渐窄成叶柄，叶柄及主脉常带红紫色。花葶一个至数个，高10~25cm，上部紫红色，密被长柔毛。花序直径3~4cm；花黄色。花期4~9月。

分布与生境： 产黑龙江、吉林、辽宁、内蒙古、河北、河南、山西、山东、陕西、甘肃、青海、江苏、安徽、浙江、福建、台湾、江西、湖北、湖南、广东、广西、贵州、四川、云南及西藏，生于中、低海拔山坡草地、田野或河滩。朝鲜半岛、蒙古及俄罗斯有分布。

食疗保健与药用功能： 全草味苦、甘，性寒，归肝、胃二经，有清热解毒、消肿散结、利尿通淋之功效，适用于疔疮肿毒、乳痈、瘰疬、目赤、咽痛、肺痈、肠痈、湿热黄疸、热淋涩痛等病症。

食用部位与食用方法： 幼嫩全草可作为野菜食用，可凉拌、蘸酱、做馅、做汤、炒食、煮粥、盐渍咸菜等食用。该植物味苦，食用时一般先在沸水中焯1 min左右，再换清水浸泡，以去除苦味。

205. 药用蒲公英（菊科 Asteraceae/Compositae）

Taraxacum officinale F. H. Wigg.

识别要点： 草本。叶窄倒卵形、长椭圆形或倒披针形，长4~20 cm，边缘大头羽状深裂或羽状浅裂，每侧裂片4~7，裂片三角形或三角状线形，顶裂片三角形或长三角形，叶基有时红紫色，无毛或沿主脉有疏毛。花葶数个，高5~40 cm，顶端密被毛，基部常红紫色。花序直径2.5~4 cm；花黄色，边缘花背面有紫色条纹。花期6~8月。

分布与生境： 产辽宁、内蒙古、河北、新疆等地，生于草甸、田间或路边。蒙古、欧洲及北美洲有分布。

食疗保健与药用功能： 全草味苦、甘，性寒，无毒，归肝、胃二经，有清热解毒、消痈散结、抗菌、保肝利尿之功效，适用于乳痈、目赤、咽痛、肠痈、湿热黄疸、热淋涩痛等病症。

食用部位与食用方法： 同蒙古蒲公英。

206. 白缘蒲公英（菊科 Asteraceae/Compositae）

Taraxacum platypecidum Diels

识别要点：草本。叶宽倒披针形或倒披针形，长 10~30 cm，边缘羽状分裂，全缘或有疏齿，每侧裂片 5~8 枚，无毛或疏被毛。花葶 1 至数个，高达 45 cm，上部密被白色蛛丝状绵毛。花序直径 4~4.5 cm；花黄色，边缘花背面有紫红色条纹。花期 3~6 月。

分布与生境：产黑龙江、吉林、辽宁、陕西、甘肃、宁夏、青海、内蒙古、河北、山东、山西、河南、湖北西部及四川，生于海拔 1 900~3 000 m 山坡草地或路边。俄罗斯、朝鲜半岛及日本有分布。

食疗保健与药用功能：全草味苦、甘，性寒，无毒，归肝、脾、胃三经，有清热解毒、消肿散结、利水通淋之功效，适用于疔疮肿毒、乳痈、瘰疬、止赤、咽痛、肺痈、肠痈、湿热黄疸、热淋涩痛、感冒发热、急性扁桃体炎、急性支气管炎、胃炎、肝炎、胆囊炎、尿路感染等病症。

食用部位与食用方法：同蒙古蒲公英。

207. 华蒲公英（菊科 Asteraceae/Compositae）

Taraxacum sinicum Kitagawa

识别要点：草本。叶倒卵状披针形或窄披针形，稀线状披针形，长 4~12 cm，边缘羽状浅裂或全裂，具波状齿，每侧裂片 3~7 枚，无毛，叶柄及叶背主脉常紫色。花葶 1 至数个，高 5~20 cm，顶端被毛或无毛。花序直径 2~2.5 cm；花黄色。花期 6~8 月。

分布与生境：产黑龙江、吉林、辽宁、陕西、甘肃、青海、内蒙古、河北、山西、河南、湖北、湖南北部、四川及云南，生于海拔 300~2 900 m 稍潮湿的原野、砾石或盐碱地。蒙古及俄罗斯有分布。

食疗保健与药用功能：全草性寒，味苦、甘，无毒，归肝、脾、胃三经，有清热解毒、消肿散结、利水、通乳之功效，适用于乳痈、疗疮疖肿、目赤肿痛、小便不利、瘰疬、蛇虫咬伤、胃炎、胃溃疡、肝炎、胆囊炎、淋巴结炎、支气管炎、尿路感染等病症。

食用部位与食用方法：同蒙古蒲公英。

208. 黄鹌菜（菊科 Asteraceae/Compositae）

Youngia japonica（L.）DC.

识别要点： 草本，高 15~100 cm，植株有乳汁。茎直立。基生叶丛生，叶片通常倒披针形，长 8~15 cm，大头羽状深裂或全裂，侧裂片 3~7 对；叶柄长 1~7 cm；无茎生叶或极少有茎生叶。头状花序排成伞房状；花序由舌状花组成，黄色。花期 4~10 月。

分布与生境： 产陕西南部、甘肃南部、河北、河南、山东、江苏、安徽、浙江、福建、台湾、江西、湖北、湖南、广东、海南、广西、重庆、贵州、四川、云南及西藏，生于海拔 4 500 m 以下山坡、山谷、山沟林缘、林间草地、潮湿地、河边沼泽地、田野、荒地及路边。日本、朝鲜半岛、中南半岛、印度、菲律宾及马来半岛有分布。

食疗保健与药用功能： 全草味甘、微苦，性凉，有清热解毒、利水消肿之功效，适用于感冒、咽痛、乳痈、疮疖肿毒、尿路感染、毒蛇咬伤、痢疾、淋浊、血尿、白带、风湿痹痛、跌打损伤等病症。

食用部位与食用方法： 采嫩茎叶或嫩苗洗净，经沸水焯、换清水漂洗去除苦味后，可炒食、凉拌、做馅或做汤。

Ⅳ. 木本植物（地上部分为木质化的非藤本植物）

1. 垂柳（杨柳科 Salicaceae）

Salix babylonica L.

识别要点：落叶乔木。枝细长下垂，无毛；无顶芽。单叶互生，叶片窄而长，窄披针形或线状披针形，长 9~16 cm，叶背淡绿色，叶缘有锯齿；叶柄长 5~10 mm，有柔毛；有托叶。葇荑花序先叶开放或同时开放。花期 3~4 月。

分布与生境：产全国各地，多为栽培，为道旁、水边绿化树种。欧洲、亚洲、美洲各国均有引种。

食疗保健与药用功能：嫩柳芽味苦，性寒，有清热、败火、解毒消肿、祛风利湿之功效，适用于风湿痹痛、淋病、白浊、小便不通、传染性肝炎、风肿、疔疮、丹毒、龋齿、龈肿等病症。

食用部位与食用方法：春季采摘淡黄色嫩柳芽，经清水洗净、入沸水焯、放入凉水中浸泡去除苦味后，可凉拌、炒食、做馅或拌入面粉上笼屉蒸食。

2. 旱柳（杨柳科 Salicaceae）

Salix matsudana Koidz.

识别要点：落叶乔木。枝细长，直立或斜展，无毛；无顶芽。单叶互生，叶片窄而长，披针形，长 5~10 cm，叶背苍白或带白粉，有细腺齿，幼叶有丝状柔毛；叶柄长 5~8 mm；有托叶。葇荑花序与叶同时开放。花期 4 月。

分布与生境：产黑龙江、吉林、辽宁、陕西、甘肃、宁夏、青海、新疆、内蒙古、河北、河南、山西、山东、江苏、安徽、浙江、福建、江西、湖北、湖南、广东、广西、贵州、四川及云南，生于海拔 3 600 m 以下丘陵或平原地区，多有栽培。俄罗斯东部有分布。

食疗保健与药用功能：嫩柳芽味苦，性凉，入心、脾经，无毒，有散风、祛湿、清湿热之功效，适用于黄疸型肝炎、风湿性关节炎、湿疹等病症。

食用部位与食用方法：凉拌柳芽，在春季将其新摘的淡黄色嫩柳芽洗净剁碎，用黄酱兑适量水调匀；将柳芽放入沸水中焯几分钟，去除苦味，沥干晾凉或用凉水将其拔凉；加入盐、蒜末、黄酱、味精等调拌均匀，淋入香油即可食用。亦可用晾凉的柳芽摊饼（和入面粉，加入海鲜或瘦肉，加上调料，调成面糊，将锅壁抹上油，将火烧旺烙饼），或和肉末做馅蒸包子、包饺子，或炒鸡蛋等。

3. 毛杨梅（杨梅科 Myricaceae）

Myrica esculenta Buch.-Ham.

识别要点：常绿乔木。小枝及芽密被毡毛。单叶互生，叶片长椭圆状倒卵形或披针状倒卵形，长 5~18 cm，先端钝圆或尖，叶缘全缘或中上部有不明显圆齿；叶柄长 0.3~2 cm，密生毡毛。核果椭球形，长 1~2 cm，成熟时红色，密被乳头状突起，果皮肉质，多液汁。果期 3~4 月。

分布与生境：产广东、广西、贵州、四川及云南，生于海拔 300~2 500 m 疏林或干燥山坡。中南半岛有分布。

食疗保健与药用功能：果有涩肠止泻、止血、止痛之功效，适用于泄泻、痢疾、崩漏、胃脘痛等病症。

食用部位与食用方法：果味酸甜，可食，亦可制果酱、罐头、蜜饯、果汁或果酒。

4. 云南杨梅（杨梅科 Myricaceae）

Myrica nana Cheval.

识别要点：常绿灌木。芽及小枝无毛。单叶互生，叶片楔状倒卵形或长椭圆状倒卵形，长 2.5~8 cm，先端钝圆或尖，叶缘中上部疏生粗齿；叶柄长 1~4 mm。核果球形，直径 1~1.5 cm，成熟时红色，密被乳头状突起，果皮肉质，多液汁。果期 6~7 月。

分布与生境：产贵州、四川、云南及西藏，生于海拔 1 500~3 500 m 山坡、林缘及灌丛中。

食疗保健与药用功能：果有涩肠止泻、收敛止血、通络、止痛之功效，适用于泄泻、痢疾、崩漏、脱肛、体内出血、风寒湿痹、跌打损伤等病症。

食用部位与食用方法：果可食，味极酸，可制果酱、果汁、果酒。

5. 杨梅（杨梅科 Myricaceae）

Myrica rubra Sieb. & Zucc.

识别要点：常绿乔木。芽及小枝无毛。单叶互生，叶片楔状倒卵形或长椭圆状倒卵形，长 6~16 cm，先端钝或短尖，叶缘全缘，稀中上部疏生锐齿；叶柄长 0.2~1 cm。核果球形，直径 1~1.5 cm，成熟时深红色或紫红色，密被乳头状突起，果皮肉质，多液汁，味酸甜。果期 6~7 月。

分布与生境：产江苏、安徽、浙江、福建、台湾、江西、湖北、湖南、广东、广西、贵州、四川、云南及西藏，生于海拔 100~1 500 m 山坡或山谷林中。日本、朝鲜和菲律宾有分布。

食疗保健与药用功能：果味甘、酸，性平，有生津解渴、和胃消食之功效，适用于口渴、胃脘痛、食欲不振等病症。

食用部位与食用方法：果可鲜食，亦可制果酱、罐头、蜜饯、果汁或酿酒。

6. 山核桃（胡桃科 Juglandaceae）

Carya cathayensis Sarg.

识别要点：落叶乔木。芽、幼枝密被黄色腺鳞。单数羽状复叶，互生，长 16~30 cm；小叶 5~7 枚，小叶片披针形或倒卵状披针形，长 10~18 cm，边缘有细锯齿。雄花序长 10~15 cm，3 序成束。核果倒卵球形或椭圆状卵球形，长 2~2.5 cm，直径 1.5~2 cm，微具 4 纵棱。花期 4~5 月，果期 9 月。

分布与生境：产安徽、浙江、江西、湖北及贵州，生于海拔 200~1 500 m 山麓疏林或山谷中。

食疗保健与药用功能：核仁味甘，性平，有补肝肾、纳气平喘、润肠之功效，适用于腰膝酸软、隐痈、虚喘咳嗽等病症。

食用部位与食用方法：绿色幼嫩雄花序经沸水焯、清水浸泡后，可制作凉拌菜；成熟雄花序轴经沸水焯、清水浸泡后，可素或荤炒食。核仁味美，富含油脂，可鲜食、炒食、煮粥、做糕点馅、凉拌、榨油等。

7. 胡桃楸 野核桃（胡桃科 Juglandaceae）

Juglans mandshurica Maxim.

识别要点：落叶乔木。单数羽状复叶，互生，长 40~50 cm；小叶 15~23 枚，小叶片椭圆形、长椭圆形至长椭圆状披针形，边缘有细锯齿，两面有毛。雄花序下垂，长 9~20 cm。果序长 10~15 cm，俯垂，具 5~7 枚果；核果球形或卵球形，长 3.5~7.5 cm，密被腺毛；果核皱曲，具 8 纵棱，2 条较明显。花期 5 月，果期 8~9 月。

分布与生境：产黑龙江、吉林、辽宁、陕西、甘肃、内蒙古、山西、河北、河南、江苏、安徽、浙江、福建、台湾、江西、湖北、湖南、广西、贵州、四川及云南，生于海拔 800~2 800 m 土质肥厚、湿润、排水良好的沟谷或山坡阔叶林中。朝鲜有分布。

食疗保健与药用功能：核仁味甘，性温，有健胃、补血、润肺、健脑、养颜化痰、益命门、利三焦之功效，适用于虚寒咳嗽、下肢酸痛等病症。

食用部位与食用方法：绿色幼嫩雄花序经沸水焯、清水浸泡后，可制作凉拌菜；成熟雄花序轴经沸水焯、清水洗后，可素或荤炒食。核仁可鲜食、炒食、炖汤、炖肉，还可制作糕点、糖果、罐头、果露及榨油等。

8. 胡桃 核桃（胡桃科 Juglandaceae）

Juglans regia L.

识别要点： 落叶乔木。单数羽状复叶，互生，长 25~30 cm；幼时叶柄及叶轴被腺毛和腺鳞；小叶 5~9 枚，小叶片椭圆状卵形或长椭圆形，长 6~15 cm，叶缘全缘，侧脉 11~15 对，脉腋具簇生毛，余无毛。雄花序下垂，长 5~15 cm。果序短，俯垂，具 1~3 枚果；核果球形，直径 4~6 cm，无毛；果核近球形，稍皱曲，具 2 纵棱。花期 4~5 月，果期 9~10 月。

分布与生境： 产新疆，全国各地有栽培或野化。中亚和南亚有分布。

食疗保健与药用功能： 雄花序营养丰富而全面，富含蛋白质，以及钾、铁、锰、锌、硒、β- 胡萝卜素、核黄素、抗坏血酸、维生素 E 等，是天然的营养保健食品。核仁味甘，性温，归肾、肺、大肠经，有湿补肺肾、润肺定喘、润肠通便、固精之功效，适用于肾虚耳鸣、咳嗽气喘、阳痿、腰痛、中耳炎、肠燥便秘等病症，是温补肺肾良药，还有补脑健脑、延缓衰老的作用。

食用部位与食用方法： 绿色幼嫩雄花序经沸水焯、清水浸泡后，可制作凉拌菜；成熟雄花序轴经沸水焯、清水洗后，可素或荤炒食。核仁可直接食用，亦可做菜、煮粥、制作糕点、制作核桃乳等。

9. 泡核桃（胡桃科 Juglandaceae）

Juglans sigillata Dode

识别要点：落叶乔木。单数羽状复叶，互生，长 15~50 cm；叶柄及叶轴被毛；小叶 9~15 枚，小叶片卵状披针形或椭圆状披针形，长 6~18 cm，叶缘全缘，侧脉 17~23 对，脉腋具簇生毛，余无毛。雄花序下垂，长 13~18 cm。果序短，俯垂，具 1~3 枚果；核果卵球形或近球形，直径 3~6 cm，幼时有毛，成熟后无毛；果核倒卵球形，两侧稍扁，皱曲，具 2 纵棱。花期 3~4 月，果期 9 月。

分布与生境：产贵州、四川、云南及西藏，生于海拔 1 300~3 300 m 山坡或山谷林中。不丹和印度北部有分布。

食疗保健与药用功能：雄花序营养丰富，含蛋白质、碳水化合物、31 种氨基酸、脂肪、多种维生素和多种矿物质，是天然的营养保健食品。核仁富含脂肪、蛋白质、胡萝卜素、多种维生素（维生素 B_1、维生素 B_2、维生素 C）及多种无机盐（钙、磷、铁、铜、碘），有润肺止咳、益肾、补脑之功效，适用于肺虚咳喘、肾虚耳鸣等病症，对儿童大脑发育，以及预防中老年人高血压、血管栓塞、动脉硬化等心血管病有积极作用。

食用部位与食用方法：绿色幼嫩雄花序经沸水焯、清水浸泡后，可制作凉拌菜；成熟雄花序轴经沸水焯、清水洗后，可素或荤炒食。核仁可食，亦可做菜、糕点，煮粥。

10. 华榛（桦木科 Betulaceae）

Corylus chinensis Franch.

识别要点：落叶大乔木；小枝被毛及刺状腺体。单叶互生，叶片卵形、卵状椭圆形至倒卵状椭圆形，长 8~18 cm，基部斜心形，边缘有不规则重锯齿，叶背脉腋处有毛；叶柄长 1~2.5 cm，密被毛及腺体。坚果卵球形，直径 1~1.5 cm，藏于管状果苞内。果期 9~10 月。

分布与生境：产陕西、甘肃、河南、湖北、湖南、贵州、四川、云南及西藏，生于海拔 1 200~3 500 m 山坡林中。

食疗保健与药用功能：种仁有补中益气、健脾和胃、明目之功效，适用于病后体虚、脾虚泄泻、消化不良等病症。

食用部位与食用方法：果实味美可食，常经烘、炒、煮后熟食，制作糕点或榨油。

11. 刺榛（桦木科 Betulaceae）

Corylus ferox Wall.

识别要点：落叶乔木；小枝紫褐色，被毛。单叶互生，叶片卵状矩圆形或倒卵状矩圆形，长 5~15 cm，先端尾尖，基部圆或近心形，边缘具锐尖重锯齿，叶背脉腋处有毛；叶柄长 1~3.5 cm。坚果卵球形，直径约 1.5 cm，藏于钟状果苞内。果期 9~10 月。

分布与生境：产陕西、甘肃、宁夏、湖北西部、贵州、四川、云南及西藏，生于海拔 1 500~3 800 m 山坡林中。不丹、尼泊尔和印度有分布。

食疗保健与药用功能：种仁有补中益气之功效，适用于体虚多病、食欲不振等病症。

食用部位与食用方法：果实可食，常经烘、炒、煮后熟食，亦可制作糕点、榨油等。

12. 榛 榛子（桦木科 Betulaceae）

Corylus heterophylla Fisch. ex Trautv.

识别要点：落叶小乔木或灌木状；小枝被毛及腺体。单叶互生，叶片矩圆形或倒卵形，长 4~13 cm，基部心形，边缘有不规则重锯齿或浅裂，叶背沿脉有毛；叶柄长 1~2.5 cm。坚果卵球形，直径 0.7~1.5 cm，藏于钟状果苞内。果期 9 月。

分布与生境：产黑龙江、吉林、辽宁、陕西、甘肃、宁夏、内蒙古、山西、河北、河南、山东、江苏、安徽、浙江、江西、湖北、贵州及四川，生于海拔 400~2 500 m 山坡阔叶林中。日本、朝鲜和俄罗斯东部有分布。

食疗保健与药用功能：榛仁含脂肪、蛋白质、碳水化合物、多种维生素，以及钙、磷、钾、铁等矿物质元素，味甘，性平，有健胃、润肺、明目之功效，适用于病后体虚、脾虚泄泻、食欲不振、咳嗽等病症。

食用部位与食用方法：榛仁味清香，除鲜食、煮熟食或炒熟食外，还可制作糖果、巧克力、糕点、冰淇淋、榛子粉、榛子乳、榛子酱或榨油等。

13. 毛榛（桦木科 Betulaceae）

Corylus mandshurica Maxim.

识别要点：落叶灌木；小枝被毛及刺状腺体。单叶互生，叶片宽卵形、卵形或矩圆状卵形，长 6~12 cm，边缘有不规则粗锯齿，叶背密被长柔毛；叶柄长 1~3 cm。坚果卵球形，直径约 1.5 cm，被毛，藏于管状果苞内。果期 9 月。

分布与生境：产黑龙江、吉林、辽宁、陕西、甘肃、宁夏、青海、内蒙古、山西、山东、河北、河南及四川，生于海拔 400~2 600 m 山地林内或灌丛中。日本、朝鲜和俄罗斯东部有分布。

食疗保健与药用功能：种仁有补中益气、健脾和胃、止咳、明目之功效，适用于病后体虚、脾虚泄泻、食欲不振、咳嗽等病症。

食用部位与食用方法：果实可食，常经烘、炒、煮后熟食，亦可制作糕点或榨油。

14. 滇榛（桦木科 Betulaceae）

Corylus yunnanensis（Franch.）A. Camus

识别要点： 落叶小乔木或灌木状。单叶互生，叶片卵圆形、宽卵形或倒卵形，长 4~12 cm，先端骤尖，基部心形，边缘具规则重锯齿，两面被毛；叶柄长 0.7~1.5 cm，密被毛。坚果卵球形，长 1.5~2 cm，密被毛及腺体，藏于钟状果苞内。

分布与生境： 产湖北、贵州、四川及云南，生于海拔 1 600~3 700 m 山坡灌丛中。

食疗保健与药用功能： 果实有健脾、润肺、明目之功效，适用于脾虚泄泻、食欲不振、咳嗽、视物不清等病症。

食用部位与食用方法： 果实可食，常经烘、炒、煮后熟食，亦可制作糕点、榨油等。

15. 虎榛子（桦木科 Betulaceae）

Ostryopsis davidiana Decne

识别要点： 落叶灌木；小枝密被毛。单叶互生，叶片卵形或椭圆状卵形，长 2~6.5 cm，先端渐尖或尖，基部心形或近圆，边缘有不规则重锯齿，叶背密被白色毛，脉腋处具毛；叶柄长 0.3~1.2 cm，密被毛。坚果球形或近球形，直径 4~6 mm，具纵肋，藏于管状果苞内。果期 6~7 月。

分布与生境： 产辽宁、内蒙古、河北、河南、山西、陕西、甘肃、宁夏、青海、四川及云南，生于海拔 800~2 800 m 山坡疏林或灌丛中。

食疗保健与药用功能： 种仁有清热利湿之功效，适用于小便不利、湿热疟疾等病症。

食用部位与食用方法： 种仁可制作糕点，亦可榨油。

16. 锥栗（壳斗科 Fagaceae）

Castanea henryi（Skan）Rehd. & Wils.

识别要点：落叶大乔木。枝、叶无毛。单叶互生，叶片披针形或长披针形，长 9~23 cm，先端长渐尖或长尾尖，叶缘生细锯齿，具芒尖，幼叶背面有毛，后脱落无毛；叶柄长 1.5~2 cm。壳斗近球形，被尖刺，连刺直径 2.5~4.5 cm，内包坚果 1 枚；坚果卵球形，长 1~2 cm，直径 1~1.5 cm。果期 9~10 月。

分布与生境：产陕西、河南、江苏、安徽、浙江、福建、江西、湖北、湖南、广东、广西、贵州、四川及云南，生于海拔 2 000 m 以下山区。

食疗保健与药用功能：种仁味甘，性平，有补肾、健胃之功效，适用于肾虚、痿弱、消瘦等病症。

食用部位与食用方法：果可食，鲜食脆甜、熟食粉香，亦可与瘦猪肉同煮食用，或磨粉制作糕点、罐头、豆腐等副食品。

17. 板栗（壳斗科 Fagaceae）

Castanea mollissima Bl.

识别要点： 落叶乔木。单叶互生，叶片椭圆形或矩圆形，长7~15 cm，叶缘有齿，侧脉伸出齿尖呈芒刺状，叶背有星状毛；叶柄长1.2~2 cm。壳斗近球形，密被尖刺，连刺直径5~8 cm，内包坚果1~3枚；坚果长1.5~3 cm，直径1.8~3.5 cm。果期8~10月。

分布与生境： 产黑龙江、吉林、辽宁、陕西、甘肃、青海、内蒙古、河北、河南、山西、山东、江苏、安徽、浙江、福建、台湾、江西、湖北、湖南、广东、广西、贵州、四川、云南及西藏，生于海拔2 800 m以下山坡。

食疗保健与药用功能： 板栗可食用部分为种子的肥厚子叶（种仁），含淀粉、总糖、蛋白质、多种矿物质和多种维生素，是高热量、低脂肪、蛋白质丰富、不含胆固醇的健康食品。种仁味甘，性温，有益肾健脾、补肾强筋、活血止血之功效，适用于脾虚泄泻、腰膝软弱、呕血、衄血、便血、跌打损伤等病症。

食用部位与食用方法： 果可食，鲜食脆甜、熟食面香，亦可做菜肴（炖、炒、烤、烧皆可），制作干粉或糕点，煮粥或煮甜羹。

18. 茅栗（壳斗科 Fagaceae）

Castanea seguinii Dode

识别要点： 落叶乔木或灌木状。单叶互生，叶片长椭圆形或倒卵状椭圆形，长6.5~14 cm，叶缘疏生粗锯齿，侧脉直达齿尖，叶面无毛，叶背有黄色腺鳞；叶柄长5~9mm。壳斗近球形，密被尖刺，连刺直径3~4 cm，内包坚果（1~）3（~5）枚；坚果长1.5~2 cm，直径1.3~2.5cm。果期9~11月。

分布与生境： 产陕西、甘肃、河南、江苏、安徽、浙江、福建、江西、湖北、湖南、广东、广西、贵州、四川及云南，生于海拔2 000 m以下山区。

食疗保健与药用功能： 种仁味甘，性平，有安神之功效，适用于失眠等病症。

食用部位与食用方法： 果可食，鲜食脆甜、熟食粉香，亦可制作淀粉或酿酒。

19. 锥 桂林栲（壳斗科 Fagaceae）

Castanopsis chinensis (Spreng.) Hance

识别要点： 常绿乔木。枝、叶无毛。单叶互生，2列，叶片披针形或卵状披针形，长7~18 cm，先端长渐尖，叶缘中部以上有锯齿，侧脉直达齿端，中脉在叶面凸起；叶柄长1~2.5 cm。壳斗球形，被尖刺，连刺直径2.5~3 cm，内包坚果；坚果圆锥形，直径1~1.3 cm。果期9~11月。

分布与生境： 产湖南、广东、广西、贵州及云南，生于海拔200~1 500 m山地林中或成小片纯林。越南有分布。

食疗保健与药用功能： 种仁有健脾补肾之功效，适用于肾虚、痿弱、消瘦等病症。

食用部位与食用方法： 种仁可食，鲜食无涩味、熟食粉香，亦可制作豆腐、糕点等。

20. 高山锥 高山栲（壳斗科 Fagaceae）

Castanopsis delavayi Franch.

识别要点：常绿乔木。枝、叶无毛。单叶互生，2 列，叶片倒卵形至卵形，长 5~13 cm，先端短尖或圆钝，边缘疏生粗齿，稀波状浅齿，老叶背面银灰色；叶柄长 0.7~1.5 cm。壳斗宽卵球形或近球形，被尖刺，连刺直径 1.5~2 cm，不规则开裂；坚果宽卵球形，直径 1.3~1.4 cm。果期 9~11 月。

分布与生境：产广东、贵州、四川及云南，生于海拔 1 500~2 800 m 山地林中或成纯林。

食疗保健与药用功能：种仁有补肾气之功效，适用于心悸、耳鸣、腰痛等病症。

食用部位与食用方法：种仁富含淀粉，可食或酿酒。

21. 甜槠（壳斗科 Fagaceae）

Castanopsis eyrei（Champ. ex Benth.）Tutch.

识别要点：常绿乔木。枝、叶无毛。单叶互生，2 列，叶片披针形或长椭圆形，长 5~13 cm，先端长渐尖或尾状，全缘或近顶部疏生浅齿，叶背淡绿色或被灰白色蜡鳞层；叶柄长 0.7~1.5 cm。壳斗宽卵球形，被尖刺，连刺直径 2~3 cm，不整齐开裂，内包坚果；坚果圆锥形，直径 1~1.4 cm。果期 9~11 月。

分布与生境：产江苏、安徽、浙江、福建、台湾、江西、湖北、湖南、广东、广西、贵州、四川及西藏，生于海拔 300~1 700 m 山地林中。

食疗保健与药用功能：种仁有燥湿健脾、安神之功效，适用于失眠等病症。

食用部位与食用方法：种仁可食，鲜食脆甜、熟食粉香，亦可制作粉丝、果酱或酿酒。

22. 栲 丝栗栲（壳斗科 Fagaceae）

Castanopsis fargesii Franch.

识别要点：常绿乔木。枝、叶无毛。单叶互生，2列，叶片长椭圆形至卵状椭圆形，长7~15 cm，全缘或近顶部疏生浅齿，叶背被红褐色或黄褐色粉状蜡鳞，中脉在叶面凹下；叶柄长1~2cm。壳斗球形或宽卵球形，被尖刺，连刺直径2.5~3cm，不规则开裂，内包坚果；坚果圆锥形，直径0.8~1.4cm。果期8~11月。

分布与生境：产江苏、安徽、浙江、福建、台湾、江西、湖北、湖南、广东、海南、广西、贵州、四川及云南，生于海拔200~2 100m山地林中。

食疗保健与药用功能：种仁有止痢之功效，适用于痢疾等病症。

食用部位与食用方法：种仁可食，鲜食脆甜、熟食粉香，亦可制作豆腐、粉丝及酿酒。

23. 印度锥 印度栲（壳斗科 Fagaceae）

Castanopsis indica（Roxb. ex Lindl.）DC.

识别要点：常绿乔木。枝、叶背、叶柄均被黄色短柔毛。单叶互生，2列，叶片卵状椭圆形至倒卵状椭圆形，长9~20cm，叶缘有芒状锯齿；叶柄长0.5~1cm。壳斗球形，被尖刺，连刺直径3.5~4cm，4瓣裂，内包坚果；坚果圆锥形，直径1~1.4cm。果期9~11月。

分布与生境：产广东、海南、广西、云南及西藏，生于海拔350~1 500m林中。印度、尼泊尔、缅甸、越南和老挝有分布。

食疗保健与药用功能：同栲。

食用部位与食用方法：种仁可食，鲜食无涩味、熟食粉香。

24. 元江锥 元江栲（壳斗科 Fagaceae）

Castanopsis orthacantha Franch.

识别要点：常绿乔木。枝、叶无毛。单叶互生，2 列，叶片卵形、卵状椭圆形或卵状披针形，长 7~14 cm，先端短渐尖或尾状，边缘中部以上疏生浅齿或全缘，中脉在叶面微下凹；叶柄长不及 1 cm。壳斗近球形，被尖刺，连刺直径 3~3.5 cm，不规则开裂；坚果圆锥形，直径 1~1.5 cm，密被短伏毛。果期 9~11 月。

分布与生境：产贵州、四川及云南，生于海拔 1 500~3 200 m 山地阴坡或沟谷林中，有时成小片纯林。

食疗保健与药用功能：种仁有养胃健脾、补肾强筋之功效，适用于脾虚泄泻、食欲不振、痿弱、消瘦等病症。

食用部位与食用方法：种仁富含淀粉，可食或酿酒。

25. 苦槠 苦槠栲（壳斗科 Fagaceae）

Castanopsis sclerophylla（Lindl. & Paxt.）Schott.

识别要点：常绿乔木。枝、叶无毛。单叶互生，2 列，叶片长椭圆形至倒卵状椭圆形，长 7~15 cm，叶缘中部以上有锯齿，稀全缘，老叶背面银灰色；叶柄长 1.5~2 cm。壳斗近球形，直径 1.2~1.5 cm，几全包坚果，外具脊肋状圆环，内包坚果 1 枚；坚果近球形，长 1.3~1.8 cm，直径 1.1~1.6 cm。果期 10~11 月。

分布与生境：产江苏、安徽、福建、江西、湖南、广东、海南、广西、贵州、四川及云南，生于海拔 1 600 m 以下山坡、沟谷常绿阔叶林中。越南有分布。

食疗保健与药用功能：种仁味苦、涩，性微寒，有利湿止泻、解毒、生津止渴之功效，适用于痢疾、泄泻、伤津口渴、伤酒等病症。

食用部位与食用方法：种仁味较涩，经去涩后可制作粉条及苦槠豆腐。

26. 钩锥（壳斗科 Fagaceae）

Castanopsis tibetana Hance

识别要点：常绿乔木。枝、叶无毛。单叶互生，2 列，叶片卵状椭圆形至倒卵状椭圆形，长 15~30 cm，叶缘近顶部或中上部有锯齿，叶背红褐色或灰褐色，中脉在叶面凹下；叶柄长 1.5~3 cm。壳斗球形，被尖刺，连刺直径 6~8 cm，4 瓣裂，内包坚果；坚果扁圆锥形，直径 2~2.8 cm，被毛。果期 8~10 月。

分布与生境：产安徽、浙江、福建、江西、湖北、湖南、广东、广西、贵州及云南，生于海拔 200~1 500 m 山地林中。

食疗保健与药用功能：同栲。

食用部位与食用方法：种仁可食，鲜食脆甜、熟食粉香，亦可磨粉、酿酒。

27. 饭甑青冈（壳斗科 Fagaceae）

Cyclobalanopsis fleuryi（Hick. & A. Camus）Chun ex Q. F. Zheng

识别要点：常绿乔木。幼枝、嫩叶有褐色毛。单叶互生，螺旋状排列，叶片长椭圆形或卵状矩圆形，长 14~27 cm，先端短尖，叶缘全缘或近顶部有波状浅齿，老叶近无毛，中脉在叶面微凸起；叶柄长 2~6 cm。壳斗筒状钟形，高 3~4 cm，直径 2.5~4 cm，具 10~13 条环带，被绒毛；坚果长椭球形，长 3~4.5 cm，直径 2~3 cm，密被黄褐色绒毛。果期 10~12 月。

分布与生境：产福建、江西、湖南、广东、海南、广西、贵州、云南及西藏，生于海拔 500~1 500 m 山地密林中。越南和老挝有分布。

食疗保健与药用功能：种仁味甘、微涩，性微寒，有清热解毒、敛肺止咳之功效，适用于外感风热、咳嗽不止、肺痈吐脓、湿热痢疾、下痢不止等病症。

食用部位与食用方法：种仁去涩后可制作豆腐、淀粉及酿酒。

28. 小叶青冈（壳斗科 Fagaceae）

Cyclobalanopsis myrsinifolia（Bl.）Oerst.

识别要点：常绿乔木。单叶互生，螺旋状排列，叶片卵状披针形或椭圆状披针形，长6~11 cm，宽1.8~4 cm，先端渐尖或长渐尖，叶缘中部以上有细齿，叶背苍灰色，无毛；叶柄长1~2.5 cm。壳斗杯状，高5~8 mm，直径1~1.8 cm，具6~9环带，被毛；坚果卵球形或椭球形，长1.4~2.5 cm，直径1~1.5 cm，无毛，果脐平。果期10月。

分布与生境：产陕西、河南、江苏、安徽、浙江、台湾、福建、江西、湖北、湖南、广东、广西、贵州、四川及云南，生于海拔200~2 500 m山地林中。日本、朝鲜、越南、老挝和泰国有分布。

食疗保健与药用功能：种仁有涩肠止泻、生津止渴之功效，适用于泄泻、痢疾、口渴等病症。

食用部位与食用方法：种仁去涩后可制作豆腐、酿酒或制粉丝。

29. 柯 石栎（壳斗科 Fagaceae）

Lithocarpus glaber（Thunb.）Nakai

识别要点：常绿乔木。单叶互生，叶片倒卵形、倒卵状椭圆形或长椭圆形，长6~14 cm，先端短尾尖，全缘或近顶端有少数浅齿，老叶背面有蜡鳞，无毛；叶柄长1~2 cm。壳斗浅碗状或碗状，高0.5~1 cm，直径1~1.5 cm，被三角形鳞片；坚果椭球形，长1.2~2.5 cm，直径0.8~1.5 cm，被白霜。果期9~10月。

分布与生境：产河南、江苏、安徽、浙江、福建、台湾、江西、湖北、湖南、广东、广西、贵州及四川，生于海拔500~1 500 m山地常绿阔叶林中。日本有分布。

食疗保健与药用功能：种仁有收敛止泻之功效，适用于痢疾、腹泻等病症。

食用部位与食用方法：种仁去涩后可制作豆腐、淀粉、粉丝及酿酒。

30. 灰柯（壳斗科 Fagaceae）

Lithocarpus henryi (Seem.) Rehd. & Wils.

识别要点：常绿乔木。枝、叶无毛。单叶互生，叶片窄长椭圆形或披针状长椭圆形，长 12~22 cm，宽 3~6 cm，先端短尖，全缘，老叶背面有蜡鳞；叶柄长 1.5~3.5 cm。壳斗浅碗状，高 0.6~1.4 cm，直径 1.5~2.4 cm，被宽卵状三角形鳞片；坚果圆锥形，长 1.2~2 cm，直径 1.5~2.4 cm，稍被白粉。果期 8~10 月。

分布与生境：产陕西、江苏、安徽、江西、湖北、湖南、贵州及四川，生于海拔 1 400~2 100 m 山地林中。

食疗保健与药用功能：种仁有祛风除湿之功效，适用于风湿骨痛等病症。

食用部位与食用方法：种仁去涩后可制作豆腐，制作淀粉及酿酒。

31. 麻栎（壳斗科 Fagaceae）

Quercus acutissima Carr.

识别要点：落叶乔木。单叶互生，叶片长椭圆状披针形，长 8~19 cm，叶缘有锯齿，侧脉 13~18 对，伸出齿尖呈芒刺状，老叶无毛或仅叶背脉上有毛；叶柄长 1~3 cm。壳斗杯状，直径 2~4 cm，高约 1.5 cm，被线形外曲小苞片；坚果 1 枚，卵球形或椭球形，长 1.7~2.2 cm，直径 1.5~2 cm。果期 8~9 月。

分布与生境：产辽宁、陕西、河北、河南、山西、山东、江苏、安徽、浙江、福建、台湾、江西、湖北、湖南、广东、海南、广西、贵州、四川及云南，生于海拔 2 200 m 以下山地林中。

食疗保健与药用功能：种仁味苦、涩，性微温，归脾、大肠、肾经，有收敛固涩、止血、解毒之功效，适用于泄泻痢疾、便血、痔疮出血、脱肛、小儿疝气、疮疡久溃不敛等病症。

食用部位与食用方法：种仁去涩后可制作豆腐、淀粉及酿酒。

32. 槲栎（壳斗科 Fagaceae）

Quercus aliena Bl.

识别要点： 落叶乔木；小枝粗，无毛。单叶互生，叶片椭圆状倒卵形或倒卵形，长 10~30 cm，叶缘有波状钝齿或锯齿，侧脉 10~15 对，老叶背面被绒毛或近无毛；叶柄长 1~1.3 cm。壳斗杯状，直径 1.2~2 cm，高 1~1.5 cm，被卵状披针形紧贴小苞片；坚果 1 枚，卵球形或椭球形，长 1.7~2.5 cm，直径 1.3~1.8 cm。果期 9~10 月。

分布与生境： 产辽宁、陕西、甘肃、河北、河南、山西、山东、江苏、安徽、浙江、台湾、福建、江西、湖北、湖南、广东、广西、贵州、四川及云南，生于海拔 2 700 m 以下丘陵、山地林中。日本和朝鲜有分布。

食疗保健与药用功能： 种仁有清热利湿、收敛、止痢之功效，适用于痢疾、腹泻等病症。

食用部位与食用方法： 种仁去涩后可制作淀粉、豆腐或酿酒。

33. 槲树 柞栎（壳斗科 Fagaceae）

Quercus dentata Thunb.

识别要点： 落叶乔木；小枝密被星状毛。单叶互生，叶片倒卵形或倒卵状椭圆形，长 10~30 cm，叶缘有粗齿或波状浅裂，侧脉 4~10 对，老叶背面密被星状毛；叶柄长 2~5 mm。壳斗杯状，直径 2~5 cm，高 1.2~2 cm，被披针形外曲小苞片；坚果 1 枚，卵球形或宽卵球形，长 1.5~2.3 cm，直径 1.2~1.5 cm。果期 9~10 月。

分布与生境： 产黑龙江、吉林、辽宁、陕西、甘肃、河北、河南、山西、山东、江苏、安徽、浙江、台湾、湖北、湖南、广西、贵州、四川及云南，生于海拔 2 700 m 以下山地阳坡林中。日本和朝鲜有分布。

食疗保健与药用功能： 种仁味苦、涩，性微温，有涩肠止泻之功效，适用于泄泻、痢疾等病症。

食用部位与食用方法： 种仁去涩后可做豆腐、淀粉及酿酒。

34. 蒙古栎 辽东栎（壳斗科 Fagaceae）

Quercus mongolica Fisch. ex Ledeb.

识别要点： 落叶乔木；小枝无毛。单叶互生，叶片倒卵形或倒卵状长椭圆形，长 7~19 cm，叶缘有粗钝齿，侧脉 7~11 对，老叶近无毛；叶柄长 2~8 mm。壳斗杯状，直径 1.5~1.8 cm，高 0.8~1.5 cm，被鳞片状小苞片；坚果 1 枚，卵球形或长卵球形，长 2~2.3 cm，直径 1.3~1.8 cm。果期 9 月。

分布与生境： 产黑龙江、吉林、辽宁、内蒙古、河北、山西、陕西、甘肃、宁夏、青海、河南、山西、山东及四川，生于海拔 200~2 500 m 山地林中。日本、朝鲜和俄罗斯有分布。

食疗保健与药用功能： 种仁有健脾止泻、收敛止血、涩肠固脱、解毒消肿之功效，适用于脾虚泄泻、痔疮出血、脱肛、乳痈等病症。

食用部位与食用方法： 种仁去涩后可制作豆腐、淀粉及酿酒。

35. 栓皮栎（壳斗科 Fagaceae）

Quercus variabilis Bl.

识别要点： 落叶乔木；茎干木栓层发达。单叶互生，叶片卵状披针形或长椭圆状披针形，长 8~15 cm，叶缘有锯齿，侧脉 13~18 对，伸出齿尖呈芒刺状，老叶背面密被灰白色星状毛；叶柄长 1~3 cm。壳斗杯状，直径 2.5~4 cm，高约 1.5 cm，被条形外曲小苞片；坚果 1 枚，宽卵球形或近球形，长约 1.5 cm。果期 9~10 月。

分布与生境： 产辽宁、陕西、甘肃、河北、河南、山西、山东、江苏、安徽、浙江、福建、台湾、江西、湖北、湖南、广东、广西、贵州、四川及云南，生于海拔 3 000 m 以下山地阳坡林中。

食疗保健与药用功能： 种仁味苦、涩，性平，有健胃、收敛、止血痢之功效，适用于痔疮、恶疮、痈肿等病症。

食用部位与食用方法： 种仁去涩、磨粉后可做面食、豆腐，制作淀粉、粉丝及酿酒。

36. 大果榆（榆科 Ulmaceae）

Ulmus macrocarpa Hance

识别要点：落叶乔木或灌木状；树皮暗灰色或灰黑色，不规则纵裂。单叶互生，叶片厚革质，宽倒卵形、倒卵状圆形、倒卵形，稀椭圆形，长5~12 cm，先端短尾状，基部渐窄或圆，稍心形或一边楔形，叶缘重锯齿，或兼单锯齿，两面粗糙、被毛；叶柄长2~10 mm。花先叶开放，在上年生枝上簇生或散生于新枝基部。翅果扁平，宽倒卵状圆形、近圆形或宽椭圆形，长2.5~4 cm，幼嫩时淡绿色。花果期4~5月。

分布与生境：产黑龙江、吉林、辽宁、内蒙古、河北、山西、陕西、甘肃、青海、山东、江苏、安徽、河南及湖北，生于海拔700~1 800 m山坡、山谷、台地、黄土丘陵及固定沙岗。朝鲜和俄罗斯有分布。

食疗保健与药用功能：果味辛、苦，性温，有祛痰、利尿、杀虫之功效，适用于痰多咳嗽、水肿、小便不利、蛔虫病等病症。

食用部位与食用方法：树皮富含淀粉，去除表面粗糙老皮后，取白色内皮晒干磨成粉称榆皮面，掺和面粉中食用。嫩果可做汤菜，亦可做馅。

37. 榆树（榆科 Ulmaceae）

Ulmus pumila L.

识别要点：落叶乔木；树皮暗灰色，不规则深纵裂，粗糙。单叶互生，叶片椭圆状卵形、长卵形或卵状披针形，长2~8 cm，基部一侧楔形或圆，另一侧圆或半心形，叶缘重锯齿或单锯齿，叶面无毛，叶背有毛；叶柄长4~10 mm。花先叶开放，在上年生枝叶腋呈簇生状。翅果扁平，近圆形，长1.2~2 cm，幼嫩时淡绿色，成熟后白黄色。花果期3~6月。

分布与生境：产东北、华北、西北及西南各地，生于海拔2 500 m以下山坡、山谷、丘陵及沙岗。朝鲜和俄罗斯有分布。

食疗保健与药用功能：树皮有利水、通淋、消肿之功效，适用于小便不利、水肿、虚劳白浊、失眠、内外出血、痈疽发背、丹毒、疥癣、瘰疬等病症。榆钱子味微甘，性平，有安神、利尿、清湿热、清心降火、止咳化痰、杀虫之功效，适用于妇女白带、小儿疳积等病症，外用可治疮癣。

食用部位与食用方法：树皮富含淀粉，去除表面粗糙老皮后，取白色内皮晒干磨成粉称榆皮面，掺和面粉中，可烙饼食用（口感黏滑，别具风味），亦可作为制醋原料。嫩叶洗净，可煮玉米粥。幼嫩绿色翅果称“榆钱子”，其味清甜，脆嫩。采摘时，可用枝剪，或高枝剪，或伸缩杆剪取或锯取果枝，采摘枝条上的簇生幼嫩果序，经摘除花序轴，用沥箕、盆在水中筛洗掉枯萎的花被片等杂质后，即可制作粑粑或其他食物。① 制作粑粑或馍。取出洗净的榆钱子，根据个人的喜好或口味，可以拌点香油和盐，或加入鸡蛋，喜欢甜食的还可加白糖，再和面粉混拌；面粉不宜过多，只起黏合成形作用，否则榆钱子的量少而味不够清甜脆嫩；亦可加入少量玉米粉或其他杂粮粉，混拌均匀，以能搓捏成形为度；若搓捏时黏手，则可在手心抹一点植物油，以方便搓捏，可搓捏成球形的榆钱子团或馍，蒸食；或搓捏成扁平的榆钱子粑粑，煎食或蒸食；若煎食，以小火将两面用油煎黄即可；若蒸食，则根据制品厚度，蒸10~15 min，蒸熟即可，不要蒸时过长，否则会失去榆钱子的清甜脆嫩口感。② 其他食用方法。洗净后的榆钱子经沥水后，还可以凉拌、炒食、做馅、做汤、煮食等。凉拌时，可以加入黄瓜、西红柿等其他食材相佐，并拌入自己喜欢的调料；炒食时，可与肉炒食，或作为配料与其他食材一同炒食；做馅时，可做饺子馅、包子馅；做汤时，可开蛋汤、肉片汤等。

38. 白桂木（桑科 Moraceae）

Artocarpus hypargyreus Hance

识别要点：常绿乔木，有乳汁。单叶互生，叶片椭圆形或倒卵形，长 8~15 cm，基部宽楔形或稍圆，全缘，叶面中脉被微毛，叶背有粉状毛；叶柄长 1.5~2 cm，被毛；节部具托叶环。花序单生叶腋。聚花果近球形，直径 3~4 cm，熟时淡黄色至橙黄色，肉质，被毛；总果梗长 2~4 cm，被毛。果期 7~8 月。

分布与生境：产福建、江西、湖南、广东、海南、广西及云南，生于海拔 160~1 600m 常绿阔叶林中。

食疗保健与药用功能：果有生津止渴、止血、消痞之功效，适用于口渴、咯血、衄血、食欲不振等病症。

食用部位与食用方法：果味酸甜，可鲜食或制作蜜饯、饮料的原料，以及酿酒、制作调料等。

39. 桂木（桑科 Moraceae）

Artocarpus nitidus Tréc. subsp. *lingnanensis*（Merr.）F. M. Jarr.

识别要点：常绿乔木，有乳汁。单叶互生，叶片矩圆状椭圆形或倒卵状椭圆形，长 7~15 cm，全缘或疏生浅齿，两面无毛；叶柄长 0.5~1.5 cm，被毛；节部具托叶环。花序单生叶腋。聚花果近球形，直径约 5 cm，成熟时红色，肉质，被毛。果期 5~9 月。

分布与生境：产湖南、广东、海南、广西及云南，生于中海拔林中。

食疗保健与药用功能：果味甘、酸，性平，有生津止渴、消痞之功效，适用于热病口渴、内热伤津、烦渴、腹胀等病症。

食用部位与食用方法：果味酸甜，可鲜食，或制作蜜饯、饮料的原料，或制作果酱、果汁等。

40. 构树（桑科 Moraceae）

Broussonetia papyrifera（L.）L'Hért. ex Vent.

识别要点：落叶乔木，有乳汁；小枝密被粗毛。单叶互生，叶片宽卵形或长椭圆状卵形，长 6~18 cm，基部近心形，叶缘有粗锯齿，不裂或 2~5 裂，叶面有糙毛，叶背密布绒毛，基部 3 出脉；叶柄长 2.5~8 cm。雄花序下垂，长 6~8 cm；雌花序球形，绿色。聚花果球形，直径 1.5~3 cm，成熟后橙红色，肉质。果期 6~7 月。

分布与生境：产辽宁、陕西、甘肃、河北、河南、山西、山东、江苏、安徽、福建、台湾、江西、湖北、湖南、广东、海南、广西、贵州、四川、云南及西藏，生于低山丘陵、荒地或水边。日本、朝鲜半岛、缅甸、越南、老挝、柬埔寨、泰国、马来西亚和太平洋岛屿有分布。

食疗保健与药用功能：果味甘，性寒，有补肾清肝、明目、利尿之功效，适用于肝肾不足、腰膝酸软、虚劳骨蒸、目生翳膜、头晕目昏、水肿胀满等病症。

食用部位与食用方法：雄花序经洗净后，可拌面蒸食，或经沸水焯后凉拌食用。成熟果实果汁味甜，可鲜食。

41. 大果榕（桑科 Moraceae）

Ficus auriculata Lour.

识别要点：常绿小乔木，有乳汁。幼枝中空。单叶互生，叶片宽卵状心形或近圆形，长15~55cm，先端尾尖，基部心形，叶面无毛，叶背有柔毛，全缘或疏生齿，基出脉5~7条，侧脉4~5对；叶柄长5~8cm。聚花果（榕果）簇生于树干基部或老茎短枝上，梨形或扁球形，直径3~6cm，具8~12纵肋，成熟时红褐色。果期5~8月。

分布与生境：产广东、海南、广西、贵州、四川及云南，生于海拔100~1 700m沟谷林中。印度、尼泊尔、不丹、巴基斯坦、缅甸、越南和泰国有分布。

食疗保健与药用功能：果味甘，性平，有祛风除湿之功效，适用于风湿疼痛、跌打损伤等病症。

食用部位与食用方法：嫩果可炒菜、烧汤、煮面，成熟果实味甜，可鲜食、酿酒、制作果酱。

42. 台湾榕（桑科 Moraceae）

Ficus formosana Maxim.

识别要点：灌木，有乳汁。单叶互生，叶片倒披针形，长4~11cm，先端尾尖，基部楔形，全缘或中上部疏生钝齿，叶面平滑。聚花果（榕果）单生叶腋，卵球形，直径6~9mm，成熟时绿带红色，顶端脐状，基部具短梗。花果期5~7月。

分布与生境：产浙江、台湾、福建、江西、湖南、广东、海南、广西、贵州及云南，多生于山谷沟边、溪边湿润处。越南北部有分布。

食疗保健与药用功能：果有下乳补血之功效，适用于乳汁不足等病症。

食用部位与食用方法：成熟果实可鲜食。

43. 尖叶榕（桑科 Moraceae）

Ficus henryi Warb.

识别要点： 常绿乔木，有乳汁。幼枝黄绿色，无毛。单叶互生，叶片倒卵状矩圆形或矩圆状披针形，长 7~16 cm，先端尾尖，基部楔形，两面均被点状钟乳体，全缘或中上部有疏锯齿，侧脉 5~7 对；叶柄长 1~1.5 cm。聚花果（榕果）单生叶腋，球形或椭球形，直径 1~2 cm，成熟时橙红色。果期 7~9 月。

分布与生境： 产甘肃南部、湖北、湖南、广西、贵州、四川、云南及西藏，生于海拔 600~1 600 m 山地疏林中或溪边湿地。越南有分布。

食疗保健与药用功能： 果实有清热利湿、解毒消肿之功效，适用于痔疮等病症。

食用部位与食用方法： 成熟果实味甜，可鲜食、酿酒、制作果酱。

44. 异叶榕（桑科 Moraceae）

Ficus heteromorpha Hemsl.

识别要点： 落叶小乔木或灌木状，有乳汁。单叶互生，叶片琴形、椭圆形或椭圆状披针形，长 10~18 cm，基部圆或稍心形，叶面粗糙，叶背有钟乳体，全缘或微波状，侧脉 6~15 对，红色；叶柄长 1.5~6 cm，红色。聚花果（榕果）对生短枝叶腋，稀单生，球形或圆锥状球形，光滑，直径 0.6~1 cm，成熟时紫黑色。果期 5~7 月。

分布与生境： 产陕西、甘肃、山西、河南、江苏、安徽、浙江、福建、江西、湖北、湖南、广东、广西、贵州、四川及云南，生于山谷、坡地及林中。

食疗保健与药用功能： 果味甘、酸，性温，有下乳补血之功效，适用于脾胃虚弱、乳汁不足等病症。

食用部位与食用方法： 果可鲜食或炖肉食，亦可制作果酱、磨粉等。

45. 聚果榕（桑科 Moraceae）

Ficus racemosa L.

识别要点：常绿乔木，有乳汁；幼枝、嫩叶及果实被平伏毛。单叶互生，叶片椭圆状倒卵形、椭圆形或长椭圆形，长 10~14 cm，基部楔形，全缘；叶柄长 2~3 cm。聚花果（榕果）聚生于老茎瘤状短枝上，稀成对生于落叶枝的枝腋，梨形，成熟时橙红色。果期 6~8 月。

分布与生境：产广西、贵州及云南，生于海拔 100~1 700 m 山谷或山沟湿地、溪边。印度、尼泊尔至东南亚和澳大利亚有分布。

食疗保健与药用功能：果有收敛、健胃、祛风之功效，适用于食欲不振、腹泻等病症。

食用部位与食用方法：成熟果实味甜，可食。

46. 地果（桑科 Moraceae）

Ficus tikoua Bur.

识别要点：匍匐木质藤本，有乳汁。茎上生有不定根。单叶互生，叶片倒卵状椭圆形，长 2~8 cm，基部圆或浅心形，叶面被刺毛，叶背沿脉有细毛，疏生波状浅齿；叶柄长 1~2（~6）cm。聚花果（榕果）成对或簇生于匍匐茎上，常埋于土中，球形或卵球形，直径 1~2 cm，成熟时深红色。果期 7 月。

分布与生境：产陕西、甘肃、湖北、湖南、广西、贵州、四川、云南及西藏，生于海拔 800~1 400 m 荒地、草坡或岩石缝中。印度、越南和老挝有分布。

食疗保健与药用功能：果味甘，性微寒，有清热解毒、涩精止遗之功效，适用于咽喉肿痛、遗精、滑精等病症。

食用部位与食用方法：嫩茎叶可炒肉、炖肉或做汤。果可食，或制作果酱、酿酒、熬糖。

47. 构棘（桑科 Moraceae）

Maclura cochinchinensis (Lour.) Comer

识别要点： 直立或攀缘状灌木，有乳汁；小枝无毛，有弯刺。单叶互生，叶片革质，椭圆状披针形或矩圆形，长 3~8 cm，基部楔形，全缘，无毛；叶柄长约 1 cm。花序腋生，头状。聚花果肉质，近球形，直径 2~5 cm，成熟后橙红色，肉质。果期 6~7 月。

分布与生境： 产安徽、浙江、台湾、福建、江西、湖北、湖南、广东、海南、广西、贵州、四川、云南及西藏，生于低山丘陵灌丛中。亚洲热带、澳大利亚和日本有分布。

食疗保健与药用功能： 果有理气、利水、消食之功效，适用于膀胱疝气、食积腹胀、小便不利等病症。

食用部位与食用方法： 成熟果实可鲜食或酿酒。

48. 柘 柘树（桑科 Moraceae）

Maclura tricuspidata Carr.

识别要点： 落叶乔木，有乳汁；小枝无毛，有刺。单叶互生，叶片卵形或菱状卵形，长 5~14 cm，基部楔形或圆，全缘或 3 裂，无毛；叶柄长 1~3.5 cm。雌花序单生或成对腋生，头状。聚花果近球形，直径约 2.5 cm，成熟后橘红色，肉质。果期 6~7 月。

分布与生境： 产辽宁、陕西、甘肃、河北、河南、山西、山东、江苏、安徽、浙江、福建、江西、湖北、湖南、广西、贵州、四川及云南，生于海拔 500~2 200 m 山地阳坡、石缝中或林缘。朝鲜半岛有分布。

食疗保健与药用功能： 果味苦，性平，有清热凉血、舒筋活络之功效，适用于跌打损伤等病症。

食用部位与食用方法： 成熟果实可鲜食或酿酒。

49. 桑（桑科 Moraceae）

Morus alba L.

识别要点：落叶乔木。单叶互生，叶片卵形或宽卵形，长 5~15 cm，基部圆或微心形，叶缘锯齿粗钝，有时缺刻，叶面无毛，叶背脉腋间有簇生毛；叶柄长 1.5~5.5 cm。雌花序长 1~2 cm；雌花无梗。聚花果卵状椭球形，长 1~2.5 cm，幼时绿色，成熟后红色至暗紫色。果期 5~7 月。

分布与生境：原产我国中部至北部，约有 4 000 年栽培历史，现各地有栽培或野化。世界各地有栽培。

食疗保健与药用功能：叶味甘、苦，性寒，归肺、肝经，有疏散风热、清肺润燥、清肝明目之功效，适用于风热感冒、肺热燥咳、头晕头痛、目赤昏花等病症。果味甘、酸，性寒，归心、肝、肾经，有滋阴补血、生津润燥之功效，适用于肝肾阴虚、眩晕耳鸣、心悸失眠、须发早白、津伤口渴、内热消渴、肠燥便秘等病症。

食用部位与食用方法：采摘嫩叶，经沸水焯、清水浸泡后，可根据个人口味，加入调料或其他佐料，做汤食用；或切细，拌入鸡蛋，煎炒食（类似于香椿炒鸡蛋）。果称“桑葚”，味甜，可鲜食，或加工制成桑葚酒、桑葚汁、桑葚口服液、桑葚酱、桑葚干等。

50. 鸡桑（桑科 Moraceae）

Morus anstralis Poir.

识别要点：落叶乔木。单叶互生，叶片卵形，长5~14 cm，基部稍心形或平截，叶缘有锯齿，不裂或3~5裂，叶面有硬毛，叶背沿脉被粗毛；叶柄长1~1.5 cm。雌花序长约1 cm；雌花无梗。聚花果近椭球形，直径约1 cm，成熟后红色至暗紫色。果期4~5月。

分布与生境：产辽宁、陕西、甘肃、河北、河南、山西、山东、江苏、安徽、浙江、福建、台湾、江西、湖北、湖南、广东、海南、广西、四川、云南及西藏，生于海拔500~2 000 m石灰岩山地、林缘及荒地。日本、朝鲜半岛、不丹、印度、尼泊尔和缅甸有分布。

食疗保健与药用功能：叶有清热解毒、解表之功效，适用于风热感冒、肺热咳嗽、头痛、咽痛等病症。果有滋补功效。

食用部位与食用方法：嫩叶经沸水焯、清水浸泡后，可做汤食用；或切细，拌入鸡蛋，煎炒食（类似于香椿炒鸡蛋）。果味甜，可鲜食及酿酒。

51. 华桑（桑科 Moraceae）

Morus cathayana Hemsl.

识别要点：落叶小乔木或灌木状。单叶互生，叶片宽卵形或近圆形，长8~20 cm，基部心形或平截，叶缘疏生浅齿或钝齿，不裂或有时分裂，叶面疏被短伏毛，叶背密生白色柔毛；叶柄长2~5 cm。雌花序长1~3 cm。聚花果圆筒状，长2~3 cm，直径不及1 cm，成熟时白色、红色或黑色。果期5~6月。

分布与生境：产陕西、河南、江苏、安徽、浙江、福建、湖北、湖南、广东北部及四川，生于海拔900~1 300 m干旱阳坡或沟谷。日本和朝鲜半岛有分布。

食疗保健与药用功能：叶有清热凉血、润燥、祛风、清肝明目之功效，适用于风热感冒、肺热燥咳、头晕头痛、目赤等病症。果有滋阴降火、补血、生津润燥之功效，适用于肝肾阴虚、眩晕耳鸣、内热消渴等病症。

食用部位与食用方法：嫩叶经沸水焯、清水浸泡后，可做汤食用；或切细，拌入鸡蛋，煎炒食（类似于香椿炒鸡蛋）。果可鲜食及酿酒。

52. 蒙桑（桑科 Moraceae）

Morus mongolica（Bur.）Schneid.

识别要点：落叶乔木；小枝暗红色。单叶互生，叶片长椭圆状卵形，长 8~15 cm，先端尾状尖，基部心形，叶缘有锯齿，齿尖有长刺芒，两面无毛；叶柄长 2.5~3.5 cm。雌花序长 1~1.5 cm；雌花无梗。聚花果椭球形，长 1.5 cm，成熟后红色至紫黑色。果期 4~5 月。

分布与生境：产黑龙江、吉林、辽宁、陕西、内蒙古、河北、河南、山西、山东、江苏、安徽、湖北、湖南、广西、贵州、四川、云南及西藏，生于海拔 500~3 500 m 山地林中或山坡。日本、朝鲜半岛和蒙古有分布。

食疗保健与药用功能：叶有发散风热、清肺、止咳、明目之功效，适用于风热感冒、咳嗽、头痛、咽痛等病症。果有补脾胃、补肝肾之功效，适用于肝肾阴虚、虚热、内热烦渴等病症。

食用部位与食用方法：嫩叶经沸水焯、清水浸泡后，可做汤食用；或切细，拌入鸡蛋，煎炒食（类似于香椿炒鸡蛋）。果可鲜食。

53. 苎麻（荨麻科 Urticaceae）

Boehmeria nivea（L.）Gaudich.

识别要点：亚灌木或灌木。茎上部与叶柄均密被长硬毛和糙毛。单叶互生，叶片宽卵形或近圆形，长 6~15 cm，宽 4~11 cm，边缘具牙齿，叶面疏被毛，叶背密被白色毡毛，叶柄长 2.5~9.5 cm。圆锥花序腋生。

分布与生境：产陕西、安徽、浙江、福建、台湾、江西、湖北、湖南、广东、海南、广西、贵州、四川及云南，生于海拔 200~1 700 m 山谷、林缘及草坡。越南和老挝有分布。

食疗保健与药用功能：叶味甘、微苦，性寒，有小毒，归肝、心经，有止血凉血、散瘀之功效，适用于咯血、呕血、尿血、乳痈、创伤出血等病症。

食用部位与食用方法：嫩芽、幼叶经沸水焯后可炒食或凉拌食用，或混拌糯米粉加工成苎麻饼，称“苎麻粑子”。

54. 牡丹（毛茛科 Ranunculaceae）

Paeonia suffruticosa Andr.

识别要点： 落叶灌木。分枝短而粗。叶无毛，常为二回三出复叶；叶柄长 5～11 cm；顶生小叶宽卵形，长 7～8 cm，3 裂至中部，叶面绿色，叶背淡绿色，小叶柄长 1.2～3 cm；侧生小叶窄卵形或矩圆状卵形，长 4.5～6.5 cm，近无柄。花单生于枝顶，直径 10～17 cm；花梗长 4～6 cm；苞片 5 枚；萼片 5 枚；花瓣 5 枚，或为重瓣，玫瑰色、红紫色或粉红色至白色，倒卵形，长 5～8 cm；雄蕊多数。花期 4～5 月。

分布与生境： 牡丹在我国已有逾 2 000 年的栽培历史，现已广泛栽培，并早已引种国外。野生类型仅见于安徽巢湖和河南嵩县。

食疗保健与药用功能： 味苦，性平，有调经活血之功效，适用于月经不调、经行腹痛等病症。

食用部位与食用方法： 花瓣可做炒菜配料食用，或沏水喝。

55. 猫儿屎（木通科 Lardizabalaceae）

Decaisnea insignis (Griff.) Hook. f. & Thoms.

识别要点：落叶灌木。单数羽状复叶着生于茎顶，叶长 50~90 cm，小叶 13~33 枚，对生，小叶片卵形至卵状矩圆形，长 6~14 cm；叶柄长 10~20 cm。浆果下垂，圆柱状，稍弯曲，成熟时蓝色或蓝紫色，被白粉，长 5~10 cm，直径约 2 cm。种子黑色，多数，椭球形，扁平，长约 1 cm。果期 7~8 月。

分布与生境：产陕西、甘肃、江苏、安徽、浙江、江西、湖北、湖南、贵州、广西、四川、云南及西藏，生于海拔 500~3 800 m 阴坡杂木林中及林缘。尼泊尔、不丹、印度和缅甸有分布。

食疗保健与药用功能：果味甘、辛，性平，有清肺止咳、祛风除湿之功效，适用于肺结核咳嗽、风湿关节痛等病症。

食用部位与食用方法：果肉味甜可食，亦可酿酒或制糖。

56. 八角 八角茴香、大料（木兰科 Magnoliaceae）

Illicium verum Hook. f.

识别要点：常绿乔木。单叶互生，全缘，叶倒卵状椭圆形、倒披针形或椭圆形，长 5~15 cm，揉碎后散发八角茴香气味。蓇葖果 7~8 枚，长 1.4~2 cm，顶端圆钝，单轮排列，平展，直径 3.5~4 cm；果梗长 2~5 cm。

分布与生境：主产广东、广西及云南，生于海拔 60~2 100 m 山地湿润常绿阔叶林中。越南有分布。

食疗保健与药用功能：果味辛，性温，归肝、肾、脾、胃经，有温阳散寒、理气止痛之功效，适用于寒疝腹痛、肾虚腰痛、胃寒呕吐、脘腹冷痛等病症。

食用部位与食用方法：果味甘甜，可做调味香料，用于煮卤味、烹菜肴、腌腊肉、制酱菜、配五香食品等；叶及鲜果可提取八角茴香油，为食品香料。

注意事项：本科中其他植物的叶揉碎后散发樟脑香气，蓇葖 12~13 枚（若为 7~8 枚蓇葖，则直径 2~4 cm），蓇葖顶端具长 4~6 mm 的喙状尖头，果味酸或苦，多少有毒，不能食用，例如莽草 *Illicium lanceolatum* A. C. Smith。即使是正品八角，其果实也只能作为调味食品，不能大量食用，曾有人大量炒食八角种子，食后出现头昏目眩、恶心呕吐等不良反应。

57. 玉兰 白玉兰（木兰科 Magnoliaceae）

Magnolia denudata Desr.

识别要点： 落叶乔木；冬芽密生长毛；小枝淡灰褐色，节部具环状痕迹。单叶互生，叶片倒卵形至倒卵状矩圆形，长 10~18 cm，宽 6~10 cm，全缘。花单生枝顶，先叶开放，芳香，直径 10~15 cm；花被片 9 枚，白色，矩圆状倒卵形；雄蕊多数。花期 2~3 月。

分布与生境： 产陕西、河南、安徽、浙江、江西、湖北、湖南、广东、贵州及四川，生于海拔 500~1 000 m 林中。现广植于全国各地。

食疗保健与药用功能： 花蕾味甘，性温，有散风寒、通鼻窍之功效，适用于风寒头痛、鼻塞流涕、鼻鼽、鼻渊等病症。

食用部位与食用方法： 花瓣经沸水焯后，可煮粥、炒食、和面糊炸食、开蛋汤或肉汤，也可用糖或蜂蜜腌制成酱，做甜食的馅料。

58. 含笑花 含笑（木兰科 Magnoliaceae）

Michelia figo（Lour.）Spreng.

识别要点： 常绿灌木，高达 3 m。芽、幼枝、叶柄、花梗均密被黄褐色绒毛。单叶互生，叶片革质，窄椭圆形或倒卵状椭圆形，长 4~10 cm，先端钝，具短尖，基部楔形或宽楔形，叶面有光泽；叶柄长 2~4 mm，托叶痕达叶柄顶端。花淡黄色，边缘有时红色或紫红色，芳香；花被片 6 枚，肉质，长椭圆形，长 1.2~2 cm。

分布与生境： 产广东及广西，生于阴坡杂木林中或溪谷沿岸。现广植于全国各地。

食疗保健与药用功能： 花有活血祛瘀、行气止痛之功效，适用于月经不调、痛经等病症。

食用部位与食用方法： 花芳香，可制花茶。

59. 阴香（樟科 Lauraceae）

Cinnamomum burmannii（Nees & T. Nees）Bl.

识别要点： 常绿乔木。树皮平滑，灰褐色至黑褐色；小枝绿色或绿褐色，无毛；树皮、枝皮及叶揉碎后有桂皮香味。单叶互生，叶片卵形、矩圆形或披针形，长 5.5～10.5 cm，先端短渐尖，基部宽楔形，无毛，离基三出脉；叶柄长 0.5～1.2 cm，无毛。花序长（2～）3～6 cm，花序梗与花序轴均密被灰白色微柔毛。果卵球形，长约 8 mm；果托高 4 mm，具 6 齿。

分布与生境： 产福建、江西、广东、海南、广西、贵州及云南，生于海拔 100～1 400 m 的山地林中或灌丛中。印度、缅甸、越南、印度尼西亚及菲律宾有分布。

食疗保健与药用功能： 叶味辛，性温，归脾经，树皮有祛风除湿、温中止痛之功效，适用于跌打损伤、风湿痹痛、胃脘痛等病症。

食用部位与食用方法： 叶可做罐头香料或火锅香料。树皮可做肉桂代用品。

60. 肉桂（樟科 Lauraceae）

Cinnamomum cassia（L.）D. Don

识别要点：常绿乔木。树皮灰褐色，老树皮厚达 1.3 cm；幼枝稍四棱，黄褐色，具纵纹，密被灰黄色绒毛。单叶互生，叶片长椭圆形或近披针形，长 8~16 cm，先端稍骤尖，基部楔形，背面疏被毛，离基三出脉；叶柄长 1.2~2 cm，被黄色绒毛。树皮、幼枝及叶揉碎均具肉桂香。核果浆果状，椭球形，长约 1 cm，黑紫色。果期 10~12 月。

分布与生境：产福建、江西、广东、海南、广西、贵州及云南，生于海拔 1 000~1 400 m 的山地林中或灌丛中。印度、缅甸、越南、印度尼西亚及菲律宾有分布。

食疗保健与药用功能：树皮味辛、甘，性大热，归肾、脾、心、肝经，有补火助阳、引火归元、散寒止痛、温通经脉之功效，适用于阳痿宫冷、腰膝冷痛、肾虚作喘、虚阳上浮、眩晕目赤、心腹冷痛、虚寒吐泻、寒疝腹痛、闭经痛经等病症。果味辛、甘，性热，归肾、脾、心、肝经，有补火助阳、活血通经、散寒、补肾、止痛之功效，适用于腰膝痛、胃痛、消化不良、腹痛吐泻、闭经等病症。

食用部位与食用方法：树皮、叶及果可做罐头香料或火锅香料。

61. 香桂（樟科 Lauraceae）

Cinnamomum subavenium Miq.

识别要点：常绿乔木。树皮灰色，平滑；小枝密被黄色平伏绢状柔毛。单叶互生，叶片椭圆形、卵状椭圆形或披针形，长 4~13.5 cm，先端渐尖或短尖，基部楔形或圆形，叶面初被毛，后脱落无毛，叶背初密被毛，后渐稀，三出脉或近离基三出脉，背面脉腋常具浅囊状隆起；叶柄长 0.5~1.5 cm，密被黄色平伏绢毛。树皮、幼枝及叶揉碎均具香味。

分布与生境：产安徽、浙江、福建、台湾、江西、湖北、湖南、广东、海南、广西、贵州、四川、云南及西藏，生于海拔 400~2 500m 山坡或山谷常绿阔叶林中。东南亚有分布。

食疗保健与药用功能：叶有温中散寒、活血止痛、行气宽中之功效，适用于风湿痹痛、腹胀、腹痛、痛经等病症。

食用部位与食用方法：叶可做调味品，是罐头食品的重要配料。

62. 川桂（樟科 Lauraceae）

Cinnamomum wilsonii Gamble

识别要点：常绿乔木。单叶互生，叶片卵形或卵状长圆形，先端钝尖，叶缘全缘而内卷，背面灰绿色，初被白色丝毛，离基三出脉；叶柄长 1~1.5 cm，无毛。树皮、幼枝及叶揉碎均具香味。核果浆果状，卵球形。果期 8~10 月。

分布与生境：产陕西、河南、安徽、江西、湖北、湖南、广东、广西、贵州及四川，生于海拔 300~2 400 m 山谷、阳坡、沟边及林中。

食疗保健与药用功能：枝皮有温中散寒、祛风除湿、温经通络之功效，适用于胃寒呕吐、寒湿泄泻、风湿痹痛、跌打损伤等病症。

食用部位与食用方法：枝皮、叶及果实可做罐头香料或火锅香料。

63. 山胡椒（樟科 Lauraceae）

Lindera glauca（Sieb. & Zucc.）Bl.

识别要点：落叶小乔木或灌木状，高达 8 m。小枝灰色或灰白色。单叶互生，叶片宽椭圆形、椭圆形或倒卵形，长 4~9 cm，叶缘全缘，叶背被白色柔毛；翌年发新叶时落叶。核果浆果状，球形，黑褐色，直径约 6 mm；果梗长 1~1.5 cm。叶及果揉碎后均有香味。果期 7~9 月。

分布与生境：产陕西、甘肃、河南、山东、江苏、安徽、浙江、福建、湖北、湖南、广西、贵州及四川，生于海拔 900 m 以下山坡及林缘。朝鲜、日本和越南有分布。

食疗保健与药用功能：叶有解毒消疮、祛风止痛、止痒、止血之功效。果味辛、苦，性温，有温中散寒、行气止痛、平喘之功效，适用于中风不语、心腹冷痛、胸满痞闷、哮喘等病症。

食用部位与食用方法：叶及果可提取芳香油，做调味油，或直接取叶和幼果做调味食材。

64. 山鸡椒（樟科 Lauraceae）

Litsea cubeba（Lour.）Pers.

识别要点：落叶小乔木或灌木状，高达 10 m，全株无毛。枝、叶及果实揉碎后均有芳香味。单叶互生，叶片披针形或矩圆形，长 4~11 cm，先端渐尖，基部楔形，叶缘全缘，侧脉 6~10 对；叶柄长 0.6~2 cm。花单生或数朵簇生；花序梗长 0.6~1 cm。核果浆果状，球形，黑褐色，直径约 5 mm，成熟后黑色，果梗长 2~4 mm。果期 7~8 月。

分布与生境：产江苏、安徽、浙江、福建、台湾、江西、湖北、湖南、广东、海南、广西、贵州、四川、云南及西藏，生于海拔 200~3 200 m 向阳山地、水边、灌丛或林中。东南亚有分布。

食疗保健与药用功能：果有温中散寒、行气止痛之功效，适用于胃寒呕逆、脘腹冷痛、寒湿郁滞、小便混浊等病症。

食用部位与食用方法：叶及果可提取芳香油，做调味油，或直接取叶和幼果做调味食材。

65. 木姜子（樟科 Lauraceae）

Litsea pungens Hemsl.

识别要点：落叶小乔木。幼枝被毛。单叶互生，常集生枝顶，叶片披针形至倒卵状披针形，长 4~15 cm，基部楔形，侧脉 5~7 对；叶柄长 1~2 cm。花先叶开放。核果浆果状，球形，直径 7~10 mm，蓝黑色；果梗长 1~2.5 cm。果期 7~9 月。

分布与生境：产陕西、甘肃、山西、河南、浙江、福建、湖北、湖南、广东、广西、贵州、四川、云南及西藏，生于海拔 800~2 300 m 山地阳坡杂木林中或林缘、溪边。

食疗保健与药用功能：有温中散寒、燥湿健脾、行气止痛之功效，适用于寒性腹痛、食积、腹胀、消化不良、泄泻、呕吐等病症。

食用部位与食用方法：叶及果可提取芳香油，做调味油，或直接取幼果做调味食材。

66. 屈头鸡（山柑科 Capparaceae）

Capparis versicolor Griff.

识别要点：常绿灌木。单叶互生，近革质，叶片椭圆形或矩圆状椭圆形，长 3~8 cm，宽 1.5~3.5 cm，全缘；叶柄长 0.5~1 cm；托叶 2 枚，刺状，下弯。花白色或淡红色。浆果，成熟时黑色，球形，直径 3~5 cm；雌蕊柄长达 5 cm。种子多数，近肾形。果期 8 月至翌年 2 月。

分布与生境：产广东、海南及广西，生于海拔 100~2 000 m 疏林或灌丛中。中南半岛有分布。

食疗保健与药用功能：果味甘、微苦，性平，有化痰止咳、散瘀止痛之功效，适用于哮喘、跌打肿痛、痈肿疮疖等病症。

食用部位与食用方法：果可食，味甘凉。

67. 树头菜（山柑科 Capparaceae）

Crateva unilocularis Buch.-Ham.

识别要点：乔木。掌状复叶互生，小叶背面苍灰色，侧生小叶基部不对称，长 5~18 cm，宽 2.5~8 cm，中脉带红色，全缘；叶柄长 3.5~12 cm，小叶柄长 0.5~1 cm。花序总状或伞房状，花白色或淡黄色。浆果，成熟时淡黄色或近灰白色，球形，直径 2.5~4 cm；雌蕊柄长达 7 cm。种子多数，肾形。果期 7~8 月。

分布与生境：产浙江、福建、广东、海南、广西及云南。生于海拔 1 500 m 以下山地、丘陵沟谷或溪边湿地。尼泊尔、印度、缅甸、越南、老挝和柬埔寨有分布。

食疗保健与药用功能：叶味苦，性寒，有清热解毒、舒筋活络、健胃止泻之功效，适用于肝炎、痢疾、泄泻、风湿关节痛、腮腺炎、胃痛、咳痰、烂疮、斑痧热症、毒蛇咬伤等病症。

食用部位与食用方法：嫩叶经盐渍可食用。

68. 长刺茶藨子（虎耳草科 Saxifragaceae）

Ribes alpestre Wall. ex Decne.

识别要点：落叶灌木。茎下部节上着生 3 枚粗刺，刺长 1~2 cm，节间常疏生针刺或腺毛。单叶互生，叶片宽卵形，长 1.5~3 cm，基部近平截或心形，两面被毛，叶片掌状 3 或 5 裂，叶缘具缺刻状粗钝齿或重锯齿；叶柄长 2~3.5 cm。花单生或 2~3 朵组成短总状花序，花梗长 5~8 mm。浆果近球形或椭球形，直径 1~1.2 cm，成熟时紫红色，具腺毛，味酸。果期 6~9 月。

分布与生境：产山西、陕西、甘肃、宁夏、青海、河南、湖北、四川、云南及西藏，生于海拔 1 000~3 900 m 阳坡疏林下灌丛中、林缘、河谷草地或河边。不丹、阿富汗和克什米尔地区有分布。

食疗保健与药用功能：果有清热、止痛、舒盘活血、祛风湿之功效，适用于萎缩性胃炎、胆汁缺乏症、高血压等病症。

食用部位与食用方法：成熟果实可鲜食，或制作果酱、果酒、果糖及果汁。

69. 刺果茶藨子（虎耳草科 Saxifragaceae）

Ribes burejense Fr. Schmidt

识别要点：落叶灌木。茎下部节上着生 3~7 枚长达 1 cm 粗刺，节间密生细刺。单叶互生，叶片宽卵形，长 1.5~4 cm，基部平截或心形，被毛，叶片掌状 3 或 5 裂，叶缘有粗钝锯齿；叶柄长 1.5~3 cm。雌花序具 1~3 朵花。浆果球形，直径约 1 cm，成熟时暗红黑色，有多数小刺。果期 7~8 月。

分布与生境：产黑龙江、吉林、辽宁、陕西、甘肃、内蒙古、河北、山西及河南，生于海拔 900~2 300 m 山地针叶林，阔叶林或针、阔叶混交林，山坡灌丛或溪旁。朝鲜和俄罗斯有分布。

食疗保健与药用功能：果味酸，性平，有清热燥湿、利水、调经之功效，适用于风湿痛、月经不调等病症。

食用部位与食用方法：同长刺茶藨子。

70. 东北茶藨子（虎耳草科 Saxifragaceae）

Ribes mandshuricum（Maxim.）Kom.

识别要点：落叶灌木。单叶互生，叶片长宽均 5~10 cm，基部心形，幼时被毛，叶片掌状 3 或 5 裂，裂片卵状三角形，叶缘有不整齐粗锯齿或重锯齿；叶柄长 4~7 cm。雌花序具 40~50 朵花；花序轴被毛；花浅黄绿色。浆果卵球形，直径 7~9 mm，红色。果期 7~8 月。

分布与生境：产黑龙江、吉林、辽宁、内蒙古、陕西、甘肃、山西、山东、河北及河南，生于海拔 300~1 900 m 山坡或山谷针、阔叶混交林下。朝鲜半岛和俄罗斯东部有分布。

食疗保健与药用功能：果味酸，性平，有疏风解表、散寒之功效，适用于感冒等病症。

食用部位与食用方法：同长刺茶藨子。

71. 美丽茶藨子（虎耳草科 Saxifragaceae）

Ribes pulchellum Turcz.

识别要点：落叶灌木。茎下部节上常具 1 对小刺，节间无刺或小枝疏生细刺。单叶互生，叶片宽卵圆形，长 1~3 cm，基部近平截或浅心形，两面被毛，叶片掌状 3 或 5 裂，叶缘有粗锐或微钝单锯齿，或混生重锯齿；叶柄长 0.5~2 cm。雌花序具花 8~10 朵，长 2~3 cm。浆果球形，直径 5~8 mm，成熟时红色，无毛。果期 8~9 月。

分布与生境：产内蒙古、河北、山西、陕西、甘肃、宁夏及青海，生于海拔 300~2 800 m 多石砾山坡、沟谷、黄土丘陵或阳坡灌丛中。蒙古和俄罗斯西伯利亚有分布。

食疗保健与药用功能：果有解毒、解表散寒之功效，适用于感冒发热、恶寒、咽喉痛、鼻塞、头痛等病症。

食用部位与食用方法：同长刺茶藨子。

72. 杜仲（杜仲科 Eucommiaceae）

Eucommia ulmoides Oliver

识别要点： 落叶乔木。树皮内含树胶，折断拉开有多数细丝。单叶互生，叶片椭圆形、卵形或矩圆形，长 6~15 cm，宽 3.5~6.5 cm，先端渐尖，基部楔形或近圆形，羽状叶脉，边缘有锯齿，叶片撕断处有胶丝相连；叶柄长 1~2 cm；无托叶。翅果扁平，长椭圆形，长 3~3.5 cm，周围有薄翅。

分布与生境： 产陕西、甘肃、河南、浙江、湖北、湖南、广西、贵州、四川及云南，生于海拔 100~2 500 m 山谷或林中。

食疗保健与药用功能： 叶味微辛，性温，归肝、肾经，有补肝肾、强筋骨之功效，适用于肝肾不足、头晕目眩、腰膝酸痛、筋骨痿软等病症。树皮味甘，性温，归肝、肾经，有补肝肾、强筋骨、安胎之功效，适用于肝肾不足、腰膝酸痛、筋骨无力、头晕目眩、妊娠漏血、胎动不安等病症。

食用部位与食用方法： 采摘嫩芽，经洗净、沸水焯后，可凉拌、炒食或做汤。

73. 山桃（蔷薇科 Rosaceae）

Amygdalus davidiana（Carr.）de Vos ex Henry

识别要点：落叶乔木；枝皮暗紫色，光滑。单叶互生，叶片卵状披针形，长 5~13 cm，叶面无毛，叶缘有细锐锯齿；叶柄长 1~2 cm，无毛，常具腺体。花单生，先叶开放，粉红色或白色。核果近球形，直径 2.5~3.5 cm，成熟后淡黄色，密被柔毛，果梗短而深入果洼，果肉较薄，不裂；核球形或近球形，两侧扁，顶端钝圆，具纵、横沟纹和孔穴，与果肉分离。果期 7~8 月。

分布与生境：产黑龙江、辽宁、内蒙古、河北、河南、山东、山西、陕西、甘肃、青海、新疆、四川及云南，生于海拔 800~3 200 m 山坡、山谷、沟底、林内或灌丛中。

食疗保健与药用功能：桃胶味甘、苦，性平，适用于石淋、血淋等病症，止痢疾。果肉味甘酸、性微温，可预防贫血和便秘，有补气养血，养阴生津，润肠通便之功效。核仁味甘、苦，性平，有活血祛瘀、润肠通便、止咳平喘之功效，适用于经闭、痛经、症瘕痞块、跌打损伤、肠燥便秘、咳嗽气喘等病症。

食用部位与食用方法：桃胶（夏季破损树皮处流出的树脂，或切割树皮流出的树脂）经收集后，通过水浸，清除杂质，晒干备用；待一定量后，取出，食前用水泡发，可与瘦猪肉片或鸡蛋开汤食用；或用开水充分泡发（约 24 h），打成浆，加入白糖或蜂蜜，拌匀，置于冰箱中，冷却后呈果冻状，当冷饮食用。果味苦，可煮熟后食用，或酿酒、制作果酱及果脯等；核仁经烘干、焙干、炒熟后可食。

74. 光核桃（蔷薇科 Rosaceae）

Amygdalus mira (Koehne) Ricker

识别要点：落叶乔木。单叶互生，叶片披针形至卵状披针形，长 5~11 cm，叶面无毛，叶背沿中脉被短柔毛，叶缘有圆钝锯齿，齿端常有小腺体；叶柄长 0.8~1.5 cm，无毛，常具扁平紫红色腺体。花单生，先叶开放，粉红色。核果近球形，直径约 3 cm，密被柔毛，肉质，不裂；核扁卵球形，顶端急尖，表面光滑，有少数不明显纵向沟纹。果期 8~9 月。

分布与生境：产四川、云南及西藏，生于海拔 2 000~4 000 m 山坡林内或山谷沟边。

食疗保健与药用功能：桃胶味甘、苦，性平，适用于石淋、血淋等病症，亦可止痢疾。核仁有破血行瘀、润肠通便之功效。

食用部位与食用方法：桃胶经收集后，通过水浸，清除杂质，可食用，方法同山桃。果含糖量高，可鲜食或制作罐头、果脯。核仁味苦或甜，经炒或烘干后可食，可榨油或酿酒。

75. 东北杏（蔷薇科 Rosaceae）

Armeniaca mandshurica (Maxim.) Skv.

识别要点：落叶乔木；树皮木栓质发达，深裂。单叶互生，叶片宽卵形或宽椭圆形，长 5~12 cm，先端渐尖或尾状，幼时两面被毛，老时仅叶背脉腋处有毛，叶缘具细长尖锐重锯齿；叶柄长 1.5~3 cm，常有 2 腺体。花单生，先叶开放，白色或粉红色。核果近球形，直径 1.5~2.6 cm，被柔毛，熟后不裂，黄色，向阳面常具红晕；核近球形，两侧扁，顶端钝或微尖。果期 6~7 月。

分布与生境：产黑龙江、吉林及辽宁，生于海拔 200~1 000 m 山坡灌丛、山地林中或荒野。朝鲜半岛和俄罗斯东部有分布。

食疗保健与药用功能：杏仁味苦，性微温，有小毒，归肺、大肠经，有降气止咳平喘、润肠通便之功效，适用于咳嗽气喘、胸满痰多、肠燥便秘等病症。

食用部位与食用方法：大果类型可食，有香味；杏仁加工熟后可食。

注意事项：有小毒，用量不宜过大，不可鲜食。婴儿慎用；阴虚咳喘、大便溏泻者忌用。

76. 梅（蔷薇科 Rosaceae）

Armeniaca mume Sieb.

识别要点：落叶小乔木。单叶互生，叶片卵形或椭圆形，长 4~8 cm，先端尾状，幼时两面被毛，老时仅叶背脉腋处有毛，叶缘具细小锐锯齿；叶柄长 1~2 cm，常有腺体。花单生或 2 朵生于 1 芽内，先叶开放，白色或粉红色，香味浓。核果近球形，直径 2~3 cm，被柔毛，成熟后不裂，黄色或绿白色，味酸，果肉粘核；核椭球形，顶端圆。果期 5~6 月。

分布与生境：产四川和云南，生于海拔 3 100 m 以下山坡、溪边或开阔林中，全国各地有栽培。

食疗保健与药用功能：花微酸，性平，归肝、胃、肺经，有开郁和中、化痰解毒之功效，适用于郁闷心烦、肝胃气痛、梅核气、瘰疬疮毒等病症。果味酸、涩，性平，归肝、脾、肺、大肠经，有止咳平喘、敛肺涩肠、生津、安蛔之功效，适用于肺虚久咳、虚热消渴、蛔厥呕吐腹痛、胆道蛔虫症等病症。

食用部位与食用方法：果可鲜食、盐渍或干制。

77. 山杏（蔷薇科 Rosaceae）

Armeniaca sibirica（L.）Lam.

识别要点：落叶灌木或小乔木。单叶互生，叶片卵形或近圆形，长 5~10cm，先端长渐尖或尾状尖，两面无毛，叶缘有细钝锯齿；叶柄长 2~3.5 cm，无毛。花单生，先叶开放，白色或粉红色。核果扁球形，直径 1.5~2.5 cm，被柔毛，成熟后不裂，黄色或橘红色，常具红晕；核扁球形，两侧扁，顶端圆，易与果肉分离。果期 6~7 月。

分布与生境：产黑龙江、吉林、辽宁、陕西、甘肃、青海、新疆、内蒙古、山西、河北及河南，生于海拔 400~2 500 m 干旱阳坡、山沟石崖、林下或灌丛中。蒙古和俄罗斯东部有分布。

食疗保健与药用功能：杏仁味苦，性微温，有小毒，归肺、大肠经，有降气止咳平喘、润肠通便之功效，适用于咳嗽气喘、胸满痰多、血虚津枯、肠燥便秘等病症。

食用部位与食用方法：青杏味酸，鲜食口感不大好，可加工制作青丝、果脯、果丹皮、罐头、酒等；杏仁营养丰富，加工熟后可食，亦可制作糕点、糖果、杏仁霜、杏仁露等。

注意事项：生杏仁含有毒物质氢氰酸，加热脱毒后才可食用。

78. 杏（蔷薇科 Rosaceae）

Armeniaca vulgaris Lam.

识别要点：落叶乔木。单叶，互生，叶片宽卵形或圆卵形，长5~9 cm，两面无毛或叶背脉腋处有毛，叶缘有钝圆锯齿；叶柄长2~3.5 cm，无毛，基部常有腺体。花单生，先叶开放，白色带红晕。核果球形，直径2.5 cm以上，微被柔毛，果肉多汁，成熟后不裂，白色、黄色或黄红色，常具红晕；核扁卵球形，顶端钝圆。果期6~7月。

分布与生境：产新疆天山，生于海拔600~1 200 m地带，我国大部分地区有栽培，少数地区已野化。

食疗保健与药用功能：果实味酸、甘，性温，有润肺定喘、生津止咳之功效，适用于咽干口渴、急慢性咳嗽、肠燥便结、视力减退等病症。核仁（杏仁）味苦，性微温，有小毒，归肺、大肠经，有降气止咳平喘、润肠通便之功效，适用于咳嗽气喘、胸满痰多、血虚津枯、肠燥便秘等病症。

食用部位与食用方法：果肉可鲜食，或加工制成杏脯、杏干、杏酱、杏汁、杏酒等。杏仁（种仁）加工后亦可食，可与绿豆、粳米磨成浆，加白糖煮熟饮用，是夏天解暑、清热润肺的饮料——杏仁茶，还可制成杏仁霜、杏仁露、杏仁酪、杏仁酱、杏仁点心、杏仁油等食用。

注意事项：杏仁含苦杏仁苷，可分解成有毒物质氢氰酸，不可鲜食和多食。

79. 麦李（蔷薇科 Rosaceae）

Cerasus glandulosa（Thunb.）Sok.

识别要点：落叶灌木；枝无毛。单叶互生，叶片矩圆状倒卵形或椭圆状披针形，长2.5~6 cm，两面无毛或中脉有疏毛，叶缘有细钝重锯齿；叶柄长1.5~3 mm。花单生或2朵簇生，花叶同时开放，白色或粉红色。核果近球形，直径1~1.3 cm，成熟后红色或紫红色。果期5~8月。

分布与生境：产辽宁、河北、陕西、河南、山东、江苏、安徽、浙江、福建、江西、湖北、湖南、广东、广西、贵州、四川及云南，生于海拔800~1 300 m山坡、沟边或灌丛。

食疗保健与药用功能：种子有润燥滑肠、下气行水之功效，适用于慢性便秘、水肿等病症。

食用部位与食用方法：果可鲜食或酿酒。

80. 欧李（蔷薇科 Rosaceae）

Cerasus humilis (Bunge) Sok.

识别要点： 落叶灌木，高 0.4~1.5 m。单叶互生，叶片倒卵状矩圆形或倒卵状披针形，长 2.5~5 cm，先端渐尖或尾状尖，叶面无毛，叶背无毛或有稀疏短毛，叶缘有单锯齿或重锯齿；叶柄长 2~4 mm。花单生或 2~3 朵簇生，花叶同时开放，白色或粉红色。核果近球形，直径 1.5~1.8 cm，成熟后红色或紫红色。果期 6~10 月。

分布与生境： 产黑龙江、吉林、辽宁、内蒙古、河北、河南、山西、山东及江苏，生于海拔 400~1 800 m 阳坡沙地或山地灌丛。

食疗保健与药用功能： 种仁味辛、苦、甘，性平，归脾、大肠、小肠经，有润肠通便、下气利水之功效，适用于津枯肠燥、食积气滞、腹胀便秘、水肿、脚气、小便不利等病症。

食用部位与食用方法： 果肉多汁，味酸甜鲜美，除鲜食外，还可制作果汁、果酒、罐头等。

81. 郁李（蔷薇科 Rosaceae）

Cerasus japonica (Thunb.) Lois.

识别要点： 落叶灌木；枝无毛。单叶互生，叶片卵形或卵状披针形，长 3~7 cm，两面无毛，或叶背有疏毛，叶缘有缺刻状尖锐重锯齿；叶柄长 2~3 mm；托叶长 4~6 mm，有腺齿。花单生或 2~3 朵簇生，花叶同时开放或先叶开放，白色或粉红色。核果近球形，直径约 1 cm，成熟后深红色；核光滑。果期 7~8 月。

分布与生境： 产黑龙江、吉林、辽宁、河北、河南、山西、山东、江苏、安徽、浙江、福建、江西及广东北部，生于低海拔丘陵或山坡林下或灌丛。日本和朝鲜半岛有分布。

食疗保健与药用功能： 果味辛、甘、酸、苦，性平，归脾、大肠、小肠经，有润肠缓下、下气、利尿之功效，适用于津枯肠燥、食积气滞、腹胀便秘、浮肿、脚气等病症。种子（核仁）味辛、苦、甘，性平，归脾、大肠、小肠经，有润燥滑肠、下气利水之功效，适用于津枯肠燥、食积气滞、腹胀便秘、水肿、脚气、小便不利等病症。

食用部位与食用方法： 果可鲜食或酿酒，核仁亦可食。

82. 樱桃（蔷薇科 Rosaceae）

Cerasus pseudocerasus (Lindl.) Loudon

识别要点： 落叶乔木。单叶互生，叶片卵形或矩圆状倒卵形，长 5～12 cm，先端渐尖或尾状尖，叶面无毛，叶背有疏毛，叶缘有尖锐重锯齿，齿尖有小腺体；叶柄长 0.7～1.5 cm，被毛，先端有 1～2 个大腺体。花序有花 3～6 朵，先叶开放，白色。核果近球形，直径 0.9～1.3 cm，成熟后红色或橙红色。果期 5～6 月。

分布与生境： 产辽宁、陕西、甘肃、河北、河南、山西、山东、江苏、安徽、浙江、福建、江西、湖北、湖南、广西、贵州、四川及云南，生于海拔 300～1 300 m 山坡阳处或沟边。

食疗保健与药用功能： 果味甘、微酸，性温，有益气、祛风湿、透疹之功效，适用于疹发不出、瘫痪、四肢不仁、风湿腰痛、腿痛、冻疮、烫火伤等病症。

食用部位与食用方法： 果可鲜食，也可做成果汁、果酱或酿酒、制罐头。

83. 毛樱桃（蔷薇科 Rosaceae）

Cerasus tomentosa（Thunb.）Wall.

识别要点：落叶灌木；嫩枝密被毛。单叶互生，叶片椭圆形或倒卵状椭圆形，长2~7 cm，先端急尖或渐尖，叶面有皱纹，疏被柔毛，叶背密被绒毛，叶缘有锯齿；叶柄长3~5 mm。花单生或2~3朵簇生，花叶同时开放，白色或粉红色。核果近球形，直径0.5~1.2 cm，成熟后红色，微生毛。果期6~8月。

分布与生境：产黑龙江、吉林、辽宁、陕西、甘肃、宁夏、青海、新疆、内蒙古、河北、河南、山西、山东、江苏、安徽、浙江、福建、江西、湖北、贵州、四川、云南及西藏，生于海拔100~3 700 m山坡林中、林缘、灌丛或草地。

食疗保健与药用功能：果味甘、酸，性平，有益气固精之功效，适用于泻痢遗精、麻疹、水痘、冻疮等病症。

食用部位与食用方法：果酸甜，可鲜食，亦可制作果酱、果汁、蜜饯、罐头及酿果酒等。

84. 木瓜（蔷薇科 Rosaceae）

Chaenomeles sinensis（Touin）Kochne

识别要点：落叶灌木或小乔木；枝无刺。单叶互生，叶片椭圆形或椭圆状矩圆形，长5~8 cm，叶缘生刺芒状尖锐锯齿，齿尖有腺点，成熟叶无毛；叶柄长0.5~1 cm；托叶膜质，卵状披针形，有腺齿。花后叶开放，单生叶腋，淡粉红色。梨果长椭球形，长10~15 cm，暗黄色；果梗短。果期9~10月。

分布与生境：产陕西、河北、山东、江苏、安徽、浙江、福建、江西、湖北、广东、广西及贵州。

食疗保健与药用功能：果味甘、酸，性温，归肝、脾经，有和脾敛肺、平肝舒筋、清暑消毒、祛风湿之功效，适用于吐泻腹痛、风湿关节痛、腰膝酸痛、脚气、水肿、痢疾等病症。

食用部位与食用方法：果芳香，味涩，经水煮或浸渍糖液中可供食用，亦可蒸食或泡酒食用。

85. 贴梗海棠 皱皮木瓜（蔷薇科 Rosaceae）

Chaenomeles speciosa (Sweet) Nakai

识别要点：落叶灌木；枝有刺。单叶互生，叶片卵形至椭圆形，长 3~9 cm，叶缘具尖锐锯齿，成熟叶无毛；叶柄长约 1 cm；托叶草质，肾形或半圆形，有尖锐重锯齿。花先叶开放，数朵簇生，猩红色。梨果球形或卵球形，直径 4~6 cm，黄色或黄绿色，或带红色，表面有白色斑点。果期 9~10 月。

分布与生境：产陕西、甘肃、江苏、福建、湖北、广东、贵州、四川、云南及西藏，全国各地习见栽培。缅甸有分布。

食疗保健与药用功能：果味酸，性温，归肝、脾经，有舒筋活络、和胃化湿之功效，适用于湿痹拘挛、腰膝关节酸重疼痛、转筋挛痛、脚气水肿等病症。

食用部位与食用方法：果芳香，味涩，经水煮或浸渍糖液中可供食用，亦可蒸食、炒食、炖鱼、炖肉、煮汤或泡酒食用。

86. 野山楂（蔷薇科 Rosaceae）

Crataegus cuneata Sieb. & Zucc.

识别要点：落叶灌木；常具细刺。单叶互生，叶片宽倒卵形至倒卵状矩圆形，长 2~6 cm，常有 3 对浅裂片，稀 5 对浅裂片，叶缘有不规则重锯齿，叶背有毛，沿脉较密；叶柄两侧有翼，柄长 0.4~1.5 cm。伞房花序；花白色。梨果近球形或扁球形，直径 1~1.2 cm，成熟时红色或黄色。果期 9~11 月。

分布与生境：产陕西、河南、江苏、安徽、浙江、福建、江西、湖北、湖南、广东、广西、贵州及云南，生于海拔 250~2 000 m 山谷、多石湿地或灌丛中。日本有分布。

食疗保健与药用功能：果有消食健胃、行气散瘀、驱绦虫之功效，适用于肉食积滞、脘腹痞满、泻痢、血瘀、腰痛、疝气、产后腹痛、恶露不净、小儿乳食停滞、高脂血症等病症。

食用部位与食用方法：果实可鲜食、酿酒或制作果酱。

87. 湖北山楂（蔷薇科 Rosaceae）

Crataegus hupehensis Sarg.

识别要点：落叶乔木或灌木；常无刺。单叶互生，叶片卵形或卵状矩圆形，长 4~9 cm，有 2~3 对浅裂片，叶缘有圆钝锯齿，叶背脉腋处有毛；叶柄长 3.5~5 cm。伞房花序；花白色。梨果球形，直径约 2.5 cm，成熟时深红色。果期 8~9 月。

分布与生境：产陕西、甘肃、河南、山西、江苏、安徽、浙江、江西、湖北、湖南及四川，生于海拔 500~2 000 m 山坡灌丛中。

食疗保健与药用功能：果有破气散瘀、消食积、化痰、驱绦虫之功效，适用于痢疾、产后瘀痛、绦虫病、高血压病、肉食积滞、肝脾肿大、高血脂偏高等病症。

食用部位与食用方法：果实可鲜食，或制作山楂糕点及酿酒。

88. 毛山楂（蔷薇科 Rosaceae）

Crataegus maximowiczii Schneid.

识别要点：落叶灌木或小乔木；刺有或无。小枝幼时密被灰白色毛。单叶互生，叶片宽卵形或菱状卵形，长 4~6 cm，有 3~5 对浅裂，叶缘疏生重锯齿，叶面有疏毛，叶背密被灰白色长柔毛；叶柄长 1~2.5 cm。复伞房花序；花白色。梨果球形，直径约 8 mm，成熟时红色。果期 8~9 月。

分布与生境：产黑龙江、吉林、辽宁、陕西、宁夏、内蒙古、山西、河北及河南，生于海拔 200~1 000 m 林中、林缘、河岸、沟边及路旁。亚洲东部有分布。

食疗保健与药用功能：果有健胃消食、散瘀、降压之功效，适用于肉食积滞、脾胃虚弱、心腹胀痛、腹痛作泻、小儿消化不良、产后淤血作痛、子宫收缩无力、恶露不净、高血压病、高血脂、脾肿、冠状动脉硬化、心脏病等病症。

食用部位与食用方法：果实可鲜食或制作果酱。

89. 山楂（蔷薇科 Rosaceae）

Crataegus pinnatifida Bunge

识别要点：落叶乔木；常有刺。单叶互生，宽卵形或三角状卵形，长 5~10 cm，有 3~5 对羽状深裂片，裂片卵状披针形或带形，叶缘疏生不规则重锯齿，叶背沿脉有毛或在脉腋处有毛；叶柄长 2~6 cm。伞形花序；花白色。梨果近球形或梨形，直径 1~2.5 cm，成熟时深红色。果期 9~10 月。

分布与生境：产黑龙江、吉林、辽宁、陕西、宁夏、新疆、内蒙古、河北、河南、山西、山东、江苏、安徽及浙江，生于海拔 100~2 000 m 山坡林缘或灌丛中。朝鲜半岛有分布。

食疗保健与药用功能：果味酸、甘，性微温，归脾、胃、肝经，有消食健胃、行气散瘀、化浊降脂之功效，适用于肉食积滞、胃脘胀满、泻痢腹痛、瘀血经闭、产后瘀阻、心腹刺痛、胸痹心痛、疝气疼痛、高脂血症等病症。焦山楂消食导滞作用增强，适用于肉食积滞、泻痢不爽等病症。

食用部位与食用方法：果实可鲜食、加工多种糖制品（山楂片、山楂糕、山楂冻、山楂果脯、蜜饯山楂等）、罐头（山楂酱、糖水山楂罐头等）、饮料（山楂汁、山楂汽酒、山楂露酒等）或制作糖葫芦及酿酒用。

90. 云南山楂（蔷薇科 Rosaceae）

Crataegus scabrifolia（Franch.）Rehd.

识别要点：落叶乔木；常无刺。单叶互生，叶片卵状披针形或卵状椭圆形，长 4~8 cm，常不裂，叶缘疏生不规则圆钝重锯齿，叶背脉上有毛；叶柄长 1.5~4 cm。伞房花序或复伞房花序；花白色。梨果扁球形，直径 1.5~2 cm，疏生褐色斑点。果期 8~10 月。

分布与生境：产广西、贵州、四川及云南，生于海拔 1 500~3 000 m 松树林林缘、灌丛中或溪岸林中。

食疗保健与药用功能：果有消食积、助消化、散瘀血、强心、镇痛、驱绦虫之功效，适用于消化不良、肉积、淤血等病症。

食用部位与食用方法：果实可鲜食，或制作果酱、果酒。

91. 云南多依（蔷薇科 Rosaceae）

Docynia delavayi（Franch.）Schneid.

识别要点：常绿乔木。各部幼嫩时密被黄白色绒毛。单叶互生，叶片革质，披针形或卵状披针形，长 6~8 cm，全缘或稍有浅钝齿，叶面无毛；叶柄长约 1 cm。花 3~5 朵，丛生于小枝顶端；花梗短粗；花直径 2.5~3 cm；花瓣白色。梨果卵球形或矩球形，直径 2~3 cm，成熟时黄色。果期 5~6 月。

分布与生境：产贵州西北部、四川西南部及云南，生于海拔 1 000~3 000 m 山谷、溪边、灌丛或路旁林中。

食疗保健与药用功能：果有舒筋活血、消食健胃、止泻、驱虫之功效，适用于风湿关节痛、蛔虫病、腹泻、疳积、消化不良、烫伤等病症。

食用部位与食用方法：成熟果味酸，可食。

92. 花红（蔷薇科 Rosaceae）

Malus asiatica Nakai

识别要点：落叶小乔木。单叶互生，叶片卵形或椭圆形，长 5~11 cm，叶缘有细锐锯齿，叶面有短毛，叶背密被短柔毛；叶柄长 1.5~5 cm。梨果卵状扁球形或近球形，直径 4~5 cm，黄色或红色，基部陷入。果期 8~9 月。

分布与生境：产黑龙江、吉林、辽宁、陕西、甘肃、青海、新疆、内蒙古、河北、河南、山西、山东、江苏、浙江、湖北、贵州、四川及云南，生于海拔 2 800 m 以下山坡、沙壤中。

食疗保健与药用功能：果有下气宽胸、生津止渴、和中止痛之功效，适用于痰饮积食、胸膈痞塞、消渴、霍乱、吐泻腹痛、痢疾等病症。

食用部位与食用方法：果实可鲜食、酿酒、制作果干或果丹皮。

93. 山荆子（蔷薇科 Rosaceae）

Malus baccata（L.）Borkh.

识别要点：落叶乔木。单叶互生，叶片椭圆形或卵形，长 3~8 cm，先端渐尖，叶缘有细锐锯齿，幼时叶背微被毛；叶柄长 2~5 cm。花 4~6 朵集生枝顶，白色。梨果近球形，直径 0.8~1 cm，红色或黄色，基部稍陷入；果梗长 3~4 cm。果期 9~10 月。

分布与生境：产黑龙江、吉林、辽宁、陕西、甘肃、宁夏、青海、内蒙古、河北、山西、山东、贵州、云南及西藏，生于海拔 1 500 m 以下山坡林中及山谷阴处灌丛中。俄罗斯东部、蒙古和朝鲜有分布。

食疗保健与药用功能：果有清热解毒、止泻痢之功效，适用于肠道疾病、吐泻、各种细菌感染、结核病等病症。

食用部位与食用方法：果实可鲜食，制作罐头、蜜饯、果汁或酿酒。

94. 陇东海棠（蔷薇科 Rosaceae）

Malus kansuensis（Batal.）Schneid.

识别要点：落叶灌木或小乔木。单叶互生，叶片卵形或宽卵形，长 5~8 cm，叶缘有细锐重锯齿，常 3 浅裂，稀不规则分裂或不裂，裂片三角形，叶背有疏短毛；叶柄长 1.5~4 cm。花序有花 4~10 朵；花白色。梨果椭球形或倒卵状椭球形，直径 1~1.5 cm，黄红色，有少量石细胞；果梗长 2~3.5 cm。果期 7~9 月。

分布与生境：产河南、陕西、甘肃、青海、湖北、贵州及四川，生于海拔 1 500~3 000 m 杂木林中或灌丛中。

食疗保健与药用功能：果有消积除渴之功效，适用于食滞不消、食积等病症。

食用部位与食用方法：果可鲜食，亦可制作果酱、酿酒。

95. 西府海棠（蔷薇科 Rosaceae）

Malus micromalus Makino

识别要点：落叶小乔木。单叶互生，叶片长椭圆形或椭圆形，长 5~10 cm，叶缘有尖锐锯齿，叶两面初时有毛，成熟后脱落；叶柄长 2~3.5 cm。花常集生枝顶，粉红色。梨果近球形，直径 1~1.5 cm，红色，两端下陷；果梗长 2~4 cm。果期 8~9 月。

分布与生境：产辽宁、内蒙古、河北、山东、山西、陕西、新疆、浙江、贵州及云南，生于海拔 100~2 400 m 山坡、平地或山谷，常有栽培。

食疗保健与药用功能：果味甘、酸，性平，有收敛、涩肠止泻之功效，适用于泻痢、肠滑久泻久痢、肠鸣、腹部畏寒隐痛、小便清长、体倦神疲等病症。

食用部位与食用方法：生果味涩，熟透后质地柔软、汁多、甜酸可口，可鲜食或加工制作果脯、果酱、罐头、果丹皮等。

96. 楸子 海棠果（蔷薇科 Rosaceae）

Malus prunifolia（Willd.）Borkh.

识别要点：落叶小乔木。单叶互生，叶片卵形或椭圆形，长 5~9 cm，叶缘有细锐锯齿，叶两面初时脉上有毛，成熟后仅叶背中脉有毛；叶柄长 1~5 cm。梨果卵球形，直径 2~2.5 cm，红色，果梗细长。果期 8~9 月。

分布与生境：产陕西、甘肃、宁夏、青海、新疆、内蒙古、河北、河南、山西及山东，生于海拔 50~1 300 m 山坡、平地或山谷。

食疗保健与药用功能：果有清凉生津、止渴、补血、消食、行瘀定痛之功效，适用于口渴、食积停滞、胸腹胀痛、胀泻、疝气等病症。

食用部位与食用方法：果实可鲜食、制果干或加工制作果脯、果酱、果酒及果丹皮。

97. 金露梅（蔷薇科 Rosaceae）

Potentilla fruticosa L.

识别要点：灌木。羽状复叶互生，小叶 3 枚或 5 枚，小叶片矩圆形、倒卵状矩圆形或卵状披针形，长 0.7~2 cm，全缘，两面疏被毛；托叶宽大，被毛。花 1 至数朵生于枝顶；花梗密被长柔毛和绢毛；花黄色，直径 2~3 cm。瘦果成熟后褐棕色。花果期 6~9 月。

分布与生境：产黑龙江、吉林、辽宁、陕西、甘肃、新疆、内蒙古、山西、河北、湖北、广西、四川、云南及西藏，生于海拔 400~5 000 m 山坡草地、灌丛、林缘或砾石坡。

食疗保健与药用功能：叶味甘、涩，性平，有清泄暑热、益脑清心、健胃消食之功效，适用于暑热眩晕、两目不清、胃气不和、食滞纳呆、月经不调等病症。

食用部位与食用方法：嫩叶可代茶。

98. 银露梅（蔷薇科 Rosaceae）

Potentilla glabra Lodd.

识别要点：灌木。羽状复叶互生，小叶 3 枚或 5 枚，小叶片椭圆形、倒卵状椭圆形或卵状椭圆形，长 0.5~1.2 cm，全缘，两面疏被毛或近无毛；叶柄被疏柔毛；托叶被毛或近无毛。花 1 至数朵顶生；花梗细长，疏被柔毛；花白色。瘦果被毛。花果期 6~11 月。

分布与生境：产黑龙江、陕西、甘肃、青海、新疆、内蒙古、山西、河北、安徽、湖北、四川、云南及西藏，生于海拔 1 200~4 200 m 山坡草地、河谷或岩石缝中。亚洲东部有分布。

食疗保健与药用功能：叶味涩，性平，有理气散寒、镇痛固齿、利尿消水、肠道防腐、干黄水之功效，适用于牙病、肺病、“黄水”病、胸胁胀满等病症。

食用部位与食用方法：嫩叶可代茶。

99. 东北蕤核 东北扁核木（蔷薇科 Rosaceae）

Prinsepia sinensis (Oliv.) Oliv.

识别要点：落叶小灌木。小枝具枝刺，刺长 0.5~1 cm。单叶，互生或簇生，叶片卵状披针形或披针形，长 3~6.5 cm，叶缘全缘或有稀疏锯齿，无毛；叶柄长 5~10 mm。花单生，或 2~4 朵簇生叶腋；花黄色。核果近球形或长球形，直径 1~1.5 cm，紫红色或紫黑色，无毛。果期 8 月。

分布与生境：产黑龙江、吉林、辽宁及内蒙古，生于林中、阴坡、山坡开阔处或河边。

食疗保健与药用功能：种子有清肝明目之功效，适用于目赤肿痛、眦烂多泪、昏暗羞明、眼结膜炎、角膜薄翳等病症。

食用部位与食用方法：果肉质，有香味，可食或酿酒、制醋。

100. 蕤核（蔷薇科 Rosaceae）

Prinsepia uniflora Batal.

识别要点：落叶小灌木。小枝具钻形枝刺，刺长0.5~1 cm。单叶，互生或簇生，叶片矩圆状披针形或窄矩圆形，长2~5.5 cm，叶缘全缘，无毛；近无柄。花单生，或2~4朵簇生叶腋；花白色，有紫色脉纹。核果球形，直径0.8~1.2 cm，红褐色或黑褐色，无毛。果期8~9月。

分布与生境：产陕西、甘肃、宁夏、青海、内蒙古、山西、河南及四川，生于海拔800~2 200 m阳坡或山麓下。

食疗保健与药用功能：果味甘，性微寒，归肝经，果核有养肝明目、疏风散热之功效，适用于目翳多泪、目赤肿痛、睑弦赤烂、目暗羞明等病症。

食用部位与食用方法：果可食，或酿酒、制醋。

101. 扁核木（蔷薇科 Rosaceae）

Prinsepia utilis Royle

识别要点：落叶灌木。小枝具枝刺，刺长可达3.5 cm。单叶互生，叶片矩圆形或卵状披针形，长3.5~9 cm，叶缘全缘或有浅锯齿，无毛；叶柄长约5 mm。总状花序长3~6 cm，生于叶腋或侧枝顶端；花白色。核果长球形或卵状长球形，暗紫色或黑色，无毛，被白粉。

分布与生境：产贵州、四川、云南及西藏，生于海拔1 000~2 600 m山坡荒地、山谷或路边。印度、尼泊尔、不丹和巴基斯坦有分布。

食疗保健与药用功能：果有健胃消食、明目退翳、解毒之功效，适用于食积不化、目翳多泪、疮毒痈疽等病症。

食用部位与食用方法：嫩芽可做蔬菜食用，俗名“青刺尖”。果可鲜食或酿酒、制醋。

102. 李（蔷薇科 Rosaceae）

Prunus salicina Lindl.

识别要点：落叶乔木。单叶互生，叶片矩圆状倒卵形或长椭圆形，长 6~10cm，先端渐尖至短尾尖，两面无毛或叶背沿中脉有毛或脉腋处有毛，叶缘具圆钝重锯齿；叶柄长 1~2cm，有腺体或无。花常 3 朵簇生，先叶开放，白色。核果球形或卵球形，直径 4~7cm，成熟后绿色、黄色或浅红色，外有蜡粉；核卵球形，有皱纹。果期 7~8 月。

分布与生境：产黑龙江、吉林、辽宁、陕西、甘肃、宁夏、河南、山西、山东、江苏、安徽、浙江、福建、台湾、江西、湖北、湖南、广东、广西、贵州、四川和云南，生于海拔 200~2 600 m 山坡灌丛、山谷疏林、水边或沟底。我国各地均有栽培，有野化。

食疗保健与药用功能：果味甘、酸、苦，性平，有清肝涤热、生津、利水之功效，适用于虚劳骨蒸、消渴、腹水等病症。

食用部位与食用方法：果可鲜食，或制作果脯、果酱。

注意事项：不宜过量食用，否则易引起脑胀虚热。

103. 全缘火棘（蔷薇科 Rosaceae）

Pyracantha atalantioides（Hance）Stapf

识别要点：常绿灌木或小乔木；常有枝刺。单叶互生，叶片椭圆形或矩圆形，稀矩圆状倒卵形，长 1.5~4 cm，先端微尖或圆钝，有时刺尖，全缘或有不明显细齿，幼叶有毛，老叶无毛；叶柄长 2~5 mm。复伞房花序；花白色。梨果扁球形，直径 4~6 mm，成熟时亮红色。果期 9~11 月。

分布与生境：产陕西、湖北、湖南、广东、广西、贵州及四川，生于海拔 500~1 700 m 山坡、谷地灌丛或疏林中。

食疗保健与药用功能：果有清热解毒、凉血活血、消肿止痛、止泻、止血、排脓之功效，适用于腹泻、各种出血、骨髓炎等病症。

食用部位与食用方法：成熟果实酸甜，略涩，可鲜食或酿酒。

104. 火棘 救兵粮、救军粮（蔷薇科 Rosaceae）

Pyracantha fortuneana（Maxim.）H. L. Li

识别要点：常绿灌木；有枝刺。单叶互生，叶片倒卵形或倒卵状矩圆形，长 1.5~6 cm，先端圆钝或微凹，有时具短尖头，叶缘有钝锯齿，无毛；叶柄短。复伞房花序；花白色。梨果近球形，直径 5~8 mm，成熟时橘红色或深红色。果期 8~11 月。

分布与生境：产陕西、河南、江苏、安徽、浙江、福建、江西、湖北、湖南、广东、广西、贵州、四川、云南及西藏，生于海拔 500~2 800 m 山地、丘陵阳坡、灌丛、草地或河边。

食疗保健与药用功能：果味甘、酸、涩，性平，有消积止痢、活血止血之功效，适用于消化不良、痢疾、崩漏、带下病、产后腹痛等病症。

食用部位与食用方法：果实香气浓郁、酸甜略涩，可鲜食或酿酒，也可加工制作果丹皮、饮料、果酱、果冻等，还可干后磨粉代粮。传说曹操征战，军中断粮时曾用此果充饥，故名“救军粮”。

105. 杜梨（蔷薇科 Rosaceae）

Pyrus betulifolia Bunge

识别要点：乔木；常具枝刺。单叶互生，叶片菱状卵形或矩圆状卵形，长 4~8 cm，叶缘有粗锐锯齿，叶背有毛；叶柄长 2~3 cm。梨果近球形，直径 0.5~1 cm，褐色，有浅色斑点；果梗具绒毛。果期 8~9 月。

分布与生境：产辽宁、陕西、甘肃、青海、内蒙古、河北、河南、山西、山东、江苏、安徽、浙江、江西、湖北、湖南、贵州、四川及西藏，生于海拔 1 800 m 以下平原或山坡。

食疗保健与药用功能：果味甘、酸、涩，性寒，有涩肠、敛肺、止泻、除吐、消食之功效，适用于泻痢、咳嗽、积食等病症。

食用部位与食用方法：成熟果实可鲜食、酿酒、榨果汁、制作果酱，加冰糖或蜂蜜熬膏等。

106. 白梨（蔷薇科 Rosaceae）

Pyrus bretschneideri Rehd.

识别要点：乔木。单叶互生，叶片卵形或椭圆状卵形，长 5~11 cm，叶缘有尖锐锯齿，齿尖有刺芒，两面初时被绒毛；叶柄长 2.5~7 cm。梨果卵球形或近球形，长 2.5~3 cm，直径 2~2.5 cm，黄色，有细密斑点；果梗肥厚。果期 8~9 月。

分布与生境：产陕西、甘肃、青海、新疆、河北、河南、山西及山东，生于海拔 100~2 000 m 阳坡。

食疗保健与药用功能：果味甘、微酸，性凉，有清肺化痰、生津止渴之功效，适用于肺燥咳嗽、热病烦躁、津少口干、消渴、热咳、痰热惊狂、便秘等病症。

食用部位与食用方法：同杜梨。

107. 豆梨（蔷薇科 Rosaceae）

Pyrus calleryana Dcne.

识别要点：乔木。单叶互生，叶片宽卵形至卵形，长 4~8 cm，叶缘有钝锯齿，两面无毛；叶柄长 2~4 cm。梨果近球形，直径约 1 cm，黑褐色，有斑点；果梗细长。果期 8~9 月。

分布与生境：产陕西、甘肃、河南、山西、山东、江苏、安徽、浙江、福建、台湾、江西、湖北、湖南、广东及广西，生于海拔 1 800 m 以下平原、山坡或山谷林中。越南有分布。

食疗保健与药用功能：果有健脾消食、涩肠止痢之功效，适用于饮食积滞、泻痢等病症。

食用部位与食用方法：同杜梨。

108. 沙梨（蔷薇科 Rosaceae）

Pyrus pyrifolia (Burm. f.) Nakai

识别要点：乔木。单叶互生，叶片卵状椭圆形或卵形，长 7~12 cm，叶缘有刺芒锯齿，两面无毛；叶柄长 3~4.5 cm。梨果近球形，直径 2~2.5 cm，浅褐色，有浅色斑点；果梗长 3.5~5.5 cm。果期 8 月。

分布与生境：产陕西、甘肃、河北、山东、江苏、安徽、浙江、福建、江西、湖北、湖南、广东、广西、贵州、四川及云南，生于海拔 100~1 400 m 丘陵或山地。

食疗保健与药用功能：果有清热、生津、润燥、化痰之功效，适用于咳嗽、干咳、烦渴、口干、汗多、喉痛、痰热惊狂、便秘、烦躁等病症。

食用部位与食用方法：同杜梨。

109. 麻梨（蔷薇科 Rosaceae）

Pyrus serrulata Rehd.

识别要点：乔木。单叶互生，叶片卵形至长卵形，长 5~11 cm，叶缘有细锐锯齿，成熟叶无毛；叶柄长 3.5~7.5 cm。梨果近球形或倒卵球形，长 1.5~2.2 cm，深褐色，有浅色斑点；果梗长 3~4 cm。果期 6~8 月。

分布与生境：产江苏、浙江、福建、江西、湖北、湖南、广东、广西、贵州及四川，生于海拔 100~1 600 m 灌丛中或林缘。

食疗保健与药用功能：果有生津、润燥止咳、清热、消暑健胃、收敛、化痰、消食积之功效，适用于食物中毒等病症。

食用部位与食用方法：同杜梨。

110. 秋子梨（蔷薇科 Rosaceae）

Pyrus ussuriensis Maxim.

识别要点：乔木。单叶互生，叶片卵形至宽卵形，长 5~10 cm，叶缘生刺芒状尖锐锯齿，成熟叶无毛；叶柄长 2~5 cm。梨果近球形，直径 2~6 cm，黄色；果梗长 1~2 cm。果期 8~10 月。

分布与生境：产黑龙江、吉林、辽宁、陕西、甘肃、新疆、内蒙古、河北、山西、山东及浙江，生于海拔 100~2 000 m 山区。亚洲东北部有分布。

食疗保健与药用功能：果味甘、酸，性凉，有解热祛痰之功效，适用于肺热、咳嗽痰多等病症。

食用部位与食用方法：成熟果实可鲜食、酿酒、榨果汁、制作果酱，加冰糖或蜂蜜熬膏等。

111. 美脉花楸（蔷薇科 Rosaceae）

Sorbus caloneura (Stapf) Rehd.

识别要点：落叶乔木或灌木。单叶互生，叶片长椭圆形、卵状长椭圆形或倒卵状长椭圆形，长 7~12 cm，叶缘有圆钝锯齿，叶面常无毛，叶背脉上疏生柔毛，侧脉 10~18 对。复伞房花序顶生；花白色。梨果球形或倒卵球形，直径 1~1.4 cm，成熟时褐色，被皮孔。果期 8~10 月。

分布与生境：产福建、江西、湖北、湖南、广东、广西、贵州、四川及云南，生于海拔 600~2 100 m 山地、丘陵、河谷或荒野林中。越南北部有分布。

食疗保健与药用功能：果有消积健胃、助消化、收敛止泻之功效，适用于肠炎下痢、小儿疳积等病症。

食用部位与食用方法：成熟果实可鲜食或酿酒。

112. 花楸（蔷薇科 Rosaceae）

Sorbus pohuashanensis (Hance) Hedl.

识别要点： 落叶乔木；幼枝被毛，后脱落无毛。单数羽状复叶，连叶柄长 12~20 cm，叶柄长 2.5~5 cm；小叶 5~7 对，间隔 1~2.5 cm，小叶片卵状披针形或椭圆状披针形，长 3~5 cm，叶缘生细锐锯齿，叶面近无毛，叶背常有绒毛；托叶宿存，宽卵形，有粗锐锯齿。花序顶生，被白色绒毛；花多数，白色。梨果近球形，直径 6~8 mm，成熟时红色或橘红色。果期 9~10 月。

分布与生境： 产黑龙江、吉林、辽宁、内蒙古、河北、山西、陕西、甘肃、山东和安徽，生于海拔 900~2 500 m 坡地或山谷林中。

食疗保健与药用功能： 果有镇咳祛痰、健脾利水之功效，适用于慢性气管炎、肺结核、水肿、哮喘咳嗽、胃炎、胃痛、吐泻、维生素 A 及维生素 C 缺乏症等病症。

食用部位与食用方法： 果实可制作果酱、果汁或酿酒、制醋。

113. 美蔷薇（蔷薇科 Rosaceae）

Rosa bella Rehd. & Wils.

识别要点： 落叶灌木。小枝散生皮刺，老枝常密被针刺。单数羽状复叶，互生，小叶 7~9 枚，连叶柄长 4~11 cm；小叶片椭圆形、卵形或矩圆形，长 1~3 cm，有单锯齿，叶背脉上有毛；叶轴和叶柄有腺毛和小皮刺；托叶贴生叶柄。花单生或 2~3 朵簇生，粉红色，直径 4~5 cm。蔷薇果椭球形，深红色，长 1.5~2 cm，被腺毛。果期 8~10 月。

分布与生境： 产吉林、陕西、内蒙古、山西、河北及河南，生于海拔 1 700 m 以下灌丛、山麓或沟旁。

食疗保健与药用功能： 花蕾有活血、理气、消肿、健脾、调经之功效，适用于消化不良、气滞腹痛、乳痈肿痛、跌打损伤等病症。果有固精止遗、涩肠止泻之功效，适用于遗精、遗尿、脾虚泻痢、崩漏带下病、虚汗等病症。

食用部位与食用方法： 花瓣可制作玫瑰酱。果可酿酒。

114. 月季花（蔷薇科 Rosaceae）

Rosa chinensis Jacq.

识别要点：灌木。小枝近无毛，有短粗钩状皮刺或无刺。单数羽状复叶，互生，小叶 3~5 枚，连叶柄长 5~11 cm；小叶片宽卵形或卵状矩圆形，长 2.5~6 cm，有锐锯齿，叶面平滑，常有光泽；总叶柄散生皮刺和腺毛；托叶大部贴生于叶柄。花重瓣，红色、粉红色或白色，芳香。果实卵球形或梨形，长 1~2 cm，成熟时红色。

分布与生境：全国各地普遍栽培，湖北、贵州、四川等地有单瓣的野生植株。世界各地都有栽培。

食疗保健与药用功能：花味甘，性温，归肝经，有活血调经、疏肝解郁之功效，适用于气滞血瘀、月经不调、痛经、闭经、胸胁胀痛等病症。

食用部位与食用方法：花蕾及花可食用，采摘洗净后，可煮粥、炖鱼、炖肉、裹面糊炸食、做馅，或制作饼馅、糕点、月季酒、月季糖浆，或干后泡茶饮用。

注意事项：影视中或市场上有以月季为材料，充当玫瑰（*Rosa rugosa* Thunb.）出现（如送花）或出售。玫瑰的小叶 5~9 枚，叶面褶皱，果实扁球形，可与月季相区别。

115. 山刺玫（蔷薇科 Rosaceae）

Rosa davurica Pall.

识别要点：落叶灌木。小枝有带黄色皮刺，皮刺常成对生于小叶或叶柄基部。单数羽状复叶，互生，小叶 7~9 枚，连叶柄长 4~10 cm；小叶片矩圆形或宽披针形，长 1.5~3.5 cm，有单锯齿或重锯齿，叶背有疏毛和腺点；叶轴和叶柄有疏毛、腺毛和皮刺；托叶贴生于叶柄。花 1~3 朵生于叶腋，粉红色，直径 3~4 cm。蔷薇果近球形或卵球形，红色，直径 1~1.5 cm。果期 8~9 月。

分布与生境：产黑龙江、吉林、辽宁、陕西、甘肃、内蒙古、山西、河北、湖北及四川，生于海拔 400~2 500 m 阳坡、林缘或丘陵草地。朝鲜半岛、俄罗斯东部和蒙古有分布。

食疗保健与药用功能：花味甘、微苦，性温，有止血、理气、解郁之功效，适用于月经过多、吐血、血崩、肋间作痛、痛经等病症。果味甘、酸，性温，归肝、脾、胃、膀胱经，有健胃消食、调经通淋、止痛之功效，适用于小儿食积、消化不良、胃痛、腹泻、淋病、月经不调等病症。

食用部位与食用方法：花可与糖或蜂蜜等腌渍成玫瑰酱，或用花做糕点馅，亦可用其浆液做糕点着色颜料。果含多种维生素、果胶、糖等，可鲜食或酿酒、制作果酱等。

116. 峨眉蔷薇（蔷薇科 Rosaceae）

Rosa omeiensis Rolfe

识别要点：落叶灌木。小枝无刺或有皮刺。单数羽状复叶，互生，小叶 9~13 枚，连叶柄长 3~6 cm；小叶矩圆形或椭圆状矩圆形，长 0.8~3 cm，有锐锯齿，叶背脉上有毛；叶轴和叶柄散生小皮刺；托叶大部贴生于叶柄。花单生于叶腋，白色，直径 2.5~3.5 cm。蔷薇果倒卵球形或梨形，亮红色，直径 0.8~1.5 cm，果梗肥大。果期 7~9 月。

分布与生境：产陕西、甘肃、宁夏、青海、湖北、贵州、四川、云南及西藏，生于海拔 200~4 000 m 山坡、山麓或山地灌丛中。

食疗保健与药用功能：果味酸、涩、苦，性平，有收敛、止血、止带、止痢、杀虫、清热解毒、活血调经之功效，适用于吐血、崩漏、泄泻、痢疾、肠蛔虫症、肺热咳嗽、血脉瘀痛、月经不调、赤白带下病、乳痈等病症。

食用部位与食用方法：果可食用，或晒干磨粉、掺和面粉做食品，或制作果酱、酿酒等。

117. 玫瑰（蔷薇科 Rosaceae）

Rosa rugosa Thunb.

识别要点：落叶灌木。小枝密生绒毛，并有针刺和腺毛，有直立或弯曲、淡黄色、被绒毛的皮刺。单数羽状复叶，互生，小叶 5~9 枚，连叶柄长 5~13 cm；小叶片椭圆形或椭圆状倒卵形，长 1.5~4.5 cm，有尖锐锯齿，叶面褶皱，叶脉在叶面下凹；叶轴和叶柄密被绒毛和腺毛；托叶大部贴生于叶柄。花单生叶腋或数朵簇生，紫红色或白色，芳香，直径 4~5.5 cm。蔷薇果扁球形，直径 2~2.5 cm，成熟时砖红色，肉质，光滑无毛。果期 8~9 月。

分布与生境：产吉林、辽宁南部和山东东部，生于海拔 100 m 以下的海岸边低山山麓或近海岛屿上；全国各地有栽培。日本和朝鲜半岛有分布。

食疗保健与药用功能：干燥花味甘、微苦，性温，归肝、脾经，有行气解郁、和血、止痛之功效，适用于肝胃气痛、食少呕恶、月经不调、跌扑伤痛等病症。果富含维生素 C、葡萄糖、果糖、蔗糖、苹果酸、胡萝卜素等，有保健功效。

食用部位与食用方法：花蕾及花可食用，可制菜肴、饼馅、糕点、玫瑰酒、玫瑰糖浆，或晒干后泡茶。果可鲜食、酿酒及制作果酱、果膏。

118. 黄刺莓（蔷薇科 Rosaceae）

Rosa xanthina Lindl.

识别要点：落叶灌木。小枝散生皮刺。单数羽状复叶，互生，小叶 7~13 枚，连叶柄长 3~5 cm；小叶片宽卵形或近圆形，长 0.8~2 cm，有圆钝锯齿，幼时叶背有疏毛；叶轴和叶柄有疏毛和小皮刺；托叶贴生叶柄。花单生叶腋，黄色，直径 3~4 cm。蔷薇果近球形或倒卵球形，成熟后紫红色、紫褐色或黑褐色，直径 0.8~1 cm，无毛。果期 7~8 月。

分布与生境：产黑龙江、吉林、辽宁、陕西、甘肃、内蒙古、河北、山西及山东，生于山坡灌丛中。

食疗保健与药用功能：果有活血舒筋、调经、健胃、祛湿利尿、消肿之功效，适用于消化不良、气滞腹胀、胃痛、食管痉挛不畅、乳痈、肿毒、月经不调、跌打损伤、扭伤等病症。

食用部位与食用方法：成熟果实可食用、酿酒或制作果酱。

119. 刺梨 缫丝花（蔷薇科 Rosaceae）

Rosa roxburghii Tratt.

识别要点： 灌木。小枝有成对皮刺。单数羽状复叶，互生，小叶 9~15 枚，连叶柄长 5~11 cm；小叶片椭圆形或矩圆形，长 1~2 cm，有细锐锯齿，无毛；叶轴和叶柄有小皮刺；托叶大部贴生叶柄。花 1~3 朵生于短枝顶端，淡红色或粉红色。蔷薇果扁球形，直径 3~4 cm，绿红色，密被刺毛。果期 8~10 月。

分布与生境： 产陕西、甘肃、河南、安徽、浙江、福建、江西、湖北、湖南、广西、贵州、四川、云南及西藏，生于海拔 500~1 400 m 山坡、溪边、山地灌丛中。

食疗保健与药用功能： 果味甘、酸、涩，性平，有健胃、消食、除积、解暑、滋补强壮之功效，适用于中暑、食滞、痢疾等病症。

食用部位与食用方法： 果味酸甜，富含维生素，可鲜食、酿酒、熬糖，也可加工制作果酱、果脯、果汁、果膏等。

120. 掌叶覆盆子 掌叶悬钩子（蔷薇科 Rosaceae）

Rubus chingii Hu

识别要点： 藤状灌木。枝生皮刺，无毛。单叶，叶片掌状5深裂，长5~13 cm，基部近心形，叶缘有重锯齿，掌状5脉，几无毛；叶柄长2~4 cm，疏生小皮刺，几无毛。聚合果近球形，直径1.5~2 cm，红色，密被柔毛。果期5~6月。

分布与生境： 产江苏、安徽、浙江、福建、江西、湖南、广东及广西，生于海拔500~1 000 m山坡、路边阳处或灌丛中。日本有分布。

食疗保健与药用功能： 果味甘、酸，性温，归肝、肾、膀胱经，有益肾固精缩尿、养肝明目之功效，适用于遗精滑精、遗尿尿频、阳痿早泄、目暗昏花等病症。

食用部位与食用方法： 果味甜酸，可鲜食、酿酒、制醋、制果汁和果酱等。

121. 山莓（蔷薇科 Rosaceae）

Rubus corchorifolius L. f.

识别要点： 直立灌木。枝生皮刺。单叶，叶片卵形或卵状披针形，长5~12 cm，基部心形，叶缘有不整齐锐锯齿或重锯齿，叶面脉上有毛，叶背较密并沿中脉有小皮刺；叶柄长1~2 cm，被毛及小皮刺。聚合果球形或卵球形，直径1~1.2 cm，红色，密被柔毛。果期4~6月。

分布与生境： 产黑龙江、吉林、辽宁、陕西、甘肃、宁夏、内蒙古、河北、河南、山西、山东、江苏、安徽、浙江、福建、台湾、江西、湖北、湖南、广东、海南、广西、贵州、四川、云南及西藏，生于海拔200~2 600 m阳坡、溪边、山谷、荒地或灌丛中。日本、朝鲜、缅甸和越南有分布。

食疗保健与药用功能： 果味甘、酸，性平，有醒酒、止渴、祛痰、解毒之功效，适用于醉酒、痛风、丹毒、遗精等病症。

食用部位与食用方法： 果味甜酸，可鲜食，或酿酒、制醋、制果酱等。

122. 插田泡（蔷薇科 Rosaceae）

Rubus coreanus Miq.

识别要点：落叶灌木。枝被白粉，具直立或钩状扁平皮刺。单数羽状复叶，小叶（3）5 枚，小叶片卵形、菱状卵形或宽卵形，长 3~8 cm，叶缘有不整齐粗锯齿或缺刻状粗锯齿，叶面无毛或沿脉有毛，叶背被柔毛；叶柄长 2~5 cm，被柔毛和钩状小皮刺。聚合果近球形，直径 5~8 mm，深红色或紫黑色，无毛或近无毛。果期 6~8 月。

分布与生境：产陕西、甘肃、新疆、河南、江苏、安徽、浙江、福建、江西、湖北、湖南、贵州、四川及云南，生于海拔 100~3 100 m 山坡灌丛中、山谷、河边或路旁。日本和朝鲜有分布。

食疗保健与药用功能：果味甘、酸，性温，有补肝肾、缩小便、助阳、固精、明目、强壮之功效，适用于阳痿、遗精、遗尿、白带等病症。

食用部位与食用方法：果味甜酸，可鲜食、熬糖、酿酒、制醋、制果汁和果酱等。

123. 牛叠肚 山楂叶悬钩子（蔷薇科 Rosaceae）

Rubus crataegifolius Bunge

识别要点：直立灌木。枝生微弯皮刺，老时无毛。单叶，3~5 掌状分裂，叶片卵形至窄卵形，长 5~12 cm，基部心形或近截形，边缘有不规则缺刻状锯齿，基部掌状 5 脉，叶面无毛，叶背脉上有毛和小皮刺；叶柄长 2~5 cm，疏生毛和小皮刺。聚合果近球形，直径约 1 cm，暗红色，无毛。果期 7~9 月。

分布与生境：产黑龙江、吉林、辽宁、河北、河南、山西及山东，生于海拔 300~2 500 m 向阳山坡灌丛或林缘，常在山沟、路边成群生长。日本、朝鲜半岛和俄罗斯东部有分布。

食疗保健与药用功能：果味甘、酸，性平，有清热解毒、调经活血、祛风利湿、补肝肾、缩小便之功效，适用于类风湿关节炎、痛风、慢性肝炎、肝肾不足、阳痿遗精、遗尿、尿频、须发早白、不孕症、口渴等病症。

食用部位与食用方法：果味甜酸，可鲜食、酿酒、制醋、制果汁和果酱等。

124. 弓茎悬钩子（蔷薇科 Rosaceae）

Rubus flosculosus Focke

识别要点：灌木；枝有时被白粉，疏生紫红色钩状扁平皮刺。单数羽状复叶，小叶5~7枚，小叶片卵形、卵状披针形或卵状矩圆形，长3~7 cm，叶面无毛或近无毛，叶背有灰白色绒毛，叶缘有粗重锯齿；叶柄、叶轴上均被毛和钩状小皮刺。花序顶生，窄圆锥状；花粉红色。聚合果球形，直径5~8 mm，成熟后红色至红黑色，无毛或微具柔毛。果期8~9月。

分布与生境：产陕西、甘肃、山西、河南、浙江、福建、湖北、四川及西藏东南部，生于海拔900~2 800 m山谷、江边、沟边或山坡林中。

食疗保健与药用功能：果有补肾固精、祛风除湿、调经、活血、止痛之功效，适用于小儿遗尿等病症。

食用部位与食用方法：果可鲜食或制醋。

125. 蓬藟（蔷薇科 Rosaceae）

Rubus hirsutus Thunb.

识别要点：落叶灌木。幼枝被柔毛和腺毛，疏生皮刺。羽状复叶互生，小叶3~5枚，卵形或宽卵形，长3~7 cm，两面疏生柔毛，叶缘有不规则尖锯重锯齿；叶柄长2~3 cm，被柔毛和腺毛。花常单生，白色；花梗被柔毛和腺毛。聚合果近球形，直径1~2 cm，无毛，成熟时鲜红色，多汁液。果期5~6月。

分布与生境：产河南、江苏、安徽、浙江、台湾、福建、江西、湖北、广东北部及云南，生于海拔900~3 200 m山坡阴湿地或灌丛中。日本和朝鲜半岛有分布。

食疗保健与药用功能：果味甘、酸，性温，有补肾强精、轻身乌发、延年益寿之功效，适用于肾精亏虚、须发早白、多尿、头晕目眩等病症。

食用部位与食用方法：果味甜酸，可鲜食、酿酒、制醋等。

126. 覆盆子（蔷薇科 Rosaceae）

Rubus idaeus L.

识别要点：落叶灌木。幼枝疏生皮刺。羽状复叶互生，小叶 3~7 枚，长卵形或椭圆形，长 3~8 cm，叶缘有不规则粗锯齿或重锯齿，叶背密生灰白色绒毛；叶柄长 3~6 cm。聚合果近球形，直径 1~1.4 cm，红色或橙黄色，多汁液，密被短绒毛。果期 8~9 月。

分布与生境：产黑龙江、吉林、辽宁、新疆、内蒙古、河北及山西，生于海拔 500~2 500 m 山地林缘、灌丛或荒野。日本、俄罗斯东部、欧洲和北美洲有分布。

食疗保健与药用功能：果味甘、酸，性温，有固精补肾、添精益髓、缩小便、收敛、明目之功效，适用于阳痿、滑精、遗精、多尿遗尿、虚劳、目暗、视物不清、呕逆、目翳等病症。

食用部位与食用方法：果味甜酸，可鲜食、酿酒、制醋等。

127. 红泡刺藤（蔷薇科 Rosaceae）

Rubus niveus Thunb.

识别要点：灌木；枝常被白粉，疏生钩状皮刺。单数羽状复叶，小叶 5~11 枚，小叶片椭圆形、卵状椭圆形或菱状椭圆形，长 2.5~7 cm，叶面无毛或沿脉有毛，叶背有灰白色绒毛，叶缘有不整齐粗锐锯齿，有时具 3 枚裂片；叶柄、叶轴被毛和疏生钩状小皮刺。花序顶生，被毛；花红色。聚合果球形，直径 0.8~1.2 cm，成熟后深红色至黑色，密被灰白色毛。果期 7~9 月。

分布与生境：产山西、陕西、甘肃、台湾、广西、贵州、四川、云南及西藏，生于海拔 500~2 800 m 山坡灌丛、疏林中或山沟谷、河滩、溪边。阿富汗、尼泊尔、印度、不丹、斯里兰卡、缅甸、越南、老挝、泰国、马来西亚、印度尼西亚和菲律宾有分布。

食疗保健与药用功能：果有补肾涩精之功效，适用于肾虚阳痿、遗精早泄、小便频数、不孕症等病症。

食用部位与食用方法：果可鲜食或制果酱、酿酒。

128. 盾叶莓（蔷薇科 Rosaceae）

Rubus peltatus Maxim.

识别要点：直立或攀缘灌木。枝疏生皮刺，常有白粉。单叶，叶片盾状着生，卵状圆形，长 7~17 cm，基部心形，3~5 掌状分裂，叶缘有不整齐细锯齿，两面有柔毛，叶背较密并沿中脉有小皮刺；叶柄长 4~8 cm，无毛，有小皮刺。聚合果圆柱形，长 3~4.5 cm，橘红色，密被柔毛。果期 6~7 月。

分布与生境：产安徽、浙江、福建、江西、湖北、湖南、广东、贵州及四川，生于海拔 300~1 500 m 山坡、山麓、山沟林下、林缘或较阴湿地。日本有分布。

食疗保健与药用功能：果味酸、甘、咸，性温，有消炎利尿、清热排石、强腰健肾之功效，适用于四肢关节疼痛、腰脊酸痛等病症。

食用部位与食用方法：果味甜酸，可鲜食、酿酒或制醋等。

129. 合欢（豆科 Leguminosae/Fabaceae）

Albizia julibrissin Durazz.

识别要点：落叶乔木。嫩枝、叶轴、花序被毛。二回羽状复叶，总叶柄近基部及最顶一对羽片着生处各有 1 个腺体；羽片 4~12 对；小叶 10~30 对，小叶片线形或矩圆形，长 0.6~1.2 cm，向上偏斜，先端有小尖头。头状花序于枝顶排成圆锥花序；花粉红色；花丝长 2~2.5 cm。荚果带状。花期 6~7 月。

分布与生境：产吉林、辽宁、河北、河南、山东、山西、陕西、甘肃、江苏、安徽、浙江、台湾、福建、江西、湖北、湖南、广东、海南、广西、贵州、四川、云南及西藏，常栽培或逸为野生，生于山坡。中亚至东亚及非洲有分布。

食疗保健与药用功能：花味甘，性平，归心、肝经，有解郁安神之功效，适用于心神不安、忧郁失眠等病症。

食用部位与食用方法：采嫩花序，去杂洗净，经沸水焯、换清水浸泡后，可与大米同煮粥食。

130. 皂荚 皂角（豆科 Leguminosae/Fabaceae）

Gleditsia sinensis Lam.

识别要点：落叶乔木；树干和枝具分枝的粗刺，刺圆柱形，长达 16 cm。双数一回羽状复叶，互生，长 10~28 cm；小叶 3~9 对，小叶片卵状披针形或矩圆形，长 2~10 cm，有细锯齿。总状花序；花黄白色。荚果带状，肥厚，长 12~37 cm，劲直或扭曲；有多数种子。果期 5~12 月。

分布与生境：产陕西、甘肃、青海、河北、河南、山西、山东、江苏、安徽、浙江、福建、江西、湖北、湖南、广东、广西、贵州、四川及云南，生于海拔 2 500 m 以下山坡林中、沟谷或路旁。

食疗保健与药用功能：果味辛、咸，性温，有小毒，归肺、大肠经，有祛风除湿、活血消肿之功效，适用于风湿疼痛、跌打损伤、疔疮肿毒、痢疾、肠风等病症。种子有祛痰、通便、利尿、杀虫之功效，适用于顽痰阻塞、肠风下血、下痢、淋证、疥癣等病症。

食用部位与食用方法：嫩芽可腌食、油盐凉拌调食或炒食。种子煮熟后，经糖渍可食。

注意事项：有小毒。种子食前用水浸泡至发胀，经水煮熟，倒掉水以除毒，再经糖渍或与其他食料配伍做成食品。

131. 胡枝子（豆科 Leguminosae/Fabaceae）

Lespedeza bicolor Turcz.

识别要点： 灌木，高 1~3 m。3 枚小叶羽状复叶互生；叶柄长 2~8 cm；小叶卵形、倒卵形或卵状矩圆形，长 1.5~6 cm，先端圆钝或微凹，具短刺尖。总状花序比叶长，常构成大型圆锥花序；蝶形花冠，花红紫色，长约 1 cm。荚果斜倒卵形，稍扁，密被毛。

分布与生境： 产黑龙江、吉林、辽宁、内蒙古、陕西、甘肃、宁夏、青海、河北、河南、山西、山东、江苏、安徽、浙江、福建、江西、湖北、湖南、广东、广西、贵州及四川，生于海拔 1 000 m 以下山坡、林缘、路旁灌丛及杂木林中。日本、朝鲜和俄罗斯东部有分布。

食疗保健与药用功能： 叶味甘，性平，有清热润肺、利尿通淋、止血之功效，适用于肺热咳嗽、感冒发热、百日咳、眩晕头痛、风湿痹痛、淋证、流注肿毒、吐血、便血、尿血等病症。

食用部位与食用方法： 嫩叶可腌食或代茶。

132. 刺槐 洋槐（豆科 Leguminosae/Fabaceae）

Robinia pseudoacacia L.

识别要点：落叶乔木；腋芽为叶柄下芽。奇数羽状复叶，互生，长10~30cm；小叶2~12对，常对生，小叶片椭圆形至卵形，长2~5cm；托叶刺状。总状花序腋生，下垂，长10~25cm，直径8~10cm；花香，白色。果线状矩圆形，扁平。花期4~6月。

分布与生境：原产美国东部，我国各地广泛栽培或逸为野生。

食疗保健与药用功能：花味微甘、苦，性凉，有止血之功效，适用于肠道出血、痔疮便血、咯血、吐血等病症。

食用部位与食用方法：鲜花香甜，食法多样：采摘即将开放或未完全开放的鲜花，洗净，沸水焯后，可做馅；或加入糕点或饼中食用，或做成菜团子上笼屉蒸熟食用；或拌入鸡蛋中炒食；或加入鸡蛋、面粉、水，和成比较稀的面糊，煎熟食用；或做汤菜食用。凉拌刺槐花：采未完全开放的刺槐花，洗净，沥水，粘上面粉，拌匀，添加少许胡椒粉、花椒粉，蒸熟（约10 min，不要过度，以熟而保持有原形状为佳），晾凉，根据个人口味，加入调味品，即可食用。若采摘较多，可将蒸熟晾凉的刺槐花置于冰箱，数天内都可备食而用。炒食：前期操作与凉拌相同，蒸熟后可与葱、姜、蒜、辣椒等一同炒食。

注意事项：① 刺槐花一定要熟食，生食有小毒。② 刺槐的枝、叶、花、花序的形态与毛洋槐（*Robinia hispida* L.）（又名红花洋槐）相似，但毛洋槐有毒，不能食用。毛洋槐的小枝、花序轴、花梗密被柔毛及红色腺毛，无托叶刺，花红色，可与刺槐区分。

红花洋槐

毛洋槐

133. 槐叶决明（豆科 Leguminosae/Fabaceae）

Senna sophera（L.）Roxb.

识别要点：灌木，高 1~2 m。双数羽状复叶，互生；叶柄上面近基部有 1 个腺体；小叶 5~10 对，小叶片椭圆状披针形，长 2~5 cm，边缘疏生粗毛。总状花序，花少数；花黄色。荚果近圆筒形，多少膨胀，长 5~10 cm；有多数种子。果期 10~12 月。

分布与生境：原产亚洲热带，现我国长江以南各地区均有分布，多生于山坡路旁。

食疗保健与药用功能：种子味甘、苦，性平，归肺、胃、大肠经，有清肝明目、健胃调中、润肠解毒之功效，适用于目赤肿痛、头晕头胀、口腔糜烂、习惯性便秘、小儿疳积、痢疾、疟疾等病症。

食用部位与食用方法：嫩叶和嫩果荚可炒食，须经沸水焯、清水漂洗去苦味后食用。

注意事项：有小毒，不宜多食，大量食用会引起腹泻。

134. 白刺槐（豆科 Leguminosae/Fabaceae）

Sophora davidii（Franch.）Skeels

识别要点：灌木或小乔木。枝直立开展，棕色，无毛，不育枝末端变成刺状。单数羽状复叶，长 4~6 cm，小叶 11~21 枚；托叶变成刺状；小叶片椭圆状卵形或倒卵状矩圆形，长 1~1.5 cm，先端圆或微凹，具芒尖，叶面几无毛，叶背疏生毛。总状花序顶生，有花 6~12 朵；花萼钟状，蓝紫色，萼齿 5 枚，不等大；花冠白色或淡黄色，有时稍带红紫色。果串珠状。花期 3~8 月。

分布与生境：产河北、河南、山西、陕西、甘肃、江苏、安徽、浙江、湖北、湖南、广西、贵州、四川、云南及西藏，多生于海拔 2 500 m 以下干旱河谷山坡灌丛中或河谷沙丘。

食疗保健与药用功能：花有清热解暑之功效，适用于暑热烦渴等病症。

食用部位与食用方法：采摘初开的花，去花梗、萼片，洗净，沸水焯后可凉拌或炒食，食味甜脆。

135. 槐 国槐（豆科 Leguminosae/Fabaceae）

Sophora japonica L.

识别要点： 落叶乔木。芽隐生于叶柄基部。当年生枝绿色。奇数羽状复叶，互生，长 15~25 cm；小叶 7~15 枚，小叶片卵状矩圆形或卵状披针形，长 2.5~6 cm，背面苍白色；叶柄基部膨大。圆锥花序顶生；花乳白色或黄白色。果串珠状，肉质，不开裂，长 2.5~5 cm。花期 7~8 月。

分布与生境： 全国各地普遍栽培或逸为野生。日本和朝鲜有分布。

食疗保健与药用功能： 花味苦，性微寒，归肝、大肠经，有凉血止血、清肝泻火之功效，适用于便血、痔血、血痢、崩漏、吐血、衄血、肝热目赤、头痛眩晕等病症。

食用部位与食用方法： 采槐花或槐蕾（槐米）在沸水中焯后，可蒸食、炒食、面糊炸食、酿酒或制蜜饯。凉拌槐花：采未完全开放的槐花，洗净，沥水，粘上少许面粉，蒸熟（不要过度，以熟而保持有原形状为佳），晾凉，根据各人口味，加入调味品，即可食用；若采摘较多，可将蒸熟晾凉的槐花置于冰箱，数天内都可备食而用。

注意事项： 有小毒，不宜多食，不能生食。

136. 酸豆 酸角（豆科 Leguminosae/Fabaceae）

Tamarindus indica L.

识别要点： 乔木。双数羽状复叶，互生；小叶 10~20 余对，小叶片矩圆形或椭圆状矩圆形，长 1.3~2.8 cm。总状花序顶生；花黄色或有紫红色条纹。荚果圆柱状长球形，肿胀，长 5~14 cm，常不规则缢缩，棕褐色，不开裂，外果皮薄而脆，中果皮厚而肉质，味酸甜。

分布与生境： 原产非洲，福建、台湾、广东、广西及云南有野化。

食疗保健与药用功能： 果味甘、酸，性凉，有清热解暑、消食化积之功效，适用于暑热食欲不振、发热、气喘、妊娠呕吐、小儿疳积、便秘、蛔虫病等病症。

食用部位与食用方法： 果肉酸甜，可鲜吃或熟食，或做蜜饯或制成调味酱及泡菜食用；果汁加糖水是很好的清凉饮料。

137. 大白刺（蒺藜科 Zygophyllaceae）

Nitraria roborowskii Kom.

识别要点：落叶灌木，多分枝，多平卧，少直立，枝刺白色。单叶肉质，幼枝之叶 2~3 枚簇生，矩圆状匙形或倒卵形，长 2.5~4 cm，宽 0.7~2 cm，全缘或先端 2~3 齿裂。花稀疏，白色。核果卵球形或椭球形，长 1.2~1.8 cm，直径 0.8~1.5 cm，成熟时深红色，果汁紫黑色；果核窄卵形，长 0.8~1 cm。果期 7~8 月。

分布与生境：产内蒙古、陕西、甘肃、宁夏、青海及新疆，生于沙漠地区、湖盆边缘、绿洲外围沙地。蒙古有分布。

食疗保健与药用功能：果有消食健胃、滋补强壮、调经活血之功效，适用于身体瘦弱、气血两亏、脾胃不和、消化不良、月经不调、腰腹痛等病症。

食用部位与食用方法：果酸甜可口，清香味美，营养丰富，有“沙漠樱桃”之称，可做饮料。

138. 小果白刺（蒺藜科 Zygophyllaceae）

Nitraria sibirica Pall.

识别要点：落叶灌木，多分枝，小枝灰白色，先端刺尖。单叶，肉质，幼枝之叶 4~6 枚簇生，叶片倒披针形或倒卵状匙形，长 6~15 mm，宽 2~5 mm，叶缘全缘。花序长 1~3 cm；花黄绿色或近白色。核果椭球形或近球形，长 6~8 mm，成熟时暗红色或紫红色，果汁暗蓝紫色；果核卵形，长 4~5 mm。果期 7~8 月。

分布与生境：产吉林、辽宁、内蒙古、河北、山西、山东、陕西、甘肃、宁夏、青海及新疆，生于盐渍化沙地及沿海沙地。蒙古、西伯利亚和中亚有分布。

食疗保健与药用功能：果有消食健胃、调经活血之功效，适用于身体虚弱、气血两亏、脾胃不和、高血压头晕、消化不良、月经不调、腰酸腿痛等病症。

食用部位与食用方法：果味甜、微咸，可鲜食，亦可制作果酱、酿酒等。

139. 白刺（蒺藜科 Zygophyllaceae）

Nitraria tangutorum Bobr.

识别要点： 落叶灌木，多分枝，幼枝白色，先端针刺状。单叶肉质，幼枝之叶 2~3 枚簇生，叶片宽倒披针形或长椭圆状匙形，长 1.8~3 cm，宽 6~8 mm，叶缘全缘，稀先端 2~3 齿裂。花较密，白色。核果卵球形，长 8~12 mm，直径 6~9 mm，成熟时深红色，果汁玫瑰色；果核窄卵形，长 5~6 mm。果期 7~8 月。

分布与生境： 产内蒙古、陕西、甘肃、宁夏、青海、新疆及西藏，生于荒漠及半荒漠湖盆沙地、河流阶地、山前平原积沙地。

食疗保健与药用功能： 果味甘、酸，性微温，有滋补强壮、调经活血、健脾胃、助消化、安神、下乳之功效，适用于脾胃虚弱、消化不良、肾虚、感冒、乳汁不下、神经衰弱等病症。

食用部位与食用方法： 鲜果酸甜适口，可制果酒、饮料、食品添加剂等。

140. 山油柑（芸香科 Rutaceae）

Acronychia pedunculata（L.）Miq.

识别要点：常绿乔木。单叶对生，叶片椭圆形、倒卵形或倒卵状椭圆形，长 7~18 cm，叶缘全缘，具透明油腺点；叶柄长 1~2 cm。圆锥花序。果序下垂；核果淡黄色，半透明，近球形而稍具棱角，直径 1~1.5 cm，有 4 条浅沟纹。果期 8~12 月。

分布与生境：产福建、台湾、广东、海南、广西及云南，生于海拔 400~600 m 山坡林中或河谷林缘。东南亚有分布。

食疗保健与药用功能：果有健脾、助消化、平喘之功效，适用于食欲不振、消化不良、风湿痛、感冒咳嗽等病症。

食用部位与食用方法：果实味甜，可食。

141. 宜昌橙（芸香科 Rutaceae）

Citrus cavaleriei Lévl. ex Cavaler.

识别要点：常绿小乔木或灌木状。枝干多锐刺，刺长 1~2.5 cm，花枝常无刺。单身复叶互生，叶片卵状披针形，长 2~8 cm；叶柄翅较叶稍短小或稍长。单花腋生，花瓣淡紫红色或白色。柑果扁球形、球形或梨形，顶部乳头状凸起或圆，高 3~5 cm，直径 4~6 cm，梨形果高 9~10 cm，直径 7~8 cm，成熟时淡黄色，粗糙，油胞大，凸起，果皮厚 3~6 mm。果期 10~11 月。

分布与生境：产陕西南部、甘肃南部、湖北西部、湖南、广西、贵州、四川及云南，生于海拔 600~2 500 m 陡崖、石缝、山脊或沿河谷坡地。

食疗保健与药用功能：果有化痰止咳、生津健胃、止血消炎、祛瘀止痛之功效，适用于咳嗽、顿咳、食欲不振、中暑烦渴、牙出血、外伤出血、外伤感染、皮肤溃疡、跌打损伤等病症。

食用部位与食用方法：成熟果实可食，味酸苦。

142. 箭叶橙（芸香科 Rutaceae）

Citrus hystrix DC.

识别要点： 常绿小乔木。枝具长刺。单身复叶互生，叶片油腺点多，厚纸质，叶身卵形，长 3~5 cm；叶柄长 3~6 mm，具翅及关节。单花或 3 朵至数朵簇生叶腋。果梗长约 1 cm；柑果近球形，高约 4 cm，直径 3.5 cm，果顶乳头状凸尖，外果皮密生油胞，较平滑，瓢囊 6~7，果心充实；果萼宿存。种子 6~8 枚，具蜂窝状网纹，长 1.5~1.8 cm。

分布与生境： 产广西北部及云南，生于海拔 600~1 900 m 山谷密林下、溪边。印度、斯里兰卡、孟加拉、缅甸、泰国、菲律宾、马来西亚和印度尼西亚有分布。

食疗保健与药用功能： 果实有抗生育活性之功效，适用于调经、催产、堕胎。幼果有行气消积、化痰除痞之功效。

食用部位与食用方法： 成熟果实可食。

143. 金柑（芸香科 Rutaceae）

Citrus japonica Thunb.

识别要点：常绿小乔木或灌木状。枝具刺。单小叶，小叶片卵状椭圆形或矩圆状披针形，长 4~8 cm，密生芳香透明油腺点；叶柄具窄翅或不明显。柑果球形或宽卵球形，直径 1.5~2.5 cm，成熟时橙黄色或红色。果期 11 月至翌年 2 月。

分布与生境：产安徽、浙江、福建、江西、湖南、广东、海南及广西，生于海拔 600~1 000 m 山地常绿阔叶林中。

食疗保健与药用功能：果有理气、解郁、化痰、醒酒之功效，适用于胸闷伤酒、口渴、食滞胃呆等病症。

食用部位与食用方法：鲜果可食，味酸甜。

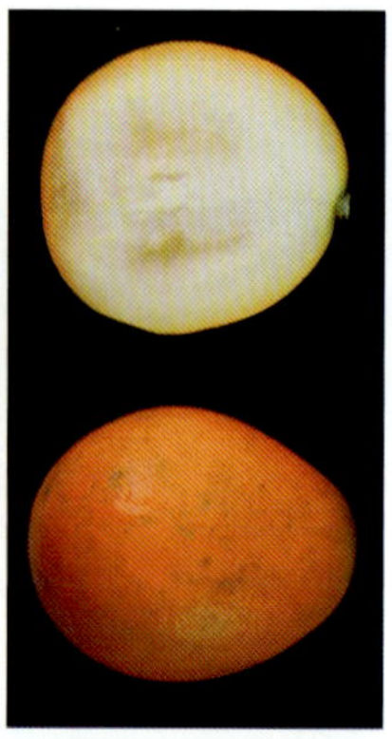

144. 香橙（芸香科 Rutaceae）

Citrus junos Sieb. ex Tanaka

识别要点：常绿小乔木。常具粗长刺。单身复叶，叶片卵形、卵状披针形或椭圆形，长 2.5~8 cm，密生芳香透明油腺点；叶柄翅长 1~2.5 cm，宽 0.4~1.5 cm。花白色。柑果扁球形或近梨形，直径 4~8 cm，成熟时淡黄色，易剥离，具香气。果期 10~12 月。

分布与生境：产陕西、甘肃、江苏、安徽、浙江、湖北、湖南、贵州、四川和云南。

食疗保健与药用功能：果味酸，性凉，有理气宽中、和胃降逆、化痰、止痛之功效，适用于气滞腹胀痛、胃痛、呕吐、咳嗽气喘、疝气痛等病症。

食用部位与食用方法：果可食，味酸或带苦味。

145. 香橼（芸香科 Rutaceae）

Citrus medica L.

识别要点： 常绿小乔木或灌木状。幼枝及芽暗紫红色，枝刺长达 4 cm。单叶，稀兼有单身复叶，叶片椭圆形或卵状椭圆形，长 6~12 cm，密生芳香透明油腺点；叶柄短，无翅。柑果椭球形、近球形或纺锤形，成熟时淡黄色，重可达 2 kg。果期 10~11 月。

分布与生境： 产浙江、福建、台湾、广东、海南、广西、贵州、四川、云南及西藏，生于海拔 650~1 750 m 山坡丛林中。印度、缅甸、越南和老挝有分布。

食疗保健与药用功能： 果味辛、苦、酸，性温，有舒肝理气、宽中、化痰、止呕逆之功效，适用于肝胃气滞、胸胁胀痛、脘腹痞满、呕吐噫气、痰多咳嗽等病症。

食用部位与食用方法： 果味酸或稍甜，有香气，可食或制作蜜饯、果酱、果汁等。

146. 柑橘（芸香科 Rutaceae）

Citrus reticulata Blanco

识别要点： 常绿小乔木。刺较少。单身复叶，叶片披针形、椭圆形或宽卵形，长 5~9.5 cm，密生芳香透明油腺点；叶柄翅窄。花白色。柑果扁球形或近球形，成熟时淡黄色、朱红色或深红色，易剥离，网状橘络易分离。果期 10~12 月。

分布与生境： 产秦岭、淮河以南地区。

食疗保健与药用功能： 果实有润肺生津、理气和胃之功效，适用于消渴、呕逆、胸膈结气等病症。果皮味辛、苦，性温，有理气健脾、燥湿化痰之功效，适用于胸脘胀满、食少吐泻、咳嗽痰多等病症。

食用部位与食用方法： 果甜或酸甜，为我国著名水果之一。

147. 枳 枸橘（芸香科 Rutaceae）

Citrus trifoliata L.

识别要点：落叶小乔木。枝绿色，密生粗刺。3 枚小叶复叶，小叶片长 2~5 cm，密生芳香透明油腺点；叶柄具窄翅。花白色。柑果近球形，直径 3.5~6 cm，成熟时暗黄色，外果皮密生小而密的油胞，微有香气。果期 10~11 月。

分布与生境：产陕西、甘肃、山西、山东、河南、江苏、安徽、浙江、江西、湖北、湖南、广东、广西、贵州及四川。

食疗保健与药用功能：果味辛、苦、酸，性微寒，有理气健胃、消肿止痛之功效，适用于肝胃气痛、疝气、食积痰滞、痞满、跌打损伤、阴挺、乳痨等病症。

食用部位与食用方法：果可食，味酸或带苦味。

148. 黄皮（芸香科 Rutaceae）

Clausena lansium（Lour.）Skeels

识别要点：常绿小乔木。单数羽状复叶，互生；小叶 5~11 枚，小叶片卵形或卵状椭圆形，长 6~14 cm，叶缘波状或具浅锯齿，具透明油腺点；小叶柄长 4~8 mm。圆锥花序顶生。浆果球形或卵球形，长 1.3~3 cm，直径 1~2 cm，成熟时淡黄色至暗黄色，被毛，果肉乳白色。果期 6~8 月。

分布与生境：产福建、台湾、广东、海南、广西、贵州、四川及云南，多生于土壤肥沃、潮湿或荫蔽环境中。

食疗保健与药用功能：果味辛、甘、酸，性温，归肺、胃经，有理气、消食、化痰之功效，适用于食欲不振、胸膈满痛、痰饮咳喘等病症。

食用部位与食用方法：果味甜，可鲜食或糖渍。

149. 刺花椒 毛刺花椒（芸香科 Rutaceae）

Zanthoxylum acanthopodium DC.

识别要点： 小乔木或灌木状。枝被锈色毛，具扁宽锐刺。单数羽状复叶，叶轴具翅，叶柄基部具1对扁平锐刺；小叶3~9枚，小叶片卵状椭圆形或披针形，长6~10 cm，先端短渐尖，具细齿或全缘，两面密锈色毛。花密集成团伞状，腋生。蓇葖果成熟后紫红色，直径约4 mm，被毛，油腺点大而凸起。果期9~10月。

分布与生境： 产广西、贵州、四川、云南及西藏等，生于海拔1 500~3 200 m较干旱地带灌丛中、密林下或沟边。尼泊尔、印度和缅甸有分布。

食疗保健与药用功能： 果味辛，性温，有温中散寒、止痛、杀虫、避孕之功效，适用于胃痛、劳伤腰痛、风湿关节痛、跌打损伤、虫积腹痛等病症。

食用部位与食用方法： 果可做食品调味剂及香料。

150. 竹叶花椒（芸香科 Rutaceae）

Zanthoxylum armatum DC.

识别要点： 小乔木或灌木状，无毛。枝具扁宽锐刺。单数羽状复叶，叶轴、叶柄具翅，背面有时具皮刺；小叶3~9枚，几无柄，小叶片披针形、椭圆形或卵形，长3~12 cm，先端渐尖，疏生浅齿或近全缘，齿间或沿叶缘具油腺点，背面基部中脉两侧具簇生毛，脉上常被小刺。圆锥花序腋生或顶生。蓇葖果成熟后紫红色，直径4~5 mm，疏生油腺点。果期8~10月。

分布与生境： 产陕西、甘肃、山东、河南、江苏、安徽、浙江、福建、台湾、江西、湖北、湖南、广东、广西、贵州、四川、云南及西藏，生于海拔3 100 m以下山地林缘及灌丛中，石灰岩山地常见。日本、朝鲜、尼泊尔、印度、缅甸、越南和老挝有分布。

食疗保健与药用功能： 果味辛，性温，有温中止痛、杀虫止痒之功效，适用于脘腹冷痛、呕吐泄泻、虫积腹痛、蛔虫病、牙痛、湿疮、疥癣痒疮等病症。

食用部位与食用方法： 幼芽及嫩叶经沸水焯、清水漂洗后可腌制食用，或经沸水焯后凉拌食用。果可做食品调味剂及香料。

151. 花椒（芸香科 Rutaceae）

Zanthoxylum bungeanum Maxim.

识别要点：落叶小乔木或灌木状。茎干被粗壮皮刺，小枝刺基部宽扁直伸。单数羽状复叶，叶轴具窄翅；小叶 5~13 枚，无柄，小叶片通常卵形或椭圆形，长 2~7 cm，先端尖，具细锯齿，齿间具油腺点，背面基部中脉两侧具簇生毛。圆锥花序顶生。蓇葖果成熟后紫红色，直径 4~5 mm，散生凸起油腺点。果期 8~9 月。

分布与生境：产辽宁、陕西、甘肃、宁夏、青海、山西、山东、河北、河南、江苏、安徽、浙江、江西、湖北、湖南、广西、贵州、四川、云南及西藏，生于海拔 3 200 m 以下山坡灌丛中。

食疗保健与药用功能：果味辛，性温，归脾、胃、肾经，有温中止痛、杀虫止痒之功效，适用于脘腹冷痛、呕吐泄泻、虫积腹痛等病症；外用可治湿疹、阴痒。

食用部位与食用方法：幼芽及嫩叶可炒食或腌制食用。果可做食品调味剂及香料。

152. 异叶花椒（芸香科 Rutaceae）

Zanthoxylum dimorphophyllum Hemsl.

识别要点：小乔木或灌木状。枝无刺。单叶或单数羽状复叶，小叶 3~5 枚，小叶片卵形、椭圆形或倒卵形，长 4~9 cm，先端钝圆或渐尖，具钝锯齿，两面密被油腺点。花序腋生及顶生。蓇葖果成熟后紫红色，直径 6~8 mm，油腺点稀少。果期 9~11 月。

分布与生境：产陕西、甘肃、台湾、湖北、湖南、广东、海南、广西、贵州、四川及云南，生于海拔 2 400 m 以下山地林中，石灰岩山地常见。尼泊尔、印度和缅甸有分布。

食疗保健与药用功能：果有散寒燥湿之功效，适用于脚气病、眼翳膜等病症。

食用部位与食用方法：幼芽、嫩叶、嫩果经沸水焯、清水漂洗后可炒食或腌制食用。成熟果可做调味品。

153. 青花椒 青椒（芸香科 Rutaceae）

Zanthoxylum schinifolium Sieb. & Zucc.

识别要点： 灌木。茎枝无毛。单数羽状复叶，叶轴具窄翅；小叶 7~19 枚，小叶片宽卵形或披针形，长 0.5~7 cm，先端短尖至渐尖，叶面被毛或毛状凸体，叶背无毛，全缘或有细锯齿。花序顶生。蓇葖果成熟后红褐色，直径 4~5 mm，油腺点细小。果期 9~12 月。

分布与生境： 产辽宁、河北、河南、山东、江苏、安徽、浙江、福建、台湾、江西、湖北、湖南、广东、广西及贵州，生于海拔 800 m 以下山野、平原疏林、灌丛或岩缝中。日本和朝鲜有分布。

食疗保健与药用功能： 果味辛，性温，归脾、胃、肾经，有温中止痛、杀虫止痒之功效，适用于脘腹冷痛、呕吐泄泻、虫积腹痛等病症；外用可治湿疹、阴痒。

食用部位与食用方法： 幼芽、嫩叶、嫩果经沸水焯、清水漂洗后可腌制食用，亦可经沸水焯后凉拌食用。成熟果可做调味品。

154. 野花椒（芸香科 Rutaceae）

Zanthoxylum simulans Hance

识别要点： 小乔木或灌木状。枝干散生基部宽扁锐刺。单数羽状复叶，叶轴具窄翅；小叶 5~13 枚，无柄，小叶片卵圆形或卵状椭圆形，长 2.5~7 cm，先端尖，边缘疏生浅钝齿，叶面疏被刚毛状倒伏细刺，密被油腺点。圆锥花序顶生。蓇葖果成熟后红褐色，直径 4~5 mm，被微凸起油腺点。果期 7~9 月。

分布与生境： 产辽宁、陕西、青海、河北、河南、山东、江苏、安徽、浙江、福建、台湾、江西、湖北、湖南、广东及贵州，生于平原、低山丘陵或林下。

食疗保健与药用功能： 果味辛，性温，有小毒，有温中止痛、驱虫健胃之功效，适用于胃寒腹痛、呕吐泄泻、蛔虫病等病症；外用可治湿疹、皮肤瘙痒、龋齿疼痛。

食用部位与食用方法： 幼芽及嫩叶经清水漂洗后可腌制食用，或经沸水焯后凉拌食用。果可做食品调味剂及香料。

155. 橄榄（橄榄科 Burseraceae）

Canarium album（Lour.）Rauesch.

识别要点：常绿乔木。单数羽状复叶互生；小叶 3~6 对，小叶片披针形、椭圆形或卵形，长 6~14 cm，先端渐尖，叶缘全缘，侧脉 12~16 对。雌花序总状，腋生。果序长 1.5~15 cm，具 1~6 果；核果卵球形或纺锤形，长 2.5~3.5 cm，成熟时黄绿色，果核渐尖。果期 10~12 月。

分布与生境：产福建、台湾、广东、海南、广西、贵州、四川及云南，生于海拔 1 300 m 以下沟谷或山坡林中。越南有分布。

食疗保健与药用功能：果味甘、酸、涩，性平，有清热解毒、生津利咽、清肺之功效，适用于咽喉肿痛、咳嗽痰黏、烦热口渴、鱼蟹中毒、肠炎腹泻等病症。

食用部位与食用方法：果味酸甜，回味清甜，可鲜食或糖渍后食用，或制果脯。

156. 乌榄（橄榄科 Burseraceae）

Canarium pimela K. D. Koenig

识别要点：常绿乔木。单数羽状复叶，互生；小叶 4~6 对，小叶片宽椭圆形、卵形或圆形，长 6~17 cm，先端骤渐尖，叶缘全缘。圆锥花序腋生。果序长 8~35 cm，具 1~4 果；核果窄卵球形，长 3~4 cm，成熟时紫黑色。果期 5~11 月。

分布与生境：产广东、海南、广西及云南，生于海拔 540~1 280m 林中。越南、老挝和柬埔寨有分布。

食疗保健与药用功能：果有润肺、下气、补血之功效，适用于肺热咳嗽、血虚、食诸鱼中毒等病症。

食用部位与食用方法：果可鲜食或腌制“榄果”做菜。榄仁为饼食及菜配料佳品。

157. 香椿（楝科 Meliaceae）

Toona sinensis（A. Juss.）Roem.

识别要点： 落叶乔木；树皮片状剥落；枝粗壮。叶痕大；幼芽、嫩叶红色或橙红色，芳香，偶数羽状复叶（有时兼有奇数羽状复叶）互生，长 30~50 cm；小叶 16~20 枚，小叶片卵状披针形或卵状矩圆形，长 9~15 cm，先端尾状尖，基部不对称，一侧圆形，一侧楔形，无毛。圆锥花序。蒴果。

分布与生境： 产辽宁、陕西、甘肃、河北、河南、江苏、安徽、浙江、福建、江西、湖北、湖南、广东、广西、贵州、四川、云南及西藏，生于海拔 2 900 m 以下山区或平原。

食疗保健与药用功能： 叶味苦，性平，有祛暑化湿、解毒、杀虫之功效，适用于暑湿伤中、恶心呕吐、食欲不振、泄泻、痢疾、痔疮等病症。

食用部位与食用方法： 红色或橙红色的幼芽、嫩叶芳香可口，可煎鸡蛋、炒食、油炸、干制或腌渍，亦可经沸水焯后凉拌食用。

注意事项： ① 采摘后应及时处理或食用，切忌堆放过夜，致使发热变质。② 臭椿［*Ailanthus altissima*（Mill.）Swingle］的叶亦为羽状复叶，幼芽、嫩叶也为红色或橙红色，与香椿类似，但臭椿叶为奇数羽状复叶，叶基部粗齿背面有腺体，叶揉碎后有股臭味，翅果而不同于香椿。臭椿不宜食用。

臭椿

158. 木奶果（大戟科 Euphorbiaceae）

Baccaurea ramiflora Lour.

识别要点：常绿乔木。单叶互生；叶片矩圆形、倒卵状矩圆形至倒卵形，长 9~16 cm，先端渐尖，基部楔形，全缘，无毛；叶柄长 1~4.5 cm；托叶长三角形，长 3~4 mm。雌雄异株，雌花序总状，腋生或老茎生花。蒴果浆果状，卵球形或近球形，长 2~2.5 cm，直径 1.5~2 cm，成熟后紫红色，果皮肉质。果期几全年。

分布与生境：产广东、海南、广西、云南及西藏，生于海拔 1 300 m 以下山地、山谷或山坡林中。印度、缅甸和亚洲东南部国家有分布。

食疗保健与药用功能：果味甘，性凉，归肺、脾经，有生津止渴、消积、祛湿解毒之功效，适用于津液亏损、口渴、食积、脚气、稻田皮炎等病症。

食用部位与食用方法：果味酸甜，成熟时可食，亦可酿酒、制作果酱或果汁。

159. 余甘子（大戟科 Euphorbiaceae）

Phyllanthus emblica L.

识别要点： 落叶乔木或灌木；小枝被黄褐色短毛。单叶互生，在小枝上排成 2 列；叶片革质，椭圆形或线状矩圆形，长 1~2 cm，先端钝，具短尖头或急尖，基部浅心形或钝圆，全缘；叶柄长不及 1 mm；托叶三角形。花 3~7 朵簇生叶腋。蒴果核果状，扁球形，直径 1~2 cm，成熟时浅青黄色，外果皮肉质。果期 7~12 月。

分布与生境： 产福建、台湾、江西、广东、海南、广西、贵州及云南，生于海拔 2 000 m 以下山地灌丛、低山坡地、稀树山冈或海滨。印度和亚洲东南部国家有分布。

食疗保健与药用功能： 果味甘、酸、涩，性凉，归肺、胃经，有清热凉血、消食健胃、生津止咳之功效，适用于血热血瘀、消化不良、腹胀、咳嗽、喉痛、口干等病症。

食用部位与食用方法： 果可鲜食，回味甘甜生津，亦可制作饮料、蜜饯、罐头、糖葫芦等。

160. 南酸枣（漆树科 Anacardiaceae）

Choerospondias axillaris (Roxb.) Burtt & Hill.

识别要点： 落叶乔木。单数羽状复叶互生，长 25~40 cm，小叶 7~11 对，小叶片窄长卵形或矩圆状披针形，长 4~12 cm，先端长渐尖，基部宽楔形，叶缘全缘，背面脉腋处具簇生毛。雄花及假两性花组成圆锥花序，雌花单生上部叶腋。核果椭球形，长 2.5~3 cm，成熟时黄色，中果皮肉质浆状。果期 8~10 月。

分布与生境： 产甘肃、安徽、浙江、福建、江西、湖北、湖南、广东、海南、广西、贵州、四川、云南及西藏，生于海拔 2 000 m 以下山坡、丘陵或沟谷林中。日本、印度和中南半岛有分布。

食疗保健与药用功能： 果味酸、涩，性凉，有行气活血、养心安神、消食积之功效，适用于气滞血瘀、胸痹作痛、心悸气短、心神不安、食滞腹痛等病症。

食用部位与食用方法： 果实酸甜，可鲜食，亦可酿酒，制作果冻、果糕、南酸枣片、酸枣粑粑等。

161. 人面子（漆树科 Anacardiaceae）

Dracontomelon duperreanum Pierre

识别要点： 常绿大乔木。单数羽状复叶，长 30~45 cm，互生；小叶 5~7 对，小叶片矩圆形，叶缘全缘，中脉被毛，下面脉腋处被毛，中脉及细脉两面凸起。圆锥花序长 10~23 cm；花白色。核果扁球形，长约 2 cm，直径 1.7~1.9 cm，成熟时黄色；果核扁，形如人面。果期 8 月。

分布与生境： 产广东、海南、广西及云南，生于海拔 100~350 m 林中。越南有分布。

食疗保健与药用功能： 果味甘、酸，性平，有健脾消食、生津止渴之功效，适用于消化不良、食欲缺乏、热病口渴、痔疮等病症。

食用部位与食用方法： 果可鲜食，亦可做菜、腌渍、制果酱等。

162. 杧果（漆树科 Anacardiaceae）

Mangifera indica L.

识别要点： 常绿乔木。单叶互生，叶片矩圆形或矩圆状披针形，长 12~30 cm，先端渐尖，叶缘全缘，侧脉 20~25 对。圆锥花序顶生；花淡黄色。核果肾形，长 5~10 cm，直径 3~4.5 cm，成熟时黄色或黄绿色，稀紫红色，果核扁。

分布与生境： 产福建、台湾、广东、海南、广西及云南，生于海拔 200~1 350 m 沟谷林中。印度和中南半岛有分布。

食疗保健与药用功能： 果有益胃、生津、止呕、止咳之功效，适用于口渴、呕吐、坏血病、闭经、食欲不振、咳嗽等病症。

食用部位与食用方法： 果可鲜食，或制果酱、罐头、果酒。

163. 黄连木（漆树科 Anacardiaceae）

Pistacia chinensis Bunge

识别要点： 落叶乔木，高达 25 m。双数羽状复叶互生，小叶 10~14 枚，叶轴及叶柄被微毛；小叶近对生，小叶片披针形或窄披针形，长 5~10 cm，宽 1.5~2.5 cm，先端渐尖或长渐尖，全缘，侧脉两面凸起；小叶柄长 1~2 mm。先花后叶，圆锥花序腋生，被微毛；雄花序花密集，雌花序花疏散。核果。

分布与生境： 产河北、河南、山西、陕西、甘肃、山东、江苏、安徽、浙江、台湾、福建、江西、湖北、湖南、广东、海南、广西、贵州、四川、云南及西藏，生于海拔 3 600 m 以下山地、丘陵及平原。

食疗保健与药用功能： 叶味苦、涩，性寒，有解毒、止渴之功效，适用于暑热口渴、痢疾、咽喉肿痛、口舌糜烂、风湿疮、漆疮等病症。

食用部位与食用方法： 将嫩叶洗净，在沸水中焯，经清水浸泡去苦味，沥干，即可配各种荤、素料，炒烩做菜或做汤食用。

164. 盐麸木（漆树科 Anacardiaceae）

Rhus chinensis Mill.

识别要点： 落叶小乔木或灌木状。单数羽状复叶，小叶 7~13 枚，叶轴具叶状宽翅，叶轴及叶柄密被锈色柔毛，小叶椭圆形或卵状椭圆形，长 6~12 cm，边缘有粗锯齿；小叶无柄。圆锥花序顶生。核果扁球形，直径 4~5 mm，成熟时红色，被柔毛及腺毛。果期 9~10 月。

分布与生境： 产辽宁、河北、山西、陕西、甘肃、河南、山东、江苏、安徽、浙江、台湾、福建、江西、湖北、湖南、广东、海南、广西、贵州、四川及云南，生于 2 700 m 以下阳坡、丘陵、沟谷疏林或灌丛中。日本、朝鲜半岛、中南半岛、印度和印度尼西亚有分布。

食疗保健与药用功能： 果味酸、咸，性凉，有生津降火、润肺化痰、敛汗之功效，适用于喉痹、痰火咳嗽、酒毒黄疸、瘴疟、毒痢、体虚多汗、盗汗、头风白屑、顽癣、痈毒溃烂等病症。

食用部位与食用方法： 成熟果实可鲜食，或代盐、代醋食用。

165. 扣树（冬青科 Aquifoliaceae）

Ilex kaushue S. Y. Hu

识别要点：常绿乔木。小枝具纵棱及沟槽。单叶互生，革质，叶片矩圆形或矩圆状椭圆形，长10~18 cm，先端尖或短渐尖，基部楔形，边缘重锯齿或锯齿，侧脉14~15对；叶柄长2~2.2 cm，被微柔毛。花序腋生；花淡黄色或黄绿色。果球形，直径0.9~1.2 cm，成熟时红色，有4核，核背部具网状条纹及沟。花期5~6月，果期9~10月。

分布与生境：产湖北、湖南、广东、海南、广西、四川及云南，生于海拔1 000~1 200 m山地密林中。

食疗保健与药用功能：叶有清热解毒、祛暑之功效，适用于外感风寒头痛、齿痛、目赤、热病烦渴、痢疾、呕恶泄泻等病症。

食用部位与食用方法：叶代茶饮用。

166. 七叶树 天师栗（七叶树科 Hippocastanaceae）

Aesculus chinensis Bunge

识别要点：落叶乔木。掌状复叶，小叶5~9枚，叶柄长10~15 cm；小叶片倒卵形或长倒披针形，长8~25 cm，宽3~5 cm，侧脉15~25对。花序顶生，近圆柱形，长20~30 cm；花白色或带有黄色斑块。蒴果球形或卵球形，直径3~4 cm，黄褐色，被斑点。种子1~2枚，近球形，栗褐色；种脐白色。果期9~10月。

分布与生境：产陕西、甘肃、河南、江西、湖北、湖南、广东北部、贵州、四川及云南，生于海拔2 000 m以下山地阔叶林中或溪边。

食疗保健与药用功能：种子味甘，性温，有疏肝理气、和胃止痛之功效，适用于胸腹胀闷、胃脘疼痛、肝胃气滞等病症。

食用部位与食用方法：种子经脱涩后取其淀粉可做糕点、饼干，或制饼食用。

注意事项：枝、叶有毒，不可食用。

167. 龙眼 桂圆（无患子科 Sapindaceae）

Dimocarpus longan Lour.

识别要点： 常绿乔木。双数羽状复叶，互生；小叶4~6对，小叶片矩圆状椭圆形至矩圆状披针形，长6~15 cm，宽2.5~5 cm，基部极不对称，侧脉12~15对；小叶柄长不及5 mm。花序密被星状毛；花瓣乳白色。蒴果浆果状，近球形，直径1.2~2.5 cm，常黄褐色或灰黄色，稍粗糙，稀有微凸小瘤体。种子全为白色肉质假种皮包被。果期夏季。

分布与生境： 我国西南部至东南部栽培很广，福建最盛；广东、海南、广西及云南有野生或半野生林木。

食疗保健与药用功能： 肉质假种皮富含维生素和磷质，其味甘，性温，归心、脾经，有补益心脾，养血安神之功效，适用于气血不足、心悸怔忡、健忘失眠、血虚萎黄等病症。

食用部位与食用方法： 肉质假种皮味甜，可鲜食或将果晒干后备食。

168. 文冠果（无患子科 Sapindaceae）

Xanthoceras sorbifolium Bunge

识别要点：落叶小乔木或灌木状。单数羽状复叶，互生；小叶 4~8 对，小叶片披针形或近卵形，长 2.5~6 cm，先端渐尖，基部楔形，边缘有尖锯齿，嫩叶背面被绒毛和星状毛。总状花序先叶抽出或与叶同放，花杂性同株，两性花花序顶生，雄花序腋生；花瓣 5 枚，白色，基部紫红色或黄色。蒴果近球形或宽椭球形，长达 6 cm，有 3 棱角。成熟种子黑色，有光泽。花期春季，果期秋季。

分布与生境：产辽宁、陕西、甘肃、宁夏、青海、内蒙古、河北、河南、山西及山东，生于丘陵山坡等处。

食疗保健与药用功能：种子味甘，性平，有祛风除湿之功效，适用于风湿性关节炎。

食用部位与食用方法：嫩芽、嫩叶经沸水烫、清水漂洗后，可炒食或凉拌。嫩花味甘，可炒食。种子鲜美可食；或与蜂蜜一起腌藏，制成蜜饯，兑水后成为一种风味饮料；亦可榨油，种仁含脂肪 57.18%，蛋白质 29.69%。

169. 枳椇 拐枣（鼠李科 Rhamnaceae）

Hovenia acerba Lindl.

识别要点：落叶大乔木。单叶互生；叶片宽卵形、椭圆状卵形或心形，长 8~17 cm，先端渐尖，基部平截或心形，叶缘有钝细齿；叶柄长 2~5 cm。圆锥花序顶生或腋生，被褐色毛。核果浆果状，近球形，直径 5~6.5 mm，成熟时褐色；果序轴膨大，肉质。果期 8~10 月。

分布与生境：产陕西、甘肃、河南、江苏、安徽、浙江、福建、江西、湖北、湖南、广东、广西、贵州、四川及云南，生于海拔 2 100 m 以下丘陵或山地山坡林缘或疏林中。印度、尼泊尔、不丹和缅甸有分布。

食疗保健与药用功能：果序轴味甘、酸，性平，有解酒除烦、舒筋活络、滋润五脏、利大小便之功效，适用于醉酒、烦热、口渴、呕吐、二便不利、四肢麻木、贫血、酒皶鼻、产后及老人体虚、久热等病症。

食用部位与食用方法：果序轴肥厚，富含糖分，可鲜食、酿酒、制醋、熬糖或制果脯。

170. 毛果枳椇（鼠李科 Rhamnaceae）

Hovenia trichocarpa Chun & Tsiang

识别要点：落叶乔木。单叶互生；叶片矩圆状卵形、宽椭圆状卵形或矩圆形，长 12~18 cm，先端渐尖或长渐尖，基部平截、近圆形或心形，叶缘有圆齿或钝齿；叶柄长 2~4 cm。圆锥花序顶生或腋生，被锈色或黄褐色密绒毛。核果浆果状，球形或倒卵球形，直径 8~8.2 mm，成熟时褐色，被锈色或褐色密绒毛；果序轴膨大，肉质，被锈色或褐色绒毛。果期 8~10 月。

分布与生境：产安徽、浙江、江西、福建、湖北、湖南、广东、广西及贵州，生于海拔 600~1 300 m 的山地林中。

食疗保健与药用功能：果序轴有清热利尿、止咳除烦、解酒毒、利二便之功效，适用于热病烦渴、呃逆、呕吐、二便不利、乙醇中毒等病症。

食用部位与食用方法：果序轴肥厚，味甜，可鲜食、酿酒、制醋或熬糖。

171. 枣（鼠李科 Rhamnaceae）

Ziziphus jujuba Mill.

识别要点：落叶小乔木或灌木。具长枝、短枝和无芽小枝。有 2 个托叶刺，长刺长达 3 cm，粗直；短刺长 4~6 mm，下弯。单叶互生；叶片卵形或卵状椭圆形，长 3~7 cm，先端钝或圆，边缘有圆齿，基部三出脉；叶柄长 1~6 mm。花小，黄绿色，腋生。核果长球形，长 2~3.5 cm，直径 1.5~2 cm，成熟时红色，中果皮肉质，味甜。果期 8~9 月。

分布与生境：产吉林、辽宁、陕西、甘肃、宁夏、新疆、内蒙古、河北、河南、山西、江苏、安徽、浙江、福建、江西、湖北、湖南、广东、广西、贵州、四川及云南，生于海拔 1 700 m 以下山区、丘陵或平原。

食疗保健与药用功能：果味甘，性温，归脾、胃、心经，有补中益气、养血安神之功效，适用于脾虚食少、乏力便溏、妇人脏躁等病症。

食用部位与食用方法：采摘嫩芽或幼叶，经洗净、沸水焯后，可凉拌、炒食或做汤。果味甜，可鲜食，或制蜜饯、果脯、果酱、糕点、枣酒、枣醋等。

172. 酸枣（鼠李科 Rhamnaceae）

Ziziphus jujuba Mill. var. *spinosa* (Bunge) Hu ex H. F. Chow

识别要点：与枣的区别为常为灌木。叶较小；核果近球形，直径 0.7～1.2 cm，中果皮薄，味酸。

分布与生境：产辽宁、陕西、甘肃、宁夏、新疆、内蒙古、河北、河南、山西、山东、江苏、安徽及福建，生于向阳干燥山坡、丘陵、岗地或平原。朝鲜和俄罗斯有分布。

食疗保健与药用功能：果味甘、酸，性平、微温，归肝、胆、心经，有止血、止泻之功效，适用于出血、腹泻等病症。

食用部位与食用方法：采摘嫩芽或幼叶，经洗净、沸水焯后，可凉拌、炒食或做汤。果肉富含维生素 C，可鲜食、煮汤、制果酱、做酸枣酒、做醋、做饮料等。种仁可鲜食或炒熟后食用。

173. 木芙蓉（锦葵科 Malvaceae）

Hibiscus mutabilis L.

识别要点：落叶灌木或小乔木。小枝、叶柄、花梗和花萼均密被星状毛与直毛相混的细绒毛。单叶互生，叶片卵状心形，直径 10~15 cm，常 5~7 裂，叶面疏被星状毛和细点，叶背密被星状细绒毛，掌状叶脉 5~11 条；叶柄长 5~20 cm；托叶披针形，常早落。花单生枝端叶腋；花梗长 5~8 cm，近顶端具关节；小苞片 8 枚；花萼钟形；花冠初时白色或淡红色，后转深红色，直径约 8 cm，花瓣 5 枚或重瓣，近圆形，基部具毛；雄蕊多数。花期 8~10 月。

分布与生境：产辽宁、河北、陕西、河南、山东、江苏、安徽、浙江、台湾、福建、江西、湖北、湖南、广东、广西、贵州、四川及云南，多生于溪边灌丛，常有栽培。

食疗保健与药用功能：花有清热凉血、散热解毒、消肿排脓之功效，适用于肺热咳嗽、瘰疬、肠痈、白带等病症；外用可治痈疖脓肿、脓耳、无名肿毒、烧伤、烫伤。

食用部位与食用方法：采摘即将开放的花，经去杂、洗净后可炒食、开汤或蘸酱食用。

174. 朱槿 扶桑（锦葵科 Malvaceae）

Hibiscus rosa-sinensis L.

识别要点：常绿灌木。小枝疏被星状毛。单叶互生，叶片宽卵形或长卵形，长 4~9 cm，边缘具粗齿或缺刻，叶背沿脉有疏毛；叶柄长 0.5~3 cm，被长柔毛；托叶线形，长 0.5~1.2 cm。花单生枝上部叶腋，常下垂；花梗长 3~7 cm，近顶端具关节；小苞片 6~7 枚；花萼钟状；花冠漏斗状，直径 6~10 cm，红色、粉红色或淡黄色，花瓣 5 枚，倒卵形，疏被柔毛；雄蕊多数。花期全年。

分布与生境：产河北、山东、江苏、安徽、浙江、台湾、福建、江西、湖北、湖南、广东、海南、广西、贵州、四川及云南，常栽培供观赏。

食疗保健与药用功能：花味甘，性平，有清肺化痰、凉血、解毒之功效，适用于肺热咳嗽、咯血、衄血、痢血、赤白浊、月经不调、疔疮痈肿、乳痈等病症。

食用部位与食用方法：花洗净后，在沸水中略焯一下，可凉拌、开汤或炒食。

175. 木槿 朝开暮落花（锦葵科 Malvaceae）

Hibiscus syriacus L.

识别要点：落叶灌木。小枝密被黄色星状绒毛。单叶互生，叶片菱形或三角状卵形，长 3~10 cm，3 裂或不裂，边缘具不整齐缺齿，基部 3 出脉；叶柄长 0.5~2.5 cm，被星状毛；托叶线形，长约 6 mm。花单生枝端叶腋；花梗长 0.4~1.4 cm，被星状毛；小苞片 6~8 枚；花萼钟形，密被星状毛；花冠钟形，淡紫色、粉红色，直径 5~6 cm，花瓣 5 枚，倒卵形；雄蕊多数。花期 7~11 月。

分布与生境：产山西、河南、陕西、甘肃、山东、江苏、安徽、浙江、台湾、福建、江西、湖北、湖南、广东、海南、广西、贵州、四川及云南，常栽培供观赏或做绿篱。

食疗保健与药用功能：花味甘、苦，性凉，有清湿热、凉血之功效，适用于痢疾、腹泻、痔疮出血、白带等病症；外用可治疖肿。

食用部位与食用方法：采摘未开放的花，去除花梗、花托，洗净后可做汤菜（鸡蛋汤、肉汤）或炒食，亦可将洗净阴干的花，经蘸面后油炸至黄色后食用。

176. 黄槿（锦葵科 Malvaceae）

Hibiscus tiliaceus L.

识别要点：常绿灌木或小乔木。单叶互生，叶片近圆形或宽卵形，直径 8~15 cm，基部心形，边缘全缘或具细圆齿，叶面幼时疏被毛，叶背密被毛，基出脉 7~9 条；叶柄长 2~8 cm；托叶长约 2 cm，早落。花单生叶腋或数朵花成腋生或顶生总状花序；花梗长 1~3 cm，基部具 2 枚苞片；小苞片 7~10 枚；花萼长 1.5~3 cm；花冠钟形，直径 5~7 cm，黄色，内面基部暗紫色，花瓣 5 枚，倒卵形，密被黄色柔毛；雄蕊多数。花期 6~8 月。

分布与生境：产台湾、福建、广东、海南、广西及四川，生于海拔 300 m 以下海边、溪边、湿地。印度、缅甸、越南、老挝、柬埔寨、印度尼西亚、马来西亚及菲律宾有分布。

食疗保健与药用功能：花有退热、止吐、止咳之功效，适用于发热、咳嗽、支气管炎等病症。

食用部位与食用方法：花可做蔬菜食用。

177. 木棉 英雄树（木棉科 Bombacaceae）

Bombax ceiba L.

识别要点：落叶大乔木，分枝平展，常呈轮生状；幼树树干上有圆锥状粗刺。掌状复叶，小叶 5~7 枚，小叶片矩圆形或矩圆状披针形，长 10~16 cm，全缘，无毛；叶柄长 10~20 cm，小叶柄长 1.5~4 cm。花单生枝顶或叶腋，红色或橙红色，直径约 10 cm；花瓣肉质，长 8~10 cm。花期 3~4 月。

分布与生境：产福建、台湾、江西、广东、海南、广西、贵州、四川及云南，生于海拔 1 700 m 以下干热河谷、稀树草原或沟谷季雨林内。印度、斯里兰卡、中南半岛、印度尼西亚、菲律宾及澳大利亚有分布。

食疗保健与药用功能：花味甘、淡，性凉，归大肠经，有清热利湿、解毒之功效，适用于泄泻、痢疾、痔疮出血等病症。

食用部位与食用方法：采集鲜花，去除雄蕊后可食用，常用于煲汤。

178. 梧桐（梧桐科 Sterculiaceae）

Firmiana simples（L.）W. Wight

识别要点：落叶乔木；树皮青绿色，光滑。单叶互生，叶片心形，掌状3~5裂，宽15~30 cm，基部深心形，基生脉7；叶柄与叶片等长。圆锥花序顶生。蓇葖果膜质，有柄，成熟前开裂成舟状，长6~11 cm。种子2~4枚生于开裂果实边缘，球形，直径约7 mm。

分布与生境：产湖北西部及四川南部，陕西、山西、山东、江苏、安徽、浙江、福建、台湾、江西、湖北、湖南、广东、海南、广西、贵州、四川及云南有栽培或逸为野生。日本有分布。

食疗保健与药用功能：种子味甘，性平，有顺气、和胃、健脾消滞之功效，适用于胃痛、伤食、疝气等病症。

食用部位与食用方法：种子炒熟可食，味香，微甜。

179. 香苹婆（梧桐科 Sterculiaceae）

Sterculia foetida L.

识别要点：乔木。枝轮生，平伸。掌状复叶，聚生枝端；小叶7~9枚，小叶片椭圆状披针形，长10~15 cm，幼时有毛，后无毛；叶柄长10~20 cm。圆锥花序生于新枝近顶部。蓇葖果木质，椭球形，长5~8 cm，[illegible]，每果内有10~15枚种子，种子椭球形，黑色，长约1.5 cm。

分布与生境：福建、广东、海南、广西及云南有栽培或半野生，印度、缅甸、斯里兰卡、越南、柬埔寨、泰国、澳大利亚北部和非洲热带地区有分布。

食疗保健与药用功能：种子有收敛止泻之功效，适用于腹泻。

食用部位与食用方法：种子富含淀粉，炒熟或煮熟可食。

180. 苹婆（梧桐科 Sterculiaceae）

Sterculia monosperma Vent.

识别要点： 乔木。单叶互生，叶片矩圆形或椭圆形，长 8~25 cm，两面无毛；叶柄长 2~3.5 cm。圆锥花序顶生或腋生。蓇葖果厚革质，鲜红色，矩圆状卵球形，长约 5 cm，每果内有 1~4 枚种子。种子椭球形，黑色，长约 1.5 cm。

分布与生境： 产福建、广东、海南、广西、贵州、四川及云南，喜生于排水良好的肥沃土壤，耐阴。印度、越南和印度尼西亚有分布。

食疗保健与药用功能： 种子有温胃消食、解毒杀虫之功效，适用于虫积腹痛、反胃吐食、疝痛、痞块积硬、咳嗽、目翳等病症。

食用部位与食用方法： 种子富含淀粉，炒熟或煮熟可食，味如板栗。

181. 五桠果（五桠果科 Dilleniaceae）

Dillenia indica L.

识别要点： 常绿乔木。单叶互生，叶片矩圆形或倒卵状矩圆形，长 15~40 cm，基部宽楔形，边缘具锯齿，齿尖锐利，侧脉 25~50 对，叶背脉上有毛；叶柄具窄翅。花单生枝顶叶腋，直径 12~20 cm，白色；雄蕊多轮多数。蒴果球形，不裂，直径 10~15 cm。

分布与生境： 产广西及云南，生于海拔 700~1 000 m 山谷、沟边及林中。印度至东南亚有分布。

食疗保健与药用功能： 果有收敛、解毒、止疟之功效，适用于痢疾、腹泻等病症。

食用部位与食用方法： 果味酸甜，可鲜食或制果酱、果汁。

182. 小花五桠果（五桠果科 Dilleniaceae）

Dillenia pentagyna Roxb.

识别要点：落叶乔木。单叶互生，叶片长椭圆形或倒卵状椭圆形，长 20~60 cm，基部下延成窄翅状，边缘具浅波状齿，齿尖突出，侧脉 30~60 对；叶柄具窄翅。花数朵簇生，黄色；雄蕊 2 轮多数。蒴果球形，不裂，直径 1.5~2 cm，黄红色。

分布与生境：产海南及云南，生于海拔 400 m 以下灌丛及草地。印度至马来半岛有分布。

食疗保健与药用功能：果有止咳、利尿之功效，适用于咳嗽、感冒、水肿等病症。

食用部位与食用方法：果可食。

183. 大花五桠果（五桠果科 Dilleniaceae）

Dillenia turbinata Finet & Gagnep.

识别要点：常绿乔木。单叶互生，叶片倒卵形或长倒卵形，长 12~30 cm，基部楔形，下延成窄翅状，边缘具牙齿，侧脉 15~25 对，叶面脉上有毛，叶背有硬毛；叶柄被锈色硬毛。总状花序顶生，直径 10~13 cm，通常黄色；雄蕊 2 轮多数。蒴果近球形，不裂，直径 4~5 cm，暗红色。

分布与生境：产广东、海南、广西及云南，生于常绿阔叶林中。越南有分布。

食疗保健与药用功能：果有润肺止咳、利尿之功效，适用于肺痨、感冒、咳嗽、水肿、小便淋痛等病症。

食用部位与食用方法：果味酸甜，可鲜食或制果酱、果汁。

184. 尼泊尔水东哥（猕猴桃科 Actinidiaceae）

Saurauia napaulensis DC.

识别要点： 乔木，高达 20 m。小枝被鳞片及疏生褐色柔毛。单叶互生，叶片窄矩圆形，长 18~35 cm，宽 7~13 cm，基部圆或楔形，叶面无毛，叶背被锈色绒毛，中脉及侧脉疏被鳞片，侧脉 35~40 对；叶柄被鳞片及柔毛。花粉红色，直径约 1.5 cm；雄蕊 70~80 枚。浆果扁球形，直径 7~11 mm，具 5 棱。

分布与生境： 产广西西部、贵州、四川南部及云南，生于山地林中。印度、尼泊尔和东南亚有分布。

食疗保健与药用功能： 果有散瘀消肿、止血之功效，适用于跌打损伤、骨折、创伤出血、疮疖肿毒等病症。

食用部位与食用方法： 成熟果实可食。

185. 茶（山茶科 Theaceae）

Camellia sinensis (L.) Kuntze

识别要点： 常绿小乔木或灌木状。幼枝被毛或无毛。单叶互生，叶片矩圆形或椭圆形，长 4~12 cm，宽 2~5 cm，基部楔形，侧脉 5~7，边缘有锯齿，幼叶背面有毛或无毛，老叶无毛；叶柄长 3~8 mm。花 1~3 朵腋生，白色。蒴果球形，高 1.5 cm。

分布与生境： 产陕西、河南、江苏、安徽、浙江、台湾、福建、江西、湖北、湖南、广东、海南、广西、贵州、四川、云南及西藏，生于海拔 2 200 m 以下酸性黄壤丘陵或山区。

食疗保健与药用功能： 芽、叶有清头目、除烦渴、消食、化痰、利尿、解毒之功效，适用于头痛、目昏、目赤、嗜睡、感冒、心烦口渴、食积、口臭、痰喘、癫痫、小便不利、泻痢、喉肿、疮疡疖肠、烫伤等病症。

食用部位与食用方法： 幼叶及嫩芽经不同方法加工，可分别制成“绿茶”“红茶”“乌龙茶”“铁观音”等，供饮用。

186. 木竹子 多花山竹子（藤黄科 Guttiferae/Clusiaceae）

Garcinia multiflora Champ. ex Benth.

识别要点： 常绿乔木，具黄色树脂，全株无毛。单叶对生，叶片矩圆状卵形或矩圆状倒卵形，长7~16 cm，基部楔形，全缘，侧脉10~15对；叶柄长0.6~1.2 cm。花黄色。浆果卵球形或倒卵球形，长3~5 cm，直径2.5~3 cm，黄色，光滑。果期11~12月。

分布与生境： 产台湾、福建、江西、湖南、广东、海南、广西、贵州及云南，生于海拔100~1 900 m山坡林内、沟谷林缘及灌丛中。越南北部有分布。

食疗保健与药用功能： 果有生津解暑、解酒毒、止泻之功效，适用于吐逆不食、脱肛等病症。

食用部位与食用方法： 果味甜可食，内含黄色胶质，略带涩味，有小毒，不宜常食，不宜多食。

187. 沙枣（胡颓子科 Elaeagnaceae）

Elaeagnus angustifolia L.

识别要点： 落叶乔木，高达10 m；常具刺；幼枝、幼叶均密被黄白色星状毛。叶互生，叶片纸质，矩圆状披针形至条状披针形，长1~8 cm，宽0.4~3.2 cm，成熟叶两面均被银白色鳞片。花1~3朵生于小枝下部叶腋；花黄色。果长球形或椭球形，两端钝或稍尖，长达2.5 cm，成熟时黄棕色或黄红色，果肉粉质。果期8~10月。

分布与生境： 产辽宁、陕西、甘肃、宁夏、青海、新疆、内蒙古、河北、河南及山西，生于海拔1 800 m以下海岸、河边、湖边、干河床、荒坡、沙漠潮湿处或田边。

食疗保健与药用功能： 果味甘、酸、涩，性凉，有养肝益肾、健脾调经之功效，适用于胃痛腹泻、消化不良、月经不调、小便淋痛等病症。

食用部位与食用方法： 果实富含维生素、氨基酸、糖、有机酸及微量元素等营养成分，可鲜食，酿酒，制醋，制作果干、果脯、果汁、果酱、罐头、果胶冻、果子羹等。

188. 巴东胡颓子（胡颓子科 Elaeagnaceae）

Elaeagnus difficillis Sevr.

识别要点：常绿灌木。叶腋处有刺，微弯曲，长约 7 mm；幼枝、叶、花均被锈色鳞片。叶互生，叶片近革质，椭圆形至披针形，长 7~13.5 cm，宽 2.2~6 cm，叶背银白色。总状花序腋生；花黄绿色。果椭球形，长 1.3~1.8 cm，直径 6~9 mm，成熟时粉红色或橘红色。果期 5~6 月。

分布与生境：产浙江、福建、江西、湖北、湖南、广东、广西、贵州、四川及云南，生于海拔 300~1 900 m 的溪边、林下灌丛、沟谷边坡、山顶矮林中。

食疗保健与药用功能：果有温下焦、祛寒湿、收敛止泻之功效，适用于小便失禁、外感风寒等病症。

食用部位与食用方法：同沙枣。

189. 蔓胡颓子（胡颓子科 Elaeagnaceae）

Elaeagnus glabra Thunb.

识别要点：常绿藤状灌木；幼枝、叶、花均被锈色鳞片。叶互生，叶片近革质，近圆形、椭圆形至披针形，长 1.2~11.5 cm，宽 1.2~3.5 cm。花单生或总状花序，腋生；花白色。果阔椭球形至长球形，长 1.4~2 cm，成熟时橘红色。果期 4~5 月。

分布与生境：产江苏、安徽、浙江、福建、台湾、江西、湖北、湖南、广东、海南、广西、贵州、重庆、四川、云南及西藏，生于海拔 50~2 500 m 的溪边、山谷林中或山坡灌丛中。

食疗保健与药用功能：果有收敛止泻之功效，适用于肠炎、腹泻、痢疾等病症。

食用部位与食用方法：同沙枣。

190. 木半夏（胡颓子科 Elaeagnaceae）

Elaeagnus multiflora Thunb.

识别要点：落叶灌木或小乔木；有刺；幼枝密被锈色鳞片。叶互生，叶片纸质，倒卵状矩圆形或卵状椭圆形，长3~10 cm，宽1~5 cm，叶背密被叠生白色鳞片和散生锈色鳞片。花单生叶腋，白色。果长球形、椭球形或卵球形，长1.2~1.4 cm，成熟时红色。果期6~7月。

分布与生境：产陕西、河北、河南、山东、江苏、安徽、浙江、福建、江西、湖北、湖南、广东、贵州、四川、云南及西藏，生于海拔2 100 m以下低地开阔林中、山坡路边、沟边或山区。日本有分布。

食疗保健与药用功能：果有活血行气、消肿毒、止泻、平喘之功效，适用于咳嗽气喘、痢疾、跌打损伤、风湿性关节痛、痔疮下血、肿毒等病症。

食用部位与食用方法：同沙枣。

191. 胡颓子（胡颓子科 Elaeagnaceae）

Elaeagnus pungens Thunb.

识别要点：常绿灌木；常具刺；幼枝密被锈色鳞片。叶互生，叶片革质，椭圆形或矩圆形，长5~18.5 cm，宽1.8~6.5 cm，叶背密被白色鳞片。总状花序，腋生；花黄白色。果椭球形，长1.2~1.5 cm，被锈色鳞片，成熟时红色。果期4~6月。

分布与生境：产河南、江苏、安徽、浙江、福建、台湾、江西、湖北、湖南、广东、广西、贵州及四川，生于海拔2 300 m以下沟谷溪边、向阳山坡或路旁。日本有分布。

食疗保健与药用功能：果味酸、涩，性平，有收敛止泻之功效，适用于止痢、久泻、久痢等病症。

食用部位与食用方法：同沙枣。

192. 牛奶子（胡颓子科 Elaeagnaceae）

Elaeagnus umbellata Thunb.

识别要点：落叶灌木；常具刺；幼枝、叶背、花、果实均被银白色鳞片。叶互生，叶片纸质，倒卵形或窄卵状披针形，长 2.2~8 cm，宽 1~3.5 cm。花单生、簇生或短总状花序，生于新枝基部或叶腋；花白色。果近球形，长 5~7 mm，成熟时红色。果期 7~8 月。

分布与生境：全国各省区均产，生于海拔 3 000 m 以下海岸、河谷灌丛、草地、林缘、山坡林下或山顶灌丛中。亚洲东部、印度、尼泊尔、不丹、阿富汗等地有分布。

食疗保健与药用功能：果味酸、苦，性凉，有清热利湿、收敛止血、止泻之功效，适用于咳嗽、泄泻、痢疾、淋病、崩漏、麻疹、乳痈等病症。

食用部位与食用方法：同沙枣。

193. 肋果沙棘（胡颓子科 Elaeagnaceae）

Hippophae neurocarpa S. W. Liu & T. N. He

识别要点：落叶灌木或小乔木；幼枝密被银白色鳞片和星状毛，老枝先端刺状。叶互生，叶片线形或线状披针形，长 2~6 cm，宽 1.5~5 mm，叶背密被银白色鳞片和星状毛，混生褐色鳞片。果圆柱形，弯曲，长 6~9 mm，直径 3~4 mm，具 5~7 纵肋，成熟时褐色，肉质，密被银白色或淡白色鳞片。

分布与生境：产甘肃、青海、四川及西藏，生于海拔 3 400~4 400 m 河谷、阶地或河漫滩，常成片生长，形成灌木林。

食疗保健与药用功能：果有活血化瘀、化痰宽胸之功效，适用于咳嗽多痰、消化不良、腹痛、跌打损伤、闭经等病症。

食用部位与食用方法：果经煮沸后可做果泥、果脯或糕点，亦可酿酒。

194. 中国沙棘（胡颓子科 Elaeagnaceae）

Hippophae rhamnoides L. subsp. *sinensis* Rousi

识别要点：落叶灌木或乔木；多刺，粗壮；幼枝密被银白色或褐色鳞片。叶近对生或互生，叶片纸质，条形、披针形或条状披针形，长 2~8 cm，宽 0.2~1.0 cm，叶背被银白色鳞片；叶柄长 0~1.5 mm。果球形、卵球形或椭球形，直径 4~9 mm，成熟时淡红色或橘红色。果期 9~10 月。

分布与生境：产辽宁、内蒙古、河北、河南、山西、陕西、甘肃、青海、新疆、四川、云南及西藏，生于海拔 600~4 200 m 向阳山脊、谷地、干涸河床、砾石沙质土或黄土。分布于欧亚大陆。

食疗保健与药用功能：果味酸、涩，性温，归脾、胃、肺、心经，有健脾消食、止咳祛痰、活血散瘀之功效，适用于脾虚食少、食积腹痛、咳嗽痰多、胸痹心痛、瘀血经闭、跌仆瘀肿等病症。

食用部位与食用方法：同沙枣。

195. 海桑（千屈菜科 Lythraceae）

Sonneratia caseolaris（L.）Engl.

识别要点：常绿乔木，树干基部周围有很多与水面垂直而高出水面的呼吸根，全株无毛。叶对生，叶片革质，宽椭圆形、矩圆形或倒卵形，长 4~7 cm，先端钝尖或圆，基部渐窄并下延至叶柄，叶缘全缘；叶柄极短或不明显。花通常单生枝顶；花梗短而粗壮；花瓣暗红色。浆果球形，直径 4~5 cm。果期春夏季。

分布与生境：产海南，生海边泥滩。东南亚热带至澳大利亚有分布。

食疗保健与药用功能：果有活血消肿之功效，适用于扭伤等病症。

食用部位与食用方法：嫩果味酸，可食。

196. 桃金娘（桃金娘科 Myrtaceae）

Rhodomyrtus tomentosa（Ait.）Hassk.

识别要点：灌木。幼枝密被毛。单叶对生，叶片椭圆形或倒卵形，长 3~8 cm，先端圆钝，离基 3 出脉直达叶尖，侧脉 7~8 对，有边脉；叶柄长 4~7 mm。花腋生，常单花，紫红色，直径 2~4 cm。浆果，卵状壶形，长 1.5~2 cm，成熟时紫黑色，种子多数。果期 7~8 月。

分布与生境：产浙江、福建、台湾、江西、湖南、广东、海南、广西、贵州及云南，生于丘陵坡地，为酸性土指示植物。日本、印度、越南、老挝、柬埔寨、泰国、马来西亚、菲律宾、印度尼西亚和斯里兰卡有分布。

食疗保健与药用功能：果味甘、涩，性平，有养血止血、涩肠固精之功效，适用于血虚体弱、吐血、鼻出血、劳伤咯血、便血、崩漏、遗精、带下病、痢疾、脱肛、烫伤、外伤出血等病症。

食用部位与食用方法：果可鲜食、做甜汤、制果酱或酿酒。

197. 乌墨（桃金娘科 Myrtaceae）

Syzygium cumini（L.）Skeels

识别要点：常绿乔木。单叶对生，叶片椭圆形或窄椭圆形，长 6~12 cm，两面多腺点，侧脉多而密，有边脉；叶柄长 1~2 cm。圆锥花序腋生；花白色。浆果，卵球形、橄榄形或球形，长 1~2 cm，成熟时紫红色至黑色，有种子 1 枚。

分布与生境：产福建、台湾、广东、海南、广西、贵州及云南，常生于海拔 100~1 200 m 丘陵地次生林及灌丛中。印度、越南、老挝、柬埔寨、泰国、马来西亚、印度尼西亚和澳大利亚有分布。

食疗保健与药用功能：果味甘、酸，性平，有敛肺定喘、生津、涩肠之功效，适用于劳咳、虚喘、津伤口渴、久泻、久痢等病症。

食用部位与食用方法：果可食。

198. 蒲桃（桃金娘科 Myrtaceae）

Syzygium jambos（L.）Alston

识别要点：常绿乔木。主干短，多分枝。单叶对生，叶片披针形或矩圆形，长 12~25 cm，基部宽楔形，两面有透明腺点，侧脉 12~16 对，脉间距 7~10 mm，网脉明显；叶柄长 6~8 mm。花序顶生，有花数朵，花序梗长 1~1.5 cm；花梗长 1~2 cm；花蕾梨形，顶端圆；花瓣绿白色，直径 3~4 cm。浆果球形，直径 3~5 cm，果皮肉质，成熟时黄色，有腺点。种子 1~2 枚。果期 5~6 月。

分布与生境：产福建、台湾、广东、香港、海南、广西、贵州及云南，生于低海拔河谷湿地。东南亚有分布。

食疗保健与药用功能：果有暖胃健脾、补肺止咳、破血消肿之功效，适用于胃寒呃逆、脾虚泄泻、久痢、肺虚寒咳、破血积疸瘤等病症。

食用部位与食用方法：成熟果实味美、芳香。

199. 地菍（野牡丹科 Melastomataceae）

Melastoma dodecandrum Lour.

识别要点：匍匐小灌木，长 10~30 cm；茎匍匐上升，逐节生根，多分枝，披散。单叶对生，叶片卵形或椭圆形，长 1~4 cm，先端急尖，基部宽楔形，全缘或生密浅细锯齿，基出脉 3~5 条，叶背有糙伏毛；叶柄长 2~10 mm，被糙伏毛。花常 3 朵顶生，淡紫红色或紫红色；雄蕊弯曲。蒴果坛状球形，近顶端略缢缩，平截，肉质，不开裂，直径约 7 mm。果期 7~9 月。

分布与生境：产安徽、浙江、福建、江西、湖北、湖南、广东、广西、贵州及四川，生于海拔 1 300 m 以下山坡矮草丛中，为酸性土壤常见植物。越南有分布。

食疗保健与药用功能：果味甘、涩，性平，有补肾养血、止血安胎之功效，适用于肾虚精亏、腰膝酸软、血虚萎黄、气虚乏力、经多、崩漏、胎动不安、阴挺、脱肛等病症。

食用部位与食用方法：果可食用，亦可酿酒。

200. 野牡丹（野牡丹科 Melastomataceae）

Melastoma malabathricum L.

识别要点：灌木，高 0.5~1.5 m；枝钝四棱形或近圆柱形，密被鳞片状糙伏毛。单叶对生，叶片卵形、卵状披针形、近椭圆形或披针形，长 4~13 cm，先端尖，基部浅心形、近圆或近楔形，全缘，基出脉 5~7 条，两面被糙伏毛；叶柄长 0.5~1.5 cm，密被糙伏毛。花序顶生；花粉红色或红色；雄蕊弯曲。蒴果坛状球形，顶端平截，肉质，被鳞片状糙伏毛。果期 8~12 月。

分布与生境：产浙江、台湾、福建、江西、湖南、广东、海南、广西、贵州、四川、云南及西藏，生于海拔 2 800 m 以下荒野、草地、山坡、沟边、路边、竹林中、山谷林下或疏林下。中南半岛、菲律宾和澳大利亚有分布。

食疗保健与药用功能：果味甘、酸、涩，性平，有活血止血、通经下乳之功效，适用于崩漏、通经、经闭、难产、产后腹痛、乳汁不通等病症。

食用部位与食用方法：果可鲜食，或制果酱、果汁。

201. 楤木（五加科 Araliaceae）

Aralia elata（Miq.）Seem.

识别要点：落叶小乔木或灌木状；树皮疏生粗短刺，小枝疏生细刺。二至三回羽状复叶互生，叶轴及羽片基部无刺，稀叶轴有细刺；羽片具 5~11 枚小叶，小叶片卵形、宽卵形或长卵形，长 5~13 cm，边缘有锯齿，两面有毛；叶柄长可达 50 cm。伞形花序组成圆锥花序，长达 60 cm；花白色。果实球形。

分布与生境：产黑龙江、吉林、辽宁、河北、河南、山东、山西、陕西、甘肃、江苏、安徽、浙江、福建、江西、湖北、湖南、广东、广西、贵州、云南及西藏，生于海拔 2 700 m 以下林缘或灌丛中。

食疗保健与药用功能：叶味辛，性平，有祛风湿、散瘀结、消肿毒、强壮、健胃、利尿之功效，适用于痢疾、腹泻、水肿等病症。

食用部位与食用方法：幼芽及嫩叶经沸水焯后，置于清水中浸去黏液汁，拧干水后即可炒食、凉拌、做汤、和面蒸食、腌制、蘸酱或加工制成罐头食用，其质地脆嫩，风味独特。

202. 细柱五加 五加（五加科 Araliaceae）

Eleutherococcus nodiflorus（Dunn）S. Y. Hu

识别要点：落叶灌木，有时蔓生状；节上疏生扁钩刺。掌状复叶互生，小叶 3~5 枚，小叶片倒卵形或倒披针形，长 3~8 cm，具细钝齿，叶背脉腋处具簇生毛，沿脉疏被刚毛；叶柄长 3~8 cm；无托叶。伞形花序腋生或 2~3 簇生短枝顶端；花黄绿色。果实扁球形。

分布与生境：产陕西、甘肃、山西、河南、江苏、安徽、浙江、台湾、福建、江西、湖北、湖南、广东、广西、贵州、四川及云南，生于海拔 3 000 m 以下山坡林内、灌丛中或林缘。

食疗保健与药用功能：叶有散风除湿、活血止痛、清热解毒之功效，适用于皮肤风湿、跌打肿痛、疝痛、丹毒等病症。

食用部位与食用方法：幼芽及嫩叶经洗净、沸水焯、换清水漂洗后，可炒食、凉拌、开汤或晒成干菜。

203. 刺五加（五加科 Araliaceae）

Eleutherococcus senticosus（Rupr. & Maxim.）Maxim.

识别要点： 落叶灌木；小枝密被下弯针刺。掌状复叶，小叶3~5枚，小叶片椭圆状倒卵形或矩圆形，长5~13 cm，先端短渐尖，具锐尖复锯齿，叶脉上被毛；叶柄长3~12 cm；无托叶。伞形花序单生枝顶，或2~6个簇生；花紫黄色。果实卵球形。

分布与生境： 产黑龙江、吉林、辽宁、陕西、甘肃、青海、内蒙古、河北、山西、河南、四川及云南东北部，生于海拔2 000 m以下林内、灌丛中或沟边。

食疗保健与药用功能： 叶味辛、微苦，性温，归脾、肾、心经，有益气健脾、补肾安神之功效，适用于脾肺气虚、体虚乏力、食欲不振、肺肾两虚、久咳虚喘、肾虚腰膝酸痛、心脾不足、失眠多梦等病症。

食用部位与食用方法： 将幼芽及嫩叶洗净，经沸水焯后，捞至清水中浸去苦味，可炒食、做汤、煮粥、和面蒸食，也可腌制干菜或酱菜食用。

204. 白簕（五加科 Araliaceae）

Eleutherococcus trifoliatus（L.）S. Y. Hu

识别要点： 灌木，常蔓生状；小枝疏被钩刺。掌状复叶互生，小叶3~5枚，小叶片卵形、椭圆状卵形或矩圆形，长4~10 cm，先端渐尖，叶缘具锯齿，无毛；叶柄长2~6 cm；无托叶。复伞形花序生于枝顶，由3~10个伞形花序组成；花白色。果实球形。

分布与生境： 产陕西、河南、江苏、安徽、浙江、台湾、福建、江西、湖北、湖南、广东、海南、广西、贵州、四川、云南及西藏，生于海拔3 300 m以下山坡、沟谷、林缘、灌丛中。印度、缅甸、越南及老挝有分布。

食疗保健与药用功能： 叶味苦、辛，性微寒，嫩枝叶有清热解毒、活血消肿、除湿敛疮之功效，适用于感冒发热、咳嗽胸痛、痢疾、风湿痹痛、跌打损伤、骨折、刀伤、痈疮疔疖、湿疹、毒虫咬伤等病症。

食用部位与食用方法： 将幼芽及嫩叶洗净，经沸水焯后，捞至清水中浸去苦味，可炒食或做汤，也可腌制干菜或酱菜食用。

205. 刺楸（五加科 Araliaceae）

Kalopanax septemlobus（Thunb.）Koidz.

识别要点：落叶乔木；树干及枝上具鼓钉状扁刺。单叶，在长枝上互生，在短枝上簇生，近圆形，直径 9~25 cm，叶片掌状浅裂，裂片通常 5~7 枚，宽三角状卵形或矩圆状卵形，先端渐尖，基部心形或圆形，具细齿，掌状叶脉 5~7；叶柄长 8~30 cm；无托叶。伞形花序组成圆锥花序，花白色或淡黄色。果实近球形。

分布与生境：产吉林、辽宁、陕西、甘肃、河北、河南、山西、山东、江苏、安徽、浙江、福建、江西、湖北、湖南、广东、广西、贵州、四川、云南及西藏，生于海拔 2 500 m 以下山地林中。日本、朝鲜和俄罗斯东部有分布。

食疗保健与药用功能：叶有解毒消肿、祛风止痒之功效，适用于疮疡肿痛、风湿痛、跌打肿痛等病症。

食用部位与食用方法：幼芽、嫩叶和嫩花经洗净、沸水焯、换清水漂洗后，可凉拌、炒食或腌制。

206. 头状四照花（山茱萸科 Cornaceae）

Cornus capitata Wall.

识别要点：常绿乔木。小枝对生。单叶对生，矩圆形或矩圆状倒卵形，长 6~12 cm，全缘，被伏毛，侧脉 4~5 对；叶柄长 0.6~1.2 cm。花序顶生，球形，下具 4 枚大型白色总苞片，卵形或宽椭圆形。核果密集，藏于由花托发育而愈合的果序中，果序扁球形，直径 2.5~3.5 cm，成熟时紫红色；果序柄长 4~6 cm。

分布与生境：产贵州、四川、云南及西藏，生于海拔 1 000~3 200 m 山地林中。印度、尼泊尔和巴基斯坦有分布。

食疗保健与药用功能：果有清热解毒、利胆行水、消积杀虫之功效，适用于食积气胀、小儿疳积、肝炎、腹水、蛔虫病、疝气、麻风、恶寒咳嗽等病症。

食用部位与食用方法：成熟果序可食用及酿酒。

207. 川鄂山茱萸（山茱萸科 Cornaceae）

Cornus chinensis Wanger.

识别要点：落叶乔木。小枝对生，幼时紫红色。单叶对生，叶片宽椭圆形或椭圆形，长 6~14 cm，基部圆形或浅心形，叶缘全缘，叶背脉腋被毛；叶柄长 1~2.5 cm。伞形花序生于叶下枝两侧；花黄色。核果长椭球形，长 0.6~1 cm，直径 3~4 mm，成熟时紫褐色或暗褐色；核骨质，具纵肋纹。果期 7~9 月。

分布与生境：产陕西、甘肃、河南、浙江、湖北、湖南、广东、贵州、四川、云南及西藏，生于海拔 750~2 500 m 林缘、山谷或山坡疏林中。

食疗保健与药用功能：果味酸、涩，性微温，归肝、肾经，有补肝益肾、收敛固脱之功效，适用于肝阴亏虚、头晕目眩、耳聋耳鸣、腰膝酸软、遗精、尿频、体虚多汗等病症。

食用部位与食用方法：果可食。

208. 尖叶四照花 狭叶四照花（山茱萸科 Cornaceae）

Cornus elliptica (Pojark.) Q. Y. Xiang & Bouff.

识别要点：常绿乔木或灌木。小枝对生。单叶对生，叶片椭圆形或长椭圆形，长 5~12 cm，先端渐尖或尾状渐尖，叶缘全缘，叶背密被毛，侧脉 3~4 对；叶柄长 0.5~1.2 cm。花序顶生，球形，下具 4 枚大型白色总苞片，椭圆形或倒卵形。核果密集，藏于由花托发育而愈合的果序中，果序球形，直径约 2.5 cm，成熟时红色；果序梗长 6~10.5 cm。果期 10~11 月。

分布与生境：产江西、湖北、湖南、广东、广西、贵州及四川，生于海拔 300~2 200 m 山地林中。

食疗保健与药用功能：果有清热利湿、止血、驱蛔之功效，适用于湿热黄疸、蛔虫病、刀伤出血等病症。

食用部位与食用方法：成熟果序可食用及酿酒。

209. 四照花（山茱萸科 Cornaceae）

Cornus kousa F. Buerg. ex Hance var. *chinensis*（Dsbon）Q. Y. Xiang

识别要点：落叶小乔木。小枝对生。单叶对生，叶片卵形或卵状椭圆形，长 5~11.5 cm，叶缘全缘或具细齿，被伏毛，侧脉 4~5 对；叶柄长 0.5~1 cm。花序顶生，球形，下具 4 枚大型白色总苞片，卵形或卵状披针形。核果密集，藏于由花托发育而愈合的果序中，果序球形，成熟时红色；果序梗长 5.5~6.5 cm。

分布与生境：产陕西、甘肃、内蒙古、山西、河南、江苏、安徽、浙江、福建、台湾、江西、湖北、湖南、贵州、四川及云南，生于海拔 400~2 500 m 山地林中。

食疗保健与药用功能：果序味苦、涩，性平，有清热解毒、暖胃、通经活血之功效，适用于肺热咳嗽、痢疾等病症。

食用部位与食用方法：成熟果序可鲜食、酿酒或制醋。

210. 山茱萸（山茱萸科 Cornaceae）

Cornus officinalis Sieb. & Zucc.

识别要点：落叶乔木或灌木。小枝对生，棕褐色。单叶对生，叶片卵状披针形或卵形，长 5~10 cm，基部楔形，叶缘全缘，叶背脉腋被毛；叶柄长 0.6~1.2 cm。伞形花序生枝侧；花黄色。核果长球形，长 1.2~2 cm，直径 5~9 mm，成熟时红色或紫红色；核骨质，具纵肋纹。果期 7~9 月。

分布与生境：产陕西、甘肃、河北、河南、山西、山东、江苏、安徽、浙江、江西、湖北、湖南、贵州、四川及云南，生于海拔 400~2 100 m 林缘或林中。

食疗保健与药用功能：果味酸、涩，性微温，归肝、肾经，有补益肝肾、收涩固脱之功效，适用于眩晕耳鸣、腰膝酸痛、阳痿遗精、遗尿尿频、崩漏带下病、大汗虚脱、内热消渴等病症。

食用部位与食用方法：果味酸涩微甘，可食。

211. 杜鹃 映山红（杜鹃花科 Ericaceae）

Rhododendron simsii Planch.

识别要点：落叶灌木。枝条密生褐色糙伏毛。叶片卵形、椭圆形或卵状椭圆形，长 3~5cm，全缘，两面被糙伏毛；叶柄长 2~6 mm。花 2~6 朵簇生枝顶；花梗长 8 mm；花冠鲜红色或深红色，宽漏斗状，长 3.5~4 cm，5 裂，裂片上部有深红色斑点；雄蕊 10 枚，与花冠等长。花期 4~5 月。

分布与生境：产陕西、河南、山东、江苏、安徽、浙江、福建、台湾、江西、湖北、湖南、广东、广西、贵州、四川及云南，生于海拔 2 700 m 以下灌丛中或林下，为我国南方酸性土指示植物。

食疗保健与药用功能：花味酸、甘，性温，有活血、调经、止咳、祛风湿之功效，适用于月经不调、经闭、崩漏、吐血、衄血、咳嗽、跌打损伤、风湿痛、痈疖疮毒等病症。

食用部位与食用方法：采集花朵，去除雄蕊和雌蕊，花冠经沸水焯后，可炒食、凉拌、做汤、挂面糊用油炸食，也可用糖腌制作果脯食用。

212. 南烛 乌饭树、米饭花（杜鹃花科 Ericaceae）

Vaccinium bracteatum Thunb.

识别要点：常绿灌木或小乔木。枝无毛。单叶互生，叶片椭圆形、菱状椭圆形、披针状椭圆形或披针形，长 4~9 cm，宽 2~4 cm，边缘有细齿，无毛；叶柄长 2~8 mm。总状花序长 4~10 cm，多花，花序轴密被毛；花白色，筒状。浆果紫黑色，球形，直径 5~8 mm，被毛。花期 6~7 月，果期 8~10 月。

分布与生境：产河南、江苏、安徽、浙江、福建、台湾、江西、湖北、湖南、广东、海南、广西、贵州、四川及云南，生于海拔 400~1 500 m 山地林内或灌丛中。日本、朝鲜半岛、中南半岛和印度尼西亚有分布。

食疗保健与药用功能：叶有益肠胃、养肝肾之功效，适用于脾胃气虚、久泻、少食、肝肾不足、须发早白、腰膝乏力等病症；叶渍汁煮成乌饭，久食能轻身明目，黑发驻颜、益气力而延年不衰。果味甘、酸，性平，有强筋骨、益肾固精、止泻痢之功效，适用于肝肾不足、须发早白、筋骨无力、久泄梦遗、赤白带下病、久痢、久泻等病症。

食用部位与食用方法：叶捣碎渍汁浸米，煮成乌饭，可食。果实风味独特，可食。

213. 乌鸦果（杜鹃花科 Ericaceae）

Vaccinium fragile Franch.

识别要点：常绿小灌木；枝被腺毛和柔毛。单叶密生，叶片圆形或椭圆形，长 1.2~3.5 cm，宽 0.7~2.5 cm，革质，先端锐尖、渐尖或钝圆，基部钝圆或楔形，边缘有细齿，齿尖针芒状，两面被毛或近无毛；叶柄长 1~1.5 mm。总状花序腋生，长 1.5~6 cm；花多数，偏侧着生，白色，有红色脉纹，长 0.5~1 cm。浆果成熟后紫黑色，球形，直径 4~5 mm。果期 7~10 月。

分布与生境：产贵州、四川、云南及西藏，生于海拔 1 000~3 400 m 松树林中或山坡灌丛中。

食疗保健与药用功能：果有安神、止咳之功效，适用于心悸怔忡、夜不安眠、久咳等病症。

食用部位与食用方法：果可鲜食或制果酱。

214. 黄背越橘（杜鹃花科 Ericaceae）

Vaccinium iteophyllum Hance

识别要点：常绿灌木或小乔木；幼枝被毛。单叶互生，叶片卵形、长卵状披针形或披针形，长 4~9 cm，宽 2~4 cm，革质，边缘有疏齿或近全缘，叶面中脉被毛，叶背被黄褐色柔毛；叶柄长 2~5 mm，密被毛。总状花序腋生，长 3~7 cm，花序轴、花梗密被毛；花多数，白色或带淡红色，筒状或坛状，长 5~7 mm。浆果球形，直径 4~5 mm，被毛。果期 6~8 月。

分布与生境：产江苏、安徽、浙江、福建、江西、湖北、湖南、广东、广西、贵州、四川、云南及西藏，生于海拔 400~2 400 m 山地灌丛或山坡林内。

食疗保健与药用功能：果有祛风除湿、利尿消肿、舒筋活络、散炎止痛之功效，适用于肝炎、尿路感染、跌打损伤、风湿等病症。

食用部位与食用方法：果可鲜食，或制果酱、饮料。

215. 江南越橘（杜鹃花科 Ericaceae）

Vaccinium mandarinorum Diels

识别要点：常绿灌木或小乔木。单叶互生，叶片卵形或矩圆状披针形，长 3~9 cm，宽 1.5~3 cm，先端渐尖，基部钝圆或楔形，边缘有细齿；叶柄长 3~8 mm。总状花序长 2.5~7 cm；花多数，白色，有时淡红色，微香，筒状或筒状坛形，长 6~7 mm。浆果紫黑色，球形，直径 4~6 mm。果期 6~10 月。

分布与生境：产陕西、江苏、安徽、浙江、福建、江西、湖北、湖南、广东、广西、贵州、四川及云南，生于海拔 100~2 900 m 山坡灌丛、次生林中或林缘。

食疗保健与药用功能：果有消肿散瘀之功效，适用于全身水肿、跌打肿痛等病症。

食用部位与食用方法：果可鲜食或制果酱。

216. 红莓苔子（杜鹃花科 Ericaceae）

Vaccinium oxycoccus L.

识别要点：常绿亚灌木，高达 15 cm。茎皮条状剥离。单叶互生，叶片矩圆形或卵形，长 0.5~1.1 cm，先端锐尖，边缘反卷，全缘，无毛；叶柄长约 1 mm。花 2~4 朵生于枝顶，近伞形；花梗长 1~2 cm；花淡红色，分裂近达基部。浆果红色，球形，直径约 1 cm。花期 6~7 月，果期 7~8 月。

分布与生境：产黑龙江及吉林东南部，生于水湿台地苔藓丛，植株下部埋在苔藓丛中。日本、俄罗斯、欧洲和北美洲有分布。

食疗保健与药用功能：果有止血、抗菌、消炎之功效，适用于各种皮肤病、糠疹、瘰疬等病症。

食用部位与食用方法：果味酸甜，可鲜食或制果酱。

217. 笃斯越橘（杜鹃花科 Ericaceae）

Vaccinium uliginosum L.

识别要点：落叶小灌木。幼枝有微毛。单叶互生，叶片倒卵形或矩圆形，长 1~2.8 cm，先端圆，有时微凹，叶背疏被柔毛，叶缘全缘；叶柄长 1~2 mm。花 1~3 朵，生于上年生枝顶叶腋，下垂，花绿白色，宽坛状。浆果蓝紫色，球形，直径约 1 cm，被白粉。花期 6 月，果期 7~8 月。

分布与生境：产黑龙江、吉林、辽宁及内蒙古东北部，生于海拔 900~2 300 m 山坡落叶松林下、林缘、高山草原或沼泽水湿地。日本、朝鲜半岛、俄罗斯、欧洲和北美有分布。

食疗保健与药用功能：果有清热解毒、收敛、消炎、利尿之功效，适用于腹泻、痢疾、胃炎、膀胱炎等病症。

食用部位与食用方法：果味甜，可鲜食，或酿酒、制饮料或果酱。

218. 越橘（杜鹃花科 Ericaceae）

Vaccinium vitis-idaea L.

识别要点：常绿矮小灌木。枝被灰白色柔毛。单叶互生，叶片椭圆形或倒卵形，长 0.7~2 cm，先端圆，有凸尖或微凹缺，边缘有浅钝齿，叶背有点状伏生短毛；叶柄长约 1 mm。总状花序长 1~1.5 cm，有 2~8 朵花，花序轴有微毛，花白色或淡红色，钟状。浆果紫红色，球形，直径 5~10 mm。花期 6~7 月，果期 8~9 月。

分布与生境：产黑龙江、吉林、内蒙古东部、陕西及新疆北部，生于海拔 900~3 200 m 落叶松林或白桦林下、草原或水湿台地。日本、朝鲜半岛、蒙古、欧洲和北美有分布。

食疗保健与药用功能：果味酸，性温，有止痢疾之功效，适用于肠炎、痢疾等病症。

食用部位与食用方法：果味酸甜，可鲜食，或制果酒、果酱，或加工清凉饮料。

219. 柿 （柿树科 Ebenaceae）

Diospyros kaki Thunb.

识别要点：落叶乔木。单叶互生，叶片卵状椭圆形、倒卵形或近圆形，长 5~18 cm，叶缘全缘，侧脉 5~7 对；叶柄长 0.8~2 cm。雌花单生叶腋，淡黄白色或带紫红色。浆果球形、扁球形或卵球形，直径 3.5~8.5 cm，成熟时黄色或橙黄色；宿存萼裂片宽 1.5~2 cm；果梗长 0.6~1.2 cm。果期 9~10 月。

分布与生境：原产长江流域，现全国各地均有栽培。

食疗保健与药用功能：果味甘，性寒，有清热润肺、止渴之功效，生果用于肺燥咳嗽、咽喉干痛、胃肠出血、止血润便、缓和痔疾肿痛、降血压等；柿饼可润脾补胃、润肺止血、祛痰镇咳等。宿存萼片味苦、涩，性平，归胃经，有降逆止呃之功效，适用于呃逆。

食用部位与食用方法：果可鲜食，或制成柿饼、柿脯、柿汁，又供制糖、酿酒、制醋。

220. 君迁子 黑枣（柿树科 Ebenaceae）

Diospyros lotus L.

识别要点：落叶乔木。单叶互生，叶片椭圆形或长椭圆形，长 5~13 cm，叶缘全缘，侧脉 7~10 对；叶柄长 0.7~1.5 cm。雌花单生叶腋，淡绿色或带红色。浆果近球形或椭球形，直径 1~2 cm，初熟时黄褐色，熟透后蓝黑色，常被白色薄蜡层；宿存萼片卵形，长约 6 mm。果期 10~11 月。

分布与生境：产辽宁、陕西、甘肃、山西、山东、河南、江苏、安徽、浙江、福建、江西、湖北、湖南、广东、广西、贵州、四川、云南及西藏，生于海拔 500~2 500 m 山坡、山谷灌丛或林缘。亚洲西部至欧洲南部有分布。

食疗保健与药用功能：果味甘、涩，性平，有止渴、除痰、清热解毒、养心安神、健胃之功效，适用于消渴、热病口渴、心烦易怒、痢疾、维生素 C 缺乏症等病症。

食用部位与食用方法：果实熟透后可供食用，又可制成柿饼、制糖、酿酒或制醋。若味较涩，则可置于 40℃水中浸泡 24~36 h，或置于配有生石灰、食盐水的溶液中浸泡 2~6 d 脱涩。

221. 罗浮柿（柿树科 Ebenaceae）

Diospyros morrisiana Hance

识别要点：乔木，高达 20 m。单叶互生，叶片薄革质，长椭圆形或卵形，长 5~10 cm，侧脉 4~6 对；叶柄长约 1 cm。雌花单个腋生，花梗长约 2 mm；花萼浅杯状，内面密生棕色绢毛，4 裂；花冠近壶形。浆果球形，直径约 1.8 cm，成熟时黄色，有光泽；宿存花萼近平展，近方形，直径约 8 mm；果梗长约 2 mm。种子栗色，侧扁，长约 1.2 cm。果期 11 月。

分布与生境：产浙江、福建、台湾、江西、湖北、湖南、广东、香港、海南、广西、贵州、四川东南部及云南东南部，生于海拔 100~1 400 m 山坡、山谷林中或灌丛中，或近溪畔、水边。越南北部有分布。

食疗保健与药用功能：茎皮、叶、果入药，有清热解热、收敛、健胃之功效，适用于食物中毒、泄泻痢疾等病症；外用可治烧烫伤。

食用部位与食用方法：成熟果可食。

222. 油柿（柿树科 Ebenaceae）

Diospyros oleifera Cheng

识别要点：落叶乔木。单叶互生，叶片矩圆形、矩圆状倒卵形或倒卵形，长 6.5~17 cm，叶缘全缘，被毛，侧脉 7~9 对；叶柄长 0.6~1 cm。雌花单生叶腋，淡黄白色。浆果球形、扁球形或卵球形，直径 4.5~7 cm，成熟时暗黄色，有易脱落的软毛；宿存萼裂片长 1.2~1.5 cm；果梗长 0.8~1 cm。果期 8~10 月。

分布与生境：产安徽、浙江、福建、江西、湖南、广东及广西，常生于河畔湿润肥沃地。

食疗保健与药用功能：果有清热润肺之功效，适用于肺燥咳嗽等病症。

食用部位与食用方法：果可食或制作柿饼、酿酒、酿醋。

223. 宁波木犀（木犀科 Oleaceae）

Osmanthus cooperi Hemsl.

识别要点：常绿小乔木或灌木。单叶对生，叶片椭圆形或倒卵形，长 5~10 cm，先端渐尖，稍尾状，基部宽楔形或圆形，边缘全缘，两面有针尖状突起的腺点，中脉在叶面凹下，被柔毛；叶柄长 1~2 cm。花 4~12 朵簇生叶腋；苞片长约 2 mm；花梗长 3~5 mm；花萼长 1.5 mm；花冠白色，长约 4 mm；雄蕊着生于花冠筒下部。花期 9~10 月。

分布与生境：产江苏、安徽、浙江、福建及江西，生于海拔 400~800 m 林中或沟边。

食疗保健与药用功能：花有化痰、散瘀之功效，适用于咳嗽痰多。

食用部位与食用方法：花可食。

224. 木犀 桂花（木犀科 Oleaceae）

Osmanthus fragrans Lour.

识别要点：常绿乔木或灌木。全株无毛。单叶对生，叶片革质，椭圆形、矩圆形或椭圆状披针形，长 7~15 cm，先端渐尖，基部楔形，全缘或上部有细齿，叶脉在叶面凹下；叶柄长 8~12 mm。花序簇生叶腋；花极芳香，花冠裂片 4 枚，黄白色、淡黄色、黄色或橘红色。花期 7~10 月。

分布与生境：贵州、四川及云南有野生，全国各地有栽培。

食疗保健与药用功能：花味辛，性温，有散寒破积、化痰止咳、散瘀之功效，适用于痰饮喘咳、肠风血痢、症瘕、牙痛、口臭、经闭腹痛等病症。

食用部位与食用方法：花可制浸膏、糖果、糕点、酒等食品香料，或做花茶饮用，亦可制成干菜。

225. 破布木（紫草科 Boraginaceae）

Cordia dichotoma Forst.

识别要点： 乔木。单叶互生，叶片卵形或卵状椭圆形，长 6~12 cm，先端骤短尖，基部宽楔形或近圆，叶缘近全缘或有波状钝齿；叶柄长 2~4 cm。花序生于侧枝顶端，长 6~10 cm；花白色或黄白色，长约 1 cm。核果近球形，黄色或带红色，直径 1~1.5 cm，被宿存浅杯状花萼包被，中果皮具胶质。果期 7~8 月。

分布与生境： 产台湾、福建、广东、海南、广西、贵州、云南及西藏东南部，生于海拔 2 000 m 以下山坡或河谷溪边。日本南部、印度北部、东南亚和澳大利亚有分布。

食疗保健与药用功能： 果有化痰止咳之功效，适用于咳嗽、慢性支气管炎等病症。

食用部位与食用方法： 果实可食，用清水浸去部分胶质黏液，用盐水煮熟后可做菜或制罐头。

226. 粗糠树（紫草科 Boraginaceae）

Ehretia dicksonii Hance

识别要点： 落叶乔木。小枝被糙毛。单叶互生，叶片椭圆形或倒卵形，长 10~20 cm，先端骤尖，基部宽楔形或近圆形，叶缘有细锯齿，叶面密被具基盘的糙伏毛，叶背有短柔毛；叶柄长 1~4 cm，被柔毛。花序顶生，直径 6~9 cm；花白色。核果近球形，成熟后黄色，直径 1~1.5 cm，内有 2 种子分核。果期 6~7 月。

分布与生境： 产陕西、甘肃、青海南部、河南、江苏、安徽、浙江、台湾、福建、江西、湖北、湖南、广东、海南、广西、贵州、四川、云南及西藏，生于海拔 2 300 m 以下丘陵、山坡、山谷或林缘。日本、不丹、尼泊尔和越南有分布。

食疗保健与药用功能： 果味甘，性平，有清热解毒、促胃和中、消食除满之功效，适用于食积腹胀、胃脘胀痛、小儿消化不良、疝气疼痛等病症。

食用部位与食用方法： 嫩果经洗净，加盐揉碎塑成球状，盛于容器中，再加盐水浸渍 2~3 d 后可佐食；成熟果实可鲜食。

227. 豆腐柴（马鞭草科 Verbenaceae）

Premna microphylla Turcz.

识别要点：落叶灌木。小枝被柔毛。单叶对生，揉碎后有臭味，叶片卵状披针形、椭圆形、卵形或倒卵形，长 3~13 cm，先端尖或渐尖，基部渐窄下延至叶柄成翅状，边缘全缘或上半部具不规则疏齿，无毛或有短柔毛。圆锥花序顶生；花淡黄色，二唇形。核果球形或倒卵球形，紫色。花果期 5~10 月。

分布与生境：产河南、江苏、安徽、浙江、台湾、福建、江西、湖北、湖南、广东、海南、广西、贵州、四川及云南，生于海拔 200~1 000 m 山坡林下或林缘。日本有分布。

食疗保健与药用功能：枝叶味微辛，性寒，有清热解毒、消肿之功效，适用于疟疾、泻痢、痢疾、醉酒头痛、痈肿、疔疮、丹毒、创伤出血、蛇虫咬伤等病症。

食用部位与食用方法：取豆腐柴的嫩叶、嫩枝，经制作而成的柴豆腐是盛夏防暑降温的佳品，是自然绿色食品。①柴豆腐制作方法。采摘嫩叶、嫩枝，经洗净、用开水泡软、捣碎，装入布袋，将布袋放入盆中，按叶：水 =1：5 的重量比加水，经使劲搓揉、挤压，使汁液溶入水中，当汁液颜色呈碧绿、手感腻滑时取出布袋，捞去浮在汁液上面的泡沫，过滤掉枝叶碎渣（基本上是剩下的叶脉）。另取少量草木灰，与水混合成草木灰液（重量比 1：10），过滤，制作成碱水，作卤水使用。将过滤的豆腐柴液与适量的碱水混合，搅拌均匀，静止数分钟后，便凝结成青绿色的、似龟苓膏状的冻状物质，此时俗称柴豆腐。若豆腐柴汁液 10 min 后仍不凝结，则说明碱水不够，需要添加；若制成的豆腐柴味涩，则说明碱水加量过大，以后在汁液量和汁液浓度，以及碱水浓度相同的情况下，应减少加入的碱水量。冻状柴豆腐凝结成形后，便可切块供食用。若含水量较高，不便切块，则可将其铺在干燥、会吃水的台面上放一个晚上，再用刀切块。②食用方法。制成的柴豆腐鲜嫩而带有清香，口感极好，可凉拌（冰镇后口感更佳）、可调羹、可煮汤（加佐料煮熟吃）、可热炒。夏季，凉拌时可将柴豆腐切成小块，撒上一层白糖食用，这种吃法十分清香，有一种青草的气息；也可将柴豆腐切成小块，采几片新鲜的薄荷叶，挤出汁后将叶片揉碎，连同白糖撒在柴豆腐上食用，这种吃法十分清凉，有着薄荷的凉爽气息；还可将柴豆腐和西瓜切成小块，撒上白糖食用，这种吃法很清新，青草的香与西瓜的甜在你的嘴里会别有味道。

228. 宁夏枸杞 中宁枸杞（茄科 Solanaceae）

Lycium barbarum L.

识别要点：落叶灌木，高0.8~2 m。茎枝无毛，有棘刺。叶片披针形或长椭圆状披针形，长2~3 cm，宽3~6 mm。花在长枝上1~2朵腋生，在短枝上2~6朵簇生；花梗长1~2 cm；花冠紫红色。浆果肉质多汁，红色或橙红色，宽椭球形、卵球形或近球形，长0.8~2 cm，直径0.5~1 cm。果期8~11月。

分布与生境：产辽宁、陕西、甘肃、宁夏、青海、新疆、内蒙古、河北、山西及四川，生于山坡、荒地或丘陵地。

食疗保健与药用功能：叶有补虚益精、清热止渴、祛风明目之功效，适用于虚劳发热、烦渴、目赤肿痛、翳障夜盲、崩漏、带下病、热毒疮肿等病症。果味甘，性平，归肝、肾经，有滋补肝肾、益精明目之功效，适用于虚劳精亏、腰膝酸痛、眩晕耳鸣、阳痿遗精、内热消渴、血虚萎黄、目昏不明等病症。

食用部位与食用方法：嫩叶可做蔬菜食用。成熟果实可食，可用于煲汤、煮粥、作炖料。

229. 枸杞（茄科 Solanaceae）

Lycium chinense Mill.

识别要点： 落叶灌木，高 0.5～2 m。茎多分枝，枝条细，有棘刺。叶片卵形、卵状菱形、长椭圆形或卵状披针形，长 1.5～5 cm，宽 0.5～2.5 cm。花在长枝上 1～2 腋生，在短枝上簇生；花梗长 1～2 cm；花冠淡紫色。浆果肉质多汁，红色，卵球形，长 0.7～1.5 cm，直径 0.5～1 cm。果期 8～11 月。

分布与生境： 产黑龙江、吉林、辽宁、陕西、甘肃、宁夏、青海、内蒙古、河北、河南、山西、山东、江苏、安徽、浙江、福建、台湾、江西、湖北、湖南、广东、广西、贵州、四川及云南，生于山坡、荒地、丘陵地和盐碱地。日本、朝鲜和欧洲有分布。

食疗保健与药用功能： 叶有补虚益精、清热止渴、祛风明目之功效，适用于虚劳发热、烦渴、目赤肿痛、翳障夜盲、崩漏、带下病、热毒疮肿等病症。果味甘，性平，有滋补肝肾、益精明目之功效，适用于虚劳精亏、腰膝酸痛、眩晕耳鸣、阳痿遗精、内热消渴、血虚萎黄、目昏不明等病症。

食用部位与食用方法： 嫩茎叶可供蔬菜食用（凉拌、炒食、做汤）；若味苦，则经沸水焯、清水漂洗后可除苦味。成熟果实可鲜食，亦可晒干后泡茶、煮粥、做汤、炖肉、酿酒等。

230. 木蝴蝶（紫葳科 Bignoniaceae）

Oroxylum indicum（L.）Benth. ex Kurz

识别要点：小乔木。单数二至四回羽状复叶，着生茎近顶端，长 0.6~1.3 m；小叶三角状卵形，长 5~13 cm，先端短渐尖，基部近圆形或近心形，偏斜，无毛，全缘。花序顶生，长 0.4~1.5 m；合瓣花，花冠紫红色，肉质，长 3~9 cm，口部直径 5.5~8 cm。蒴果木质，扁平，垂悬树梢，长 0.4~1.2 m，宽 5~9 cm，厚约 1 cm。种子多列，极薄，扁圆形，周围具白色透明膜质翅。

分布与生境：产台湾、福建、广东、海南、广西、贵州、四川及云南，生于海拔 500~900 m 河谷密林中。东南亚有分布。

食疗保健与药用功能：种子味苦、甘，性凉，归肺、肝、胃经，有清肺利咽、疏肝和胃之功效，适用于肺热咳嗽、喉痹、音哑、肝胃气痛等病症。

食用部位与食用方法：幼嫩果实可炒食或腌酸后食用。

231. 栀子（茜草科 Rubiaceae）

Gardenia jasminoides Ellis

识别要点：常绿灌木。单叶对生或轮生，叶片矩圆状披针形、倒卵状矩圆形、倒卵形或椭圆形，长 3~25 cm，宽 1.5~8 cm，先端渐尖或短尖，两面无毛；叶柄长 0.2~1 cm；托叶膜质，基部合生成鞘。花芳香，单朵生于枝顶；花梗长 3~5 mm；萼筒长 0.8~2.5 cm，有纵棱，萼裂片长 1~3 cm；花冠白色或乳黄色，高脚碟状，花冠筒长 3~5 cm，花冠裂片长 1.5~4 cm。果实黄色或橙红色，有翅状纵棱。花期 3~7 月。

分布与生境：产河北、河南、山东、安徽、江苏、浙江、台湾、福建、江西、湖北、湖南、广东、海南、广西、贵州、四川及云南，生于海拔 1 500 m 以下旷野、丘陵、山谷或山坡。亚洲东部至东南部有分布。

食疗保健与药用功能：花味苦，性寒，花有清肺止咳、凉血止血、清热解毒、泻火、利尿、散瘀之功效，适用于热病高热、心烦不眠、实火牙痛、口舌生疮、肺热咳嗽、鼻出血等病症。

食用部位与食用方法：将花洗净后，可炒食、炖肉、烧鱼、作汤料等，也可糖渍、蜜渍食用。

232. 二翅糯米条（忍冬科 Caprifoliaceae）

Abelia macrotera（Graebn. & Buchw.）Rehd.

识别要点：落叶灌木。幼枝红褐色，无毛。单叶对生，叶片卵形或椭圆状卵形，长 3~8 cm，叶面绿色，叶背灰绿色，先端渐尖或长渐尖，基部钝至圆形，叶缘有浅锯齿及睫毛，中脉及侧脉在叶面下陷；叶柄短。花序生于小枝顶端或上部叶腋，常具 2~4 朵花；花萼裂片 2 枚；花冠淡紫红色，漏斗状，长 3~4 cm。果实长 6~15 mm，顶端冠以宿存而略增大的 2 枚萼裂片。花期 5~6 月，果期 8~10 月。

分布与生境：产陕西南部、河南西部、湖北西部、湖南西北部及西部、广西、贵州、四川、云南，生于海拔 200~2 000 m 的灌丛、溪边林下等处。

食疗保健与药用功能：枝叶有祛风湿、解热毒、清热燥湿、理气止痛之功效，适用于风湿痹痛、跌打损伤、牙痛、高热、火眼、疮疡等病症。

食用部位与食用方法：嫩叶、嫩枝可制作神仙豆腐，其制作方法与柴豆腐相同，制成后的神仙豆腐，食用时味感清香。

233. 细毡毛忍冬（忍冬科 Caprifoliaceae）

Lonicera similis Hemsl.

识别要点：落叶灌木。幼枝、叶柄和总花梗均被黄褐色毛，并疏生腺毛。单叶对生，叶片卵形、卵状矩圆形或卵状披针形，长 3~13 cm；叶柄长 3~12 mm；无托叶。双花生于叶腋或少数集生于枝顶呈总状花序；总花梗长达 4 cm；合瓣花，花冠白色，后转黄色，唇形，长 4~6 cm。花期 5~6 月。

分布与生境：产陕西、甘肃、山西、安徽、浙江、福建、湖北、湖南、广西、贵州、四川及云南，生于海拔 400~1 600 m 山谷溪边或阳坡灌丛或林中。缅甸有分布。

食疗保健与药用功能：花有清热解毒之功效，适用于热毒血痢、温病发热、痈肿疔疮、喉痹等病症。

食用部位与食用方法：花蕾可泡茶饮用。

注意事项：本植物在野外采摘时有可能发生误采剧毒植物钩吻而导致中毒事故，可参考忍冬的注意事项加以防范。

234. 盘叶忍冬（忍冬科 Caprifoliaceae）

Lonicera tragophylla Hemsl.

识别要点：落叶灌木。幼枝无毛。单叶对生，叶片矩圆形或卵状矩圆形，长 4~12 cm，花序下方 1~2 对叶连合成近圆形或圆卵形的盘；无托叶。由 3 朵花组成花序，再密集成头状花序生于小枝顶端，有 6~9（~18）花；合瓣花，花冠黄色或橙黄色，上部外面略红色，唇形，长 5~9 cm。花期 6~7 月。

分布与生境：产陕西、甘肃、宁夏、山西、河北、河南、安徽、浙江、湖北、湖南、贵州及四川，生于海拔 700~2 000 m 山地林下、灌丛中或河滩旁岩石缝中。

食疗保健与药用功能：花有清热解毒、活血通络、消炎止痛之功效，适用于感冒、痈肿疮毒、风湿痹痛等病症。

食用部位与食用方法：花蕾可泡茶饮用。

注意事项：本植物在野外采摘时有可能发生误采剧毒植物钩吻而导致中毒事故，但盘叶忍冬花序下方 1~2 对叶连合成近圆形或圆卵形的盘，而钩吻无此结构，易于将二者相区别。

（二）药食两用单子叶植物

Ⅰ. 肉质植物

肉质植物是指植物的茎、叶或茎叶肥厚而多汁，储藏有大量水分的植物。

1. 芦荟（百合科 Liliaceae）

Aloe vera（L.）Burman

识别要点： 多年生肉质草本。茎较短。叶近簇生或稍2列，肥厚多汁，线状披针形，长15~35 cm，基部宽4~5 cm，粉绿色，叶面常有白色斑点，顶端有数个小齿，边缘疏生刺状小齿。花葶高60~90 cm，花被黄色而有红斑或橘红色斑。

分布与生境： 我国南方各省区常见栽培，也有野化。

食疗保健与药用功能： 全草味苦，性寒，归肝、胃、大肠经，有泻下通便、清肝泻火、杀虫疗疳之功效，适用于热结便秘、惊痫抽搐、小儿疳积等病症，外用可治癣疮。

食用部位与食用方法： 成熟叶去皮后，或嫩叶可做凉菜或炒食。

2. 天麻（兰科 Orchidaceae）

Gastrodia elata Bl.

识别要点：腐生草本，高 0.3~1.5 m。根状茎块茎状，稍肉质，椭球形或卵球形，横生，长 3~15 cm，节较密。茎直立，橙黄色或蓝绿色，肉质，无绿叶，下部被数枚膜质鞘。总状花序顶生，长 10~30 cm，具 30~50 朵花；花扭转，橙黄色或黄白色，近直立。蒴果倒卵状椭球形，长 1.4~1.8 cm。花果期 5~7 月。

分布与生境：产吉林、辽宁、陕西、甘肃、内蒙古、河北、河南、山西、江苏、安徽、浙江、台湾、福建、江西、湖北、湖南、贵州、四川、云南及西藏，生于海拔 400~3 200 m 疏林下、林中空地、林缘、灌丛边缘。日本、朝鲜、俄罗斯西伯利亚地区、尼泊尔、不丹和印度有分布。

食疗保健与药用功能：根状茎味甘，性平，归肝经，有息风止痉、平抑肝阳、祛风通络之功效，适用于小儿惊风、癫痫抽搐、破伤风、头痛眩晕、手足不遂、肢体麻木、风湿痹痛等病症。

食用部位与食用方法：根状茎可做火锅食材，或炖肉，或做药膳。

注意事项：真假天麻的识别。干燥的真天麻为块茎状根状茎，椭球形或卵球形，略扁，长 3~15 cm，宽 1.5~6 cm，厚 0.5~2 cm；表面黄白色至淡黄棕色，有纵向皱纹及多轮横向环纹，横向环纹即为根状茎的节部，常可在节部分辨出潜伏芽；顶端有红棕色至棕色鹦嘴状的芽或残留茎基，另端有圆脐形疤痕；质地坚硬，不易折断，断面较平坦，为黄白色至淡棕色，角质样，气微，味甘。假天麻较多，常用紫茉莉根（矩圆锥形，常有分枝，质坚硬而不易折断，断面不平坦，味淡，有刺喉感）、大理菊根（长纺锤形，表面灰白色或类白色，未去皮的黄棕色，质硬而不易折断，断面类白色，臭，味淡）、土豆（椭球形，已压扁，表面黄白色或浅黄棕色，较光滑，有纵皱纹，底部无圆脐形疤痕，质坚硬而难折断，断面平坦，无气味，味淡）、商陆根（外表皮粗糙，久嚼麻舌，有毒）等制成。

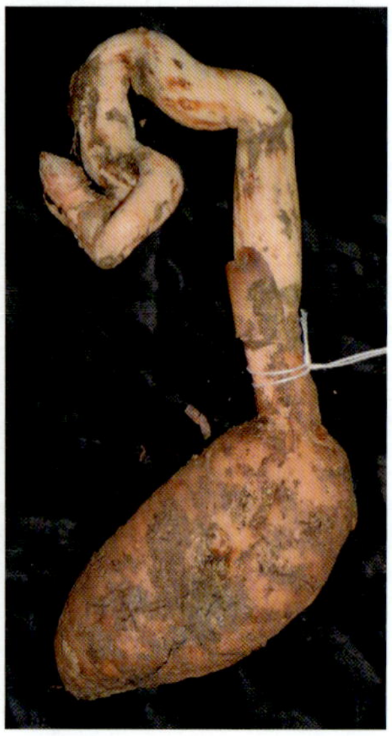

Ⅱ. 藤本植物

藤本植物是具有长而细弱不能直立的茎，只能依附其他植物或有他物支持向上攀爬的植物。如靠自身螺旋状缠绕于他物上的缠绕藤本，或用卷须、小根、吸盘或其他特有卷附的器官攀爬于他物上的攀缘藤本。

1. 天门冬 （百合科 Liliaceae）

Asparagus cochinchinensis (Lour.) Merr.

识别要点：攀缘植物。根中部或近末端成纺锤状，膨大部分长 3~5 cm，粗 1~2 cm。茎长 1~2 m，分枝具棱或窄翅；小枝（叶状枝）近叶状，常 3 成簇，长 0.5~8 cm，宽 1~2 mm。叶呈鳞片状，基部延伸为长 2.5~3.5 mm 的硬刺。花淡绿色。浆果球形，直径 6~7 mm。花期 5~6 月，果期 8~10 月。

分布与生境：产陕西、甘肃、河北、山西、山东、江苏、安徽、浙江、福建、台湾、江西、湖北、湖南、广东、海南、广西、贵州、四川、云南及西藏，生于海拔 1 800 m 以下山坡、路边、疏林下、山谷或荒地。朝鲜、日本、越南和老挝有分布。

食疗保健与药用功能：块根味甘、苦，性寒，有养阴生津、润肺清心之功效，适用于肺燥干咳、虚劳咳嗽、津伤口渴、心烦失眠、内热消渴、肠燥便秘、白喉等病症。

食用部位与食用方法：块根可食，或做药膳。

2. 肖菝葜（百合科 Liliaceae）

Heterosmilax japonica Kunth

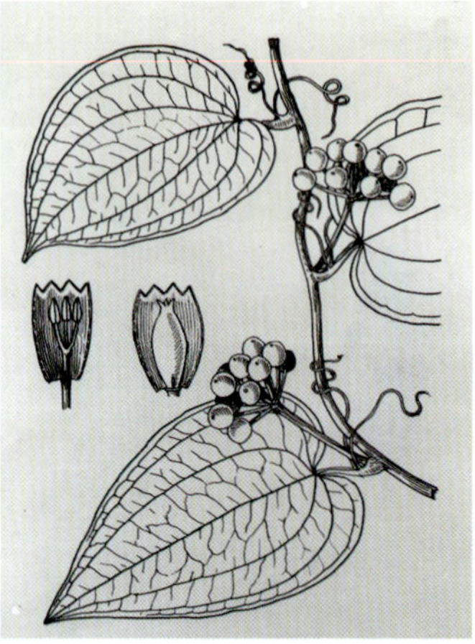

识别要点：攀缘灌木，全株无毛。单叶互生，叶片卵形、卵状披针形或心形，长6~20 cm，基部心形，具3~5条主脉和网状支脉；叶柄近下部有卷须和窄鞘。伞形花序。浆果扁球形，直径6~10 mm，成熟时黑色。花期6~8月，果期7~11月。

分布与生境：产陕西、甘肃、安徽、浙江、福建、台湾、江西、湖北、湖南、广东、海南、广西、贵州、四川及云南，生于海拔500~1 800 m山坡密林中或路边杂木林下。不丹、印度和日本有分布。

食疗保健与药用功能：根状茎味甘，性平，有清热解毒、利湿之功效，适用于风湿关节痛、痈疖肿毒、湿疹、皮炎、阳痿、汞中毒等病症。

食用部位与食用方法：根状茎富含淀粉，经去杂洗净、刮去外皮后，可煮食、与肉类炖食或酿酒。

3. 菝葜（百合科 Liliaceae）

Smilax china L.

识别要点：攀缘灌木。根状茎不规则块状，直径2~3 cm。茎长1~5 m，疏生刺。叶互生，圆形、卵形或宽卵形，长3~10 cm，背面多少被粉霜，具3~5主脉和网状细脉；叶柄基部有卷须。伞形花序，常球形；花黄绿色。浆果球形，直径0.6~1.5 cm，成熟时红色。花期2~5月，果期9~11月。

分布与生境：产辽宁、山西、山东、江苏、安徽、浙江、福建、台湾、江西、湖北、湖南、广东、海南、广西、贵州、四川及云南，生于海拔2 000 m以下林内、灌丛中、河谷或山坡。缅甸、越南、泰国和菲律宾有分布。

食疗保健与药用功能：根状茎味甘、微苦、涩，性平，归肝、肾经，有利湿去浊、祛风除痹、解毒散瘀之功效，适用于小便淋浊、带下量多、风湿痹痛、疔疮痈肿等病症。果味甘，性温，有祛风利湿、解毒消肿之功效。

食用部位与食用方法：根状茎富含淀粉，可食用或酿酒。成熟果实可鲜食。

4. 土茯苓（百合科 Liliaceae）

Smilax glabra Roxb.

识别要点： 攀缘灌木。根状茎块状，直径 2~5 cm；茎长达 4 m，无刺。单叶互生，叶片椭圆形，长 5~8 cm，背面苍白色，具 3~5 主脉和多数网状细脉；叶柄基部有卷须。伞形花序；花绿黄色。浆果直径 7~8 mm，成熟时黑色。花期 3~5 月，果期 10~11 月。

分布与生境： 产陕西、甘肃、河南、江苏、安徽、浙江、福建、台湾、江西、湖北、湖南、广东、海南、广西、贵州、四川、云南及西藏，生于海拔 1 800 m 以下林内、灌丛、山坡、河岸、山谷及林缘。印度、缅甸、越南和泰国有分布。

食疗保健与药用功能： 根状茎味甘、淡，性平，归肝、胃经，有解毒、除湿、通利关节之功效，适用于梅毒及汞中毒所致的肢体拘挛、筋骨疼痛、湿热淋浊、带下病、痈肿、瘰疬、疥癣等病症。

食用部位与食用方法： 根状茎富含淀粉，经去杂洗净、刮去外皮后，可煮食、与肉类炖食、制作糕点或酿酒。

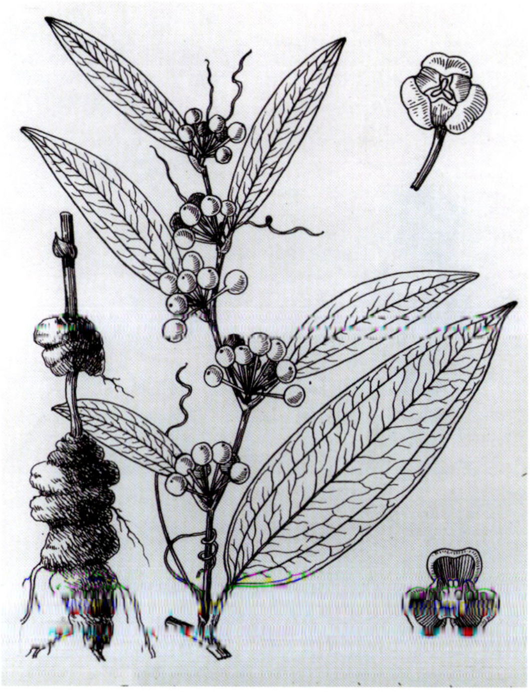

5. 黑果菝葜（百合科 Liliaceae）

Smilax glaucochina Warb.

识别要点： 攀缘灌木。茎长 0.5~4 m，常疏生刺。单叶互生，叶片常椭圆形，长 5~8 cm，背面苍白色，具 3~5 主脉和多数网状细脉；叶柄基部有卷须。伞形花序；花黄绿色。浆果直径 7~8mm，成熟时黑色。花期 3~5 月，果期 10~11 月。

分布与生境： 产陕西、甘肃、山西、河南、江苏、安徽、浙江、台湾、江西、湖北、湖南、广东、广西、贵州及四川，生于海拔 1 600 m 以下林内、灌丛或山坡。

食疗保健与药用功能： 根状茎有清热解毒、除湿、利尿通淋之功效，适用于崩漏、带下病、血淋、瘰疬、跌打损伤等病症。

食用部位与食用方法： 根状茎富含淀粉，经去杂洗净、刮去外皮后，可煮食、与肉类炖食或酿酒。

6. 抱茎菝葜（百合科 Liliaceae）

Smilax ocreata A. DC.

识别要点： 攀缘灌木。茎长达 7 m，常疏生刺。单叶互生，叶片卵形或椭圆形，长 9~20 cm，具 3~5 主脉和多数网状细脉；叶柄基部两侧具耳状鞘，鞘穿茎状抱茎或抱枝，有卷须。圆锥花序长 4~10 cm，由 2~4（~7）个伞形花序组成；花黄绿色，稍带淡红色。浆果直径 7~8 mm，成熟时暗红色，具粉霜。花期 3~6 月，果期 7~10 月。

分布与生境： 产台湾、湖北、广东、海南、广西、贵州、四川、云南及西藏，生于海拔 2 200 m 以下林内、灌丛、阴湿坡地或山谷中。越南、缅甸、尼泊尔、不丹及印度有分布。

食疗保健与药用功能： 全草有清热解毒、祛风湿、强筋骨之功效，适用于跌打损伤、风湿痹痛等病症。

食用部位与食用方法： 根状茎富含淀粉，经去杂洗净、刮去外皮后，可煮食、与肉类炖食或酿酒。

7. 牛尾菜（百合科 Liliaceae）

Smilax riparia A. DC.

识别要点：多年生草质藤本。具根状茎，地上茎长1~2 m，中空，无刺。单叶互生，有时在幼枝上近对生，叶片卵形、椭圆形或矩圆状披针形，长7~15 cm，叶背绿色，具5主脉和多数网状细脉；叶柄脱落点位于上部，卷须位于中部以下。伞形花序；花淡绿色。浆果直径7~9 mm，成熟时黑色。

分布与生境：产黑龙江、吉林、辽宁、内蒙古、河北、河南、山西、陕西、甘肃、山东、江苏、安徽、浙江、台湾、福建、江西、湖北、湖南、广东、海南、广西、贵州、四川及云南，生于海拔2 100 m以下林内、灌丛或草丛中。日本、朝鲜及菲律宾有分布。

食疗保健与药用功能：根状茎味甘、苦，性平，归肝、肺经，有补气活血、祛痰止咳、舒筋通络、消暑、润肺、消炎、镇痛之功效，适用于气虚浮肿、筋骨疼痛、跌打损伤、腰肌劳损、偏瘫、头晕头痛、咳嗽吐血、淋巴结炎、支气管炎、肺结核、骨结核、带下病等病症。

食用部位与食用方法：根状茎富含淀粉，经去杂洗净、刮去外皮后，可煮食、与肉类炖食或酿酒。嫩芽、幼叶经洗净、沸水焯、清水浸泡去除异味后，可炒食、凉拌、做汤、拖面炸食。

8. 甘薯 甜薯（薯蓣科 Dioscoreaceae）

Dioscorea esculenta（Lour.）Burkill

识别要点：缠绕草质藤本。地下块茎顶端常有多分枝，分枝末端成卵球形块茎，淡黄色，光滑。茎左旋，基部有刺，被“丁”字形柔毛。单叶互生，叶片宽心形，长达 15 cm，宽达 17 cm，基出脉 3~7 条，侧脉网状。穗状花序。蒴果三棱形，棱成翅状。种子圆形，周生翅。

分布与生境：产台湾、广东、海南及广西，亚洲东南部有野生。

食疗保健与药用功能：块茎味甘，性平，有养阴补肾、益气健脾之功效，适用于脾虚气弱、肾阴亏虚等病症。

食用部位与食用方法：块茎可食，味甜。

9. 白薯莨（薯蓣科 Dioscoreaceae）

Dioscorea hispida Dennst.

识别要点：缠绕草质藤本。地下块茎卵球形，褐色，鲜时断面白色或微带蓝色。茎左旋，长达 30 m，有三角状皮刺。掌状复叶互生，有 3 枚小叶，顶生小叶倒卵形或卵状椭圆形，长 6~13 cm，侧生小叶较小，全缘，基出脉 3~7 条，侧脉网状；叶柄长达 30 cm，密被柔毛。穗状花序组成圆锥花序，长达 50 cm，密被柔毛。蒴果三棱形，密被柔毛。种子翅向蒴果基部伸长。

分布与生境：产福建、台湾、广东、海南、广西、云南及西藏，生于海拔 1 500 m 以下沟边灌丛中或林缘。

食疗保健与药用功能：块茎味苦，性寒，有散瘀生新、消炎止痛、止血消肿、解毒之功效，适用于痈疽肿毒、毒疮、无名肿毒、梅毒、跌打损伤、扭伤、皮癣、淋巴结结核、下疳、外伤出血等病症。

食用部位与食用方法：块茎可食，或做药膳。

10. 日本薯蓣 野山药（薯蓣科 Dioscoreaceae）

Dioscorea japonica Thunb.

识别要点： 缠绕草质藤本。地下块茎矩圆柱形，垂直生长，断面白色或有时带黄白色。茎右旋。单叶，在茎下部互生，在中上部常对生，叶片三角状披针形、长椭圆状窄三角形或长卵形，长 3~19 cm，全缘，基部心形，基出脉 3~7 条，侧脉网状；叶腋有珠芽（又称零余子）。穗状花序。蒴果三棱形。种子四周有翅。

分布与生境： 产陕西、河南、江苏、安徽、浙江、福建、台湾、江西、湖北、湖南、广东、广西、贵州及四川，生于海拔 100~1 200 m 阳坡、山谷、溪边、路旁林下或草丛中。朝鲜及日本有分布。

食疗保健与药用功能： 块茎味甘，性平，归脾、肺、肾经，有补脾养胃、生津益肺、补肾涩精之功效，适用于脾虚食少、久泻不止、肺虚喘咳、肾虚遗精、带下病、尿频、虚热消渴等病症。麸炒山药有补脾健胃之功效，适用于脾虚食少、泄泻便溏、白带过多等病症。

食用部位与食用方法： 块茎可食，去皮后可炒、炖、炸、馏或做药膳食用。珠芽可炒食。

11. 穿龙薯蓣（薯蓣科 Dioscoreaceae）

Dioscorea nipponica Makino

识别要点：缠绕草质藤本。地下根状茎横生，圆柱状，栓皮片状剥离。茎左旋，近无毛。单叶互生，叶片掌状心形，长 10~15 cm，叶背无毛或有疏毛，侧脉网状。穗状花序。蒴果三棱形，棱成翅状。种子四周有不等宽薄翅。

分布与生境：产黑龙江、吉林、辽宁、内蒙古、河北、河南、山西、陕西、甘肃、青海、宁夏、山东、安徽、浙江、江西、湖北、贵州及四川，生于海拔 100~1 800 m 河谷山坡灌丛、疏林及林缘。日本、朝鲜及俄罗斯远东地区有分布。

食疗保健与药用功能：根状茎有祛风湿、舒筋活血、止咳平喘、祛痰、消食利水、止痛、截疟之功效，适用于风湿关节痛、腰腿酸痛、筋骨麻木、大骨节病、消化不良、腹痛、劳损扭伤、跌打损伤、咳嗽痰喘、慢性气管炎、疟疾、痈肿恶疮等病症。

食用部位与食用方法：根状茎可食。嫩茎叶经沸水焯后可炒食、凉拌或和面蒸食。

12. 薯蓣 山药（薯蓣科 Dioscoreaceae）

Dioscorea polystachya Turcz.

识别要点：缠绕草质藤本。地下块茎矩圆柱形，垂直生长，长达 1 m，断面白色。茎右旋。单叶，在茎下部互生，在中上部有时对生，稀轮生，叶片卵状三角形、宽卵形或戟形，长 3~9（~13）cm，边缘常 3 裂，基部心形，基出脉 3~7 条，侧脉网状；叶腋常有珠芽（又称零余子）。穗状花序，或组成圆锥花序。蒴果三棱形，被白粉。种子四周有翅。

分布与生境：产吉林、辽宁、陕西、甘肃、河北、河南、山西、山东、江苏、安徽、浙江、台湾、福建、江西、湖北、湖南、广东、广西、贵州、四川及云南，生于海拔 100~2 500 m 山坡、山谷林下或溪边灌丛中。朝鲜及日本有分布。

食疗保健与药用功能：同日本薯蓣。

食用部位与食用方法：块茎可食，去皮后可炒食、炖食、煮粥、做汤、炸食、熘食、做糕点、做糖葫芦、做药膳食用或晒干备用。珠芽可炒食。

13. 毛胶薯蓣（薯蓣科 Dioscoreaceae）

Dioscorea subcalva Prain & Burkill

识别要点： 缠绕草质藤本。地下块茎圆柱状，鲜时断面白色。茎左旋，有曲柔毛。单叶互生，叶片卵状心形或圆心形，长 4.5 ~ 11 cm，宽 4 ~ 13.5 cm，基出脉 3 ~ 7 条，侧脉网状。穗状花序。蒴果三棱形，棱成翅状。种子圆形，向蒴果顶端延伸出宽翅。

分布与生境： 产湖南西部、广西、贵州、四川及云南，生于海拔 700 ~ 3 200 m 山谷、山坡灌丛、林缘或路边较湿润处。

食疗保健与药用功能： 块茎有健脾祛湿、补肺益肾之功效，适用于脾虚食少、泄泻、消渴、肺结核、跌打损伤等病症。

食用部位与食用方法： 块茎可食，或制作药膳。

Ⅲ. 草本植物（地上部分为草质的非藤本植物）

1. 东方香蒲 香蒲（香蒲科 Typhaceae）

Typha orientalis Presl

识别要点： 多年生水生或沼生草本；根状茎乳白色。茎高达 2 m。叶片线形，长 40~70 cm，宽 4~9 mm；叶鞘抱茎。雌雄花序紧密连接；雄花序长 2.7~9.2 cm；雌花序长 4.5~15.2 cm。花果期 5~8 月。

分布与生境： 产黑龙江、吉林、辽宁、陕西、内蒙古、山西、山东、河北、河南、江苏、安徽、浙江、台湾、江西、湖北、湖南、广东、广西、贵州、四川、云南及西藏，生于湖泊、池塘、沟渠、沼泽或河流缓流带。日本、俄罗斯、菲律宾及大洋洲有分布。

食疗保健与药用功能： 根状茎有清热凉血、利水消肿之功效，适用于孕妇劳热、胎动下血、消渴、口疮、热痢、淋病、白带、水肿、瘰疬等病症。

食用部位与食用方法： 根状茎顶端和嫩叶基部可做蔬菜食用。

2. 野慈姑 慈姑（泽泻科 Alismataceae）

Sagittaria trifolia L.

识别要点：多年生沼生草本。具匍匐茎或球茎；球茎小，最长 2~3 cm。叶基生，挺水；叶片箭形，大小变异很大，顶端裂片与基部裂片间不缢缩，顶端裂片短于基部裂片，基部裂片尾端线尖；叶柄基部鞘状。花序圆锥状或总状，总花梗长 20~70 cm，花多轮。

分布与生境：除西藏外，全国其他省区均产，生于湖泊、沼泽、池塘、沟渠或水田中。广布亚洲各地。

食疗保健与药用功能：球茎味辛，性寒，有清热利湿、解毒之功效，适用于肺热咳嗽、湿热痢疾、痈肿疮毒等病症。

食用部位与食用方法：秋季挖采球茎，洗净后可炒食、煲汤、煮食或蒸煮后蘸白糖吃。嫩茎叶也可炒食。

注意事项：球茎有小毒，不宜生食。

3. 水鳖（水鳖科 Hydrocharitaceae）

Hydrocharis dubia（Bl.）Backer

识别要点：浮水草本。须根长达 30 cm。匍匐茎顶端生芽。叶簇生，多漂浮，有时伸出水面；叶片心形或圆形，长 4.5~5 cm，先端圆，基部心形，全缘，远轴面有蜂窝状储气组织。

分布与生境：产黑龙江、吉林、辽宁、河北、河南、山东、陕西、江苏、安徽、浙江、台湾、福建、江西、湖北、湖南、广东、海南、广西、四川及云南，生于静水池沼中。亚洲其他地区和大洋洲有分布。

食疗保健与药用功能：全草味苦，性寒，有清热利湿、解毒收敛、止血、止带之功效，适用于带下病、崩漏、天疱疮等病症。

食用部位与食用方法：幼嫩叶柄经沸水焯、换凉水漂洗后，可炒食、凉拌或制罐头。

4. 龙舌草 水车前（水鳖科 Hydrocharitaceae）

Ottelia alismoides（L.）Pers.

识别要点： 沉水草本。具须根。根状茎短。叶基生，膜质；幼叶线形或披针形，成熟叶多宽卵形、卵状椭圆形、近圆形或心形，长约 20 cm，全缘或有细齿；叶柄长短随水体深浅而异，通常长 2~40 cm，无鞘。花两性；佛焰苞椭圆形或卵形，长 2.5~4 cm；总花梗长 40~50 cm。花无梗，单生；花瓣白色、淡紫色或浅蓝色。果圆锥形，长 2~5 cm。种子多数，长 1~2 mm。

分布与生境： 产黑龙江、河北、河南、江苏、安徽、浙江、台湾、福建、江西、湖北、湖南、广东、海南、广西、贵州、四川及云南，生于湖泊、沟渠、水塘、水田或积水洼地。广布于亚洲东部、东南部至澳大利亚热带地区及非洲东北部。

食疗保健与药用功能： 全草味甘、淡，性微寒，有清热解毒、化痰利尿之功效，适用于肺热咳嗽、肺痨、咯血、哮喘、水肿、小便不利、痈肿、烧烫伤等病症。

食用部位与食用方法： 采幼苗或嫩叶，经沸水焯、换清水浸泡后，可炒食、凉拌或做汤食用。

5. 莜麦（禾本科 Gramineae/Poaceae）

Avena chinensis（Fisch. ex Roem. & Schult.）Metzg.

识别要点： 草本，秆高 0.6~1 m，2~4 节。叶鞘常被微毛；叶片长 8~40 cm，宽 0.3~1.6 cm。圆锥花序开展，长 12~20 cm，分枝纤细。小穗长 2~4 cm；小穗轴坚韧，无毛，弯曲，第 1 节间长达 1 cm；颖近相等，长 1.5~2.5 cm。外稃草质，第 1 外稃长约 2 cm，背部无芒或上部 1/4 以上伸出 1~2 cm 的芒。颖果长约 8 mm，与稃体分离。花果期 6~8 月。

分布与生境： 产内蒙古、河北、山西、河南、陕西、宁夏、甘肃、青海、湖北、四川、云南等省区，生于山坡路旁、高山草甸或潮湿处。

食疗保健与药用功能： 种仁有下气宽中、补虚益气、除湿、发汗、止泻之功效，适用于催乳、婴儿发育不良、老年虚弱、高血脂、贫血等病症。

食用部位与食用方法： 颖果可磨面制粉，做面食。

6. 野燕麦（禾本科 Gramineae/Poaceae）

Avena fatua L.

识别要点：草本，秆高0.6~1.2 m，无毛，2~4节。叶鞘光滑或基部者被微毛；叶片长10~30 cm，宽0.4~1.2 cm。圆锥花序金字塔形，长10~25 cm；分枝具棱角。小穗长1.8~2.5 cm；小穗轴密生淡棕色或白色硬毛，节脆硬易断落，第1节间长约3 mm。外稃坚硬，第1外稃长1.5~2 cm，芒自稃体中部稍下处伸出，长2~4 cm，芒柱棕色，扭转，第2外稃有芒。颖果被淡棕色柔毛，长6~8 mm。花果期4~9月。

分布与生境：产黑龙江、内蒙古、河北、山西、河南、陕西、宁夏、甘肃、青海、新疆、江苏、安徽、浙江、台湾、福建、江西、湖北、湖南、广东、广西、贵州、四川、云南及西藏，生于山坡林缘、荒芜田野或田埂路旁。欧洲、亚洲和非洲寒温带地区有分布，北美有传入。

食疗保健与药用功能：果味甘，性温，有收敛止血、补虚损、固表止汗之功效，适用于吐血、虚汗、崩漏等病症。

食用部位与食用方法：颖果可做粮食代用品，可煮粥、与米一起煮饭、做燕麦片、磨面粉食用。

7. 燕麦（禾本科 Gramineae/Poaceae）

Avena sativa L.

识别要点：草本，秆高0.7~1.5 m。叶鞘无毛；叶片长7~20 cm，宽0.5~1 cm。圆锥花序顶生，开展，长达25 cm，宽10~15 cm。小穗长1.5~2.2 cm；小穗轴近无毛或疏生毛，不易断落，第1节间长不及5 mm。外稃坚硬，无毛，第1外稃长约1.3 cm，无芒或背部有一较直的芒，第2外稃无芒。颖果长圆柱形，长约1 cm，黄褐色。

分布与生境：黑龙江、吉林、辽宁、内蒙古、河北、山东、山西、河南、陕西、宁夏、甘肃、青海、新疆、湖北、湖南、广东、广西、贵州、四川、云南及西藏等地有野生。

食疗保健与药用功能：种仁有退虚热、益气、止汗、解毒之功效，适用于降血压、降血脂，防治大肠癌、心脏病等病症。

食用部位与食用方法：颖果磨面食用，营养价值很高。

8. 䓖草（禾本科 Gramineae/Poaceae）

Beckmannia syzigachne（Steud.）Fern.

识别要点：草本，秆丛生，高 15~90 cm，1~4 节。叶鞘无毛，多长于节间，叶舌长 3~8 mm；叶片长 5~20 cm，宽 0.3~1 cm。圆锥花序长 10~30 cm；分枝稀疏，直立或斜升。小穗灰绿色，具 1 朵小花，长约 3 mm。外稃常具伸出颖外之短尖头。颖果黄褐色，长球形，长约 1.5 mm，顶端具丛生毛。花果期 4~10 月。

分布与生境：产黑龙江、吉林、辽宁、内蒙古、河北、山东、山西、河南、陕西、宁夏、甘肃、青海、新疆、江苏、安徽、浙江、福建、江西、湖北、湖南、贵州、四川、云南及西藏，生于海拔 3 800 米以下亚高山草甸、半沼泽、河漫滩或水旁潮湿处。广布于全世界。

食疗保健与药用功能：种子有益气健胃之功效，适用于气虚、呕吐等病症。

食用部位与食用方法：颖果可食。

9. 雀麦（禾本科 Gramineae/Poaceae）

Bromus japonicus Thumb. ex Murr.

识别要点：一年生草本，高 40~90 cm。叶鞘闭合；叶片线形，长 12~30 cm，宽 4~8 mm，两面被毛。圆锥花序疏展，长 20~30 cm，弯垂。小穗黄绿色；外稃长 0.9~1 cm，背部芒长 0.5~1.6 cm。颖果长球形，长 7~8 mm，成熟后紧贴稃片。

分布与生境：产辽宁、内蒙古、河北、山西、陕西、甘肃、宁夏、青海、新疆、山东、河南、江苏、安徽、浙江、江西、湖北、湖南、贵州、四川、云南及西藏，生于海拔 50~3 000 m 山坡林缘、荒野路旁或河漫滩湿地。欧洲和亚洲温带地区广泛分布。

食疗保健与药用功能：果味甘，性平，无毒，有催产、敛汗、杀虫之功效，适用于难产等病症。

食用部位与食用方法：舂去外皮，颖果可磨粉、熬糖、酿酒或煮粥食用。

10. 薏苡 薏米、苡米（禾本科 Gramineae/Poaceae）

Coix lacryma-jobi L.

识别要点： 一年生草本。秆高 1~2 m，有分枝。叶片宽大开展，无毛。总状花序腋生，雄花序位于花序上部；雌小穗位于花序下部，为骨质念珠状总苞所包，总苞椭圆形，先端具颈状喙，斜口，长 0.7~1.2 cm，宽 4~8 mm，暗褐色或浅棕色。颖果长球形，长 5~8 mm，宽 4~6 mm，厚 3~4 mm，腹面具沟，基部有棕色种脐。花果期 7~12 月。

分布与生境： 产黑龙江、吉林、辽宁、河北、内蒙古、河南、山西、陕西、宁夏、新疆、山东、江苏、安徽、浙江、台湾、福建、江西、湖北、广东、海南、广西、贵州、四川及云南，生于海拔 2 000 m 以下潮湿地和山谷溪沟。亚洲热带、亚热带地区有分布。

食疗保健与药用功能： 种仁（称苡仁）味甘、淡，性凉，归脾、胃、肺经，有利水渗湿、健脾止泻、除痹、排脓、解毒散结之功效，适用于水肿、脚气、小便不利、脾虚泄泻、湿痹拘挛、肺痈、肠痈、赘疣、癌肿等病症。

食用部位与食用方法： 取成熟颖果，除去外壳、黄褐色种皮和杂质，收集苡仁，其味甘淡微甜，营养丰富，具碳水化合物 52%~80%，蛋白质 13%~17%，脂肪 4%~7%，油以不饱和脂肪酸为主，亚麻油酸占 34%，并有薏仁酯，可磨粉面食用或煮粥食用，为高级保健食品。

11. 白茅 丝茅、茅根（禾本科 Gramineae/Poaceae）

Imperata cylindrica（L.）Raeuschel

识别要点：多年生草本，具多节的长根状茎。秆直立，高 25~90 cm，2~4 节，节裸露，具白柔毛。叶鞘无毛或上部及边缘具柔毛，鞘口具柔毛，鞘常集于秆基，老时纤维状；叶片线形或线状披针形，长 10~40 cm，宽 2~8 mm，边缘粗糙，上面被柔毛；顶生叶长 1~3 cm。圆锥花序穗状，长 6~15 cm，宽 1~2 cm，分枝密集。

分布与生境：产黑龙江、辽宁、内蒙古、河北、河南、山东、山西、陕西、甘肃、新疆、江苏、安徽、浙江、台湾、福建、江西、湖北、湖南、广东、海南、广西、贵州、四川、云南及西藏，为南方草地优势植物，是森林砍伐或火烧迹地的先锋植物，也是空旷地、果园、撂荒地、田坎、堤岸和路边常见杂草。非洲东南部、马达加斯加、阿富汗、伊朗、印度、斯里兰卡、马来西亚、印度尼西亚、菲律宾、日本及大洋洲有分布。

食疗保健与药用功能：根状茎味甘，性寒，归肺、胃、膀胱经，有凉血止血、清热利尿之功效，适用于血热吐血、衄血、尿血、热病烦渴、湿热黄疸、水肿尿少、热淋涩痛等病症。

食用部位与食用方法：根状茎具果糖、葡萄糖等，味甜，可炒食、炖食或做汤食用，亦可与糖、醋调料腌食。

12. 荻（禾本科 Gramineae/Poaceae）

Miscanthus sacchariflorus (Maxim.) Hackel

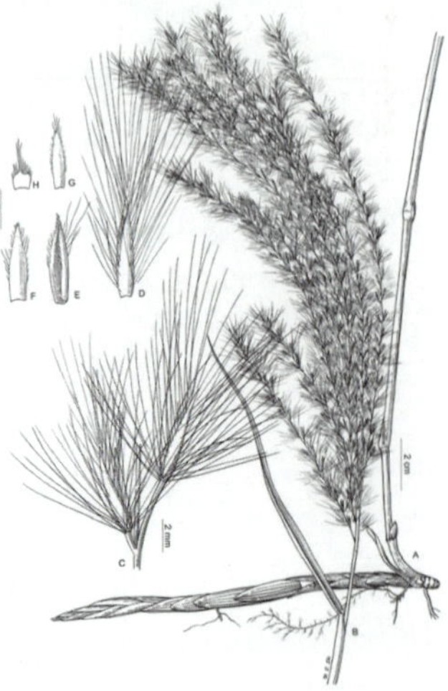

识别要点：多年生草本，具被鳞片长匍匐根状茎，节部有粗根与幼芽。秆高1~1.5 m，直径约5 mm，具10多节，节密生柔毛。叶鞘无毛；叶片宽线形，长20~50 cm，宽0.5~1.8 cm，上面基部密生柔毛，余无毛，边缘锯齿状粗糙，基部常缢缩成柄。圆锥花序伞房状，长10~20 cm，宽约10 cm；主轴无毛，分枝10~20，腋间生柔毛；总状花序轴节间长4~8 mm。

分布与生境：产黑龙江、吉林、辽宁、河北、山东、山西、河南、陕西、宁夏、甘肃、安徽、浙江、湖北、贵州、四川等省区，生于山坡草地、平原岗地、河岸湿地。日本、朝鲜半岛及俄罗斯西伯利亚有分布。

食疗保健与药用功能：根状茎有清热活血之功效，适用于妇女血痨、潮热、产妇失血口渴、牙痛等病症。

食用部位与食用方法：白色嫩根状茎可食。

13. 芦苇（禾本科 Gramineae/Poaceae）

Phragmites australis (Cav.) Trin. ex Steud.

识别要点：多年生草本，根状茎发达。秆高1~3（~8）m，直径1~4 cm，具20多节，最长节间位于下部第4~6节，长20~25（~40）cm，节下被蜡粉。叶鞘下部者短于上部者，长于节间；叶舌边缘密生一圈长约1 mm纤毛，两侧缘毛长3~5 mm，易脱落；叶片长30 cm，宽2 cm。圆锥花序长20~40 cm，宽约10 cm，分枝多数，长5~20 cm，着生稠密下垂的小穗。

分布与生境：产全国各省区，生于江河湖泽、池塘沟渠沿岸和低湿地。为全球广泛分布的多型种。在各种有水源的空旷地带，常形成连片芦苇群落。

食疗保健与药用功能：白色嫩根状茎味甘，性寒，归肺、胃经，有清热泻火、生津止渴、除烦、止呕、利尿之功效，适用于热病烦渴、肺热咳嗽、肺痈吐脓、胃热呕哕、热淋涩痛等病症。

食用部位与食用方法：白色嫩根状茎俗称芦根，可食用。《洪湖赤卫队》及《沙家浜》中的新四军曾以此充饥。

14. 甜根子草（禾本科 Gramineae/Poaceae）

Saccharum spontaneum L.

识别要点：多年生草本，具发达横走的长根状茎。秆高 1~2 m，直径 4~8 mm，中空，5~10 节，节具短毛，节下常有白色蜡粉，紧接花序以下被白色柔毛。叶鞘鞘口具柔毛，叶舌长约 2 mm，褐色，先端具纤毛；叶片线形，长 30~70 cm，宽 4~8 mm，无毛，灰白色，边缘锯齿状粗糙。圆锥花序长 20~40 cm，稠密，主轴密生丝状柔毛；总状花序轴节间长约 5 mm，边缘与外侧面疏生长丝毛。

分布与生境：产河南、陕西、甘肃、新疆、江苏、安徽、台湾、福建、江西、湖北、湖南、广东、海南、广西、贵州、四川、云南及西藏，生于海拔 2 000 m 以下平原、山坡、河旁、溪边、砾石沙滩。东南亚、澳大利亚东部至日本、欧洲南部有分布。

食疗保健与药用功能：嫩根状茎及嫩茎味甘，性凉，有清热止咳、利尿之功效，适用于感冒发热、口干、咳嗽、小便不利等病症。

食用部位与食用方法：嫩根状茎及嫩茎味甜，可食。

15. 狗尾草（禾本科 Gramineae/Poaceae）

Setaria viridis（L.）Beauv.

识别要点：一年生草本。秆高0.1~1 m。叶鞘松散，边缘具毛；叶片长三角状窄披针形或线状披针形，长4~30 cm，宽0.2~1.8 cm。圆锥花序圆柱状或基部稍疏离，直立或稍弯垂，主轴被较长柔毛。颖果灰白色。花果期5~10月。

分布与生境：产全国各地，生于海拔4 000 m以下荒野或道旁，为旱地常见杂草。原产于欧亚大陆温带和暖温带地区，现广布于全世界温带和亚热带地区。

食疗保健与药用功能：果味淡，性凉，有清热解毒、祛风明目、利尿之功效，适用于风热感冒、沙眼、目赤疼痛、黄疸肝炎、小便不利等病症。

食用部位与食用方法：颖果富含淀粉，可煮粥食用或酿酒。

16. 菰 茭白（禾本科 Gramineae//Poaceae）

Zizania latifolia（Griseb.）Turcz. ex Stapf

识别要点： 多年生草本，水生或沼生，具匍匐根茎。须根粗壮。秆高 1~2 m，直径约 1 cm，多节，基部节生不定根。叶鞘长于节间，肥厚，有小横脉；叶舌膜质，长约 1.5 cm，顶端尖；叶片长 50~90 cm，宽 1.5~3 cm。圆锥花序长 30~50 cm，分枝多数簇生，上升，果期开展。颖果圆柱形，长约 1.2 cm。

分布与生境： 产黑龙江、吉林、辽宁、内蒙古、河北、河南、山东、陕西、甘肃、江苏、安徽、浙江、台湾、福建、江西、湖北、湖南、广东、海南、广西、贵州、四川及云南，多生于湖边或池塘边水中。亚洲温带、日本、俄罗斯及欧洲有分布。

食疗保健与药用功能： 茭白有解热毒、除烦渴、利二便之功效，适用于烦热、消渴、二便不通、黄疸、痢疾、热淋、目赤、乳汁不下、风疮等病症。菰米有止渴、解烦热、润肠胃之功效，适用于心烦口渴、口燥咽干、大便秘结等病症。

食用部位与食用方法： 秆基嫩茎为真菌寄生后，粗大肥嫩，称茭白，是美味蔬菜。颖果称菰米，可食用，有营养保健价值。

17. 水葱（莎草科 Cyperaceae）

Schoenoplectus tabernaemontani（C. C. Gmel.）Palla

识别要点： 多年生水生草本；具粗壮匍匐根状茎。秆实心，圆柱状，高 1~2 m，平滑，单生于匍匐根状茎节上，基部有叶鞘 3~4，鞘膜质，最上部叶鞘具叶片。叶片线形，长 1.5~11 cm。

分布与生境： 产黑龙江、吉林、辽宁、内蒙古、河北、山西、河南、陕西、甘肃、宁夏、青海、新疆、山东、江苏、安徽、浙江、台湾、湖北、湖南、广东、广西、贵州、四川、云南及西藏，生于海拔 300~3 200 m 湖泊或浅水塘。亚洲中部至东部、美洲及大洋洲有分布。

食疗保健与药用功能： 全草味甘、淡，性平，有渗湿利尿之功效，适用于水肿胀满、小便不利等病症。

食用部位与食用方法： 采嫩笋芽、嫩秆，去杂洗净，可炒食、做汤或做配料食用。

18. 花蘑芋 蘑芋（天南星科 Araceae）

Amorphophallus konjac K. Koch

识别要点：多年生草本。块茎扁球形，直径 7.5~25 cm，暗红褐色。鳞片叶 2~3 枚，披针形；正常叶绿色，1 枚，直径达 1 m，掌状 3 全裂，每裂片再作二回羽状分裂，小裂片互生，大小不等，矩圆状椭圆形，外侧下延成翅状；叶柄长 0.5~1.5 m，黄绿色，具光泽，有黑色、绿褐色或白色斑块。佛焰状苞片漏斗状，长 20~30 cm，管部绿色，边缘紫红色，内面深紫红色；花序长为佛焰苞的 2 倍。

分布与生境：产陕西、甘肃、宁夏、江苏、安徽、江西、湖北、湖南、广东、贵州、四川及云南，生于海拔 200~3 000 m 的疏林下、林缘或溪边湿润地或栽培。喜马拉雅山区至泰国、越南有分布。

食疗保健与药用功能：块茎味辛，性温，有毒，有化痰散结、祛瘀消肿、解毒止痛之功效，适用于痰瘀积滞、经闭、疟疾、瘰疬、癌肿、疔疮、痈疖肿毒、跌打损伤、丹毒、烫火伤、毒蛇咬伤等病症。

食用部位与食用方法：块茎富含淀粉，可加工制成蘑芋豆腐食用。1. 蘑芋豆腐制作方法。① 食材采集。食材挖采四季皆宜，以冬、春季为佳，挖取蘑芋的地下块茎。② 原料配制。将挖采的蘑芋块茎洗净去皮，切碎；将蘑芋碎块与水混合，体积比例大约为 1∶1，在打浆机或磨浆机中打成浆或磨成浆，可以此纯蘑芋浆作原料；也可以根据个人口感喜好，将蘑芋浆与少量米粉，或糯米粉，或面粉，或杂粮粉混合，用冷水调匀作为混合原料（添加米粉越多，则蘑芋的口感越少）。③ 初煮。用大火烧半锅水，水不要烧开，把水烧到锅里有密集小泡泡的时候，转为中小火，再把原料慢慢地倒入锅里，迅速搅拌均匀，防止原料成团，起疙瘩，然后用锅铲朝同一个方向不停地翻动搅拌熬煮，防止粘锅底，直至浆液慢慢变稠成糊状，颜色变深，此时要一直不停地搅拌，这样才越搅越光滑，搅拌 10 min 后，形成比较光滑、透明的状态就可以了。④ 碱水凝胶。将配好的碱水一根线似的均匀倒入锅中，慢倒快搅，使颜色由灰绿色转为灰白色或灰黑色。碱水倒毕后继续搅一段时间，使碱胶充分混合，再用微火煮，用手触摸豆腐表面，以不粘手为度。否则碱不够，需再加。⑤ 起锅。凝胶后的蘑芋豆腐，经停火后闷 30 min，加入冷水，用刀划成几大块，捞起滤干；或将锅倒扣起来，起出成形的蘑芋豆腐，再用刀划成几大块。⑥ 去涩。将锅洗净，放入滤干或成形切块的蘑芋豆腐，再加水，大火猛煮，换几次水，直至水中无涩味，待其凝固；若想省事、省时，亦可加入酸水（一锅蘑芋豆腐加食醋水 2 汤勺）煮一次，再换清水煮一次。这一步主要是为了去除蘑芋豆腐里面的碱味，使煮熟后的蘑芋豆腐吃着没有苦涩味。2. 食用方法。煮好去涩的蘑芋豆腐后，经关火、取出来晾凉，就做好可以食用了。此时的蘑芋豆腐特别光滑，有弹性且筋道，可以切块、切条、切片炒着吃，或与其他配料炒食，或炖着吃，也可以涮火锅吃，其味道鲜美，清爽嫩滑，而且蘑芋豆腐遇热会更加筋道弹性，做法简单，喜欢的朋友可以在家试试。

注意事项：花蘑芋的块茎有毒，必须用碱水漂洗，煮熟后方可食用。碱水可用生石灰水（生石灰加水，重量比为 1∶15，去除沉淀，留取上清液），或柴火灶中的草木灰水（草木灰拌水，重量比为 1∶10，过滤，去渣），或氢氧化钠水（见食用烧碱包装上的配制说明），或小苏打粉水（见食用小苏打粉包装上的配制说明）制作，起凝胶剂作用。

19. 芋 芋头（天南星科 Araceae）

Colocasia esculenta（L.）Schott

识别要点： 湿生草本。块茎通常卵形，生多数小块茎。叶 2~3 枚或更多；叶片卵状，长 20~50 cm，先端短尖或短渐尖，侧脉 4 对，斜伸达叶缘，后裂片圆形，合生长度 1/3~1/2，弯缺较钝，深 3~5 cm，基脉相交成 30° 角；叶柄长 20~90 cm，绿色。

分布与生境： 原产中国、印度和马来半岛。我国南北各地广为栽培，亦有逸为野生。埃及、菲律宾、印度尼西亚等热带地区盛行栽种。

食疗保健与药用功能： 块茎有消肿散结之功效，适用于瘰疬、肿毒、腹中痞块、乳痈、口疮、烧烫伤等病症。叶柄适用于泻痢、肿毒等病症。

食用部位与食用方法： 块茎富含淀粉，可食，做羹菜，代粮或制淀粉。叶柄可剥皮煮食或晒干储用。

20. 刺芋（天南星科 Araceae）

Lasia spinosa（L.）Thwait.

识别要点： 多年生有刺草本，高 1~2 m。根肉质，圆柱形。茎圆柱形，直径 2~4 cm，横走。幼株叶片戟形，成年植株叶片鸟足状羽状深裂，长宽均 20~60 cm，叶背脉上有刺；叶柄长 32~125 cm，有刺。

分布与生境： 产台湾、广东、海南、广西、云南及西藏，生于海拔 1 500 m 以下田边、沟旁、阴湿草丛或竹丛中。孟加拉国、印度、中南半岛至印度尼西亚有分布。

食疗保健与药用功能： 根状茎药用，味辛，性平，有清热利湿、解毒消肿、健胃消食之功效，适用于热病口渴、肺热咳嗽、小便赤黄、肾炎水肿、白带、风湿痹痛、跌打肿痛、慢性胃炎、消化不良、小儿头疮、胎毒、腮腺炎等病症。

食用部位与食用方法： 肉质根、嫩根状茎可炒、炖、煮食。幼叶供蔬食。

21. 饭包草（鸭跖草科 Commelinaceae）

Commelina bengalensis L.

识别要点： 多年生披散草本。茎大部分匍匐，节部生根，上部及分枝上部上升，节间中空。叶片卵形，长 3~7 cm，宽 1.5~3.5 cm；有叶柄。花序单生于主茎或分枝的顶端；花蓝色。

分布与生境： 产河北、山东、河南、陕西、甘肃、江苏、安徽、浙江、台湾、福建、江西、湖北、湖南、广东、海南、广西、贵州、四川及云南，生于海拔 2 300 m 以下的湿地。亚洲和非洲热带和亚热带地区广泛分布。

食疗保健与药用功能： 全草味苦，性寒，有清热利尿、解毒消肿之功效，适用于小儿风热咳嗽、肺炎、小便不利、淋沥作痛、赤痢、疔疮肿毒、毒蛇咬伤等病症。

食用部位与食用方法： 春季采摘幼嫩茎叶，经洗净、在沸水中焯、换清水浸泡后，可炒食、凉拌、做汤食用。

22. 鸭跖草（鸭跖草科 Commelinaceae）

Commelina communis L.

识别要点： 一年生披散草本。茎匍匐生根，多分枝，节间中空。叶片披针形或卵状披针形，长 3~9 cm，宽 1.5~2 cm，叶鞘明显。花序单生于茎枝的顶端；花蓝色。

分布与生境： 产黑龙江、吉林、辽宁、内蒙古、河北、山东、河南、陕西、宁夏、甘肃、江苏、安徽、浙江、台湾、福建、江西、湖北、湖南、广东、广西、贵州、四川及云南，生于湿地。越南、朝鲜半岛、日本、俄罗斯远东地区及北美有分布。

食疗保健与药用功能： 全草味甘、淡，性寒，归肺、胃、小肠经，有清热泻火、解毒、利水消肿之功效，适用于感冒发热、热病烦渴、咽喉肿痛、水肿尿少、热淋涩痛、痈肿疔毒等病症。

食用部位与食用方法： 春季采摘幼嫩茎叶，经洗净、在沸水中焯、换清水浸泡后，可炒食、凉拌、做汤或盐渍食用。

23. 水竹叶 （鸭跖草科 Commelinaceae）

Murdannia triquetra（Wall. ex Clarke）Brückn.

识别要点：多年生草本。根状茎长而横走，具叶鞘，节间长约 6 cm。茎肉质，下部匍匐，节生根，上部上升，多分枝，长达 40 cm，节间长 8 cm，密生 1 列白色硬毛。叶无柄；叶片竹叶形，平展或稍折叠，长 2~6 cm，宽 5~8 mm，先端渐钝尖。

分布与生境：产山东、河南、陕西、江苏、安徽、浙江、台湾、福建、江西、湖北、湖南、广东、海南、广西、贵州、四川及云南，生于海拔 1 600 m 以下水稻田边或湿地。印度至越南、老挝、柬埔寨有分布。

食疗保健与药用功能：全草味甘，性寒，归肺、膀胱经，有清热解毒、利尿消肿之效，适用于气喘、肺热咳嗽、赤白下痢、水肿、咽喉肿痛、痈疖疔肿等病症；外用可治关节肿痛、蛇蝎虫伤。

食用部位与食用方法：植株蛋白质含量颇高，幼嫩茎叶经洗净、沸水焯、清水浸泡去除异味后，可炒食、凉拌或做汤食用。

24. 凤眼蓝 凤眼莲、水葫芦、水葫莲（雨久花科 Pontederiaceae）

Eichhornia crassipes（Mart.）Solms

识别要点：浮水草本，高达 60 cm；须根发达，长达 30 cm。茎极短。叶基生，莲座状排列，5~10 枚，叶片圆形、宽卵形或宽菱形，长 4.5~14.5 cm，全缘，具弧状脉；叶柄长 8~11 cm，中部膨大成囊状或纺锤形。穗状花序长 17~20 cm，花紫蓝色。

分布与生境：原产巴西，现广泛分布于长江、黄河流域及华南各地，生于平原至海拔 1 500 m 的水塘、沟渠或水稻田中。亚洲热带地区也已广泛生长。

食疗保健与药用功能：全草味苦，性凉，有清凉解毒、利尿消肿、祛风湿之功效，适用于中暑烦渴、水肿、小便不利等病症；外敷可治热疮。

食用部位与食用方法：嫩叶经沸水焯后可炒食。

25. 鸭舌草（雨久花科 Pontederiaceae）

Monochoria vaginalis（N. L. Burm.）Presl. ex Kunth

识别要点：水生草本，全株无毛；具柔软须根。茎直立或斜上，高 12~25 cm。叶基生和茎生，叶片心状宽卵形、长卵形或披针形，长 2~7 cm，基部圆形或近心形，全缘，具弧状脉；叶柄长 10~20 cm，基部扩大成开裂的鞘，鞘长 2~4 cm。总状花序从叶柄中部抽出，花蓝色。

分布与生境：产黑龙江、吉林、辽宁、陕西、甘肃、内蒙古、河北、山西、河南、山东、江苏、安徽、浙江、台湾、福建、江西、湖北、湖南、广东、海南、广西、贵州、四川及云南，生于平原至海拔 1 500 m 的稻田、沟旁或浅水池塘等湿地。日本、印度、尼泊尔、不丹、马来西亚及菲律宾有分布。

食疗保健与药用功能：全草味苦，性凉，有清热解毒、清肝凉血、消肿止痛之功效，适用于肠炎、泄泻、痢疾、暴热、哮喘、乳蛾、牙龈脓肿、咽喉肿痛、吐血、血崩、小儿丹毒等病症，外用于蛇虫咬伤、疮疖、痈疽肿毒。

食用部位与食用方法：嫩茎叶经沸水焯、换清水浸泡后，可炒食、凉拌或做汤食用。

26. 藠头 薤（百合科 Liliaceae）

Allium chinense G. Don

识别要点：多年生草本，具葱蒜味。鳞茎数枚聚生，窄卵状，直径 1~1.5 cm，外皮白色或带红色，膜质，不开裂。叶棱柱状，具 3~5 纵棱，中空，与花葶近等长，宽 1~3 mm。花葶侧生，圆柱状，高达 40 cm，下部被叶鞘；伞形花序近半球形；花淡紫色或暗紫色。花果期 10~11 月。

分布与生境：河南、安徽、浙江、福建、江西、湖北、湖南、广东、海南、广西及贵州等地有野生。

食疗保健与药用功能：鳞茎味辛、苦，性温，归心、肺、胃、大肠经，有通阳散结、行气导滞之功效，适用于胸痹心痛、脘腹痞满胀痛、泻痢后重等病症。

食用部位与食用方法：鳞茎与嫩叶可做蔬菜食用，鳞茎可盐渍、糖渍或做泡菜，也可炒食。

27. 薤白 小根菜、小根蒜（百合科 Liliaceae）

Allium macrostemon Bunge

识别要点： 多年生草本，具葱蒜味。鳞茎单生，近球状，直径 0.7~2 cm，基部常有小鳞茎，外皮带黑色，纸质或膜质，不开裂。叶半圆柱状或三棱状半圆柱形，中空，短于花葶，宽 2~5 mm。花葶圆柱状，高达 70 cm，被叶鞘。伞形花序半球状或球状；花淡紫色或淡红色。花果期 5~7 月。

分布与生境： 产黑龙江、吉林、辽宁、陕西、甘肃、宁夏、内蒙古、河北、河南、山东、江苏、安徽、浙江、福建、江西、湖北、湖南、广东、广西、贵州、四川、云南及西藏，生于海拔 1 600 m 以下山区或草地。日本、朝鲜、蒙古和俄罗斯有分布。

食疗保健与药用功能： 全草味辛、苦，性温，归心、肺、胃、大肠经，有通阳散结、行气导滞之功效，适用于胸痹心痛、脘腹痞满胀痛、泻痢后重等病症。

食用部位与食用方法： 嫩株及鳞茎经洗净后，可炒食、做汤、做馅、腌渍、蘸酱、做泡菜，或与其他菜配伍凉拌，或做调味品。

28. 蒙古韭 蒙古葱、沙葱（百合科 Liliaceae）

Allium mongolicum Regel

识别要点：多年生草本，具葱蒜味。鳞茎密集丛生，圆柱状。叶圆柱形或半圆柱形，实心，短于花葶，宽 1~4 mm。花葶圆柱状，高达 30 cm，被叶鞘。伞形花序半球状或球状；花淡红色、淡紫色或紫红色。花果期 7~9 月。

分布与生境：产辽宁、陕西、甘肃、宁夏、青海、新疆、内蒙古及河南，生于海拔 800~2 800 m 荒漠、沙地或干旱山坡。蒙古和俄罗斯有分布。

食疗保健与药用功能：全草味咸、涩，性寒，有开胃、消食、杀虫之功效，适用于消化不良、不思饮食、秃疮、青腿病等病症。

食用部位与食用方法：全草可食，叶味辛而不辣，质地脆嫩，无纤维，口感极佳，可凉拌鲜食、做馅（包子、饺子、馄饨）、煲营养汤、制泡菜、腌制，或与肉、蛋烹调食用，是西域具有浓郁地方风味的佳肴。

29. 长梗合被韭（百合科 Liliaceae）

Allium neriniflorum（Herb.）G. Don

识别要点：多年生草本，具葱蒜味。鳞茎单生，卵球状或近球状，直径 1~2 cm，外皮灰黑色，膜质，不开裂。叶圆柱状或近半圆柱状，中空，等于或比花葶长，宽 1~3 mm。花葶圆柱状，高达 52 cm，下部被叶鞘。伞形花序疏散，少花；花红色、淡红色或白色。花果期 7~9 月。

分布与生境：产黑龙江、吉林、辽宁、内蒙古及河北，生于海拔 2 000 m 以下山坡、湿地、草地或海边沙地。蒙古和俄罗斯远东地区有分布。

食疗保健与药用功能：鳞茎有通阳散结、行气导滞之功效，适用于胸胁刺痛、心绞痛、泻痢后重、慢性支气管炎、咳嗽痰多等病症。

食用部位与食用方法：嫩株及鳞茎经洗净后，可炒食、做汤、做馅、腌渍、蘸酱、做泡菜，或与其他菜配伍凉拌，或做调味品。

30. 卵叶山葱 卵叶韭（百合科 Liliaceae）

Allium ovalifolium Hand.-Mazz.

识别要点： 多年生草本。鳞茎单生或聚生，近圆柱状，外皮灰褐色或黑褐色。叶2枚，近对生，披针状椭圆形或卵状矩圆形，长（6~）8~15 cm，基部圆形或心形。花葶圆柱状，高30~60 cm。伞形花序球状；花白色，稀淡红色。花果期7~9月。

分布与生境： 产陕西、甘肃、青海、河南、湖北、湖南、贵州、四川及云南，生于海拔1 500~4 000 m阴湿山坡、林下、林缘或沟边。

食疗保健与药用功能： 全草有清热解毒、消肿散瘀、祛风、止血、化痰之功效，适用于痈肿疮毒、咽喉痛、气管炎等病症。

食用部位与食用方法： 嫩叶可食用。

31. 太白山葱 太白韭（百合科 Liliaceae）

Allium prattii Wright ex Hemsl.

识别要点： 多年生草本。鳞茎单生或聚生，近圆柱状，外皮灰褐色或黑褐色。叶2枚，近对生，线形、线状披针形或椭圆状披针形，短于或近等长于花葶。花葶圆柱状，高10~60 cm。伞形花序半球状；花紫红色或淡红色。花果期6~9月。

分布与生境： 产陕西、甘肃、青海、河南、安徽、湖北西部、四川、云南及西藏，生于海拔2 000~4 900 m阴湿林下、沟边、灌丛或山坡草地。

食疗保健与药用功能： 全草有发汗解表、通阳健胃、消肿、接骨之功效，适用于伤风感冒、头痛发烧、脘腹冷痛、食欲不振、消化不良、胃病、寒性腹泻、心悸失眠、跌打骨折等病症。

食用部位与食用方法： 嫩叶可食用。

32. 山韭 山葱（百合科 Liliaceae）

Allium senescens L.

识别要点：多年生草本。鳞茎单生或聚生，卵状圆柱形或圆柱形，直径 0.5~2 cm，具粗壮横生根状茎，鳞茎外皮灰黑色或黑色，不裂。叶线形或宽线形，肥厚，基部近半圆柱状，上部扁平，先端钝圆。花葶圆柱状，常具 2 棱，高达 65 cm。伞形花序顶生，半球状或近球状；花多而密集，淡紫色或紫红色。

分布与生境：产黑龙江、吉林、辽宁、内蒙古、河北、河南、山西、陕西、甘肃及新疆，生于海拔 1 000 m 以下草原、草甸或山坡。朝鲜、蒙古和俄罗斯有分布。

食疗保健与药用功能：全草有健脾开胃、补肾缩尿、润肠、清热去烦之功效，适用于老人脾胃气弱、饮食不多、肾虚不固、小便频数等病症。

食用部位与食用方法：嫩叶可炒食或做调料。秋季挖鳞茎，洗净后可炒食、腌制或蘸酱食用。

33. 茖葱（百合科 Liliaceae）

Allium victorialis L.

识别要点：多年生草本。鳞茎单生或聚生，近圆柱状，外皮灰褐色或黑褐色。叶 2~3 枚，叶片倒卵状披针形或椭圆形，长 8~20 cm，基部楔形。花葶圆柱状，高 25~80 cm。伞形花序球状；花白色或带绿色，极稀带红色。花果期 6~10 月。

分布与生境：产黑龙江、吉林、辽宁、陕西、甘肃、宁夏、青海、内蒙古、河北、山西、河南、安徽、浙江、湖北、四川及云南，生于海拔 600~2 500 m 阴湿山坡、林下、草地或沟边。北温带有分布。

食疗保健与药用功能：全草味辛，性微温，归肺经，有散瘀止血、镇痛、增加血流量、降低血黏度之功效，适用于瘀血、衄血、跌打损伤、高血压病、动脉硬化、胃病等病症。

食用部位与食用方法：幼苗或嫩叶经洗净后可蘸酱生食，也可炒食、做汤、腌咸菜或做调料食用。

34. 荞麦叶大百合（百合科 Liliaceae）

Cardiocrinum cathayanum（Wils.）Stearn

识别要点：基生叶叶柄基部膨大形成鳞茎，有小鳞茎数个，小鳞茎高 2.5 cm，直径 1.2～1.5 cm。茎高达 1.5 m。单叶，叶片卵状心形或卵形，长 10～22 cm，宽 6～16 cm，基部心形。花 3～5 朵，呈总状花序。花乳白色或淡绿色，内具紫色条纹；花被片长 13～15 cm。蒴果近球形，直径 4～5 cm，成熟时红棕色。花期 8～9 月。

分布与生境：产河南、江苏、安徽、浙江、福建、江西、湖北、湖南及贵州，生于海拔 600～2 200 m 山坡林下阴湿处。

食疗保健与药用功能：鳞茎味甘、淡，性凉，有凉血消肿、润肺止咳、解毒消肿、健脾消积之功效，适用于感冒、肺结核、鼻渊、中耳炎等病症。

食用部位与食用方法：鳞茎可食用或药用。

35. 大百合（百合科 Liliaceae）

Cardiocrinum giganteum（Wall.）Makino

识别要点：基生叶叶柄基部膨大形成鳞茎；有小鳞茎数个，小鳞茎高 3.5～4 cm，直径 1.2～2 cm，无鳞片。茎高达 2 m，中空。单叶，基生叶叶片卵状心形或近宽矩圆状心形，茎生叶叶片卵状心形，长 15～20 cm，宽 12～15 cm。总状花序有花 10～16 朵；花被片长 12～15 cm，白色，内面具淡紫红色条纹。花期 6～7 月。

分布与生境：产陕西、甘肃、河南、湖北、湖南、广东、广西、贵州、四川、云南及西藏，生于海拔 1 200～3 600 m 山地林下。不丹、尼泊尔、印度和缅甸有分布。

食疗保健与药用功能：鳞茎味淡，性平，有活血解毒、消肿止痛之功效，适用于乳痈、肠痈、小儿高热、肺结核等病症。

食用部位与食用方法：鳞茎可食用或药用。

36. 竹根七（百合科 Liliaceae）

Disporopsis fuscopicta Hance

识别要点：多年生草本，根状茎肉质，念珠状，粗 1~1.5 cm。茎高达 50 cm。叶互生，叶片卵形、椭圆形或矩圆状披针形，长 4~9（~15）cm，弧形叶脉。花 1~2 朵生于叶腋，白色，长 1.5~2.2 cm，下部合生成筒。浆果近球形，直径 0.7~1.4 cm。花期 4~5 月，果期 11 月。

分布与生境：产福建、江西、湖北、湖南、广东、广西、贵州、四川及云南，生于海拔 500~2 400 m 林下或山谷中。

食疗保健与药用功能：根状茎味甘、微辛，性平，有补脾益肺、祛痰止咳、清热、养阴生津、活血祛瘀、止血消肿之功效，适用于脾胃虚弱、肺虚燥咳、产后虚劳、妇女干痨、跌打损伤、刀伤出血等病症。

食用部位与食用方法：根状茎可食，或做药膳。

37. 长叶竹根七（百合科 Liliaceae）

Disporopsis longifolia Craib.

识别要点：多年生草本，根状茎肉质，念珠状，粗 1~2 cm。茎高达 1 m。叶互生，叶片椭圆形、椭圆状披针形或窄椭圆形，长 10~20（~27）cm，弧形叶脉。花 5~10 朵簇生于叶腋，白色，长 8~10 mm，下部合生成筒。浆果卵状球形，成熟时白色，直径 1.2~1.5 cm。花期 5~6 月，果期 10~12 月。

分布与生境：产广东、广西及云南，生于海拔 100~1 800 m 林下、林缘或灌丛中。泰国、老挝和越南有分布。

食疗保健与药用功能：根状茎味甘、微辛，性平，有解毒消肿、补中益气、养阴润肺、活血之功效，适用于病后虚弱、阴虚肺燥、咳嗽痰黏、咽干口渴、跌打损伤等病症。

食用部位与食用方法：根状茎可食，或制作药膳。

38. 深裂竹根七（百合科 Liliaceae）

Disporopsis pernyi（Hua）Diels

识别要点：多年生草本，根状茎肉质，圆柱状，粗 0.5～1.5 cm。茎高达 40 cm，具紫色斑点。叶互生，叶片披针形、矩圆状披针形、椭圆形或近卵形，长 5～13 cm，弧形叶脉。花 1～3 朵簇生于叶腋，白色，俯垂，长 1.2～2 cm，基部合生。浆果近球形，成熟时暗紫色，直径 0.7～1 cm。花期 4～5 月，果期 11～12 月。

分布与生境：产浙江、台湾、福建、江西、湖北、湖南、广东、广西、贵州、四川及云南，生于海拔 300～2 500 m 林下石缝、阴湿山谷或水边。

食疗保健与药用功能：根状茎有养阴润肺、生津止渴、祛风除湿、清热解毒、活血舒筋之功效，适用于虚咳多汗、产后虚弱、月经不调、风湿骨痛、腰痛、感冒、扁桃体炎、眼结膜炎、劳伤、夜间多尿、遗尿、急性肝炎、肝肿大等病症。

食用部位与食用方法：根状茎可食，或制作药膳。

39. 安徽贝母（百合科 Liliaceae）

Fritillaria anhuiensis S. C. Chen & S. F. Yin

识别要点：多年生草本。植株高达 50 cm。鳞茎直径 1~2 cm，由 2~3 枚肾形大鳞片包着 6~50 枚小鳞片组成。叶多对生，或轮生，披针形或狭椭圆形，长 10~15 cm，宽 0.5~3 cm，先端不卷曲。花 1~2（~4）朵，淡黄白色或黄绿色，具紫色斑点或方格；花被片矩圆形或窄椭圆形。蒴果棱上具宽翅，翅宽 0.5~1 cm。花期 3~4 月。

分布与生境：产河南、安徽及湖北，生于海拔 600~900 m 山坡灌丛草地或沟谷林下。

食疗保健与药用功能：鳞茎有清阴润肺、止咳化痰、散结消肿之功效，适用于慢性支气管炎。

食用部位与食用方法：鳞茎可食用或做药膳。

40. 川贝母（百合科 Liliaceae）

Fritillaria cirrhosa D. Don.

识别要点：多年生草本。植株高达 60 cm。鳞茎球形或宽卵球形，直径 1~2 cm。叶常对生，少兼有散生或轮生，线形或线状披针形，长 4~12 cm，宽 3~5 mm，先端卷曲或不卷曲。花通常单生，黄色或黄绿色，具多少不一的紫色斑点及方格纹，有时紫色斑点或方格纹多而超过黄绿色面积。蒴果棱上具窄翅。花期 5~7 月。

分布与生境：产甘肃、青海、四川、云南及西藏，生于海拔 3 200~4 600 m 高山灌丛、草甸或冷杉林中。克什米尔地区、巴基斯坦、阿富汗、印度、尼泊尔、不丹及缅甸有分布。

食疗保健与药用功能：鳞茎味苦、甘，性微寒，归肺、心经，有清热润肺、止咳化痰、散结缩痈之功效，适用于阴虚劳咳、干咳少痰、痰中带血、肺热咳嗽、瘰疬、乳痈、肺痈等病症。

食用部位与食用方法：同安徽贝母。

41. 梭砂贝母（百合科 Liliaceae）

Fritillaria delavayi Franch.

识别要点：多年生草本。植株高达 35 cm。鳞茎由 2~3 枚鳞片组成，直径 1~2 cm。茎生叶 3~5 枚，生于植株中部或上部，散生或最上面 2 枚叶对生，窄卵形或卵状椭圆形，长 2~7 cm，先端不卷曲。花单生，淡黄色，具红褐色斑点或小方格纹。蒴果棱上具窄翅，宿存花被直立。花期 6~7 月。

分布与生境：产青海、四川、云南及西藏，生于海拔 3 400~5 600 m 沙石地或流沙岩石缝中。不丹及印度北部有分布。

食疗保健与药用功能：鳞茎有清肺润肺、止咳化痰、散结消痈之功效，适用于肺热燥咳、阴虚劳咳、干咳少痰、痰中带血、瘰疬、乳痈、肺痈等病症。

食用部位与食用方法：同安徽贝母。

42. 轮叶贝母（百合科 Liliaceae）

Fritillaria maximowiczii Freyn

识别要点：多年生草本。植株高达 50 cm。鳞茎具 4~5 枚或更多鳞片，周围有许多粒状小鳞片，直径 1~2 cm。叶 3~6 枚，排成 1 轮，稀 2 轮，披针形或线形，长 4.5~10 cm，宽 3~13 mm，先端不卷曲。花单生，稀 2 朵，外面紫红色，内面红色，稍具黄色方格纹。蒴果具翅。花期 6 月。

分布与生境：产黑龙江、吉林、辽宁、内蒙古及河北，生于海拔 1 400~1 500 m 林下、林缘、灌丛间阴湿地或山坡草丛间。俄罗斯东部有分布。

食疗保健与药用功能：鳞茎有润肺化痰、止咳、散结消肿之功效，适用于肺热咳嗽、支气管炎、瘿瘤、瘰疬等病症。

食用部位与食用方法：同安徽贝母。

43. 天目贝母（百合科 Liliaceae）

Fritillaria monantha Migo

识别要点： 多年生草本。植株高达 60~100 cm。鳞茎具 2~3 枚鳞片，直径 1.2~2 cm。叶对生、轮生兼有散生，椭圆状披针形、矩圆形或披针形，长 5~12 cm，宽 1.5~4 cm，先端不卷曲或少卷曲。花 1~4 朵，淡黄色或淡紫色，具黄褐色或紫色方格纹或斑点。蒴果棱上具翅。花期 4~6 月。

分布与生境： 产河南、安徽、浙江、江西、湖北、湖南、贵州及四川东部，生于海拔 100~1 600 m 林下、水边或潮湿地、石灰岩土壤及河滩地。

食疗保健与药用功能： 鳞茎味苦，性微寒，有清肺润肺、止咳化痰、散结之功效，适用于阴虚咳嗽、风寒咳嗽、瘰疬、疮痈肿毒、乳痈、肺痈、溃疡病等病症。

食用部位与食用方法： 同安徽贝母。

44. 伊贝母（百合科 Liliaceae）

Fritillaria pallidiflora Schrenk ex Fischer & C. A. Meyer

识别要点： 多年生草本。植株高达 48 cm。鳞茎较大，直径 1~4 cm。单叶互生，有时近对生或近轮生；茎生叶 5~17 枚，最下叶宽披针形、椭圆形或矩圆形，长 5~7 cm，宽 2~4 cm，先端不卷曲。花 1~5 朵，钟形，黄色或淡黄色，内面具红色或暗红色斑点，不成方格状。蒴果棱上具宽翅。花期 5 月。

分布与生境： 产新疆北部，生于海拔 1 300~2 500 m 山地云杉林下或草坡灌丛中。中亚、天山地区及克什米尔地区有分布。

食疗保健与药用功能： 鳞茎味苦、甘，性微寒，归肺、心经，有清热润肺、化痰止咳之功效，适用于肺热燥咳、干咳少痰、阴虚劳嗽、咳痰带血等病症。

食用部位与食用方法： 同安徽贝母。

45. 甘肃贝母（百合科 Liliaceae）

Fritillaria przewalskii Maxim.

识别要点：多年生草本。植株高达 50 cm。鳞茎直径 0.6~1.3 cm。茎生叶 4~7 枚，最下叶多对生，稀互生，上部叶互生或兼有对生，线形，长 3~9 cm，宽 3~6 mm，先端常不卷曲或稍卷曲。花单生，稀 2 朵花，淡黄色，具深黑紫色斑点或紫色方格纹。蒴果具窄翅。花期 6~7 月。

分布与生境：产甘肃、青海及四川，生于海拔 2 800~4 400 m 灌丛或草地中。

食疗保健与药用功能：鳞茎有清肺润肺、止咳化痰、散结消痈之功效，适用于肺热燥咳、阴虚劳咳、干咳少痰、痰中带血、瘰疬、乳痈、肺痈等病症。

食用部位与食用方法：同安徽贝母。

46. 太白贝母（百合科 Liliaceae）

Fritillaria taipaiensis P. Y. Li

识别要点： 多年生草本。植株高达 50 cm。茎生叶 5~10 枚，对生，中部兼有轮生或散生，线形或线状披针形，长 7~13 cm，宽 2~8 mm，先端直伸或卷曲。花 1~2 朵，黄绿色，具紫色斑点，紫色斑点密集成片状而使得花被片呈紫色。蒴果棱上具翅。花期 5~6 月。

分布与生境： 产陕西、甘肃、宁夏、山西、河南、湖北及四川，生于海拔 2 000~3 200 m 山坡草地、灌丛内或山沟石壁阶地草丛中。

食疗保健与药用功能： 鳞茎味甘、苦，性微寒，有清肺润肺、化痰止咳、散结缩痈之功效，适用于肺热咳嗽、干咳少痰、阴虚劳咳、痰中带血、瘰疬、乳痈、肺痈等病症。

食用部位与食用方法： 同安徽贝母。

47. 浙贝母（百合科 Liliaceae）

Fritillaria thunbergii Miq.

识别要点： 多年生草本。植株高达 80 cm。鳞茎径 1.5~3 cm，鳞片 2 枚。叶对生、轮生或散生，披针形或线状披针形，长 7~11 cm，宽 1~2.5 cm，先端稍卷曲。花 1~6 朵，淡黄色，内面有时具不明显方格。蒴果棱上具翅。花期 3~4 月，果期 5 月。

分布与生境： 产河南东南部、江苏、安徽、浙江、湖北及湖南，生于海拔 600 m 以下的竹林内或稍荫蔽处。

食疗保健与药用功能： 鳞茎味苦，性寒，归肺、心经，有清热化痰止咳、解毒散结消痈之功效，适用于风热咳嗽、痰火咳嗽、肺痈、乳痈、瘰疬、疮毒等病症。

食用部位与食用方法： 同安徽贝母。

48. 暗紫贝母（百合科 Liliaceae）

Fritillaria unibracteata P. K. Hsiao & K. C. Hsia

识别要点：多年生草本。植株高达 40 cm。鳞茎具 2 枚鳞片，直径 6~8 mm。茎生叶最下 2 枚对生，余互生或兼有对生，线形或线状披针形，长 3.6~5.5 cm，宽 3~5 mm，先端不卷曲。花单生，稀 2~5 朵，深紫色，内面黄绿色，无紫色斑点或顶端具"V"形紫红色带，或具较稀的紫红色斑点和斑块，内面具密集紫红色斑纹；花被片矩圆形或倒卵状矩圆形。蒴果棱具窄翅。花期 5~6 月。

分布与生境：产甘肃、青海及四川，生于海拔 3 200~4 700 m 灌丛草甸中。

食疗保健与药用功能：同甘肃贝母。

食用部位与食用方法：同安徽贝母。

49. 平贝母（百合科 Liliaceae）

Fritillaria ussuriensis Maxim.

识别要点：多年生草本。植株高达 1 m。鳞茎具 2 枚鳞片，直径 1~1.5 cm，周围具少数小鳞片。叶轮生或对生，茎生叶达 17 枚，最下 3 枚轮生，在中上部常兼有少数散生，线形或披针形，长 7~14 cm，宽 3~6.5 mm，先端不卷曲或稍卷曲。花 1~3 朵，紫色，具黄色小方格。蒴果无翅。花期 5~6 月。

分布与生境：产黑龙江、吉林及辽宁东部，喜生于海拔 500 m 以下富含腐殖质较湿润少土壤林下、灌丛间、草甸或河谷地域。朝鲜半岛和俄罗斯远东地区有分布。

食疗保健与药用功能：鳞茎味苦、甘，性微寒，归肺、心经，有清热润肺、化痰止咳之功效，适用于肺热燥咳、干咳少痰、阴虚劳嗽、咳痰带血等病症。

食用部位与食用方法：同安徽贝母。

50. 黄花贝母（百合科 Liliaceae）

Fritillaria verticillata Willd.

识别要点：多年生草本。植株高 50～100 cm。鳞茎直径约 2 cm。叶自茎 1/3 处着生，对生或轮生，最下叶较宽，向上渐窄，长 5～9 cm，宽 0.2～1 cm，通常先端卷曲。花 1～5 朵，白色或淡黄色，稀淡紫色，内面无斑纹，或具紫褐色方格纹。蒴果具 2～4 cm 宽的翅。花期 4～6 月。

分布与生境：产新疆北部，生于海拔 1 300～2 000 m 山坡灌丛下或草甸中。俄罗斯及中亚有分布。

食疗保健与药用功能：鳞茎有清肺润肺、止咳化痰、散结之功效，适用于支气管炎、肺结核、胃溃疡、十二指肠球部溃疡、喘证、黄疸、疮疡等病症。

食用部位与食用方法：同安徽贝母。

51. 新疆贝母（百合科 Liliaceae）

Fritillaria walujewii Regel

识别要点：多年生草本。植株高达 50 cm。鳞茎直径 1～2.5 cm。叶革质，对生或轮生，最下叶披针形，先端钝，最上叶先端尖而卷曲，长 5～12 cm，宽 0.4～2 cm。花单生，白绿色或淡紫色，内面淡褐紫色，稍具白色斑点和微弱小方格纹。蒴果矩圆柱形。花期 4～5 月。

分布与生境：产青海及新疆，生于海拔 1 300～2 000 m 山地草原、草甸、灌木丛下或云杉林间空地。

食疗保健与药用功能：同伊贝母。

食用部位与食用方法：同安徽贝母。

52. 黄花菜 金针菜（百合科 Liliaceae）

Hemerocallis citrina Baroni

识别要点：多年生草本，植株较高大。叶 7~20 枚，基生，2 列，带状，长 0.5~1.3 m，宽 0.6~2.5 cm。花葶生于叶丛中央，一般稍长于叶，有分枝。总状花序或圆锥花序顶生，花疏散，淡黄色；花蕾直径约 1 cm；花被管长 3~5 cm，花被裂片长 7~12 cm，外轮花被裂片宽不及 1 cm；花梗长不及 1 cm。蒴果三棱状椭球形，长 3~5 cm。花果期 5~9 月。

分布与生境：产陕西、甘肃、内蒙古、河北、河南、山西、山东、江苏、安徽、浙江、江西、湖北、湖南、贵州及四川，生于海拔 2 000 m 以下山坡、山谷、荒地或林缘。日本和朝鲜有分布。

食疗保健与药用功能：花味甘，性平，有补虚下奶、平肝利尿、凉血止血、健胃安神之功效，适用于便血、小便不畅、肺结核等病症。

食用部位与食用方法：花未张开前采摘花蕾，经蒸熟后晒干备用，可供汤菜混合食用，亦可炒肉丝、开汤、做馅、做粥；或将鲜材经蒸熟或煮熟后，凉拌、炒食或做汤。

注意事项：① 黄花菜不能鲜食或生食，因鲜花含有毒物质秋水仙碱，鲜食会引起中毒。② 与黄花菜外形相似的萱草［*Hemerocallis fulva*（L.）L.］全株有毒，秋水仙碱等有毒物质含量大，食用将引起中毒，表现为头晕、恶心、呕吐、腹痛、腹泻、四肢无力等症，严重时可导致瞳孔扩大、呼吸抑制，甚至失明或死亡。萱草花蕾直径 1.5~3 cm，外轮花被片宽 2~3.5 cm，花被片橙红色或橙黄色，常有深色彩斑。

萱草

萱草（左）　黄花菜（右）

53. 玉簪（百合科 Liliaceae）

Hosta plantaginea (Lam.) Aschers.

识别要点： 多年生草本，根状茎粗厚，直径 1.5~3 cm。叶基生，成簇，叶片卵状心形、卵形或卵圆形，长 14~24 cm，宽 8~16 cm，基部心形，全缘，弧形叶脉和纤细横脉；叶柄长 20~40 cm。花葶高 40~80 cm，具数至 10 余朵花，花白色。

分布与生境： 产辽宁、河北、陕西、江苏、安徽、浙江、福建、湖北、湖南、广东、贵州、四川及云南，生于海拔 2 200 m 以下林下、草坡或岩石缝中。

食疗保健与药用功能： 叶有拔脓解毒、生肌之功效，适用于痈肿疔疮、蛇虫咬伤等病症。

食用部位与食用方法： 嫩叶可做蔬菜或甜菜食用。

注意事项： 花不宜食用，特别是雌蕊不能食用。

54. 野百合（百合科 Liliaceae）

Lilium brownii F. E. Brown ex Miellez

识别要点： 多年生草本。鳞茎球形，直径 2~4.5 cm，鳞片长 1.8~4 cm。茎高达 2 m，有的有紫纹。叶披针形、窄披针形或线形，长 7~15 cm，宽 0.6~2 cm，无毛。花单生或几朵成近伞形或喇叭形，香；花被片乳白色，外面稍紫色，向外张开或先端外弯，长 13~18 cm。蒴果长 4.5~6 cm。花期 5~6 月，果期 9~10 月。

分布与生境： 产陕西、甘肃、河北、河南、山西、山东、江苏、安徽、浙江、福建、江西、湖北、湖南、广东、广西、贵州、四川及云南，生于海拔 100~2 200 m 山坡、灌丛、溪边或石缝中。

食疗保健与药用功能： 鳞茎味甘，性寒，归心、肺经，有养阴润肺、清心安神之功效，适用于阴虚燥咳、劳嗽咳血、虚烦惊悸、失眠多梦、精神恍惚等病症。

食用部位与食用方法： 鳞茎富含淀粉，可炒食、做汤、做馅、做羹，或加工成百合干及百合粉。

55. 毛百合（百合科 Liliaceae）

Lilium dauricum Ker-Gawl.

识别要点：多年生草本。鳞茎卵球形，高约1.5 cm，直径约2 cm；鳞片长1~1.4 cm。茎高达70 cm，有棱。叶散生，茎顶有4~5轮生，基部簇生白色绵毛，边缘有小乳头状突起。花1~2朵，顶生，橙红色或红色，有紫红色斑点，长7~9 cm，外面有白色绵毛。蒴果长4~5.5 cm。花期6~7月，果期8~9月。

分布与生境：产黑龙江、吉林、辽宁、内蒙古、河北及河南，生于海拔400~1 500 m山坡灌丛下、疏林中、路边及湿润草甸。日本、朝鲜、蒙古及俄罗斯有分布。

食疗保健与药用功能：鳞茎味甘，性平，有养阴润肺、清心安神之功效，适用于阴虚久咳、痰中带血、虚烦惊悸、失眠多梦、精神恍惚等病症。

食用部位与食用方法：鳞茎含淀粉，可食用或药用。

56. 川百合（百合科 Liliaceae）

Lilium davidii Duchartre ex Elwes

识别要点：多年生草本。鳞茎扁球形或宽卵球形，高2~4 cm，直径2~4.5 cm；鳞片长2~3.5 cm。茎高达1 m，密被小乳头状突起，有的带紫色。叶散生，茎中部较密，线形，长7~12 cm，宽2~3（~6）mm，边缘反卷并具乳头状突起。花单生或多朵成总状花序。花下垂，橙黄色，近基部有紫黑色斑点；花被片长5~6 cm，反卷。蒴果窄长球形，长3.5 cm。花期7~8月，果期1月。

分布与生境：产陕西、甘肃、山西、河南、湖北西部、贵州、四川及云南，生于海拔800~3 200 m山坡草地、林下潮湿处或林缘。

食疗保健与药用功能：鳞茎有养阴润肺、止咳之功效，适用于毒疮、肺痈、中耳炎等病症。

食用部位与食用方法：鳞茎可食用或药用。

57. 东北百合（百合科 Liliaceae）

Lilium distichum Nakai ex Kamibayashi

识别要点：多年生草本。鳞茎卵球形，高 2.5~3 cm，直径 3.5~4 cm；鳞片长 1.5~2 cm。茎高达 1.2 m，有小乳头状突起。叶 1 轮，7~9（~20）生于茎中部，稀散生，倒卵状披针形或矩圆状披针形，长 8~15 cm，宽 2~4 cm，无毛。花 2~12 朵，成总状花序。花淡橙红色，有紫红色斑点；花被片长 3.5~4.5 cm，反卷。蒴果倒卵球形，长约 2 cm。花期 7~8 月，果期 9 月。

分布与生境：产黑龙江、吉林及辽宁，生于海拔 200~1 800 m 山坡、林下、路边或溪边。

食疗保健与药用功能：同毛百合。

食用部位与食用方法：鳞茎富含淀粉，可食用或药用。

58. 宝兴百合（百合科 Liliaceae）

Lilium duchartrei Franch.

识别要点：多年生草本。鳞茎卵球形，高 1.5~3 cm，直径 1.5~4 cm；鳞片长 1~2 cm。茎高达 1.5 m。叶散生，披针形或矩圆状披针形，长 4.5~5 cm，宽约 1 cm，边缘或背面具小乳头状突起，叶腋簇生白毛。花单生或多朵成总状或近伞房花序。花下垂，香；花被片长 4~6 cm，反卷，白色，有紫红色斑点。蒴果椭球形，长 2.5~3 cm。花期 7 月，果期 9 月。

分布与生境：产陕西南部、甘肃南部、湖北西南部、四川、云南及西藏东部，生于海拔 1 500~3 800 m 高山草地、林缘或灌丛中。

食疗保健与药用功能：鳞茎有润肺止咳、清热安神之功效，适用于肺结核、久咳吐血、慢性支气管炎、恍惚不寐等病症。

食用部位与食用方法：鳞茎含淀粉，可食用或药用。

59. 山丹（百合科 Liliaceae）

Lilium pumilum Redouté

识别要点：多年生草本。鳞茎卵球形或圆锥形，高 2.5~4.5 cm，直径 2~3 cm；鳞片长 1~3.5 cm。茎高达 0.6 m，有小乳头状突起及带紫色条纹。叶散生茎中部，线形，长 3.5~9 cm，宽 1.5~3 mm，边缘具乳头状突起。花单生或多朵成总状花序。花下垂，鲜红色，常无斑点；花被片长 4~4.5 cm，反卷。蒴果长球形，长 2 cm。花期 7~8 月，果期 9~10 月。

分布与生境：产黑龙江、吉林、辽宁、陕西、甘肃、宁夏、青海、内蒙古、河北、山西、山东、安徽、河南、湖北及四川，生于海拔 400~2 600 m 山坡草地或林缘。俄罗斯、蒙古及朝鲜有分布。

食疗保健与药用功能：鳞茎味甘、微苦，性平，有养阴润肺、清心安神之功效，适用于阴虚久咳、痰中带血、虚烦惊悸、失眠多梦、精神恍惚等病症。

食用部位与食用方法：鳞茎含淀粉，可炒食、煮粥、炖食或制作蜜饯，也可蒸熟后晒干备用。

60. 药百合（百合科 Liliaceae）

Lilium speciosum Thunb. var. *gloriosoides* Baker

识别要点：多年生草本。鳞茎近扁球形，高 2 cm，直径 5 cm；鳞片长 2 cm。茎高达 1.2 m，无毛。叶散生，宽披针形、矩圆状披针形或卵状披针形，长 2.5～10 cm，宽 2.5～4 cm，边缘具小乳头状突起。花 1～5 朵，成总状或近伞形花序。花下垂；花被片长 6～7.5 cm，白色，下部有紫红色斑块和斑点。蒴果近球形，直径 3 cm。花期 7～8 月，果期 10 月。

分布与生境：产河南、安徽、浙江、台湾、江西、湖北、湖南及广西，生于海拔 600～900 m 阴湿林下及山坡草丛中。

食疗保健与药用功能：同东北百合。

食用部位与食用方法：鳞茎含淀粉，可食用或药用。

61. 淡黄花百合（百合科 Liliaceae）

Lilium sulphureum Baker ex J. D. Hook.

识别要点：多年生草本。鳞茎球形，高 3～5 cm，直径 5.5 cm；鳞片长 2.5～5 cm。茎高达 1.2 m，有小乳头状突起。叶披针形，长 7～13 cm，宽 1.3～1.8（～3.2）cm，上部叶腋具褐色珠芽。花通常 2 朵，喇叭形，香；花被片白色或淡黄色，长 17～19 cm。花期 6～7 月。

分布与生境：产广西、贵州、四川及云南，生于海拔 1 900 m 以下山坡路边、疏林下或草坡。缅甸有分布。

食疗保健与药用功能：鳞茎有润肺止咳、清热解毒之功效，适用于咯血、虚劳咳嗽、无名肿毒等病症。

食用部位与食用方法：鳞茎含淀粉，可食用或药用。

62. 卷丹 （百合科 Liliaceae）

Lilium tigrinum Ker-Gawl.

识别要点：多年生草本。鳞茎近宽球形，高约 3.5 cm，直径 4~8 cm；鳞片长 2.5~3 cm。茎高达 1.5 m，有紫色条纹，具白色绵毛。叶散生，矩圆状披针形或披针形，长 6.5~9 cm，宽 1~1.8 cm，近无毛，边缘具乳头状突起。花 3~6 朵或更多，下垂，橙红色，有紫黑色斑点；花被片长 6~10 cm。蒴果窄长卵球形，长 3~4 cm。花期 7~8 月，果期 9~10 月。

分布与生境：产吉林、辽宁、陕西、甘肃、青海、河北、山西、山东、河南、江苏、安徽、浙江、福建、江西、湖北、湖南、广西、四川、云南及西藏，生于海拔 400~2 500 m 山坡灌木林下、草地或水边。朝鲜及日本有分布。

食疗保健与药用功能：鳞茎味甘，性寒，归心、肺经，有养阴润肺、清心安神之功效，适用于阴虚燥咳、劳嗽咳血、虚烦惊悸、失眠多梦、精神恍惚等病症。

食用部位与食用方法：鳞茎富含淀粉，可炒食或做羹。

63. 禾叶山麦冬 （百合科 Liliaceae）

Liriope graminifolia（L.）Baker

识别要点：多年生草本。根分枝多，有时有纺锤形小块根。茎很短。叶基生，密集成丛，禾叶状，长 20~50 cm，宽 2~4 mm。花葶长 20~48 cm；总状花序长 6~15 cm；花白色或淡紫色。果在早期开裂，露出种子。种子成熟时蓝黑色，直径 4~5 mm，花期 6~8 月，果期 9~11 月。

分布与生境：产陕西、甘肃、河北、河南、山西、山东、江苏、安徽、浙江、台湾、福建、江西、湖北、湖南、广东、海南、广西、贵州、四川及云南，生于海拔 2 300 m 以下山坡、山谷林下、灌丛中、石缝或草丛中。

食疗保健与药用功能：块根有养阴润肺、清心除烦、益胃、生津、止咳之功效，适用于肺燥干咳、吐血、咯血、肺痿、肺痈、虚劳烦热、消渴、热病津伤、咽干口燥、便秘等病症。

食用部位与食用方法：小块根可食，或制作药膳。

64. 矮小山麦冬（百合科 Liliaceae）

Liriope minor（Maxim.）Makino

识别要点：多年生草本。根分枝多，近末端有时生成纺锤形小块根。茎很短。叶基生，密集成丛，禾叶状，长 7~20 cm，宽 2~4 cm。花葶长达 6~7 cm；总状花序长 1~3 cm；花淡紫色。果在早期开裂，露出种子。种子浆果状，球形，直径 4~5 mm。花期 6~7 月。

分布与生境：产辽宁、陕西、河南、江苏、安徽、浙江、台湾、福建、湖北、广西北部及四川，生于海拔 600~2 600 m 林中、山边阴地或草坡。日本有分布。

食疗保健与药用功能：块根有润肺、养阴生津、清心之功效，适用于外感风寒、干咳无痰、痰少而黏、痰中带血、肺结核咳血、肺虚热咳、咽喉肿痛、心烦不安、热病伤津等病症。

食用部位与食用方法：小块根可食，或制作药膳。

65. 阔叶山麦冬（百合科 Liliaceae）

Liriope muscari（Decaisne）Bailey

识别要点：多年生草本。根分枝多，近末端有时生成纺锤形小块根，小块根长达 3.5 cm，粗 7~8 mm。茎很短。叶基生，密集成丛，禾叶状，长 25~65 cm，宽 1~3.5 cm。花葶长达 1 m；总状花序长 25~40 cm；花紫色或紫红色。果在早期开裂，露出种子。种子成熟时黑紫色，直径 6~7 mm。花期 7~8 月，果期 9~10 月。

分布与生境：产陕西、河南、山东、江苏、安徽、浙江、福建、台湾、江西、湖北、湖南、广东、广西、贵州及四川，生于海拔 100~1 400 m 山地、山谷的疏密林下或潮湿处。日本有分布。

食疗保健与药用功能：块根味甘，性平，归肺、心、胃三经，有养阴生津、润肺清心之功效，适用于肺燥干咳、阴虚痨咳、津伤口渴、内热消渴、心烦失眠、肠燥便秘等病症。

食用部位与食用方法：小块根可食，或制作药膳。

66. 山麦冬（百合科 Liliaceae）

Liriope spicata（Thunb.）Lour.

识别要点：多年生草本。根分枝多，近末端生成矩圆形、椭圆形或纺锤形肉质小块根。茎很短。叶基生，密集成丛，禾叶状，长 25~60 cm，宽 4~6 mm，叶面粉绿色。花葶长 25~65 cm；总状花序长 6~20 cm；花淡紫色或淡蓝色。果在早期开裂，露出种子。种子直径约 5 mm。花期 5~7 月，果期 8~10 月。

分布与生境：产辽宁、陕西、甘肃、河北、河南、山西、山东、江苏、安徽、浙江、福建、台湾、江西、湖北、湖南、广东、海南、广西、贵州、四川及云南，生于海拔 1 800 m 以下山坡、林下或湿地。日本和越南有分布。

食疗保健与药用功能：块根味甘、微苦，性微寒，归心、肺、胃经，有养阴生津、润肺清心之功效，适用于肺燥干咳、阴虚痨嗽、喉痹咽痛、津伤口渴、内热消渴、心烦失眠、肠燥便秘等病症。

食用部位与食用方法：块根可食，炒、炖或做糕点、酱菜或药膳均可。

67. 麦冬（百合科 Liliaceae）

Ophiopogon japonicus（L. f.）Ker Gawl.

识别要点：多年生草本。根较粗，中间或近末端生成椭球形或纺锤形小块根，小块根长 1～1.5 cm，直径 0.5～1 cm。茎很短。叶基生，密集成丛，禾叶状，长 10～50 cm，宽 1.5～3.5 mm。花葶长 6～15（～27）cm；总状花序长 2～5 cm；花白色或淡紫色。果在早期开裂，露出种子。种子直径 7～8 mm。花期 5～8 月，果期 8～9 月。

分布与生境：产陕西、河北、河南、山东、江苏、安徽、浙江、台湾、福建、江西、湖北、湖南、广东、广西、贵州、四川及云南，生于海拔 200～2 800 m 山坡阴湿地、林下或溪边。日本、越南和印度有分布。

食疗保健与药用功能：块根味甘、微苦，性微寒，归心、肺、胃经，有养阴生津、润肺清心之功效，适用于肺燥干咳、阴虚痨嗽、喉痹咽痛、津伤口渴、内热消渴、心烦失眠、肠燥便秘等病症。

食用部位与食用方法：秋末挖取块根，经去杂、洗净后，可烧肉、做汤或煮粥食用，或制作药膳。

68. 五叶黄精（百合科 Liliaceae）

Polygonatum acuminatifolium Kom.

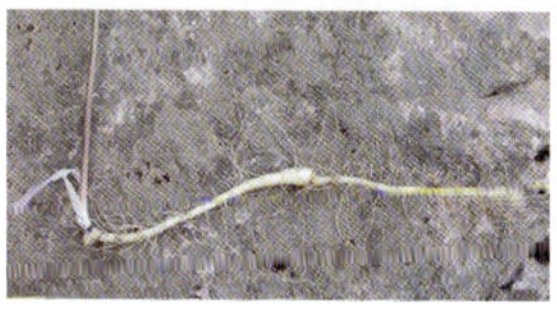

识别要点：多年生草本，根状茎细圆柱形，直径 3~4 mm。茎高 20~30 cm，具 4~5 枚叶。叶互生，叶片椭圆形或矩圆状椭圆形，长 7~9 cm，弧形叶脉。花腋生，花序具 1~2 朵花，花被白绿色，长 2~2.7 cm，下部合生成筒。浆果球形。花期 5~6 月。

分布与生境：产吉林、辽宁及河北，生于海拔 1 100~1 400 m 林下。俄罗斯远东地区有分布。

食疗保健与药用功能：根状茎有养阴润燥、生津止渴、养胃之功效，适用于肺胃阴伤、燥热咳嗽、舌干口渴、咽干口燥、干咳痰少、心烦心悸、糖尿病等病症。

食用部位与食用方法：嫩根状茎可食。

69. 卷叶黄精（百合科 Liliaceae）

Polygonatum cirrhifolium（Wall.）Royle

识别要点：多年生草本，根状茎圆柱形，直径 1~1.5 cm。茎高 30~90 cm。叶 3~6 枚轮生，叶片线形或线状披针形，长 4~12 cm，先端拳卷或钩状，弧形叶脉。花腋生，轮生，常具 2 朵花，花淡紫色，长 0.8~1.1 cm，下部合生成筒。浆果球形，成熟时红色或紫红色，直径 8~9 mm。花期 5~7 月，果期 9~10 月。

分布与生境：产陕西、甘肃、宁夏、青海、河南、湖北、广西、贵州、四川、云南及西藏，生于海拔 2 000~4 000 m 林下、山坡或草地。尼泊尔和印度北部有分布。

食疗保健与药用功能：根状茎有生津润肺、补脾益气、滋肾填精、祛痰止血、消肿解毒之功效，适用于阴虚劳咳、盗汗、脾虚乏力、食少口干、消渴、肾亏腰膝酸软、阳痿遗精、耳鸣目暗、须发早白、吐血、产后体虚、崩漏带下病、风癞癣疾等病症。

食用部位与食用方法：嫩根状茎可食。

70. 多花黄精（百合科 Liliaceae）

Polygonatum cyrtonema Hua

识别要点： 多年生草本，根状茎念珠状或结节成块，稀近圆柱形，直径 1~2 cm。茎高 50~100 cm。叶互生，叶片椭圆形、卵状披针形或矩圆状披针形，长 10~18 cm，弧形叶脉。伞形花序腋生，通常具 2~7 朵花；花序梗长 1~6 cm，花被黄绿色，长 1.8~2.5 cm，下部合生成筒。浆果球形，直径约 1 cm。

分布与生境： 产陕西、甘肃、河南、江苏、安徽、浙江、福建、江西、湖北、湖南、广东、广西、贵州及四川，生于海拔 500~2 100 m 林下、灌丛或山坡阴处。

食疗保健与药用功能： 根状茎味甘，性平，归脾、肺、肾经，有补气养阴、健脾、润肺、益肾之功效，适用于脾胃气虚、体倦乏力、胃阴不足、口干食少、肺虚燥咳、劳嗽咳血、精血不足、腰膝酸软、须发早白、内热消渴等病症。

食用部位与食用方法： 采嫩根状茎去杂、洗净、刮去外皮后，可炒食、煮粥、炖肉或炖猪脚。

71. 长梗黄精（百合科 Liliaceae）

Polygonatum filipes Merr. ex C. Jeffrey & McEwan

识别要点：多年生草本，根状茎念珠状或节间长，直径 1~1.5 cm。茎高 30~70 cm。叶互生，叶片矩圆状披针形或椭圆形，长 6~12 cm，弧形叶脉。花腋生，花序具 2~7 朵花；花序梗长 3~8 cm，花被淡黄绿色，长 1.5~2 cm，下部合生成筒。浆果球形，直径约 8 mm。

分布与生境：产江苏、安徽、浙江、福建、江西、湖北、湖南、广东及广西，生于海拔 200~600 m 林下、灌丛或草坡。

食疗保健与药用功能：根状茎有养阴润肺、补脾益气、滋肾填精之功效，适用于阴虚劳咳、肺燥咳嗽、脾虚乏力、食少口干、消渴、肾亏腰膝酸软、阳痿遗精、耳鸣目暗、须发早白、体虚羸瘦、风癞癣疾等病症。

食用部位与食用方法：采嫩根状茎去杂、洗净、刮去外皮后，可炒食、做粥或与肉类炖食。

72. 小玉竹（百合科 Liliaceae）

Polygonatum humile Fisch. ex Maxim.

识别要点：多年生草本，根状茎细圆柱形，直径 3~5 mm。茎高 20~50 cm，具 7~9 枚叶。叶互生，叶片椭圆形、长椭圆形或卵状椭圆形，长 5.5~8.5 cm，弧形叶脉。花腋生，花序具 1 朵花，花被白色，顶端带绿色，长 1.5~1.7 cm，下部合生成筒。浆果球形，成熟时蓝黑色，直径约 1 cm。

分布与生境：产黑龙江、吉林、辽宁、内蒙古、河北、河南、山西及山东，生于海拔 800~2 200 m 林下或山坡草地。日本、朝鲜和俄罗斯有分布。

食疗保健与药用功能：根状茎味甘，性微寒，归肺、胃经，有养阴润燥、生津止渴之功效，适用于肺胃阴伤、燥热咳嗽、咽干口渴、内热消渴等病症。

食用部位与食用方法：嫩根状茎经去杂后，可煮食、蒸食或与肉类炖食，有清凉味。幼苗或包卷呈锥状的嫩茎叶经沸水焯后可炒食或做汤。

注意事项：果实有毒，不可食。

73. 二苞黄精（百合科 Liliaceae）

Polygonatum involucratum (Franch. & Sav.) Maxim.

识别要点：多年生草本，根状茎圆柱形，直径 3~5 mm。植株无毛。茎高达 50 cm，具 4~7 枚叶。叶互生，叶片卵形、卵状椭圆形或矩圆状椭圆形，长 5~10 cm，弧形叶脉。花腋生，花序具 2 朵花，花被绿白色或淡黄绿色，长 2.3~2.5 cm，下部合生成筒。浆果球形，直径约 1 cm。花期 5~6 月，果期 8~9 月。

分布与生境：产黑龙江、吉林、辽宁、陕西、内蒙古、河北、河南、山西及山东，生于海拔 700~1 400 m 以下阴湿山坡。日本、朝鲜和俄罗斯远东地区有分布。

食疗保健与药用功能：根状茎有平肝息风、养阴明目、清热凉血、生津止渴、滋补肝肾之功效，适用于头痛目眩、咽喉痛、高血压病、癫痫、口渴、口干舌燥、神经衰弱、食欲不振、疖痈等病症。

食用部位与食用方法：嫩根状茎可食。

74. 滇黄精（百合科 Liliaceae）

Polygonatum kingianum Coll. & Hemsl.

识别要点：多年生草本，根状茎近圆柱形或近念珠状，直径 1~3 cm。茎高达 3 m，顶端攀缘状。叶轮生，每轮 3~10 枚，叶片线形、线状披针形或披针形，长 6~20（~25）cm，先端拳卷，弧形叶脉。花腋生，花序通常具 2~4 朵花，花粉红色，长 1.5~2.5 cm，下部合生成筒。浆果球形，成熟时红色，直径 1~1.5 cm。花期 3~5 月，果期 9~10 月。

分布与生境：产湖南、广西、贵州、四川及云南，生于海拔 700~3 600 m 林下、灌丛或阴湿草坡，有时生于岩石上。

食疗保健与药用功能：同多花黄精。

食用部位与食用方法：嫩根状茎可食。

75. 热河黄精（百合科 Liliaceae）

Polygonatum macropodium Turcz.

识别要点：多年生草本，根状茎圆柱形，直径1~2 cm。茎高30 cm。叶互生，叶片卵形或卵状椭圆形，长4~10 cm，弧形叶脉。花腋生，花序具3~12朵花，花被白色或带红色，长1.5~2 cm，下部合生成筒。浆果球形，成熟时深蓝色，直径0.7~1.1 cm。

分布与生境：产吉林、辽宁、内蒙古、河北、山西及山东，生于海拔400~1 500 m林下或山野阴坡。

食疗保健与药用功能：根状茎有养阴润肺、补脾益气、滋肾填精之功效，适用于阴虚劳嗽、肺痨咯血、肾虚精亏、头晕、腰膝酸软、内热烦渴、脾胃虚弱等病症。

食用部位与食用方法：嫩根状茎可食。

76. 玉竹（百合科 Liliaceae）

Polygonatum odoratum（Mill.）Druce

识别要点：多年生草本，根状茎圆柱形，直径5~14 mm。茎高30~50 cm，具7~12枚叶。叶互生，叶片椭圆形或卵状矩圆形，长5~12 cm，叶背灰白色，弧形叶脉。花腋生，花序具1~4朵花，花被黄绿色或白色，长1.3~2 cm，下部合生成筒。浆果球形，成熟时蓝黑色，直径0.7~1 cm。花期5~6月，果期7~9月。

分布与生境：产黑龙江、吉林、辽宁、陕西、甘肃、宁夏、青海、内蒙古、河北、河南、山西、山东、江苏、安徽、台湾、福建、江西、湖北、湖南、广西及四川，生于海拔500~3 000 m林下或山野阴坡。欧亚大陆温带地区广泛分布。

食疗保健与药用功能：同小玉竹。

食用部位与食用方法：同小玉竹。

注意事项：同小玉竹。

77. 黄精（百合科 Liliaceae）

Polygonatum sibiricum Redouté

识别要点：多年生草本，根状茎圆柱状，节膨大，节间粗 1~2 cm。茎高 50~90 cm，有时攀缘状。叶 4~6 枚轮生，叶片线状披针形，长 8~15 cm，先端拳卷或弯曲，弧形叶脉。花腋生，花序 2~4 朵花，花乳白色或淡黄色，长 0.9~1.2 cm，下部合生成筒。浆果球形，成熟时黑色，直径 7~10 mm。花期 5~6 月，果期 8~9 月。

分布与生境：产黑龙江、吉林、辽宁、陕西、甘肃、宁夏、青海、内蒙古、河北、河南、山西、山东、江苏、安徽、浙江、湖北及四川，生于海拔 800~2 800 m 林下、灌丛或阴坡。朝鲜、蒙古和俄罗斯西伯利亚地区有分布。

食疗保健与药用功能：同多花黄精。

食用部位与食用方法：嫩根状茎可炒食、蒸食、与肉类炖食或做汤。

78. 轮叶黄精（百合科 Liliaceae）

Polygonatum verticillatum（L.）All.

识别要点：多年生草本，根状茎节间长 2~3 cm，直径 0.7~1.5 cm。茎高 40~80 cm。叶常 3 枚叶轮生，少对生或互生，叶片矩圆状披针形、线状披针形或线形，长 6~10 cm，弧形叶脉。花腋生，花序 1~2（~4）朵花，花淡黄色或淡紫色，长 0.8~1.2 cm，下部合生成筒。浆果球形，成熟时红色，直径 6~9 mm。花期 5~6 月，果期 8~10 月。

分布与生境：产陕西、甘肃、宁夏、青海、内蒙古、山西、河南、湖北西部、四川、云南及西藏，生于海拔 2 100~4 000 m 林下或山坡草地。

食疗保健与药用功能：根状茎有平肝息风、养阴明目、清热凉血、解毒消痈、生津止渴、滋补肝肾之功效，适用于头痛目疾、咽喉痛、高血压病、癫痫、口渴、口干舌燥、神经衰弱、食欲不振、疖痈等病症。

食用部位与食用方法：嫩根状茎可食。

79. 湖北黄精（百合科 Liliaceae）

Polygonatum zanlanscianense Pamp.

识别要点：多年生草本，根状茎念珠状或姜块状，直径1~2.5 cm。茎高达1 m以上，上部稍攀缘。叶3~6枚轮生，叶片椭圆形、矩圆状披针形、披针形或线形，长（5~）8~15 cm，先端拳卷或稍弯曲，弧形叶脉。花序腋生，具2~6（~11）朵花，白色、淡黄绿色或淡紫色，长6~9 mm，下部合生成筒。浆果球形，成熟时紫红色或黑色，直径6~7 mm。花期6~7月，果期8~10月。

分布与生境：产陕西、甘肃、宁夏、河南、江苏、安徽、浙江、江西、湖北、湖南、广西、贵州及四川，生于海拔800~2 700 m林下或山坡阴湿地。

食疗保健与药用功能：根状茎有补血养阴、健脾润肺之功效，适用于脾胃虚弱、肺虚咳嗽、内热消渴等病症。

食用部位与食用方法：嫩根状茎可食。

80. 白背牛尾菜（百合科 Liliaceae）

Smilax nipponica Miq.

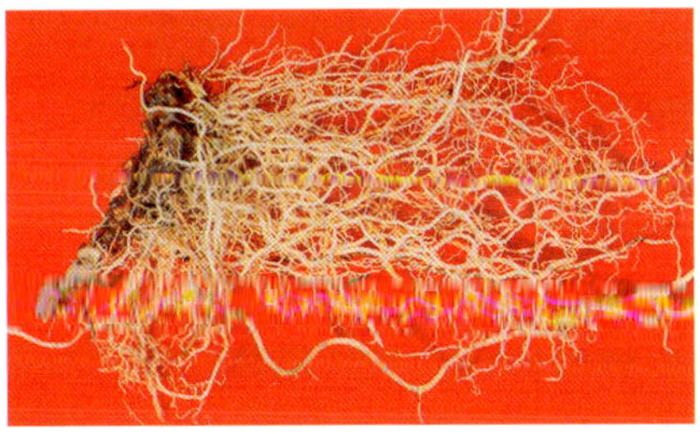

识别要点：一年生或多年生草本，直立或稍攀缘。具根状茎，地上茎长1 m，中空，无刺。单叶互生，叶片卵形或矩圆形，长4~20 cm，基部心形或近圆形，叶背苍白色，常有粉尘状微毛，具5条主脉和网状细脉；叶柄脱落点位于上部，卷须位于基部至近中部。伞形花序；花绿黄色或白色。浆果直径7~9 mm，成熟时黑色。

分布与生境：产辽宁、山东、河南、安徽、浙江、台湾、福建、江西、湖北、湖南、广东、贵州、四川及云南，生于海拔200~1 400 m林下、水边或山坡草丛中。日本及朝鲜有分布。

食疗保健与药用功能：根状茎味苦，性平，有舒筋活血、通络止痛之功效，适用于腰腿筋骨痛。

食用部位与食用方法：根状茎富含淀粉，经去杂洗净、刮去外皮后，可煮食、与肉类炖食或酿酒。嫩芽、幼叶经洗净、沸水焯、清水浸泡后，可炒食、凉拌或做汤食用。

81. 红豆蔻（姜科 Zingiberaceae）

Alpinia galanga（L.）Willd.

识别要点：多年生草本，高达2 m。根状茎块状。叶矩圆形或披针形，长25~35 cm，宽6~10 cm；叶柄长约6 mm，叶舌近圆形，长约5 mm。圆锥花序密生多花，长20~30 cm，花序轴被毛，分枝多；花绿白色，有异味。蒴果矩球形，长1~1.5 cm，中部稍收缩，成熟时棕色或枣红色，质薄，不裂，易碎，有3~6枚种子。果期9~11月。

分布与生境：产台湾、广东、香港、海南、广西及云南，生于海拔100~1 300 m沟谷阴湿林下、灌丛和草丛中。亚洲热带地区广布。

食疗保健与药用功能：成熟干燥果实入药，称红豆蔻，其味辛，性温，归脾、肺经，有散寒燥湿、醒脾消食之功效，适用于脘腹冷痛、食积胀满、呕吐泄泻、饮酒过多等病症。

食用部位与食用方法：成熟果实可食。

82. 山姜（姜科 Zingiberaceae）

Alpinia japonica（Thunb.）Miq.

识别要点：多年生草本，高达70 cm。具横生、分枝的根状茎。叶常2~3枚，叶片披针形、倒披针形或窄长椭圆形，长25~40 cm，宽4~7 cm，两面被柔毛；叶柄长0~2 cm，叶舌2裂。总状花序顶生，长15~30 cm，花序轴被柔毛；花常2朵聚生；花梗长2 mm；花萼长1~1.2 cm，被柔毛；花冠管长1 cm，裂片长约1 cm，被柔毛；唇瓣白色，具红色脉纹，先端2裂。蒴果球形或椭球形，直径1~1.5 cm，被柔毛，成熟时橙红色。种子多角形，长约5 mm，有樟脑味。花期4~8月，果期7~12月。

分布与生境：产江苏、安徽、浙江、台湾、福建、江西、湖北、湖南、广东、广西、贵州、四川及云南，生于林下阴湿地。日本有分布。

食疗保健与药用功能：根状茎味辛，性温，归肺、胃经，有理气通络、止痛之功效，适用于风湿性关节痛、跌打损伤、牙痛、胃痛等病症。果味辛，性温，有祛寒燥湿、温胃止吐之功效，适用于胃脘冷痛、食欲不振等病症。

食用部位与食用方法：嫩茎可食，经剥去叶鞘，斜切，可煮熟后做菜或开汤。果可食。

83. 黑果山姜（姜科 Zingiberaceae）

Alpinia nigra (Gaertn.) Burtt

识别要点：多年生草本，高达 3 m。叶披针形或椭圆状披针形，长 25~40 cm，宽 6~8 cm，先端渐尖，基部楔形，无毛；无柄或近无柄，叶舌长 4~6 mm。圆锥花序顶生，长达 30 cm，分枝开展，长 2~8 cm，花序轴与分枝被柔毛；花在分枝上成近伞形排列；苞片卵形；花梗长 3~5 mm；小苞片漏斗形，宿存；花萼筒状，长 1.1~1.5 cm，被短柔毛；花冠管长 1 cm，裂片矩圆形，长约 1.2 cm，被短柔毛；唇瓣倒卵形，长 1.5 cm，先端 2 裂，具瓣柄。蒴果球形，直径 1.2~1.5 cm；果梗长 0.5~1 cm。花果期 7~8 月。

分布与生境：产云南，生于海拔 900~1 100 m 密林中阴湿地，印度至斯里兰卡有分布。

食疗保健与药用功能：根状茎有行气、解毒之功效，适用于食滞中脘、蛇虫咬伤等病症。

食用部位与食用方法：嫩茎可食，经剥去叶鞘，斜切，可煮熟后做菜或开汤。

84. 益智（姜科 Zingiberaceae）

Alpinia oxyphylla Miq.

识别要点：多年生草本，高达 3 m。叶片披针形，长 25~35 cm，宽 3~6 cm，边缘具脱落性小刚毛，平行叶脉；叶柄长 0.5~1 cm，叶舌 2 裂，长 1~2 cm。总状花序顶生。蒴果球形，干后纺锤形，长 1.5~2 cm，被柔毛。种子不规则扁球形，被淡黄色假种皮。果期 4~9 月。

分布与生境：产福建、广东、海南、广西及云南，生于林下阴湿处。

食疗保健与药用功能：果味辛，性温，归脾、肾经，有暖肾固精缩尿、温脾止泻摄唾之功效，适用于肾虚遗尿、小便频数、遗精白浊、脾寒泄泻、腹中冷痛、口多唾涎等病症。

食用部位与食用方法：果可食。

85. 九翅豆蔻（姜科 Zingiberaceae）

Amomum maximum Roxb.

识别要点：多年生草本，茎丛生，高达 3 m。叶片长椭圆形或矩圆形，长 30~90 cm，宽 10~20 cm，叶面无毛，叶背被柔毛，平行叶脉；叶柄长 0~8 cm，叶舌矩圆形，长 1.2~2 cm。穗状花序近球形，直径约 5 cm；花白色，花冠管长于花萼管，花冠裂片矩圆形。蒴果卵球形，长 2.5~3 cm，成熟时紫绿色，3 裂，具 9 翅，翅上毛密。果期 6~8 月。

分布与生境：产广东、海南、广西、云南及西藏，生于海拔 350~800 m 林中阴湿处。

食疗保健与药用功能：果味辛，性温，归脾、胃经，有开胃、消食、行气、止痛之功效，适用于脘腹冷痛、腹胀、不思饮食、嗳腐吞酸、消化不良等病症。

食用部位与食用方法：嫩茎心可炒食。花炒食、烤食或煮米饭。果煮食、煮米饭，做调味香料或药膳。

86. 香豆蔻（姜科 Zingiberaceae）

Amomum subulatum Roxb.

识别要点： 多年生草本，高达 2 m。叶片矩圆状披针形，长 27～60 cm，宽 3.5～11 cm，两面无毛，平行叶脉；叶柄长 0～3 cm，叶舌长 3～4 mm。穗状花序近陀螺形，直径约 5 cm；花黄色。蒴果球形，长 2～2.5 cm，成熟时紫色或红褐色，不裂，具 10 余条波状窄翅。果期 6～9 月。

分布与生境： 产广西、云南及西藏，生于海拔 300～1 300 m 阴湿林中。孟加拉国和尼泊尔有分布。

食疗保健与药用功能： 果味辛，性温，归肺、肝、胃、大肠经，有散寒行气、健胃消食之功效，适用于喉痛、肺结核、眼睑炎、脘腹胀痛、食积不化、肺寒咳嗽等病症。

食用部位与食用方法： 果可做甜品和糕点调料。

87. 草果（姜科 Zingiberaceae）

Amomum tsaoko Crevost & Lemarie

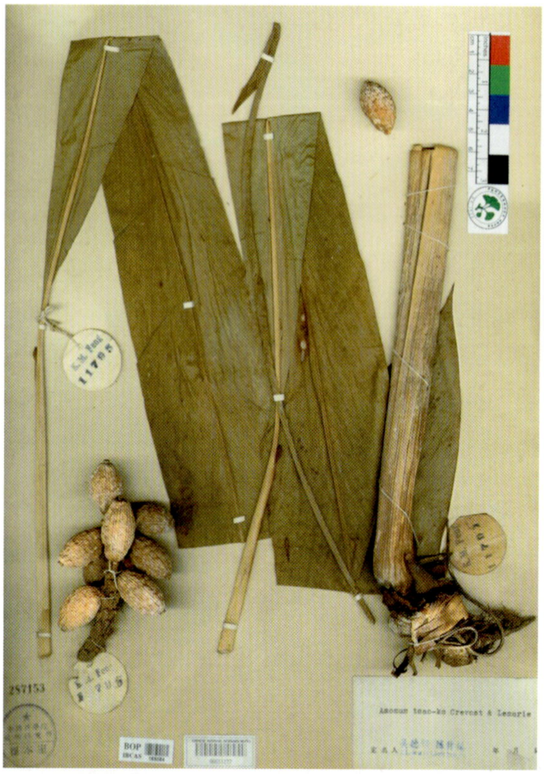

识别要点：多年生草本，茎丛生，高达 3 m。叶片长椭圆形或矩圆形，长 40 ~ 70 cm，宽 10 ~ 20 cm，平行叶脉。穗状花序由根状茎抽出，不分枝，长 13 ~ 18 cm；花序梗长 10 cm 或更长；花红色。蒴果密生，成熟时红色，矩球形或椭球形，长 2.5 ~ 4.5 cm，表面光滑，干后褐色，具皱缩纵向条纹，不开裂，含种子 30 ~ 60 枚。种子不规则倒四棱台形，长 4 ~ 7 mm，宽和厚 3 ~ 5 mm，表面被假种皮，有浓香；种脐位于腹面中央，圆形。果期 9 ~ 12 月。

分布与生境：产广西、贵州及云南，生于海拔 1 100 ~ 1 800 m 疏林下。

食疗保健与药用功能：果味辛，性温，归脾、胃经，有燥湿温中、截疟除痰之功效，适用于寒湿内阻、脘腹胀痛、痞满呕吐、疟疾寒热、瘟疫发热等病症。

食用部位与食用方法：果可食，做调味香料，常用于火锅、面食汤料等处。

注意事项：草果的果实外形与毒品罂粟（*Papaver somniferum* L.）的果实相似，也曾有人用罂粟果实熬汤，用于火锅、面汤等中出售，做违法之事。但罂粟果实顶端有扁平盘状体，种子多数，通常200余枚，无假种皮、无气味、球状肾形，长0.6~1 mm，表面呈蜂窝状，放大后可见明显的网状纹饰，种脐位于种子腹面边缘凹陷处，可以区别。

罂粟

88. 砂仁（姜科 Zingiberaceae）

Amomum villosum Lour.

识别要点：多年生草本，茎散生，高达 3 m，根状茎匍匐地面。叶片长披针形，长约 37 cm，宽约 7 cm，两面无毛，平行叶脉；无柄或近无柄，叶舌长 3~5 mm。穗状花序椭圆形；花序梗长 4~8 cm；花白色。蒴果卵球形或椭球形，长 2.5~4.5 cm，成熟时紫红色，干后褐色，被柔刺。种子多角形，有浓香。果期 8~9 月。

分布与生境：产福建、广东、海南、广西及云南，生于海拔 100~800 m 阴湿林。印度、缅甸、越南、老挝、柬埔寨和泰国有分布。

食疗保健与药用功能：果味辛，性温，归脾、胃、肾经，有化湿开胃、温脾止泻、理气安胎之功效，适用于湿浊中阻、脘痞不饥、脾胃虚寒、呕吐泄泻、妊娠恶阻、胎动不安等病症。

食用部位与食用方法：果可食，做调味香料，常用于火锅、面食汤料等，或制作药膳。

89. 闭鞘姜（姜科 Zingiberaceae）

Costus speciosus（Koen.）Smith

识别要点：多年生草本，高达 3 m。叶矩圆形或披针形，长 15~20 cm，先端渐尖或尾尖，基部近圆形，下面密被绢毛；叶鞘闭合，呈管状。穗状花序顶生，椭圆形或卵圆形，长 5~15 cm；苞片卵形，革质，红色，长约 2 cm，被柔毛；小苞片长 1.2~1.5 cm，淡红色，花萼红色，萼管长 1.8~2 cm；花冠管长约 1 cm，裂片矩圆状椭圆形，长约 5 cm，白色或顶部红色；唇瓣宽喇叭形，白色，长 6.5~9 cm；雄蕊花瓣状，长约 4.5 cm，白色，基部橙黄色。蒴果稍木质，长约 1.3 cm，成熟时红色。花期 7~9 月，果期 9~11 月。

分布与生境：产台湾、福建、江西、广东、海南、广西及云南，生于海拔 1 700 m 以下疏林下、山谷阴湿地、路边草丛、荒坡或沟边。亚洲热带广泛分布。

食疗保健与药用功能：根状茎味辛、酸，性微寒，有小毒，有利水、消肿、解毒、止痒、通便、堕胎之功效，适用于肾炎水肿、尿路感染、小便不利、膀胱湿热、淋浊、风湿骨痛、肝硬化腹水、百日咳、中耳炎、痈肿疮毒、无名肿毒、荨麻疹、麻疹不透、跌打损伤等病症。

食用部位与食用方法：嫩茎叶可炒食、煮汤或凉拌。

90. 郁金（姜科 Zingiberaceae）

Curcuma aromatica Salisb.

识别要点：多年生草本，高约 1 m。根状茎肉质，椭球形或长椭球形，内部黄色，芳香。叶基生，矩圆形，长 33~60 cm，先端细尾状，基部渐窄，叶面无毛，叶背有柔毛；叶柄与叶片近等长。花葶单独由根状茎抽出，穗状花序圆锥形，长约 15 cm，有花的苞片淡绿色，上部无花的苞片白色带淡红色；花冠漏斗形，白色带粉红色。花期 4~6 月。

分布与生境：产浙江、福建、广东、海南、广西、贵州、四川、云南及西藏，生于林下。东南亚各地有分布。

食疗保健与药用功能：根状茎味辛、苦，性寒，归肝、心、肺经，有活血止痛、行气解郁、清心凉血、利胆退黄之功效，适用于胸胁刺痛、胸痹心痛、经闭痛经、乳房胀痛、热病神昏、癫痫发狂、血热吐衄、黄疸尿赤等病症。

食用部位与食用方法：嫩茎可作为做汤或煮粥的佐料。

91. 圆瓣姜花（姜科 Zingiberaceae）

Hedychium forrestii Diels

识别要点：多年生草本，高达 1.5 m。叶矩圆形、披针形或矩圆状披针形，长 35~50 cm，先端尾尖，基部渐窄，无毛；无柄或具短柄，叶舌长 2.5~3.5 cm。穗状花序圆柱状，长 20~30 cm，花序轴被柔毛；苞片矩圆形，长 4.5~6 cm，被疏柔毛，每苞片有 2~3 朵花；花白色，有香味；花萼管较苞片短；花冠管长 4~5.5 cm，裂片线形，长 3.5~4 cm；侧生退化雄蕊矩圆形，宽约 3.5 cm；唇瓣圆形，宽约 3 cm，先端 2 裂，基部收缩成瓣柄。蒴果长约 2 cm。花期 8~10 月，果期 10~12 月。

分布与生境：产广西、贵州、四川、云南及西藏等，生于海拔 200~900 m 林内或灌丛中。越南有分布。

食疗保健与药用功能：根状茎有祛风散寒、敛气止汗之功效，适用于虚弱自汗、胃气寒痛、消化不良、风寒痹痛等病症。

食用部位与食用方法：嫩茎可食。

92. 蘘荷（姜科 Zingiberaceae）

Zingiber mioga（Thunb.）Rosc.

识别要点：多年生草本，高达 1 m；根状茎淡黄色。嫩芽、嫩叶红色，叶片披针状椭圆形或线状披针形，长 20~37 cm，无毛或下面疏被长柔毛；叶柄长 0.5~1.7 cm 或无柄。花序梗长 1~17 cm；穗状花序椭球形，长 5~7 cm；苞片椭圆形，红绿色，具紫脉；唇瓣淡黄色。花期 8~10 月。

分布与生境：产河南、江苏、安徽、浙江、福建、江西、湖南、广东、海南、广西、贵州、四川及云南，生于山谷中阴湿处。日本有分布。

食疗保健与药用功能：全草味辛，性温，归肺、肝经，有温中理气、祛风止痛、活血调经、止咳平喘、消肿解毒之功效，适用于胃寒腹痛、有经不调、气虚喘咳、目赤、腰腿酸痛等病症。

食用部位与食用方法：嫩芽、嫩叶、嫩花序可炒食或凉拌食用。

93. 黄石斛 铁皮石斛（兰科 Orchidaceae）

Dendrobium catenatum Lindl.

识别要点：多年生草本，茎直立，圆柱形，长 3~60 cm。叶矩圆状披针形，长 3~7 cm，宽 1~1.5 cm，先端多少一侧钩转，基部具抱茎鞘，边缘和背面中肋常带紫色；叶鞘常具紫色斑点。花序生于已落叶的老茎上部，具 2~3 朵花；花黄绿色。

分布与生境：产河南、安徽、浙江、台湾、福建、广西、四川及云南，生于海拔 1 600 m 以下疏林中树干或沟谷半阴湿岩石上。日本有分布。

食疗保健与药用功能：茎味甘，性微寒，归胃、肾经，有益胃生津、滋阴清热之功效，适用于热病津伤、口干烦渴、胃阴不足、食少干呕、病后虚热不退、阴虚火旺、骨蒸劳热、目暗不明、筋骨痿软等病症。

食用部位与食用方法：茎可做药膳。

94. 流苏石斛（兰科 Orchidaceae）

Dendrobium fimbriatum Hook.

识别要点：多年生草本，茎坚挺，圆柱形，长 0.5~1 m。叶互生，叶片革质，矩圆形或矩圆状披针形，长 8~16 cm，先端有时微 2 裂，基部具抱茎鞘。总状花序疏生 6~12 朵花，花序梗长 2~4 cm，基部套迭数枚长 0.3~1 cm 的筒状鞘。花金黄色，开展，稍有香气；唇瓣近圆形，具栗色或深紫色斑块，边缘具流苏。

分布与生境：产广西、贵州及云南，生于海拔 600~1 700 m 山地疏林中树干或山谷阴湿岩石上。喜马拉雅地区至中南半岛有分布。

食疗保健与药用功能：同黄石斛。

食用部位与食用方法：茎可做药膳。

95. 霍山石斛（兰科 Orchidaceae）

Dendrobium huoshanense C. Z. Tang & S. J. Cheng

识别要点：多年生草本，茎直立，长达 9 cm，基部以上较粗，上部渐细。叶常 2~3 枚互生于茎上部，舌状矩圆形，长 9~21 cm，宽 0.5~1 cm，先端稍凹缺，基部具抱茎鞘。花序生于已落叶老茎上部，具 1~2 朵花；花淡黄绿色。

分布与生境：产河南西南部及安徽，生于山地沟谷岩石上。

食疗保健与药用功能：同黄石斛。

食用部位与食用方法：茎可做药膳。

96. 细茎石斛（兰科 Orchidaceae）

Dendrobium moniliforme（L.）Sw.

识别要点： 多年生草本，茎直立，细圆柱形，长 10~30 cm。叶披针形或矩圆形，长 3~4.5 cm，宽 0.5~1 cm，先端稍不等 2 裂，基部具抱茎鞘。花序 2 至数个，生于茎中部以上有叶或已落叶的老茎上，具 1~3 朵花；花黄绿色、白色或带淡紫红色。

分布与生境： 产陕西、甘肃、河南、安徽、浙江、福建、台湾、江西、湖北、湖南、广东、广西、贵州、四川及云南，生于海拔 600~3 000 m 阔叶林中树干或山谷岩石上。朝鲜半岛、日本、不丹、尼泊尔、印度、缅甸和越南有分布。

食疗保健与药用功能： 茎有益胃生津、滋阴清热之功效，适用于热病伤津、痨伤咳血、口干烦渴、病后虚热、食欲不振等病症。

食用部位与食用方法： 茎为中药石斛的重要原植物之一，可做药膳。

97. 石斛 金钗石斛（兰科 Orchidaceae）

Dendrobium nobile Lindl.

识别要点： 多年生草本，茎直立，稍扁圆柱形，长 10~60 cm，上部常多少回折状弯曲。叶矩圆形，长 6~11 cm，宽 1~3 cm，先端不等 2 裂，基部具抱茎鞘。花序长 2~4 cm，生于茎中部以上有叶或已落叶的老茎上，具 1~4 朵花，花白色，上部淡紫红色。

分布与生境： 产台湾、湖北、广东、海南、广西、贵州、四川、云南及西藏，生于海拔 500~1 700 m 山地疏林中树干或沟谷岩石上。印度、喜马拉雅地区和中南半岛有分布。

食疗保健与药用功能： 同黄石斛。

食用部位与食用方法： 茎可做药膳。

98. 手参（兰科 Orchidaceae）

Gymnadenia conopsea（L.）R. Br.

识别要点：多年生草本，高20~60 cm。块茎椭球形，下部掌状分裂，裂片细长。茎具4~5枚叶，其上具1至数枚小叶；叶线状披针形、窄矩圆形或带形，长5.5~15 cm，宽1~2 cm。总状花序顶生，长5.5~15 cm；花密而多数，粉红色，稀粉白色。花期6~8月。

分布与生境：产黑龙江、吉林、辽宁、陕西、甘肃、内蒙古、河北、河南、山西、四川、云南及西藏，生于海拔200~4 700 m山坡林下、草地或砾石滩草丛中。日本、俄罗斯西伯利亚地区至欧洲有分布。

食疗保健与药用功能：块茎味甘、微苦，性凉，有止咳平喘、益肾健脾、理气和血、滋养、生津、祛瘀、止痛、止血之功效，适用于久病体虚、肺虚咳嗽、虚劳消瘦、神经衰弱、肾虚腰腿酸软、失血、久泻、带下病、乳少、跌打损伤、阳痿、滑精等病症。

食用部位与食用方法：块茎可食，或做药膳。

99. 短距手参（兰科 Orchidaceae）

Gymnadenia crassinervis Finet

识别要点：多年生草本，高7~55 cm。块茎椭球形，长2~4 cm，下部掌状分裂。茎具3~5枚叶，其上具1~2枚小叶；叶窄椭圆形或矩圆形，长4.5~10 cm，宽1.2~2.3 cm。总状花序顶生，长4~7 cm；花密而多数，粉红色，稀带白色。花期6~7月。

分布与生境：产四川、云南及西藏，生于海拔2 000~3 800 m山坡杜鹃林下或山坡石缝中。

食疗保健与药用功能：块茎有补益气血、生津止渴之功效，适用于肺虚咳嗽、虚劳消瘦、肾虚久泻、失血、带下病、乳少、慢性肝炎等病症。

食用部位与食用方法：块茎可食，或做药膳。

100. 西南手参（兰科 Orchidaceae）

Gymnadenia orchidis Lindl.

识别要点： 多年生草本，高 15~50 cm。块茎卵状椭球形，下部掌状分裂。茎具 3~5 枚叶，其上具 1 至数枚小叶；叶椭圆形或椭圆状披针形，长 4~16 cm。总状花序顶生，长 4~14 cm；花密而多数，紫红色或粉红色，稀带白色。花期 7~9 月。

分布与生境： 产陕西、甘肃、青海、湖北西部、四川、云南及西藏，生于海拔 2 800~4 100 m 灌丛中和草地。克什米尔地区、不丹和印度有分布。

食疗保健与药用功能： 块茎味甘，性平，归肺、脾、胃三经，有滋养、生津、止血之功效，适用于久病体虚、肺虚咳嗽、失血、久泻、阳痿等病症。

食用部位与食用方法： 块茎可食，或做药膳。

101. 长距玉凤花（兰科 Orchidaceae）

Habenaria davidii Franch.

识别要点： 多年生草本，高 60~75 cm。块茎肉质，长球形。茎 5~7 枚叶；叶卵形、卵状矩圆形或矩圆状披针形，长 5~12 cm，基部抱茎。总状花序顶生；苞片披针形；花 4~15 朵；花瓣白色，下部花瓣深裂，侧裂片外侧边缘篦齿状，细裂片 7~10 条，丝状；距细圆筒状，下垂，长 4.5~6.5 cm。花期 6~8 月。

分布与生境： 产湖北、湖南、贵州、四川、云南及西藏，生于海拔 600~3 200 m 山坡林下、灌丛中或草地。

食疗保健与药用功能： 块茎有壮腰补肾、止带、止血之功效，适用于阳痿、遗精、肾虚腰痛、白带过多、跌打损伤、子痈、带下病、疝气、淋巴结核等病症。

食用部位与食用方法： 块茎可食，或做药膳。

102. 鹅毛玉凤花（兰科 Orchidaceae）

Habenaria dentata（Swatz）Schlechter

识别要点：多年生草本，高 35~85 cm。块茎肉质，矩圆状卵球形或长球形。茎疏生 3~5 叶，其上具散生小叶数枚；叶长椭圆形，长 5~15 cm，叶鞘肥厚，基部鞘状抱茎。总状花序顶生；苞片披针形；花多数，白色；花瓣唇瓣宽倒卵形，3 裂，侧裂片前部具锯齿，中裂片线状披针形；距细圆筒状，长达 4 cm。花期 6~8 月。

分布与生境：产河南、安徽、浙江、福建、台湾、江西、湖北、湖南、广东、广西、贵州、四川、云南及西藏，生于海拔 200~2 300 m 山坡林下或沟边。尼泊尔、印度、缅甸、越南、老挝和柬埔寨有分布。

食疗保健与药用功能：块茎有利尿、补肾益肺、消炎、解毒之功效，适用于肾虚腰痛、病后体虚、阳痿、疝气痛、胃痛、肺结核咳嗽、子痈、小便淋痛、肾炎水肿、蛇虫咬伤等病症。

食用部位与食用方法：块茎可食，或做药膳。

103. 裂瓣玉凤花（兰科 Orchidaceae）

Habenaria petelotii Gagnep.

识别要点：多年生草本，高 35~60 cm。块茎肉质，长球形。茎中部集生 5~6 枚叶，向上具多枚小叶；叶椭圆形或椭圆状披针形，长 3~15 cm，基部鞘状抱茎。总状花序顶生；苞片窄披针形；花淡绿色或白色，3~12 朵，疏生；花瓣深裂至基部，裂片线形，长 1.4~2.0 cm，宽 1.5~2 mm；距筒状，长 1.3~2.5 cm。花期 7~9 月。

分布与生境：产安徽、浙江、福建、江西、湖南、广东、广西、贵州、四川及云南，生于海拔 300~1 600 m 山坡或沟谷林下。越南有分布。

食疗保健与药用功能：块茎有补肾清肺之功效，适用于肾虚腰痛、阳痿、小儿遗尿、疝气、肺热咳嗽、水肿等病症。

食用部位与食用方法：块茎可食，或做药膳。

104. 角盘兰（兰科 Orchidaceae）

Herminium monorchis（L.）R. Br.

识别要点：多年生草本，高 5.5~35 cm。块茎肉质，球形，直径 6~10 mm。茎下部具 2~3 枚叶，其上具 1~2 枚小叶；叶窄椭圆状披针形或窄椭圆形，长 2.8~10 cm，宽 0.8~2.5 cm，先端尖。总状花序顶生，长达 15 cm；花多数，黄绿色，垂头，钩手状。

分布与生境：产黑龙江、吉林、辽宁、陕西、甘肃、宁夏、青海、内蒙古、河北、河南、山西、山东、安徽、四川、云南及西藏，生于海拔 600~4 500 m 山坡林下、灌丛中、山坡草地或河滩沼泽草地。欧洲、亚洲中部至西部喜马拉雅地区、朝鲜半岛、日本、蒙古及俄罗斯西伯利亚地区有分布。

食疗保健与药用功能：块茎味甘，性凉，有滋阴补肾、健脾胃、调经之功效，适用于肾虚、头晕失眠、烦躁口渴、食欲不振、须发早白、月经不调等病症。

食用部位与食用方法：块茎可食，或做药膳。

Ⅳ. 木本植物（地上部分为木质化的非藤本植物）

1. 车筒竹（禾本科 Gramineae/Poaceae）

Bambusa sinospinosa McClure

识别要点：笋壳的箨鞘背面无毛，基部有棕色刺毛；箨舌高 3~6 mm，边缘有齿和毛；箨耳近等大，矩圆形或倒卵形，有波状皱褶，腹面密生糙毛；箨叶卵形，背面脉间具深棕色刺毛。竿丛生，高 10~24 m，直径 5~15 cm，节间圆筒形；箨环密生棕色刺毛。主枝粗长，常“之”字形曲折；枝条及分枝每节有 2~3 刺，刺“丁”字形开展。营养叶，叶鞘近无毛；小枝有 6~8 枚叶；叶片线状披针形，长 7~17 cm，宽 0.6~2 cm，侧脉 4~7 对，两面无毛。笋期 5~6 月。

分布与生境：产福建、广东、海南、广西、贵州、四川南部及云南，生于低山丘陵地带。

食疗保健与药用功能：竹笋有凉血、止痢之功效，适用于消化不良、痢疾等病症。

食用部位与食用方法：竹笋味清淡，可腌食或炒食。

2. 毛竹 茅竹、楠竹（禾本科 Gramineae/Poaceae）

Phyllostachys edulis（Carr.）J. Houzeau

识别要点： 笋壳的箨鞘长于节间，褐紫色，密被毛和斑点；箨耳小，繸毛发达；箨舌宽短，两侧下延；箨叶较短，长三角形或披针形，多绿色。竿散生，高达 20 m，直径 12～16（～30）cm，基部节间长 1～6 cm，中部节间长达 40 cm；新竿密被细柔毛，有白粉，老竿无毛，节下有白粉环。营养叶，每小枝具 2～3 枚叶；叶鞘口有脱落性毛；叶片披针形，长 4～11 cm，宽 0.5～1.2 cm。笋期 3 月下旬至 4 月。

分布与生境： 产陕西、河南、江苏、安徽、浙江、福建、台湾、江西、湖北、湖南、广东、广西、贵州、四川及云南东北部，多生于海拔 1 600 m 以下山地。

食疗保健与药用功能： 竹笋味甘，性微寒，有清热、利尿、活血、祛风之功效，适用于烦热口渴、小儿发热、小儿疳积等病症。

食用部位与食用方法： 竹笋味鲜美，可炒食或加工成玉兰片、笋干、笋衣等。

3. 桄榔（棕榈科 Palmae/Arecaceae）

Arenga westerhoutii Griff.

识别要点： 乔木状，高约 5 m，直径 15~20 cm，有疏离环状叶痕。叶簇生茎顶，长 3.5~5.5 m，羽状全裂；羽片 2 列，线形，长 0.6~1.5 m，基部有耳垂，顶端有齿或 2 裂，叶背苍白色；叶鞘具黑色网状纤维和针刺状纤维。花序腋生，长 0.45~1.5（~1.8）m，从上部至下部生出若干花序，最下部花序的果成熟时，植株死亡；花序梗粗壮，下弯，分枝多，长 0.4~1.2 m。核果近球形，直径 4~5 cm，钝 3 棱，成熟时灰褐色。种子 3 枚，黑色，卵状三棱形，胚乳均匀。

分布与生境： 产海南、广西、云南及西藏，通常生于海拔 600 m 以下的雨林中。中南半岛和东南亚有分布。

食疗保健与药用功能： 棕心有补益虚羸损乏之功效，适用于腰腿无力等病症。

食用部位与食用方法： 幼嫩茎尖可做蔬菜食用。树干髓心含淀粉，可食用。花序汁液可制糖、酿酒。幼嫩种子胚乳可用糖渍制成蜜饯。

注意事项： 果肉汁液有强烈刺激性和腐蚀性，必须小心取出种子。果肉和种子需经煮沸、浸泡等加工后才可食用。

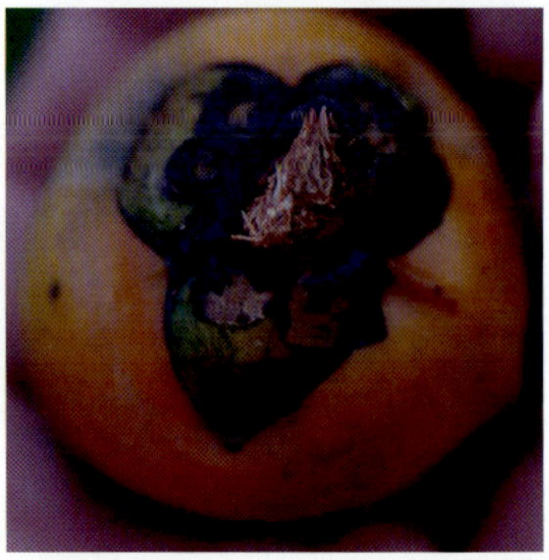

4. 短穗鱼尾葵（棕榈科 Palmae/Arecaceae）

Caryota mitis Lour.

识别要点：小乔木状，高 5~8 m，直径 8~15 cm。茎丛生。叶长 3~4 m，下部羽片小于上部羽片，羽片楔形或斜楔形，外缘直，内缘 1/2 以上弧曲成不规则齿缺，延伸成尾尖或短尖；叶柄被褐黑色毡状绒毛，叶鞘边缘具网状棕黑色纤维。佛焰苞与花序被糠秕状鳞秕，花序长 25~40 cm，具密集穗状分枝花序。花期 4~6 月。

分布与生境：产广东、海南及广西，生于海拔 1 000 m 以下的山谷林中。越南、缅甸、印度、马来西亚、菲律宾及印度尼西亚有分布。

食疗保健与药用功能：嫩芽（棕心）有健脾、止泻之功效，适用于消化不良、腹痛腹泻、痢疾等病症。

食用部位与食用方法：茎髓心含淀粉，供食用；花序液汁含糖分，供制糖或酿酒。

5. 椰子（棕榈科 Palmae/Arecaceae）

Cocos nucifera L.

识别要点：乔木状，高 15~30 m。茎粗壮，有环状叶痕，基部粗，常有簇生气根。叶羽状全裂，长 3~4 m，簇生茎顶，羽片多数，外折，线状披针形，长 0.7~1 m；叶柄粗壮，长 1 m 以上。圆锥花序生于叶丛中，长 1.5~2 m，多分枝。果卵球形或近球形，长 15~25 cm，顶端微具 3 棱，外果皮薄，中果皮厚纤维质，内果皮木质。果腔富含胚乳（称果肉或椰仁）和汁液（称椰子水）。果期主要在秋季。

分布与生境：产广东南部、海南及云南南部，产区多栽培。

食疗保健与药用功能：椰肉有益气祛风之功效；椰汁有补虚、生津利尿之功效，适用于心脏性水肿、口干烦渴等病症。

食用部位与食用方法：全株有很高的经济价值，未熟种子胚乳称"椰仁"，可制高级点心和糖果；椰子水富含营养，是供饮料和组织培养的良好促进剂；成熟种子胚乳称"椰肉"，含脂肪达 70%，可榨取椰油。

6. 蒲葵（棕榈科 Palmae/Arecaceae）

Livistona chinensis（Jacq.）R. Br. ex Martius

识别要点：茎单生，高达 20 m。叶肾状扇形，直径达 1 m 以上，掌状深裂；裂片多数，单折，线状披针形，长达 50 cm，宽 1.8~2 cm；叶柄长 1~2 m，下部两侧有下弯黄绿色或淡褐色短刺。花序长 1 m 余，腋生；花黄绿色。核果椭球形，长 1.8~2.2 cm，直径 1~1.2 cm，黑褐色。种子椭球形，长 1.5 cm 左右。花果期 4~5 月。

分布与生境：产福建、台湾、广东、香港、海南、广西及云南，生于海岸边林中，喜多沙土壤。日本南部和越南有分布。

食疗保健与药用功能：种子味苦，性寒，有小毒，具抗癌、凉血、止血、止痛之功效，适用于食道癌、绒毛膜上皮癌、白血病、慢性肝炎等病症。

食用部位与食用方法：嫩芽（棕心）可做蔬菜食用。种子煮熟后，再放入糯米饭团中做成夹心馅食用，味道香甜、独特。

注意事项：种子宜先煮熟，将水倒掉，去除毒性，然后再与糯米或其他食料混合做食品。

7. 多刺天门冬（百合科 Liliaceae）

Asparagus myriacanthus F. T. Wang & S. C. Chen

识别要点：亚灌木，披散，多刺，高达 2 m。根直径约 3 mm。小枝（叶状枝）近叶状，（3~）6~14 成簇，长 0.6~2 cm，宽 0.5~1 mm。叶呈鳞片状，基部延伸为长 4.5~8 mm 的硬刺。花黄绿色。浆果球形，直径 5~6 mm。花期 5 月，果期 7~9 月。

分布与生境：产四川、云南及西藏，生于海拔 2 100~3 100 m 开旷山坡、河岸多沙荒地或灌丛下。

食疗保健与药用功能：块根有养阴清热、润燥生津、止咳之功效，适用于支气管炎、扁桃体炎、肺结核、咳嗽、口干舌燥、津枯便秘、糖尿病等病症。

食用部位与食用方法：块根可食，或做药膳。

中文名称索引

E

F

G

T

W

X

Y

Z

拉丁学名索引

A

B

C

D

E

I

J

K

L

M

N

O

P

Q

R

S

T

U

V

W

X

Y

Z

附 1　中草药常规采集加工与制作方法

一、中草药的采集

1. 全草类药材　通常在植株生长最茂盛的始花期采收。有的仅割取地上部分即可，如薄荷、益母草等。以带根全草入药的种类，则连根拔起全株，如车前草、蒲公英等。

2. 根和根茎类药材　通常在早春新芽未萌以前或深秋落叶以后采收，此时营养物质多贮存于地下部分，有效成分含量高，药材质量好、产量高，如葛根、玉竹等。

3. 树皮及根皮类药材　通常在春末、夏初采集，此时植物生长旺盛，树皮养分汁液充沛，质量较好、药力较强，如杜仲。肉桂等少数树皮类药材在秋、冬季采收较好，此时树皮中有效成分较高。

4. 叶类药材　通常在始花期或盛花期采收，此时叶片生长茂盛，性味完壮，药力雄厚，如荷叶等。桑叶则在深秋或初冬经霜后采收，药效更好。

5. 花类药材　金银花等植物在含苞待放时采摘花蕾，月季、玫瑰等种类在花刚开放时采摘，菊花等植物在盛花时采摘。

6. 果实和种子类药材　通常在成熟时采摘，如五味子、山楂、枸杞等。枳、覆盆子等少数药材以采摘未成熟的幼果为佳。

二、中草药的加工与制作

中草药药材的加工与制作方法主要包括中药炮制等方法，是指中药材经过净制、切制或炮制后制成一定规格的饮片的方法，以适应医疗要求及调配、制剂的需要，常用方法包括以下 15 种。

1. 炒黄　炒黄是将净选或切制后的药物置于已预热好的炒制器具内，用文火或中火加热，炒至药物表面黄色或颜色加深，或微带焦斑，或发泡鼓起，或爆成白花样，并逸出药物固有气味的方法。由于炒黄是炒法中加热程度最轻的一种操作工艺，故又称为微炒。古代有“逢子必炒”之说，因此，一般种子类药物多炒黄后入药。

常用的炒黄药物有决明子、莱菔子等。一些种子类药物，如决明子等通过加热，种皮或果皮爆裂，内部质地变得疏松，易于煎出有效成分；也可使一些药物（如莱菔子、谷芽、麦芽等）产生香气，增强消食健脾的作用。通过加热，可使某些药物的性能有所缓和或改变。如牛蒡子、瓜蒌子等炒后可缓和寒滑之性，紫苏子炒后能缓和辛散之性，莱菔子炒后药性由升变降。白果等通过加热，可破坏药物中某些有毒成分，减少有毒成分的煎出量。通过加热能杀灭附着于药物表面的病菌、害虫及其卵；除去药物中部分水分；破坏某些药物中的酶，起到杀酶保苷作用而保证药效。

又如桃仁生品味苦、甘，性平，归心、肝、大肠经，有活血祛瘀、润肠通便之功效。生品行血祛瘀力强，多用于血瘀经闭不通及产后瘀滞腹痛、跌仆损伤。桃仁燀制后再炒黄后偏于润燥和血，多用于肠燥便秘、心腹胀满等。

还有苦杏仁生品味苦，性微温，有小毒，归肺、大肠经，具降气止咳平喘、润肠通便之功效，多用于新病咳喘、肠燥便秘等。苦杏仁燀制后再炒黄可降低毒性，除去非药用部位，便于有效成分煎出，又能破坏与苷共存的酶，以利于保存苦杏仁苷。炒黄后的杏仁性温，长于温肺散寒，多用于肺寒咳嗽、肺虚久喘等。

2. 炒焦　炒焦是将净选或切制后的药物置炒制器具内，用中火或武火加热，炒至药物表面呈焦黄色或焦褐色，并逸出焦香气味的炮制方法。炒焦适用于炮制健脾胃、消食类的药物，古有“焦香可以醒脾健胃”之说。传统认为药物炒焦后能增强消食健脾作用，如焦山楂、焦麦芽。

如麦芽生品味甘，性平，归脾、胃经，具有消食、健脾开胃、退乳消胀之功效。生品长于健脾和胃、疏肝行气，用于脾虚食少、乳汁郁积、乳房胀痛。麦芽炒焦后性偏温而味微苦，长于消食化滞，用于食积不消、脘腹胀痛。

3. 炒炭 炒炭是清炒法中受热程度最深、性状改变最大的一种方法。是将净选或切制后的药物，置于炒制器具内，用武火或中火加热，炒至药物表面呈焦黑色，内部焦黄色或焦褐色的炮制方法。古有“血为赤色，见黑则止”之说，故一般理血类药物多炒炭。常用的炒炭药物有地榆、白茅根、大蓟、侧柏叶、蒲黄、鸡冠花等。炭药止血作用的增强，主要是通过增强或产生药物的“涩”味（如蒲黄炭）、缩短出血时间（如地榆炭、侧柏叶炭、茜草炭等）、增加鞣质含量（如槐花炭等）等方面起作用。另外，炒炭还能增强或产生止泻、止痢的作用，如地榆炭。

如香蒲属植物的花粉入药为蒲黄，蒲黄生品味甘，性平，归肝、心包经，具有止血、化瘀、通淋之功效。生品性滑，以行血化瘀、利尿通淋为主，用于瘀血阻滞的心腹疼痛、经闭痛经、产后瘀痛、跌仆肿痛、血淋涩痛。蒲黄炒炭增加了涩性，增强了其止血作用，常用于咯血、吐血、衄血、便血、尿血、崩漏及外伤出血。

又如白茅根生品味甘，性寒，归肺、胃、膀胱经，具有凉血止血、清热利尿的作用，用于血热吐血、衄血、尿血、热病烦渴、黄疸、水肿尿少、热淋涩痛。炒炭后的茅根炭寒性减弱，止血作用增强，用于各种出血证。

另如山楂生品味酸、甘，性微温，归脾、胃、肝经，具有消食健胃、行气散瘀、化浊降脂之功效。生品长于活血化瘀，常用于瘀血经闭、产后瘀阻、心腹刺痛、疝气疼痛，以及高血压病、高脂血症、冠心病等，也用于食积停滞。山楂炒炭后酸味大减，苦涩味增加，有收涩之性，具有止血、止泻的作用，可用于脾虚泄泻、胃肠出血。

4. 麸炒法 麸炒是将净制或切制后的药物用麸皮熏炒的方法，又称麸皮炒或麦麸炒。其主要目的是增强疗效、缓和药性、矫臭矫味。麸皮为禾本科植物小麦的种皮，呈黄褐色，主含淀粉、蛋白质及维生素等成分。麸皮味甘、淡，性平，能和中益脾。故常用于补脾胃、作用强烈或有腥味的药物。除另有规定外，一般每100 kg 净药物，用麸皮 10～15 kg。

如薏苡仁生品味甘、淡，性凉，归脾、胃、肺经，具有利水渗湿、健脾止泻、除痹、排脓、解毒散结之功效，用于水肿、脚气、小便不利、脾虚泄泻、湿痹拘挛、肺痈、肠痈、赘疣、癌肿。薏苡仁采用麸皮熏炒之后长于健脾止泻，常用于脾虚泄泻。

又如山药生品味甘，性平，归脾、肺、肾经，具有补脾养胃、生津益肺、补肾涩精之功效，用于脾虚食少、久泻不止、肺虚喘咳、肾虚遗精、带下病、尿频、虚热消渴。山药麸炒后性微温，长于补脾健胃、固精止带，用于脾虚食少、泄泻便溏、白带过多。

另如枳壳生品味苦、辛、酸，性温，归脾、胃经，具有理气宽中、行滞消胀的作用。生枳壳辛燥之性较强，长于行气宽中除胀，用于胸胁气滞、胀满疼痛。枳壳麸炒后降低其刺激性，缓和燥性和酸性，增强健胃消胀的作用，用于宿食停滞、呕逆嗳气。麸炒枳壳因其作用缓和，同时宜用于年老体弱而气滞者。

还有枳实生品味苦、辛、酸，性温，归脾、胃经，具有破气消积、化痰消痞的作用。生品以破气化痰为主，但破气作用强烈，有损伤正气之虑，适宜气壮邪实者，用于胸痹、痰饮、中风、子宫脱垂、脱肛等。枳实麸炒后能缓和峻烈之性，以免损伤正气，以散结消痞力胜，用于胃脘痞满、下痢泄泻、大便秘结等。

5. 米炒法 将净制或切制后的药物与米共同拌炒的方法，称为米炒。其主要目的是增强健脾止泻的作用、降低毒性、矫臭矫味。米炒所用的米，一般认为以糯米为佳。有些地区采用“陈仓米”，通常多用大米。大米主含淀粉、脂肪、蛋白质、矿物质等成分，尚含有少量的 B 族维生素、多种有机酸及糖类。大米味甘性温，具有健脾和中，除烦止渴，止泻痢的作用。多用于炮制一些补益脾胃的药物。米的用量一般为：每 100 kg 待炮制品，用糯米或大米 20 kg。

如党参生品味甘，性平，归脾、肺经，具有补中益气、健脾益肺之功效。生品以益气生津力胜，用于脾肺虚弱、气短心悸、食少便溏、虚喘咳嗽、内热消渴。党参米炒后气变焦香，健脾止泻的作用增强，用于脾胃虚弱、泄泻、脱肛等。

6. 土炒法 将净制或切制后的药物与土粉共同拌炒的方法称为土炒。其主要目的是增强补脾止泻的作用、缓和药物燥性。常用于炮制补脾止泻的药物。药物炒前要大小分档，以使药物炒制程度一致。土粉要细腻，否则不易粘染药物。土炒药物时温度要适当，若土温过高，药物易焦糊；土温过低，药物内部水分及汁液渗出较少，药物表面挂不上土粉。若土温太高时，可加适量冷土或减小火力进行调节。用土炒制同种药物时，土粉可连续使用，若土色变深时，应及时更换新土。由于各地土壤成分差异较大及土粉的反复使用，土炒时往往会出现成品外观色泽不一致的现象。

如山药生品味甘，性平，归脾、肺、肾经，具有补脾养胃、生津益肺、补肾涩精之功效，用于脾虚食少、久泻不止、肺虚喘咳、肾虚遗精、带下病、尿频、虚热消渴。山药土炒后以补脾止泻为主，用于脾虚久泻。

7. 沙炒法 将净制或切制后的药物与热沙共同拌炒的方法，称为沙炒（或沙烫）。其主要目的是增强疗效、降低毒性、矫味矫臭、便于除去非药用部分。沙炒所用的沙有普通沙和油沙两种，其用量以能掩盖所烫药物为度。由于河沙质地坚硬，传热快，温度高，与药物接触面大，能使药物受热均匀，不与药物发生作用，仅作为中间传热体，用于炒制质地坚硬的或有绒毛的药物。除另有规定外，河沙以掩埋待炮制品为度。如需醋淬时，筛去辅料后，趁热投入醋液中淬酥。

如狗脊生品味苦、甘，性温，归肝、肾经，具有补肝肾、强腰膝、祛风湿之功效。生品以祛风湿、利关节为主，用于风寒湿痹、下肢无力、屈伸不利等。狗脊沙炒后可使质地酥脆，便于除去绒毛，易于粉碎和煎出有效成分，以补肝肾、强筋骨为主，多用于肝肾不足或冲任虚寒的腰痛脚软、遗精、遗尿、妇女带下病等。

8. 酒炙法 将净选或切制后的药物加入一定量酒拌炒的方法称为酒炙法。酒味甘、辛，性大热，气味芳香，能升能散，宣行药势，具有活血通络、祛风散寒、矫臭去腥的作用。酒又是良好的溶剂，生物碱及其盐类、苷类、鞣质类、有机酸类等成分均可溶于酒中。故酒常作为炮制活血散瘀、祛风通络药物和动物类药物的辅料。酒炙后不但能缓和寒性，免伤脾胃阳气，并可借酒升提之力引药上行，清上焦邪热。活血祛瘀、通络药经酒炙后，一方面酒对药物起协同作用，另一方面酒能增加有效成分的溶出率，增强疗效。

如当归生品味甘、辛，性温，归肝、心、脾经，具有补血活血、调经止痛、润肠通便之功效，用于血虚萎黄、眩晕心悸、月经不调、肠燥便秘、痈疽疮疡等。当归酒炙后，能增强活血通经之功效，用于经闭痛经、风湿痹痛、跌仆损伤等。

9. 醋炙法 将净选或切制后的药物加入一定量醋拌炒的方法称为醋炙。醋味酸、苦，性温。主入肝经血分，有收敛、解毒、散瘀止痛、矫味的作用。醋又是良好的有机溶剂，能与游离的生物碱结合成盐，增大其溶解度而易于煎出有效成分；能和具腥膻气味的三甲胺类成分结合成盐而无臭气，以除去药物的腥臭气味，此外还有杀菌防腐作用，故常作为炮制疏肝解郁、散瘀止痛、攻下逐水药物的辅料。

如莪术生品味辛、苦，性温，归肝、脾经，具行气破血、消积止痛之功效。生品行气消积、破血祛瘀力强，为气中血药，多用于食积胃痛、瘀积腹痛。莪术醋炙后入肝经血分，增强破血消症作用，多用于瘀滞经闭、胁下症块等。

另如柴胡生品味苦，性微寒，归肝、胆经，具有和解表里、疏肝、升阳之功效。生品升散作用较强，多用于解表退热。柴胡醋制后能缓和其升散之性，增强疏肝止痛之功效，多用于肝郁气滞的胁肋胀痛、腹痛和月经不调等。

10. 盐炙法　将净选或切制后的药物加入一定量食盐水溶液拌炒的方法称为盐炙法。食盐水为食盐的水溶液，主含氯化钠。味咸性寒，有强筋健骨、清热凉血、软坚散结和润燥等作用。因此，常用于炮制补肾固精、疗疝、利尿和泻相火的药物。

如砂仁生品味辛，性温，归脾、胃、肾经，具有化湿开胃、温脾止泻、理气安胎之功效。生品辛香，长于化湿行气、醒脾和胃，用于脾胃湿阻气滞、脘痞不饥、脾胃虚寒、呕吐泄泻等。砂仁盐炙后辛燥之性略减，温而不燥，并能引药下行、温肾缩尿，可用于胎动不安、妊娠恶阻、小便频数、遗尿等。

另如益智生品味辛，性温，归脾、肾经，具有暖肾固精缩尿、温脾止泻摄唾之功效，用于肾虚遗尿、小便频数、遗精白浊、脾寒泄泻、腹中冷痛、口多唾涎。益智通过盐炙引药下行，增强疗效，达到增强补肝肾、缩小便和固精作用。

还有知母生品味苦、甘，性寒，归肺、胃、肾经，具有清热泻火、生津润燥之功效。生品苦寒滑利，善于清热泻火、生津润燥，用于高热烦渴、肺热燥咳、内热消渴、肠燥便秘等。知母盐炙后可引药下行，专入肾经，增强滋阴降火之功效，善清虚热，常用于肝肾阴亏、虚火上炎、骨蒸潮热、盗汗遗精等。

11. 蜜炙法　将净选或切制后的药物加入一定量炼蜜拌炒的方法称为蜜炙法。蜂蜜性平味甘。生则性偏凉，能清热、滑肠；熟则性温，有甘缓益脾、润肺止咳、矫味等作用。炮制上常用炼蜜，多作为炮制止咳平喘、补脾益气等药物的辅料。传统上有“蜜炙甘缓而润肺”之说。

如百合生品味甘，性寒，归心、肺经，具有养阴润肺、清心安神之功效，以清心安神力胜，用于热病后余热未清、虚烦惊悸、失眠多梦、精神恍惚等。百合蜜炙后增强其润肺止咳作用，多用于肺虚久咳、肺痨咯血、肺阴亏损、虚火上炎等。

另如甘草生品味甘，性平，归心、肺、脾、胃经，具有补脾益气、清热解毒、祛痰止咳、缓急止痛、调和诸药之功效。生品长于清热解毒、祛痰止咳，用于咽喉肿痛、肺热咳嗽、痈肿疮毒、药物中毒、食物中毒等。甘草蜜炙后长于补脾和胃、益气复脉，用于脾胃虚弱、倦怠乏力、心动悸、脉结代。

又如黄芪生品味甘，性温，归肺、脾经，具有补气固表、利尿托毒、排脓、敛疮生肌之功效。生品长于益卫固表、托毒生肌、利尿退肿，用于表虚自汗、气虚水肿、痈疽难溃、久溃不敛、内热消渴，以及慢性肾炎蛋白尿、糖尿病等。黄芪蜜炙后长于益气补中，用于气虚乏力、食少便溏。

12. 姜炙法　将净选或切制后的药物加入一定量姜汁拌炒的方法称为姜炙法。姜汁为生姜榨汁或干姜与水煎煮去渣后的黄白色液体。具姜的香辣味，主要含有挥发油、姜辣素（姜烯酮、姜酮、姜萜酮混合物），此外尚有氨基酸、淀粉等成分。姜味辛性温，有发汗解表、温中散寒、降逆止呕和化痰止咳等作用。因此姜汁多作为炮制祛痰止咳、降逆止呕等药物的辅料。

如竹茹生品味甘，性微寒，归肺、胃经，具有清热化痰、除烦止呕之功效。生品长于清热化痰、除烦，用于痰热咳嗽、痰火内扰、心烦不安。竹茹姜制后能增强降逆止呕的作用，多用于恶心呕吐。

13. 油炙法　将净选或切制后的药物与一定量的食用油脂共同加热处理的方法，称为油炙法，又称酥炙法。依其操作方法不同，可分为油炒法、油炸法和油脂涂酥烘烤法。炮制药物所用油脂一般为麻油、酥油和羊脂油。麻油为脂麻科植物脂麻的干燥成熟种子经冷榨或热榨所得的油脂，主要含有亚油酸甘油酯、芝麻素等成分。其味甘，性微寒，有清热、润燥、生肌的作用。混入杂质或酸败后的麻油不可作为辅料。麻油因沸点较高，常用以炮制质地坚硬或有毒的药物，使之酥脆，降低毒性。常用于炮制三七等药物。

如三七生品味甘、微苦，性温，归肝、胃经，具有散瘀止血、消肿定痛之功效，有止血而不留瘀，化瘀而不伤正的特点，用于咯血、吐血、衄血、便血、崩漏、外伤出血、胸腹刺痛、跌仆肿痛等。三七油炙后能使其质地酥脆，易于研磨制成三七粉，药效作用与三七相同，多吞服或外敷用于创伤出血。

14. 蒸法 将净制或切制后的药物加入规定的辅料（酒、醋、药汁等），或不加辅料放入一定的蒸制容器（或蒸制设备）内隔水加热至一定程度的方法，称为蒸法。依据药物在蒸制前是否加入辅料，分为清蒸法和加辅料蒸法；依据其蒸制条件或蒸制操作则可分为直接蒸法（又称为“蒸汽蒸”）和间接蒸法（又称为“炖法”或“隔水炖法”）。蒸制品应内无生心，未蒸透者不得超过3%；含水分不得超过13%。通过蒸制，使一些药物的药性、功效特点等发生改变，使同一药物具有不同的性能，应用于治疗不同的病症，扩大了同一药物的使用范围。

如何首乌经清蒸或黑豆汁拌蒸后，增强了补肝肾、益精血、乌须发、强筋骨之功效，用于血虚萎黄、眩晕耳鸣、须发早白、腰膝酸软、肢体麻木。同时，消除了生首乌滑肠致泻的副作用，慢性病人长期服用不会引起腹泻。

另如黄精生品刺激咽喉，蒸后可消除其副作用及麻味，以免刺激咽喉，增强补脾润肺益肾作用。加入黄酒蒸制能助其药势，使之滋而不腻，更好地发挥补肾益血作用，多用于脾胃虚弱、体倦乏力、口干食少、肺虚燥咳、内热消渴、精亏、头晕目眩等。

又如山茱萸生品味酸、涩，性微温，归肝、肾经，具有补益肝肾、涩精固脱之功效。生品长于敛汗固脱，多用于自汗、盗汗、遗精、遗尿。酒萸肉、蒸萸肉蒸制后补肾涩精、固精缩尿力胜，酒制后借酒力温通，助药势，降低其酸性，滋补作用较蒸山萸肉为好，常用于眩晕耳鸣、阳痿遗精、遗尿尿频、崩漏带下病、腰膝酸痛。

15. 焯法 将药物置沸水中浸煮短暂时间，取出，分离种皮的方法称为焯法。亦称为水烫。多适于须去种皮的种子类药物，如苦杏仁、桃仁、白扁豆等。其目的主要是在保存有效成分的前提下，除去非药用部分，分离不同的药用部分。

附 2　常用食用方法

在民间，药食两用植物的食用方法多种多样，烹调口味因人因地区而不同。了解和掌握食用方法，有助于提高人们对药食两用植物的兴趣。常用的食用方法大致有以下 11 种。

1. 鲜食、凉拌　对于无毒、口感好的野菜野果可以洗干净后直接鲜食（生食），如藕、地蚕、野慈姑、桑葚、悬钩子、茶藨子、越橘、胡颓子、猕猴桃等。有一些野菜野果，如二月蓝、马齿苋、蒲公英，以及榆钱子、青花椒、萝藦等的幼果等经过沸水焯烫后，再换清水冲洗几次，加入所需调味品，可做凉拌菜，如黄酱拌柳芽、香椿拌核桃花、酱拌苣荬菜、凉拌鱼腥草、凉拌马齿苋等。

鲜食、凉拌保持了野菜野果的原味，鲜食有鲜、香、嫩的特点，凉拌有鲜、香、嫩、无汁、入味、不腻的特点，鲜食和凉拌都是营养物质保存最完好的方法。凉拌常用的调料有盐、酱油、醋、味精（鸡精）、白糖（红糖或冰糖）、料酒、芝麻（芝麻酱）、香油、甜面酱、黄酱、蜂蜜（蜂乳）、花椒、胡椒、豆蔻、咖喱、孜然、茴香、桂皮、芥末、五香粉、大蒜、姜、葱、辣椒（辣椒油）、蚝油、琼脂、调味沙司（色拉酱）等，可根据个人的口味选调料配制。

2. 炒食　许多无毒、无特殊气味或无苦涩味的野菜野果都可以直接炒食或切片后炒食，如野苋菜、荠菜、刺儿菜、革命菜，以及梧桐籽、野豌豆幼果、贴梗海棠幼果、地梢瓜幼果、萝藦幼果等。炒食是指用旺火将处理好的野菜野果快速翻炒出锅，主要用于茎叶类的野菜，如素炒水芹菜、素炒沙葱、肉片炒茭白、二月蓝炒粉丝等。也可与肉、禽、蛋类等材料搭配进行荤炒，如竹笋炒肉、黄花菜炒肉丝、香椿芽炒鸡蛋等。炒食的特点是基本保持了野菜野果的原有风味，营养成分损失较少。

3. 蒸、煮、烙、做馅　是指将野菜野果进行粗加工，或剁成馅与调味品混合均匀后（可荤或素），用面皮包好或与面粉拌和后上笼屉蒸，或用饼铛烙，或用开水煮，或做成包子、饺子、馄饨、烙饼的食用方法。如荠菜馅水饺、猪毛菜馅饼、烙饼卷沙葱、南瓜蒸银杏、面粉蒸榆钱等。其特点是用油较少，口感松软。

4. 炖　是指将野菜野果加工处理后，与其他配料一起放入锅中，加水、加调味品进行小火炖食的方法。多选用野菜野果的根、茎、果实或种子。如党参炖肉、山药炖肉、藕炖排骨、肉苁蓉炖鸡、板栗炖肉、芡实炖肉等。其特点是有汤有菜，味道鲜美醇厚，又有食疗保健功效。

5. 油炸　是指将加工过的原材料控干水分，可直接放入油锅中干炸，如油炸花椒叶、油炸薄荷叶、油炸地笋等。也可裹上面粉、鸡蛋糊，放入油锅中酥炸或软炸，如炸面糊菊花、炸面糊玉兰花、炸面糊香椿、炸面糊仙人掌等。其特点是色泽金黄，香味浓郁。

6. 汤、粥、饮　是指将野菜野果经过加工后，配以辅料做成汤，用慢火熬成粥，用开水浸泡或用榨汁机制作成饮料的食用方法。在材料上多选用野菜的根、茎、嫩茎叶、花、果实或种子。如著名的西湖莼菜汤、马兰猪肝汤、枸杞叶肉片汤、守宫木叶猪肝汤、冰糖莲子银耳粥、金银花饮料、薄荷冰糖饮料、薜荔凉粉、桃胶果冻、冰糖莲子银耳粥、野豌豆粥、荞米粥、野燕麦粥、酸枣汁饮料、沙棘饮料等。其特点是清香柔软适口，老少皆宜。

7. 腌渍品　原材料经过加工后，用盐、酱油、酱、糖、醋、糟（酒糟）、料酒等调味品腌制成咸菜或酱菜。有些种类还可与辣椒、花椒、八角（大料）、糖、醋等辅料一起放入容器中，经过发酵制成泡菜或酸菜。在其腌制过程中，除产生乳酸外，也产生少量醋酸和酒精等，这些有机酸与酒精作用生成酯，使酸菜有芳香味。如朝鲜桔梗、酸辣小根蒜、腌香椿、菊芋酱菜、甘露子酱菜、地笋酱菜、糖醋藕、糖醋竹笋等。其特点是气味浓重、风味独特，保存有大量的维生素，是下饭的可口小菜。

8. 干制 在野菜野果出产旺季，或季节性采摘时间短，而又容易大量集中采摘时，除鲜用外，野菜野果还可以经过加工制作成干品，使重量大大减轻，便于运输和储存起来备用，食用时用开水浸泡后再烹饪制作。有些野菜，如海带、海白菜、紫菜、木耳、蘑菇、竹笋、松子、八角、花椒、酸枣、山楂等可以直接晾晒。一些肉质的野菜含水量较多，生命力强，短时间内不容易晒干，如玉竹、黄精、百合、马齿苋等，可放入开水中焯煮或蒸，快速杀死植物细胞后再晾晒，保存营养成分，弥补鲜料直接晾晒过程中营养物质不断消耗的缺陷。

9. 泡酒 在民间，许多具有药用功能的野菜野果的根、茎、树皮、花、果实、种子可以用来泡酒。主要是选用高度白酒将原材料的药用有效成分析出，长久保存，随时饮用。如菊花酒、党参酒、五加皮酒、桂花酒、五味子酒、桑葚酒、酸枣酒、山楂酒、猕猴桃酒、枸杞酒等。这些酒适量饮用具有滋补、养颜、安神、提高免疫力、延年益寿等功效。

10. 甜食或罐制食品 很多野菜野果的根、茎、果实及某些蘑菇可制作成果脯、果酱、果汁、果胶冻、果子羹、甜羹、甜汤、粥、罐头等，其特点是基本保持了野菜野果的原味，而且体积小，便于运输，可以较长时间保存，即使在寒冷的冬天也可以品尝到野菜野果的风味。做好罐制食品的关键是排气、密封、杀菌、消毒，并保存在不受外界微生物污染的密闭容器中。

11. 处理后食用 有些野菜野果有小毒，或含有害物质，或苦涩味重，或有异味，食用前必须经过加工处理。如新鲜黄花菜含有毒物质秋水仙碱，可采用上笼屉蒸或煮至熟透，或放入开水中烫后晒成干菜的方法除去有毒物质，这样食用就无毒安全了。又如魔芋块茎有毒，加入碱水，制成豆腐食用方安全。还有银杏种子外种皮、胚芽有小毒，食用前应充分用水煮熟，倒掉水，并去除外种皮和胚芽，再与其他食材一起制作（无毒）食品。另外，紫藤花、败酱草、马鞭草等有小毒，一些竹类的笋味苦、涩或哈喇味，薇菜苦味极重。对这些植物，食用前先要煮熟透，然后用清水浸泡数小时甚至一昼夜，并换水数次，使有毒物质或苦、涩、哈喇味的含量减少后，才能做菜。但仍以少食、慎食为安全，尤其是孕妇。

除去野菜野果麻、苦、涩味或有害有毒物质常用以下方法：

（1）漂洗法。将野菜野果在开水中煮过后，放入清水中浸泡，换水数次，反复漂洗，短则几小时，长则一昼夜，漂至水无色为准，或视苦涩含量多少不同而定漂洗时间与次数。这样可除去溶于水中的配糖体、单宁、生物碱和亚硝酸盐。对于个体较大的野菜野果，如有苦、涩的竹笋等，可先切片、切丝，再采用漂洗等方法进行处理。如有苦涩味的坚果等，可先用水磨粉，再采用漂洗等方法进行处理。

（2）腌制法。在桶中撒上一层食盐，放一层野菜或野果，再撒上一层食盐，再放一层野菜或野果，如此反复。最上一层撒足食盐，压上重石。这样，经过发酵、分解及食盐的作用，可除去一些异味或有害有毒物质。经过腌制而析出的水，以倒掉为宜。

（3）碱水法。对于涩味（单宁）较重的野菜野果，可在水中加入草木灰或碳酸钠（又称纯碱、苏打）或碳酸氢钠（小苏打）。每 1 000 g 野菜野果加水 1 500 g、草木灰 40 g。先将草木灰加入水中浸泡，过滤后将上清液倒入锅中煮开，浇入放置有野菜野果的容器中，直到野菜野果被浸没为止，再用重物压上，约一昼夜后即可去除涩味，再用清水漂洗掉涩水，就可炒食、凉拌或用其他方法制作食用。使用碳酸钠或碳酸氢钠时，每 1 000 g 野菜野果加入 1 500 g 水、3 g 碳酸钠或 3~4 g 碳酸氢钠，方法同草木灰。

（4）淀粉制取法。有些野菜野果可食用部位比较坚硬和厚实，富含淀粉，用以上方法难去除苦涩味或有毒有害物质，如蕨类植物的根状茎、部分壳斗科植物的坚果。为了利用它们（淀粉），可采用淀粉制取法提取淀粉，制成粉丝或豆腐食用。一般制作流程是：清洗→碎浆→过滤→沉淀→火煮→成形，或沉淀后→脱水→成形→干燥，或沉淀后→脱水→制粉→干燥。

以壳斗科坚果（栗子）为例，具体流程为：将秋季或初冬采摘回的成熟坚果尽早清洗，再加水做碎浆处理（捶碎、捣烂、打碎、石磨碾磨、电动磨浆机碾磨等均可），或将坚果晒干到开裂，去除果壳后加水做碎浆处理。碎浆处理后，可经纱布过滤，在水缸或盆中揉搓，洗尽淀粉，去除渣滓。将洗出的淀粉水经沉淀后，去除上清水，留取淀粉浆。将过滤好的淀粉浆倒入锅中小火慢煮，在煮的过程中必须不断地搅拌，防止焦糊。煮至浆汁黏稠，倒入容器里冷却成形，便成了栗子豆腐，可直接烹饪食用。

若是制作成干栗子豆腐，程序要复杂得多，浆汁过滤后，放入池子里沉淀脱水成栗子粉；将栗子粉加入少许清水成絮糊状，搅拌均匀，然后再加入适量的沸水，不停搅拌至均匀的糊状，再倒入方形的容器里冷却凝固成型；将栗子豆腐块切成薄片，放入晒盘中平铺晾晒，一般晾晒 3~4 个有太阳的晴天，使其变干硬，就可以装袋保存。烹饪前，再用温水浸泡 2~3 h 至软乎，使之筋道而有弹性，就可加入其他食材一同烹饪食用。

若是制作栗子粉丝或栗子淀粉，则可将淀粉浆倒入布袋内，经吊滤的方法去除水分而得到含水量较低的淀粉。如果做粉丝等粉制品，可以直接用湿粉进行加工，如果要得到干淀粉，则进行人工干燥或干燥机处理。

对于绝大多数种类，采用以上方法可去除苦涩味。若遇苦涩味强的种类，在留取淀粉浆后，再用盐水浸泡 2 次，每次 1 h，换清水洗后即可去除苦涩味。

（5）魔芋豆腐制作法。魔芋的块茎富含淀粉，但块茎有毒，必须用碱水漂洗，煮熟后方可食用或加工制成魔芋豆腐食用。碱水可用生石灰水，或稻草灰水，或烧碱水，或苏打粉水制作，起凝胶剂作用。先将魔芋去皮，打成浆粉，与米粉混合，再用冷水调匀，慢慢均匀倒入开水中，不断搅拌使成糊状，原料倒完后继续搅拌 10 min，并煮 0.5 h，然后将配好的碱水一根线似的倒入锅中，慢倒快搅，使颜色由灰绿色转为灰白色或灰黑色。碱水倒毕后继续搅拌一段时间，使碱胶充分混合，微火再煮 0.5 h，用手触摸豆腐表面，以不粘手为度，否则碱不够，需再加。停火后闷 0.5 h，加入冷水，用刀划成几大块，捞起滤干。将锅洗净，放入魔芋豆腐，再加水，大火猛煮，换几次水，直至水中无涩味方能食用。其他类似的植物，亦可采用此方法。

本书承蒙以下项目的大力支持

“湖南食品药品职业学院及兄弟单位植物标本馆的数字化与共享”（E0117G1001），科技部“国家科技资源共享服务平台”项目之国家植物标本资源库2022年标本数字化专题项目

“湖南食品药品职业学院校园植物网的构建和学生社团建设”，中国大学校园植物网构建示范Ⅱ，科技部国家科技基础条件平台国家标本资源共享平台（NSII）2018—2019年专项课题（2005DKA21400）

“药用植物学及中药采药课程的信息化建设”，湖南食品药品职业学院教科研项目

“中国野菜野果的识别与利用之编研”（KT201401），湖南食品药品职业学院教科研项目

“贵州德江（楠杆）自然保护区森林野菜多样性考察”，贵州德江（楠杆）自然保护区大型综合科学考察、总体规划与拟建申报工作项目

“湖南食品药品职业学院中药标本馆（HUFD）植物标本数字化与共享”（2005DKA21401: 2015），国家标本资源共享平台（NSII）项目之植物子平台专题